园林景观设计与施工 CAD 模块图库

园林建筑与小品

理想·宅 编

海峡出版发行集团 | 福建科学技术出版社
THE STRAITS PUBLISHING & DISTRIBUTING GROUP | FUJIAN SCIENCE & TECHNOLOGY PUBLISHING HOUSE

图书在版编目（CIP）数据

园林建筑与小品 / 理想·宅编. —福州：福建科学技术出版社，2015. 1
（园林景观设计与施工CAD模块图库）
ISBN 978-7-5335-4675-5

Ⅰ. ①园… Ⅱ. ①理… Ⅲ. ①园林设计－计算机辅助设计－AutoCAD软件－图集 Ⅳ. ①TU986.2-39

中国版本图书馆CIP数据核字（2014）第263240号

书　名　园林建筑与小品
　　　　园林景观设计与施工CAD模块图库
编　者　理想·宅
出版发行　海峡出版发行集团
　　　　福建科学技术出版社
社　址　福州市东水路76号（邮编350001）
网　址　www.fjstp.com
经　销　福建新华发行（集团）有限责任公司
印　刷　福建新华印刷有限责任公司
开　本　889毫米×1194毫米　1/16
印　张　13
字　数　413千字
版　次　2015年1月第1版
印　次　2015年1月第1次印刷
书　号　ISBN 978-7-5335-4675-5
定　价　45.00元（内含1张CD-ROM）

前言 foreword

提到景观设计，很多人都为之头疼，不仅要求越来越高，设计周期也是不断缩短，这种情况下，就只能不断地加班加点。在园林景观设计与施工中，图纸的绘制会耗费大量的精力与时间，但是其中有不少属于模块化的内容。无论是新晋设计师还是设计老手，对于这种可编辑的模块化内容，一来需要耗费精力去设计，二来也需要大量的时间来绘制。

本套书以园林景观设计及施工为基础，对园林景观施工进行分析提炼，精选了园林景观设计中常用的设计施工方法，将施工设计中常用的大样做法用一个个资料图块的形式汇集成册。全套书按照园林景观施工的类别分为《园林建筑与小品》、《园林水景与园路铺装》、《园林植物与绿化》三个分册，内容齐全，参考性、实用性强。

本书为《园林景观设计与施工 CAD 模块图库》的其中一个分册，从今年来大量的实际案例中精选出常用的各种园林建筑与小品设计图块和详图，并经过加工整理，使其典型化、标准化。全书包含 6 个细分大项，几百个细部设计图例，基本上涵盖了园林建筑与小品中的各部分细部模块。

书中所有图形文件均与光盘一一对应，这样可以让读者直接作为工作中的图块即插即用，不仅可以学习经典的优秀设计图样，还可以避免一些重复的绘图工作，有助于提高日常的工作效率。书中有些设计数值只在一定的条件下才适用，在此仅作为参考使用。对于书中的案例适合于什么场合，请读者仔细领会和推敲，切勿生搬硬套。

参与本书编写的有：王军、邓毅丰、刘彦萍、黄肖、于兆山、李小丽、李子奇、张志贵、孙银青、李四磊、郭宇、刘杰、刘向宇、刘团团、蔡志宏、马禾午、安平、梁越、王佳平、谢永亮、肖冠军、王广洋、张红锦、邓丽娜。

目录

contents

第一篇 亭

圆 亭

圆亭方案一

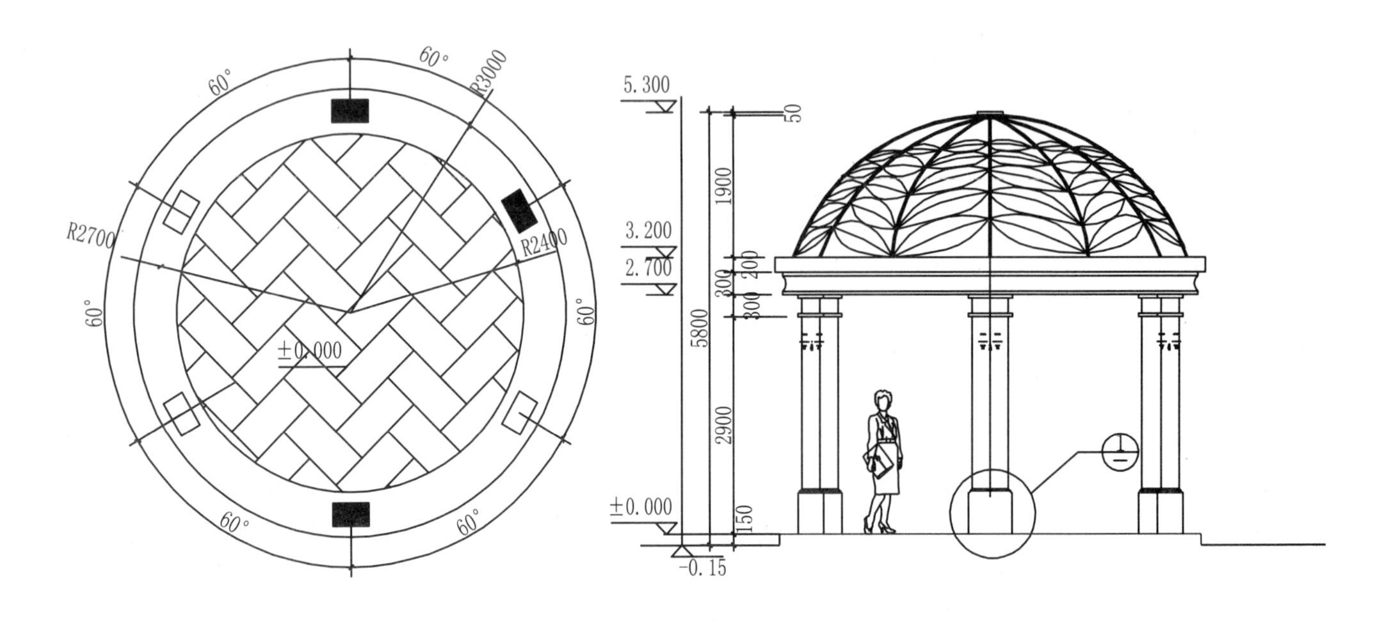

平面图

立面图

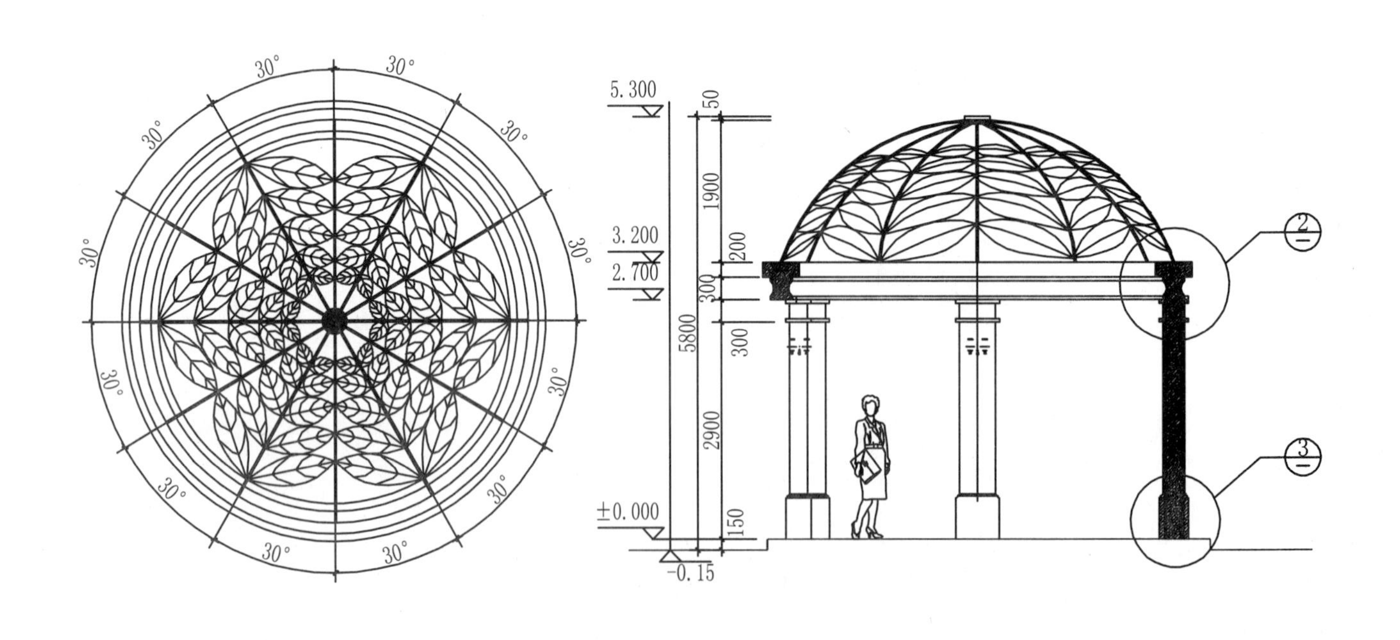

顶平面图

剖面图

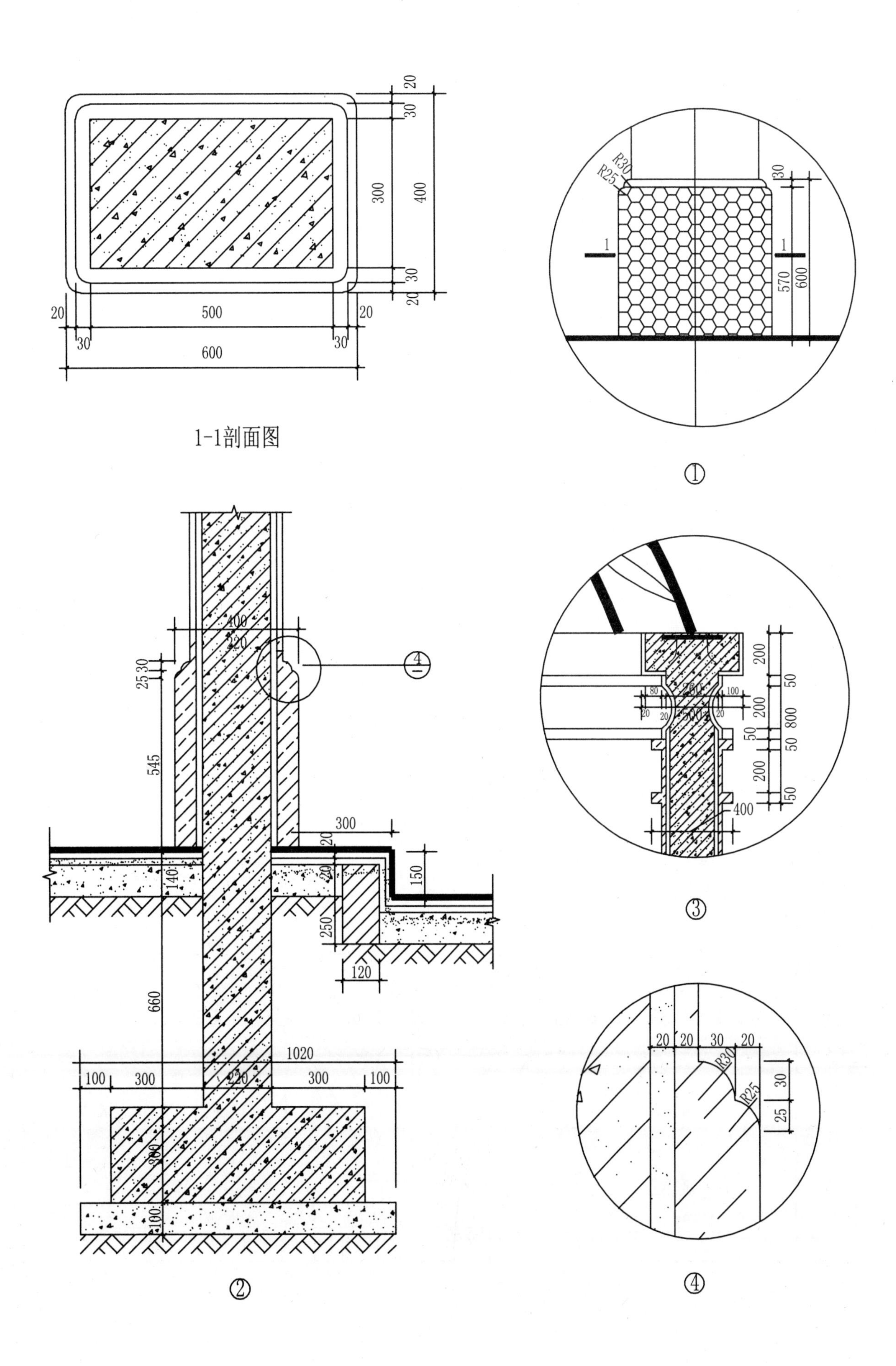
20
30
300
400
30
20
20
500
20
30
30
600
1-1剖面图
R30
R25
30
1
1
570
600
①
400
320
25 30
④
545
300
20
140
20
150
250
120
660
1020
100
300
220
300
100
300
100
②
200
50
260
80
100
20
20
500
20
200
800
50
50
200
50
400
③
20
20
30
20
R30
R25
30
25
④

圆亭方案二

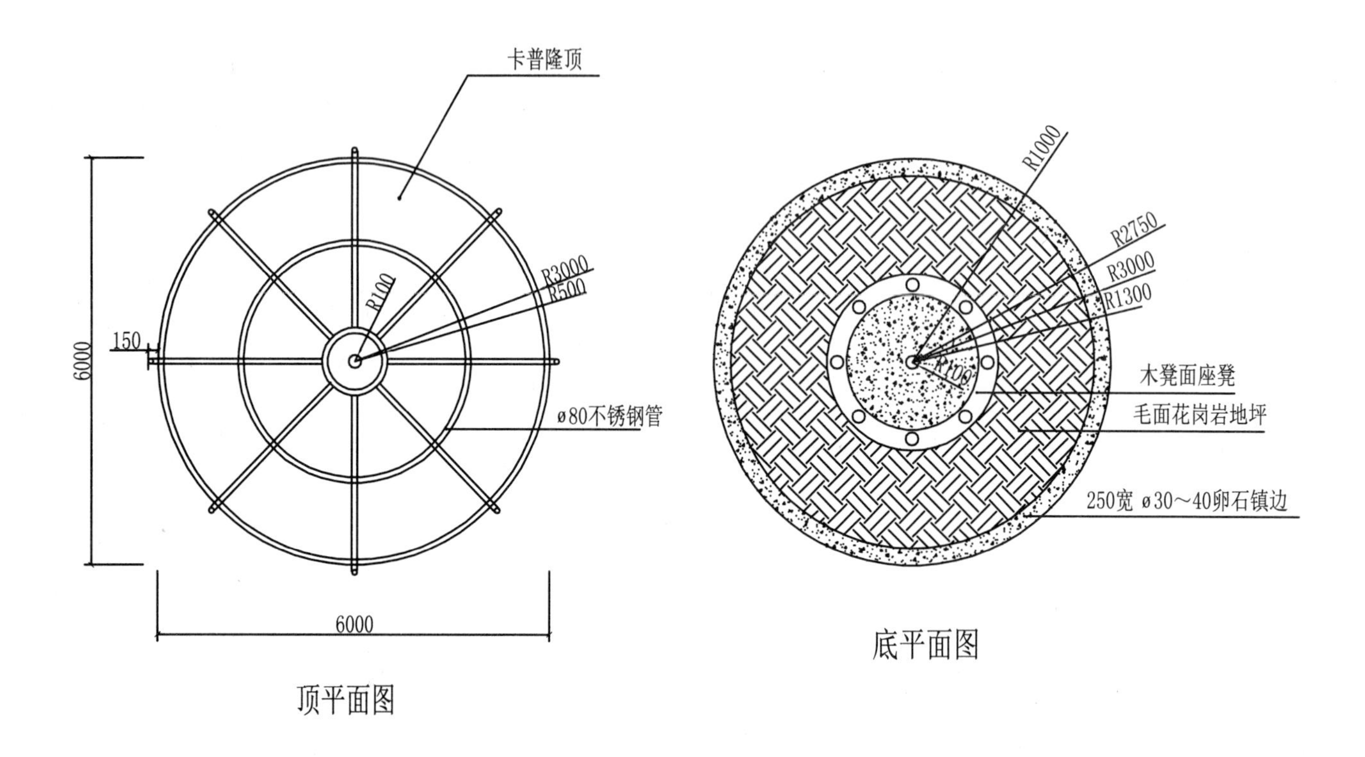

顶平面图

底平面图

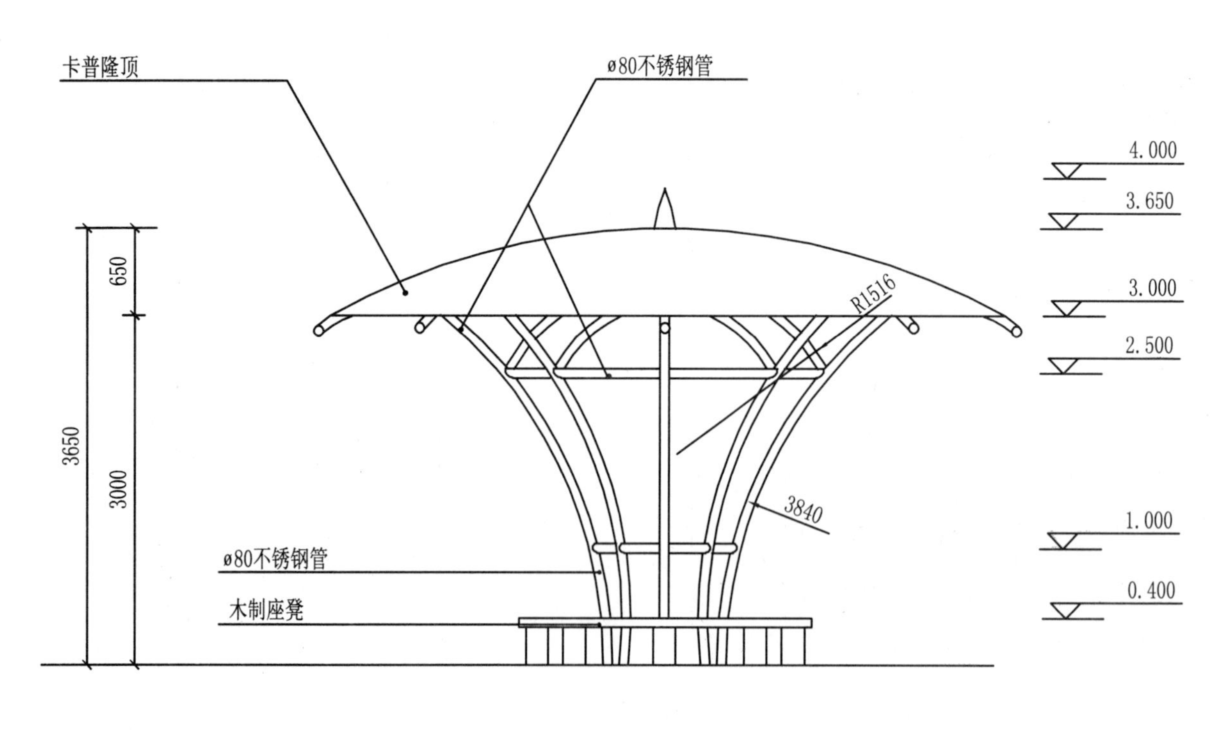

立面图

圆亭方案三

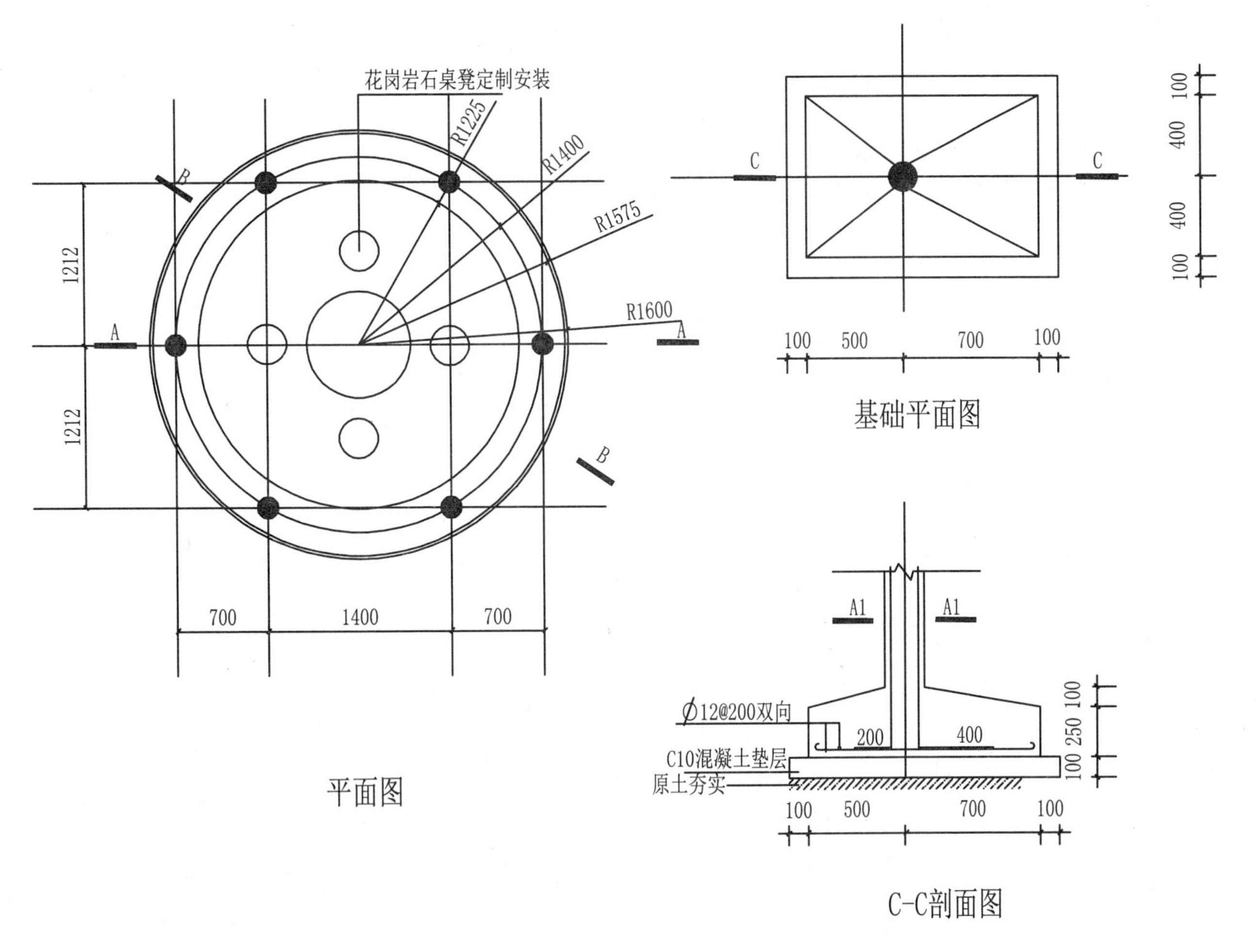

平面图

基础平面图

C-C剖面图

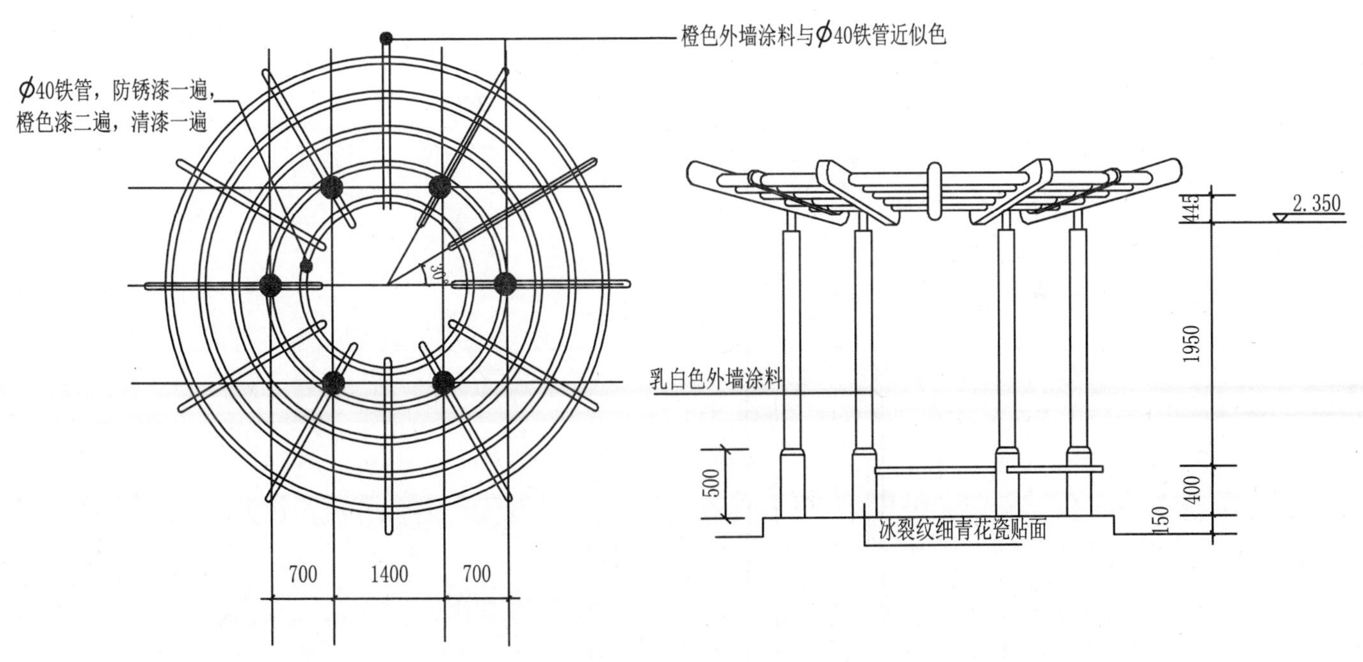

俯视平面图

立面图

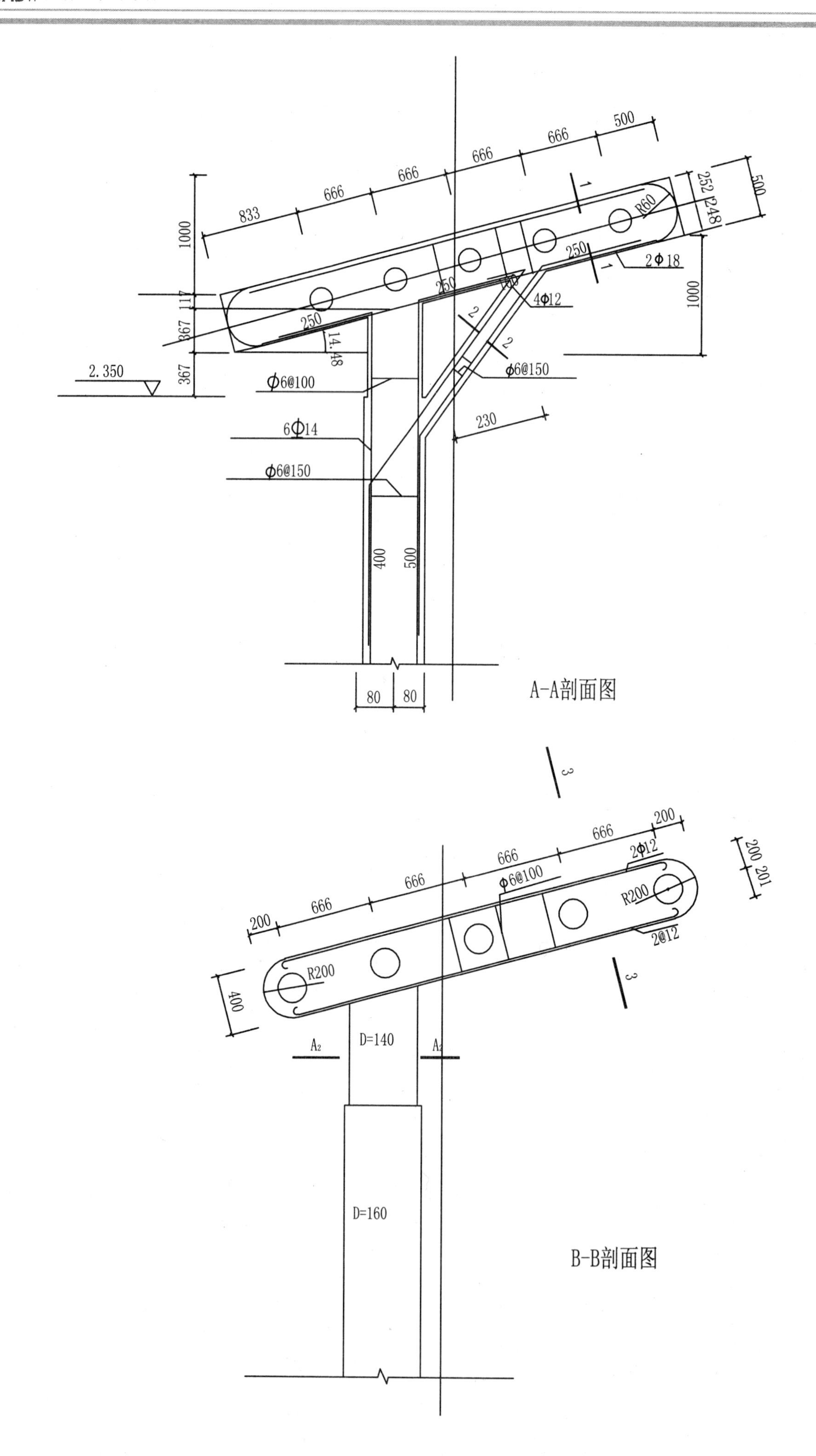
833
666
666
666
666
500
1000
117
367
367
2.350
250
14.48
250
250
R60
252
248
500
2Φ18
4Φ12
1000
Φ6@100
Φ6@150
6Φ14
Φ6@150
230
400
500
80
80
200
666
666
666
666
200
Φ6@100
2Φ12
R200
R200
2@12
200
201
400
D=140
A2
A2
D=160

A-A剖面图

B-B剖面图

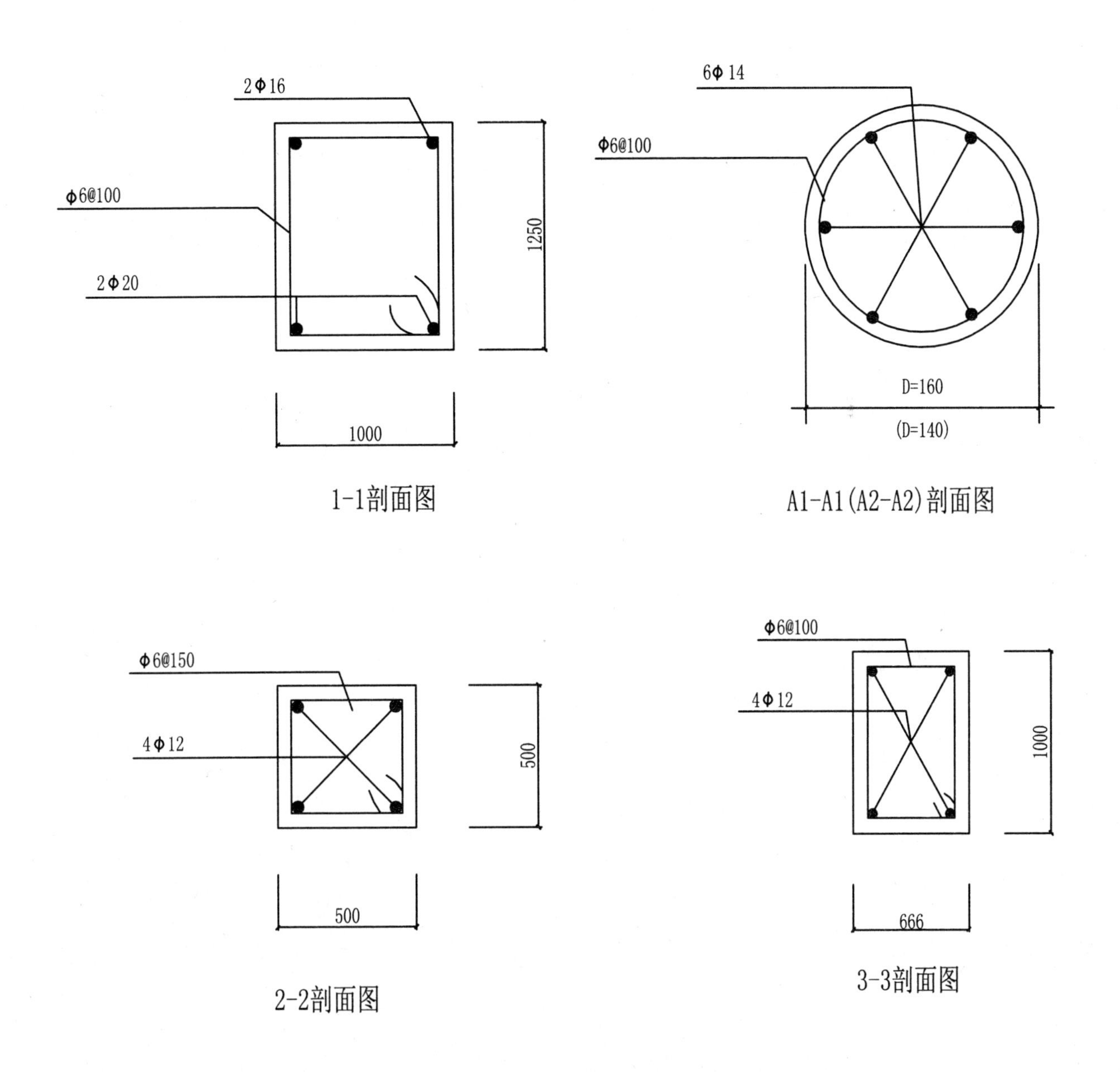

1-1剖面图

A1-A1(A2-A2)剖面图

2-2剖面图

3-3剖面图

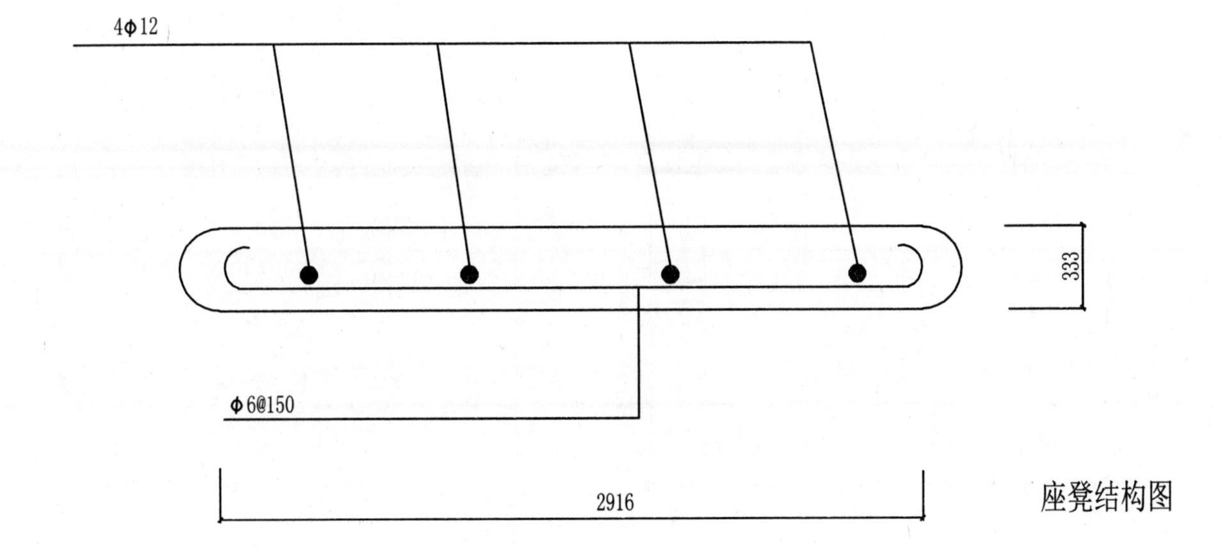

座凳结构图

圆亭方案四

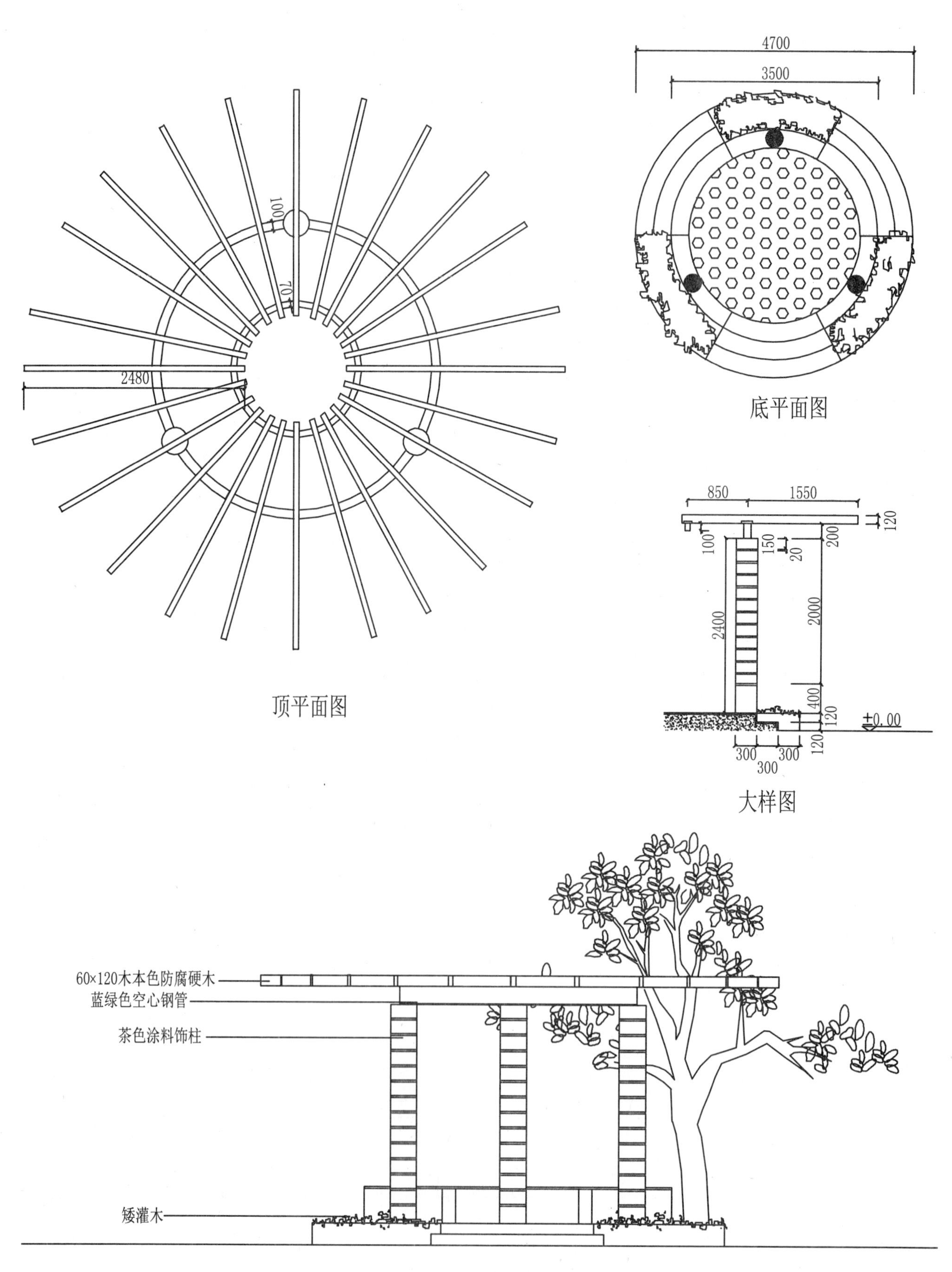
100
70
2480
顶平面图
4700
3500
底平面图
850
1550
120
100
150
20
200
2400
2000
400
120
±0.00
300
300
300
120
大样图
60×120木本色防腐硬木
蓝绿色空心钢管
茶色涂料饰柱
矮灌木
立面图

圆亭方案五

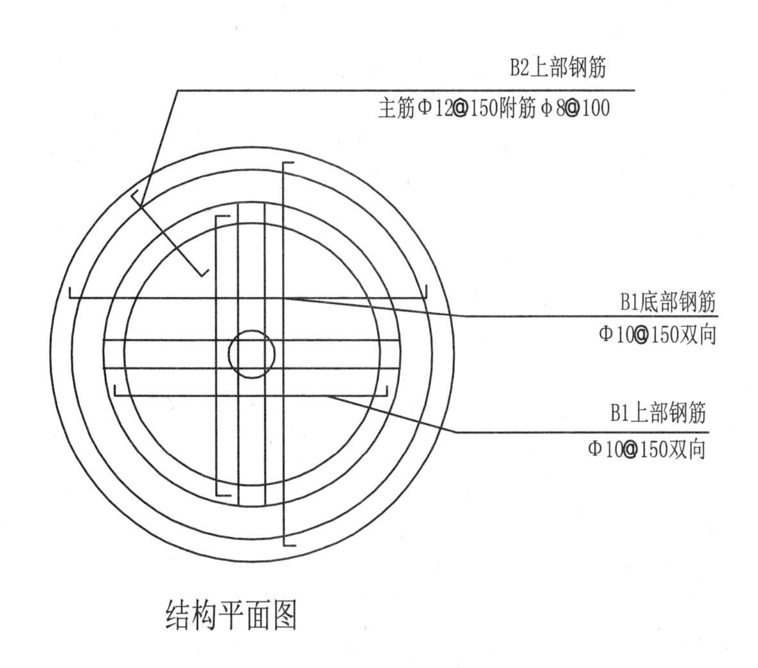

结构平面图

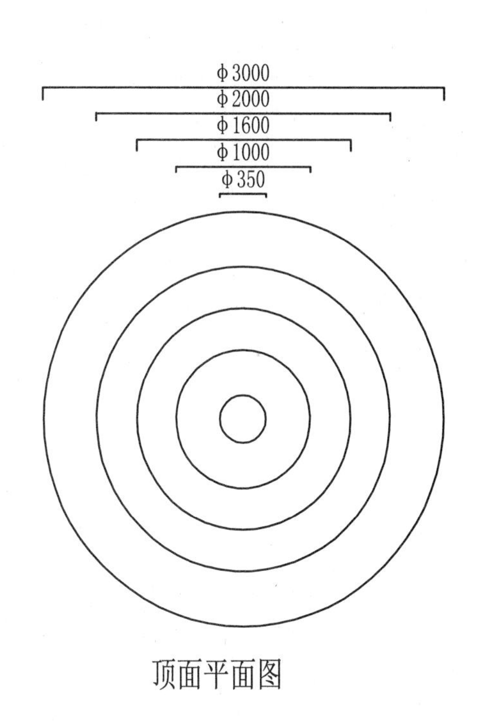

顶面平面图

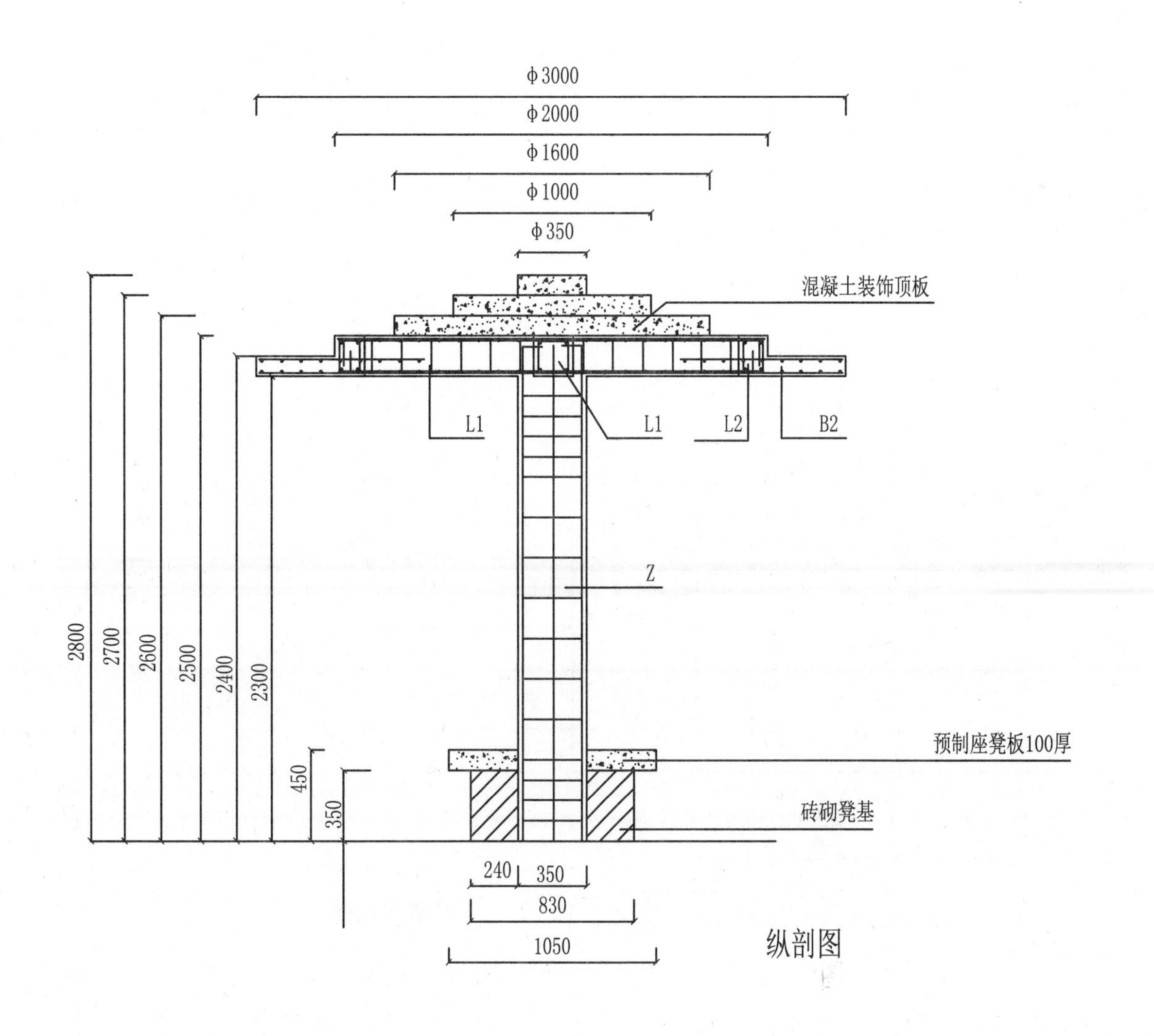

纵剖图

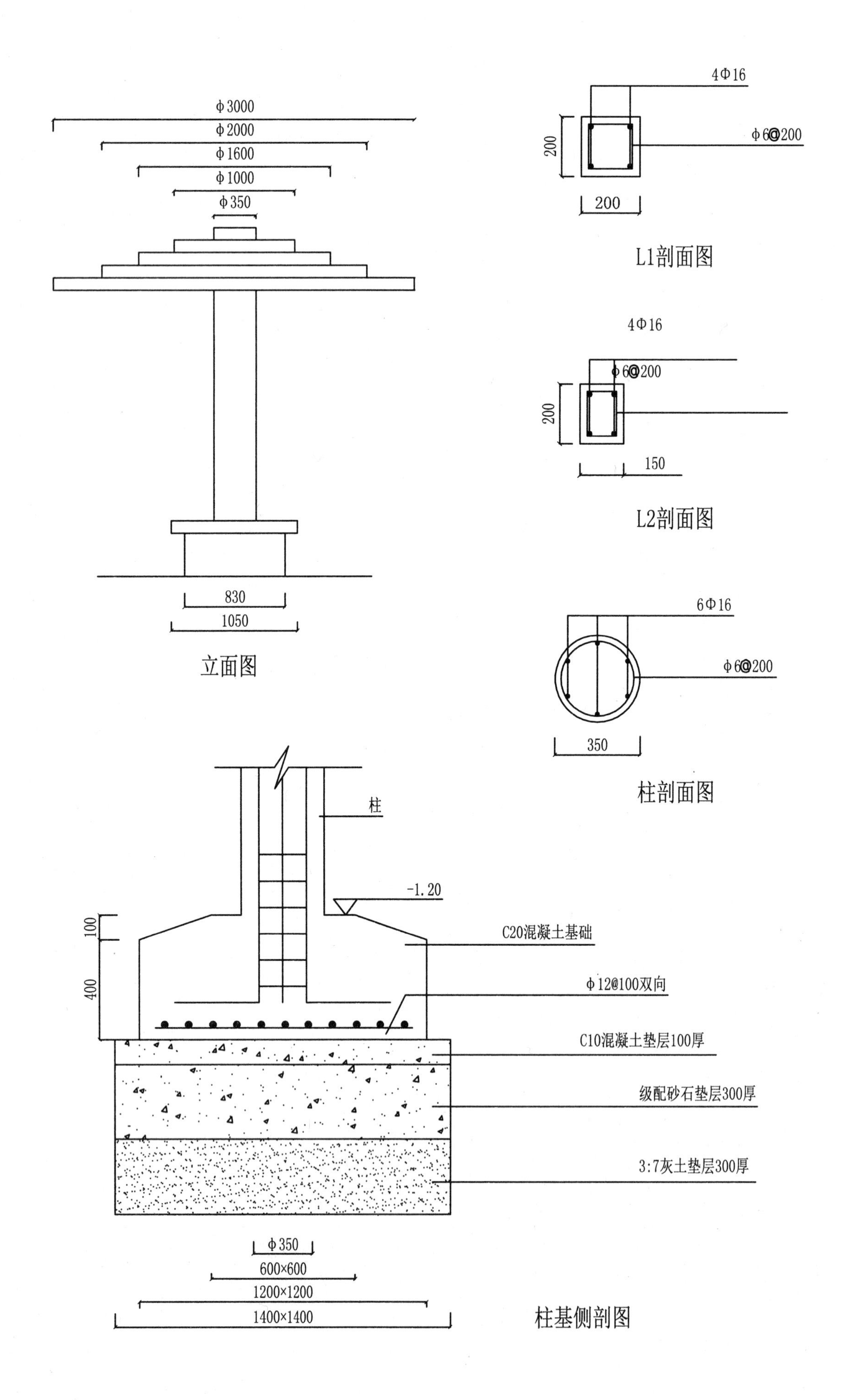
φ3000
φ2000
φ1600
φ1000
φ350
830
1050
立面图
4Φ16
φ6@200
200
200
L1剖面图
4Φ16
φ6@200
200
150
L2剖面图
6Φ16
φ6@200
350
柱剖面图
柱
-1.20
C20混凝土基础
φ12@100双向
C10混凝土垫层100厚
级配砂石垫层300厚
3:7灰土垫层300厚
100
400
φ350
600×600
1200×1200
1400×1400
柱基侧剖图

圆亭方案六

圆亭方案六

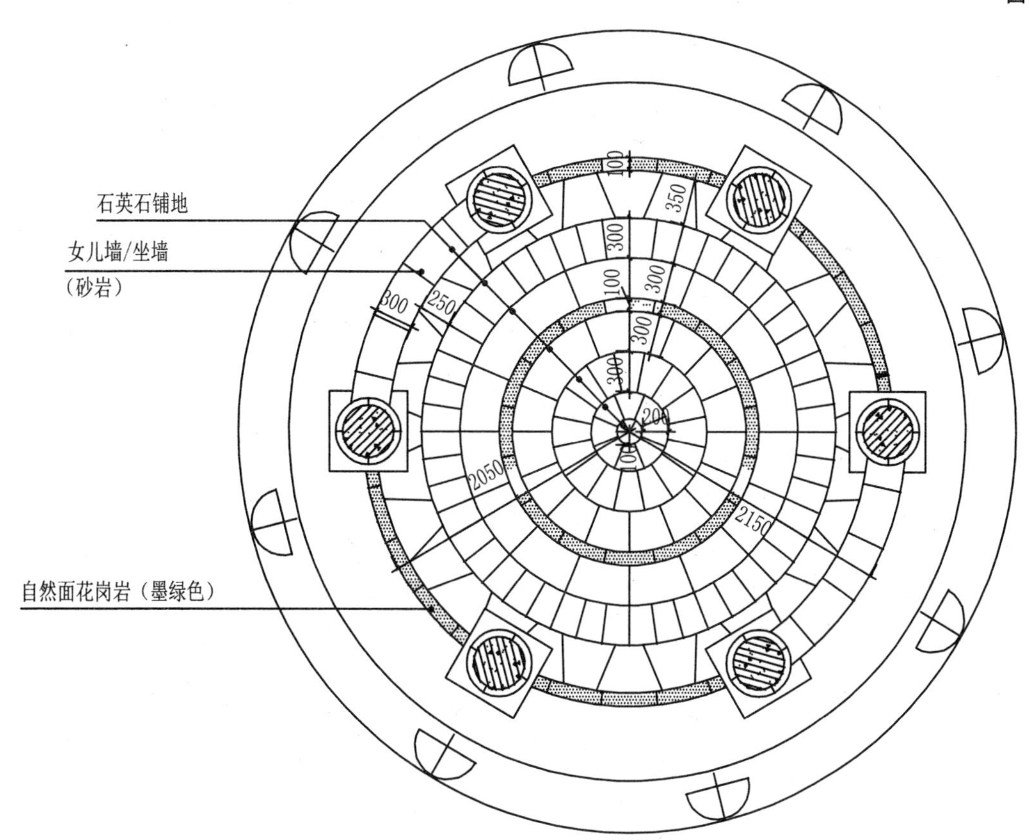

底平面图

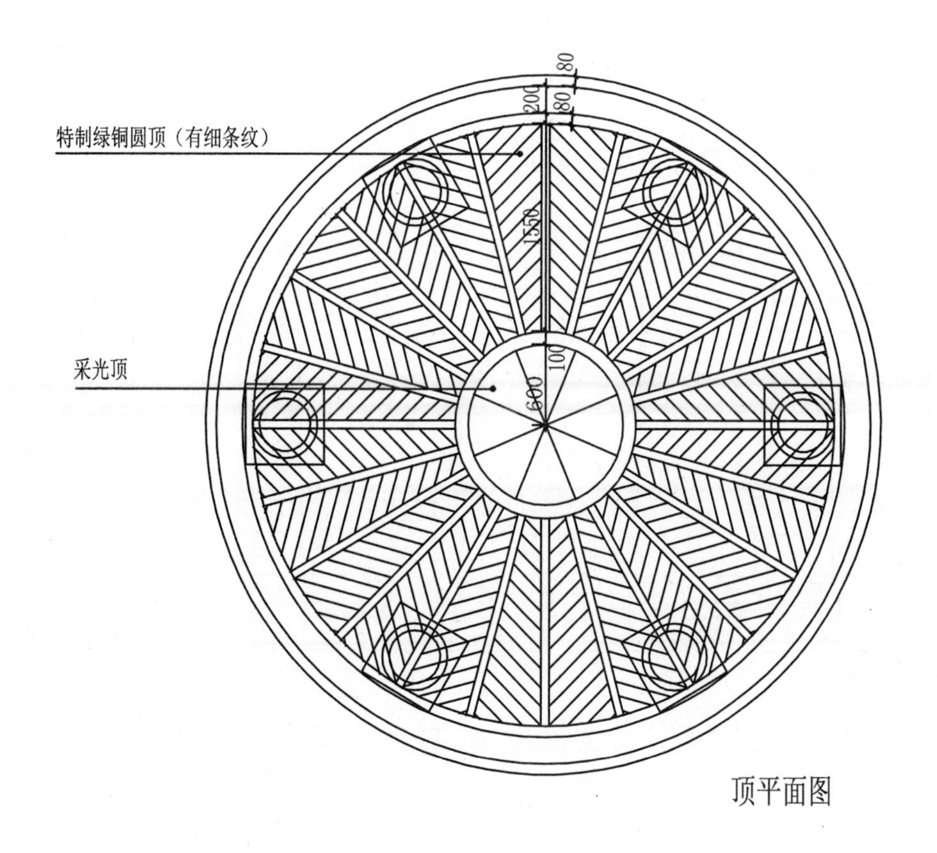

顶平面图

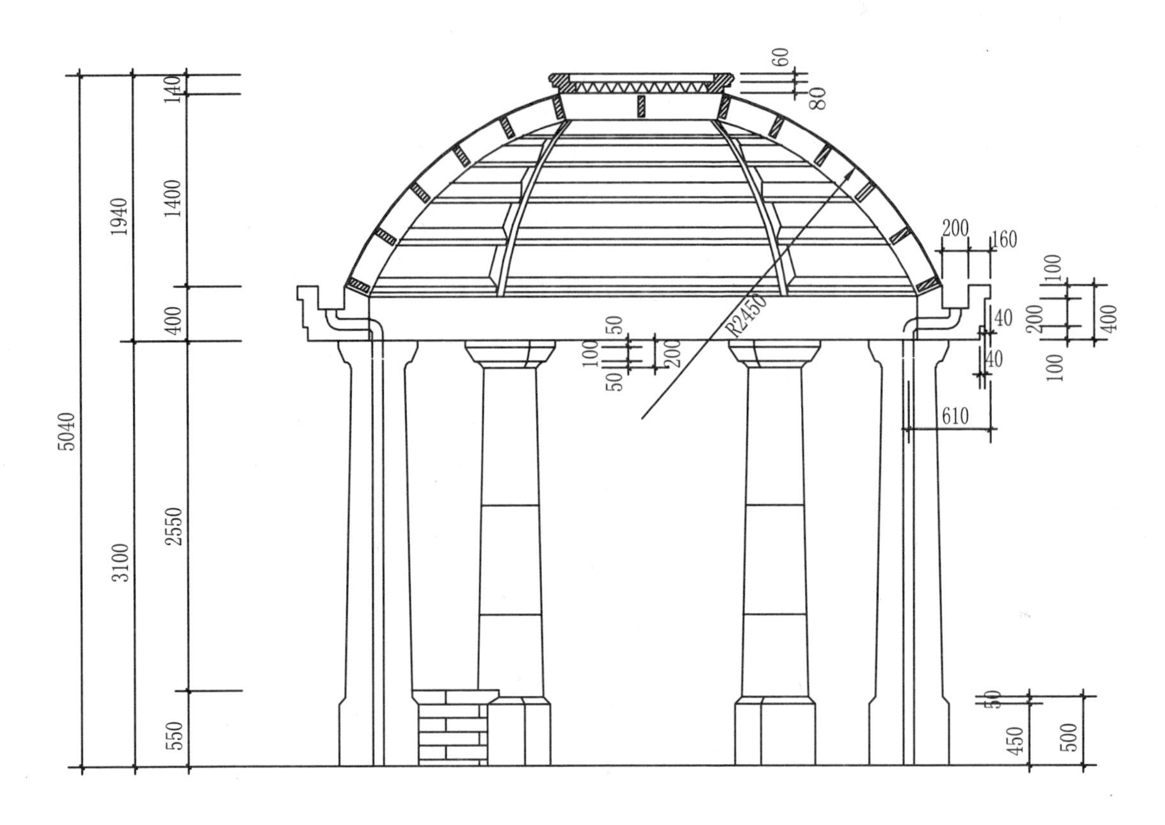

140
1400
1940
400
5040
2550
3100
550
60
80
200
160
R2450
100
200
400
40
40
100
50
100
50
200
610
50
450
500

剖面图

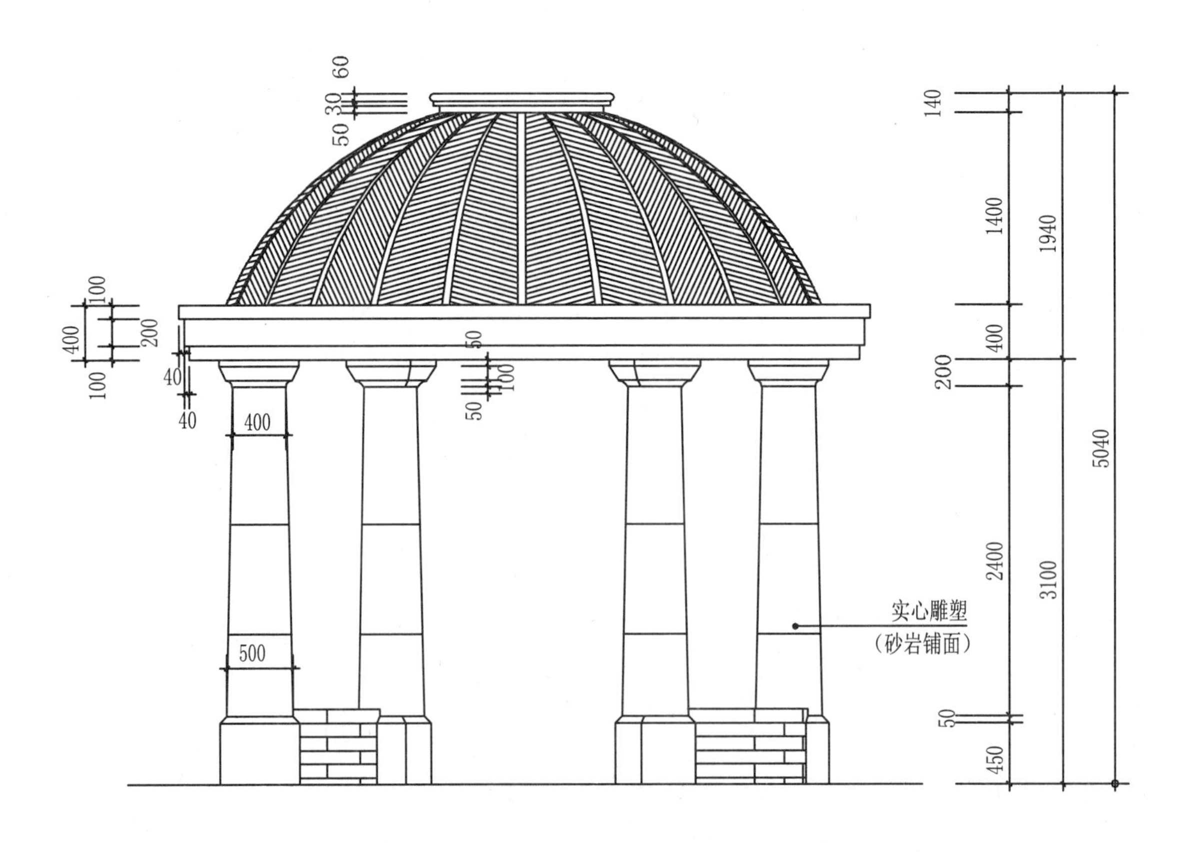

60
30
50
100
400
200
100
40
40
50
100
50
400
500
140
1400
1940
400
200
5040
2400
3100
50
450
实心雕塑
（砂岩铺面）

立面图

圆亭方案七

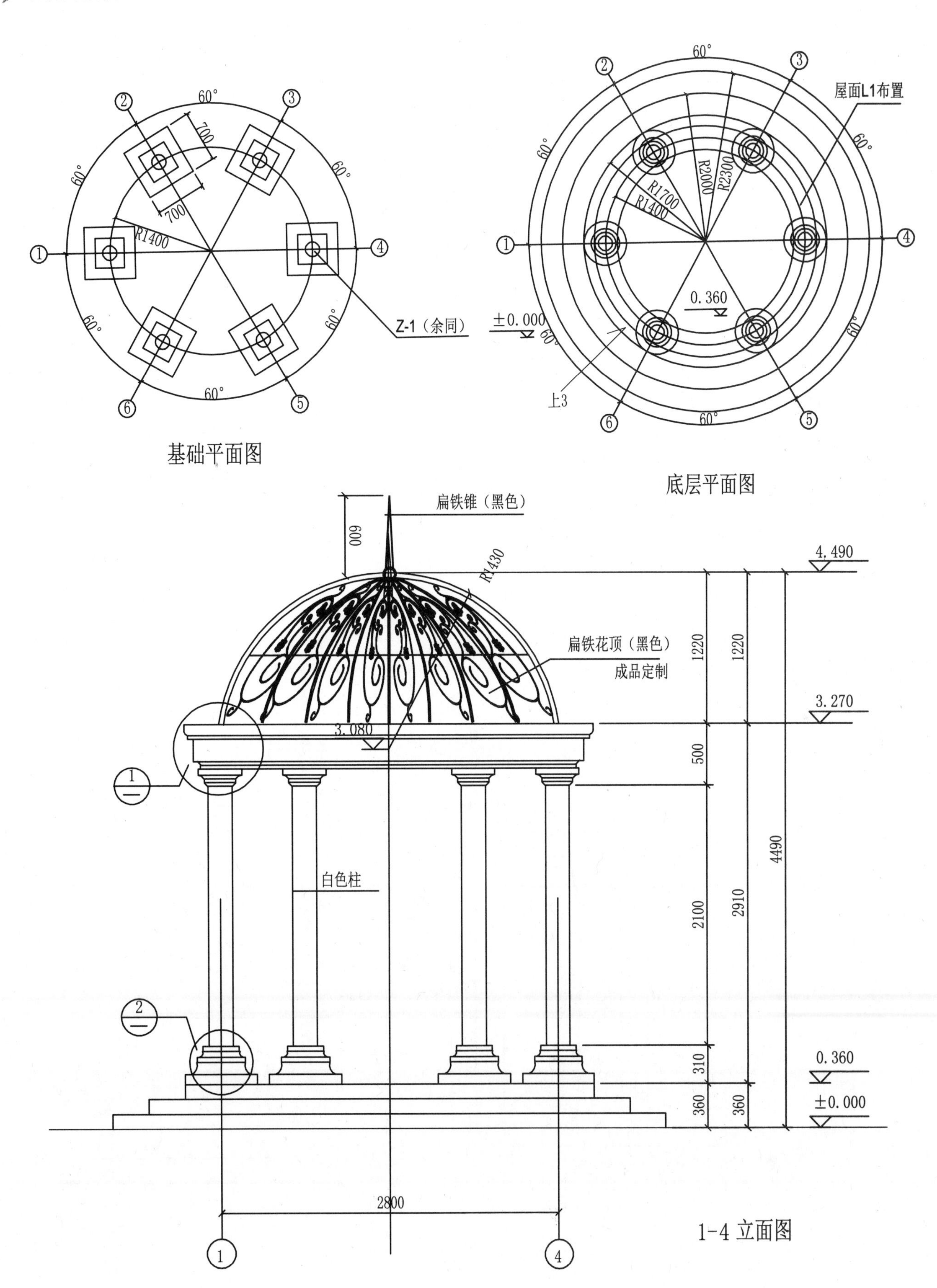

60°
700
700
R1400
Z-1（余同）
基础平面图
屋面L1布置
R2000
R2300
R1700
R1400
0.360
±0.000
上3
底层平面图
扁铁锥（黑色）
600
R1430
4.490
扁铁花顶（黑色）
成品定制
1220
3.270
3.080
500
白色柱
2100
2910
4490
310
0.360
360
±0.000
2800
1-4 立面图

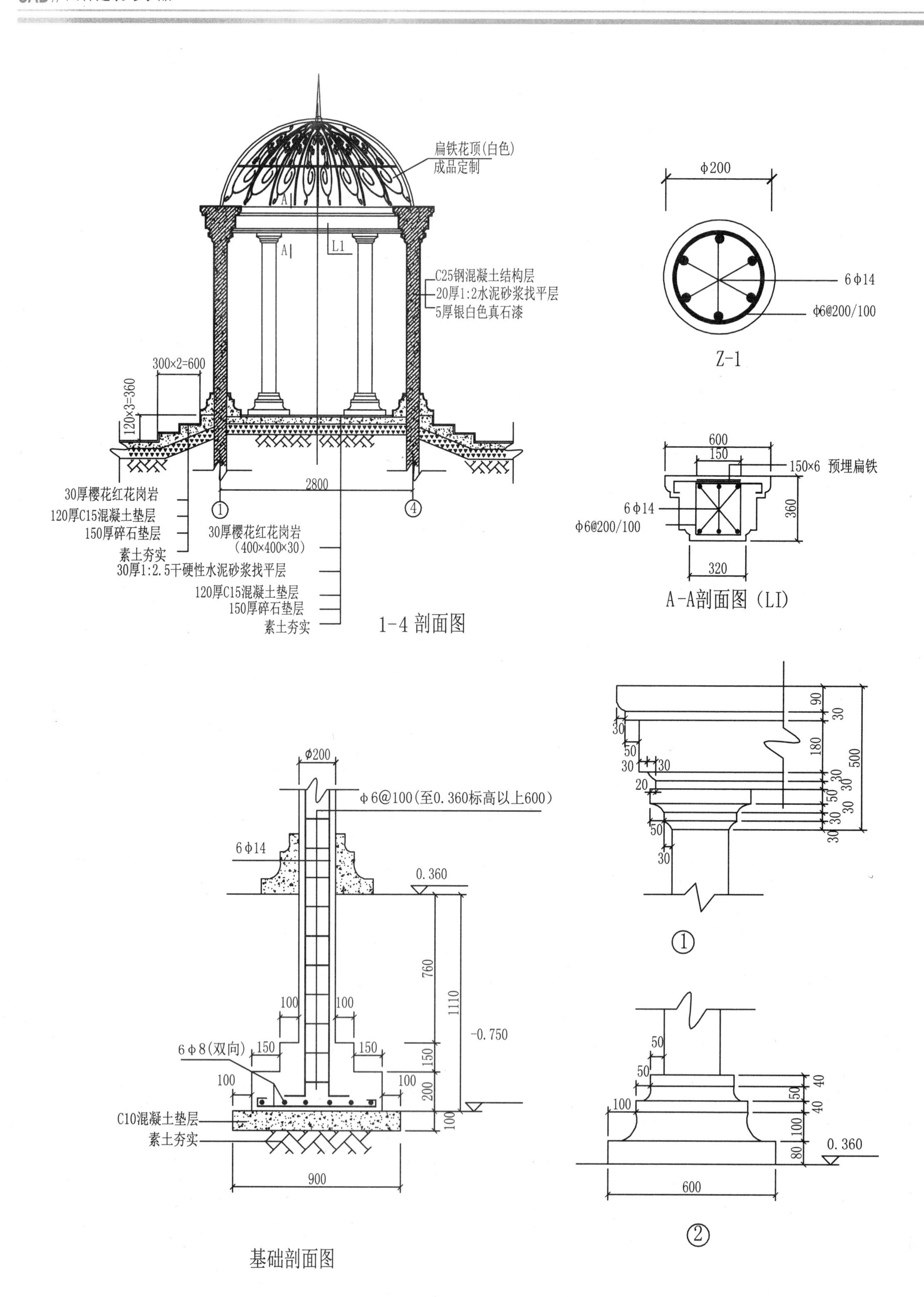
扁铁花顶(白色)
成品定制
C25钢混凝土结构层
20厚1:2水泥砂浆找平层
5厚银白色真石漆
300×2=600
120×3=360
2800
30厚樱花红花岗岩
120厚C15混凝土垫层
150厚碎石垫层
素土夯实
30厚樱花红花岗岩
(400×400×30)
30厚1:2.5干硬性水泥砂浆找平层
120厚C15混凝土垫层
150厚碎石垫层
素土夯实
1-4 剖面图
ϕ200
6ϕ14
ϕ6@200/100
Z-1
600
150
150×6 预埋扁铁
6ϕ14
ϕ6@200/100
360
320
A-A剖面图 (LI)
ϕ200
ϕ6@100(至0.360标高以上600)
6ϕ14
0.360
760
1110
-0.750
6ϕ8(双向)
C10混凝土垫层
素土夯实
900
基础剖面图
600
0.360

四角亭

四角亭方案一

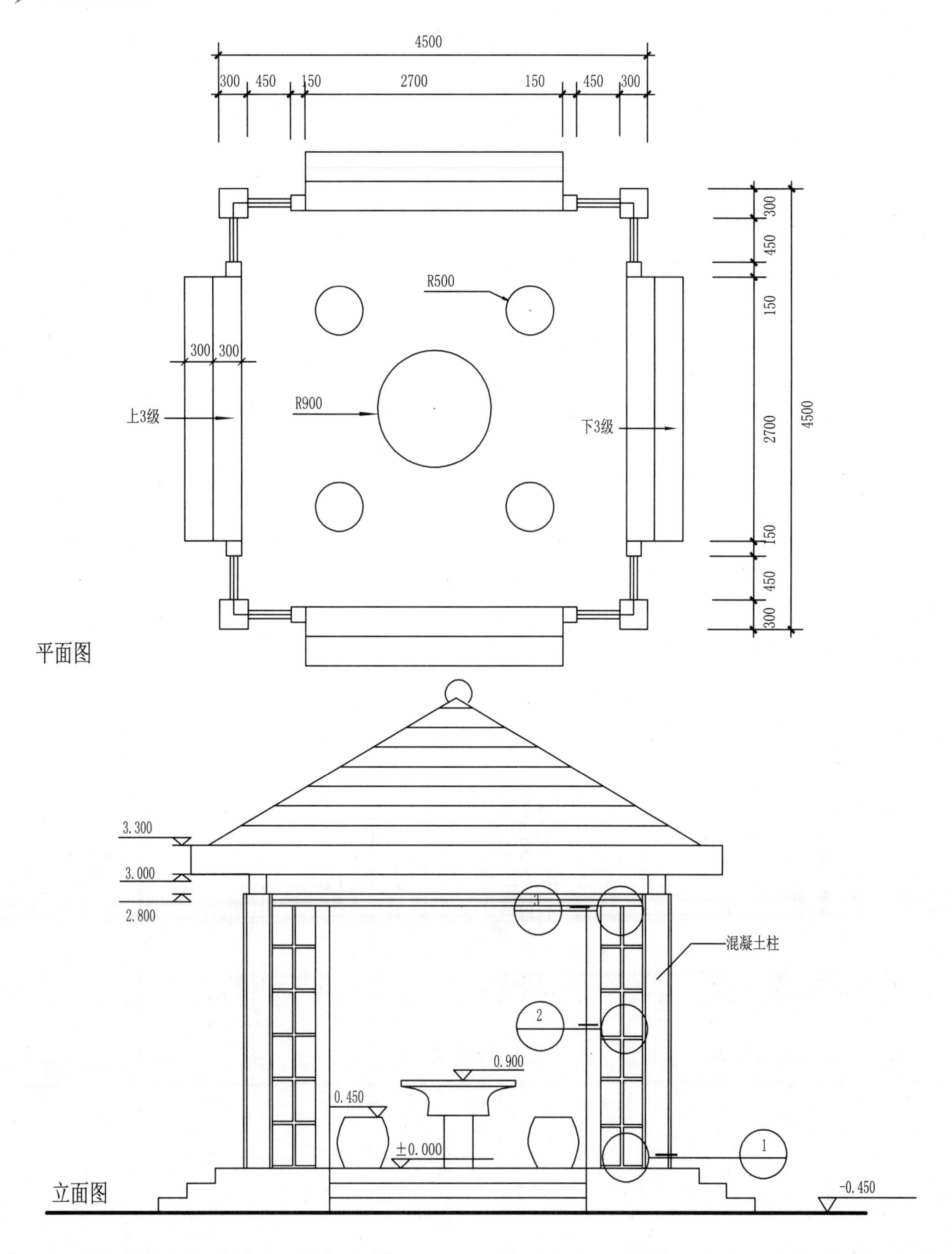
4500
300
450
150
2700
150
450
300
R500
300
300
R900
上3级
下3级
300
450
150
2700
4500
150
450
300
平面图
3.300
3.000
2.800
3
混凝土柱
2
0.900
0.450
±0.000
1
-0.450
立面图

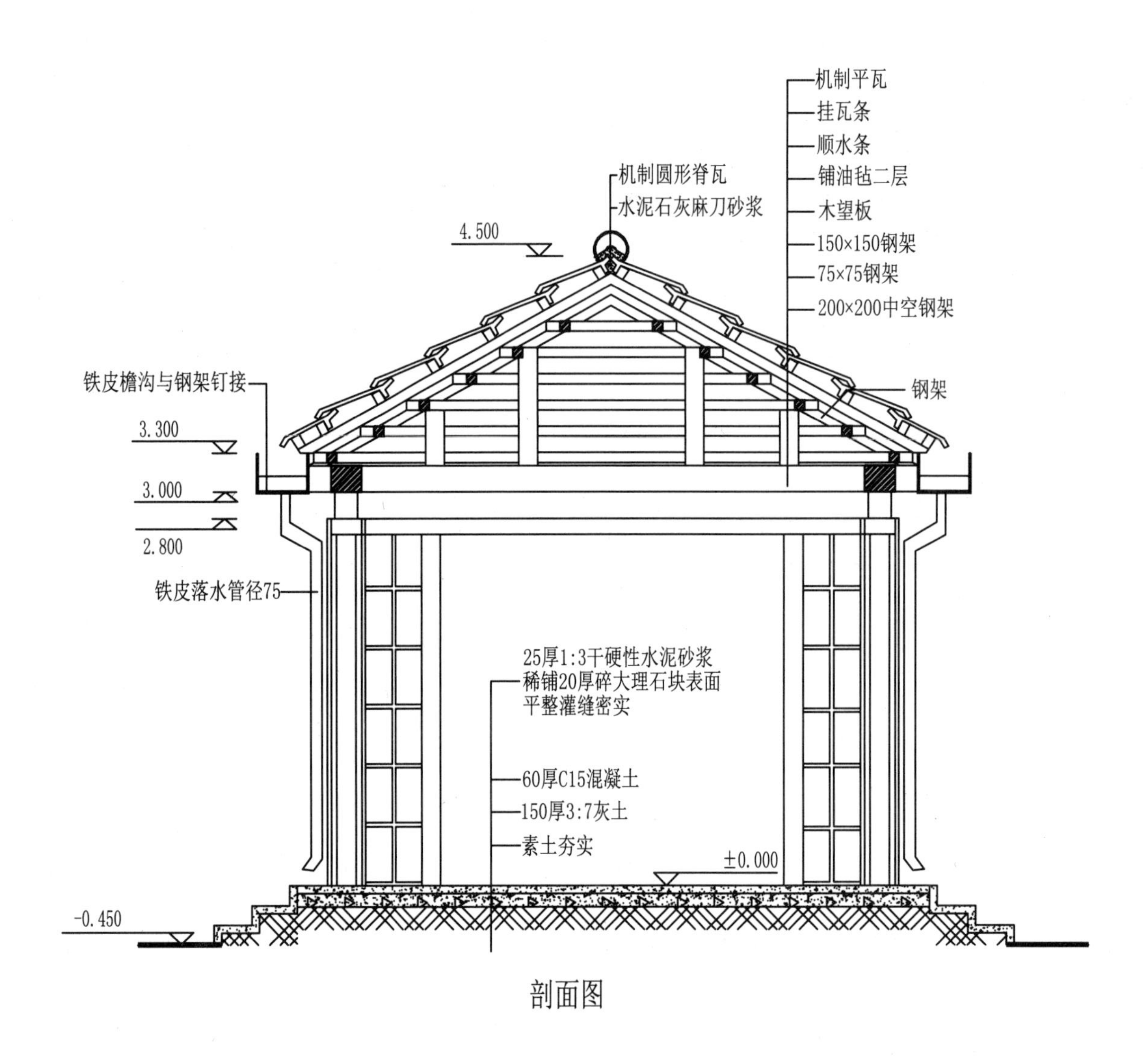
机制平瓦
挂瓦条
顺水条
铺油毡二层
木望板
150×150钢架
75×75钢架
200×200中空钢架
机制圆形脊瓦
水泥石灰麻刀砂浆
4.500
铁皮檐沟与钢架钉接
钢架
3.300
3.000
2.800
铁皮落水管径75
25厚1:3干硬性水泥砂浆
稀铺20厚碎大理石块表面
平整灌缝密实
60厚C15混凝土
150厚3:7灰土
素土夯实
±0.000
-0.450

剖面图

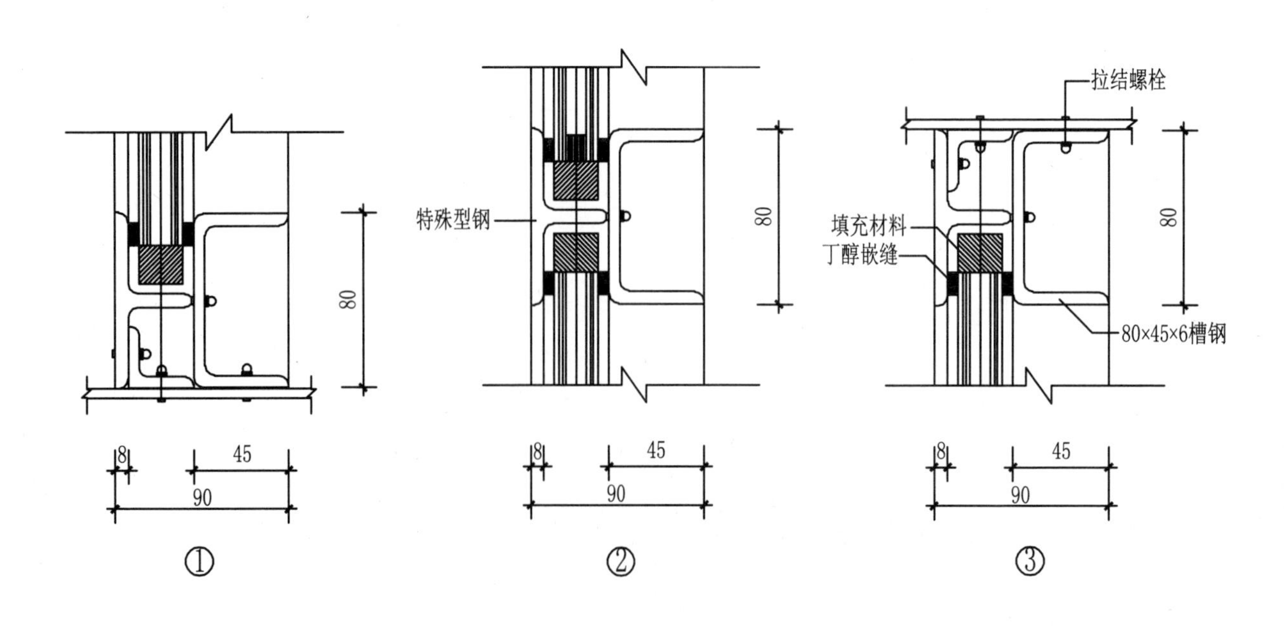
特殊型钢
拉结螺栓
填充材料
丁醇嵌缝
80×45×6槽钢
80
8
45
90
①
②
③

四角亭方案二

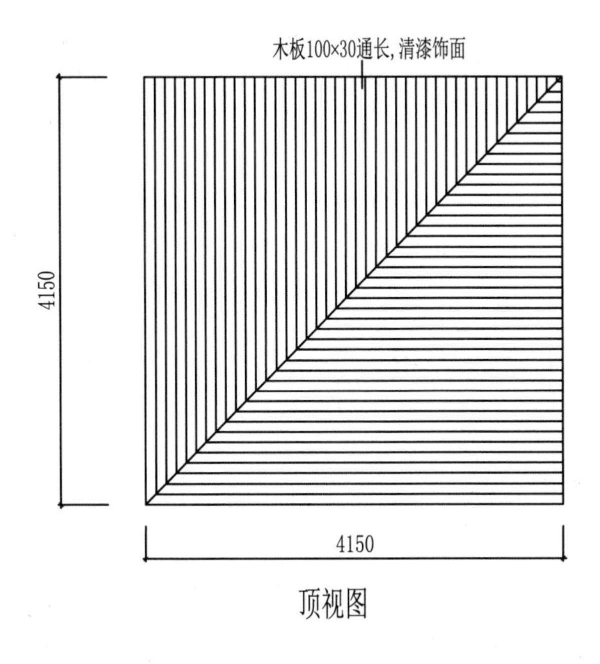

顶视图

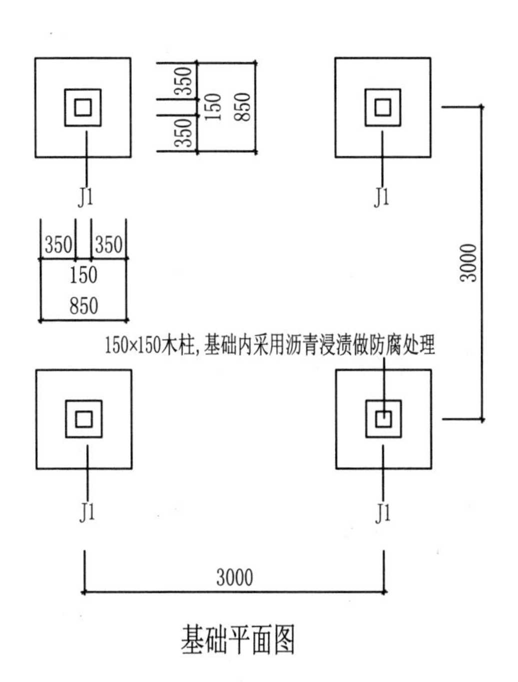

基础平面图

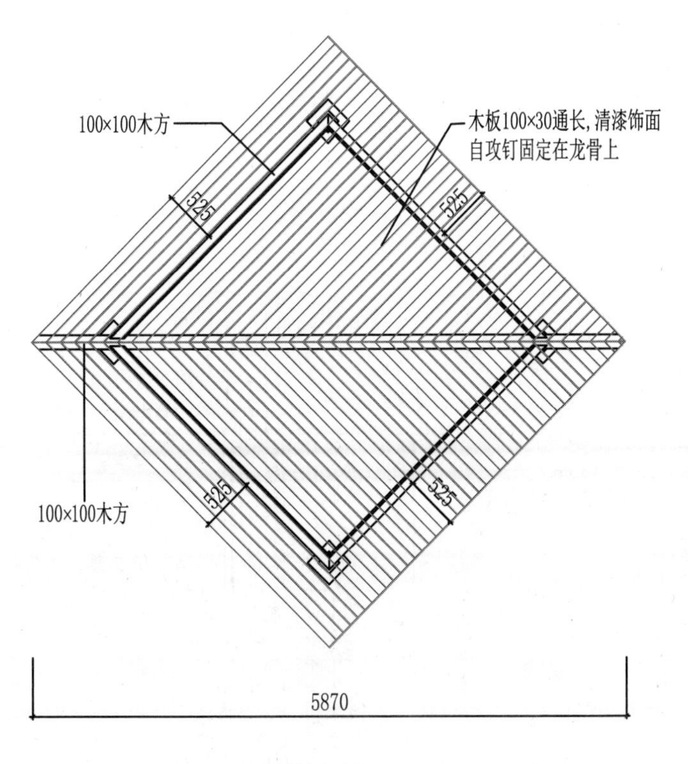

平面构架图

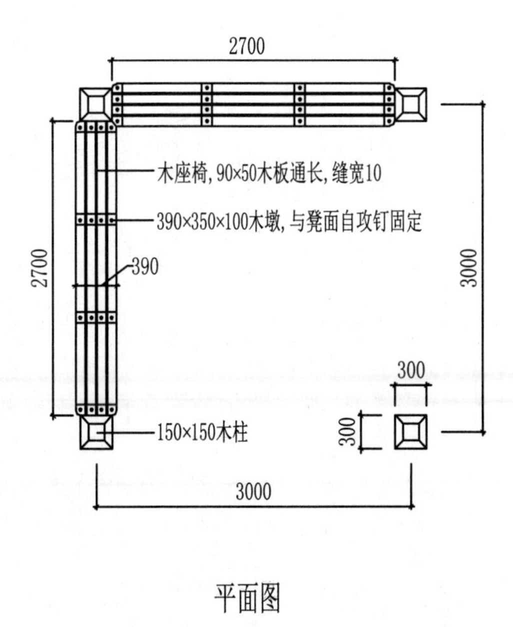

平面图

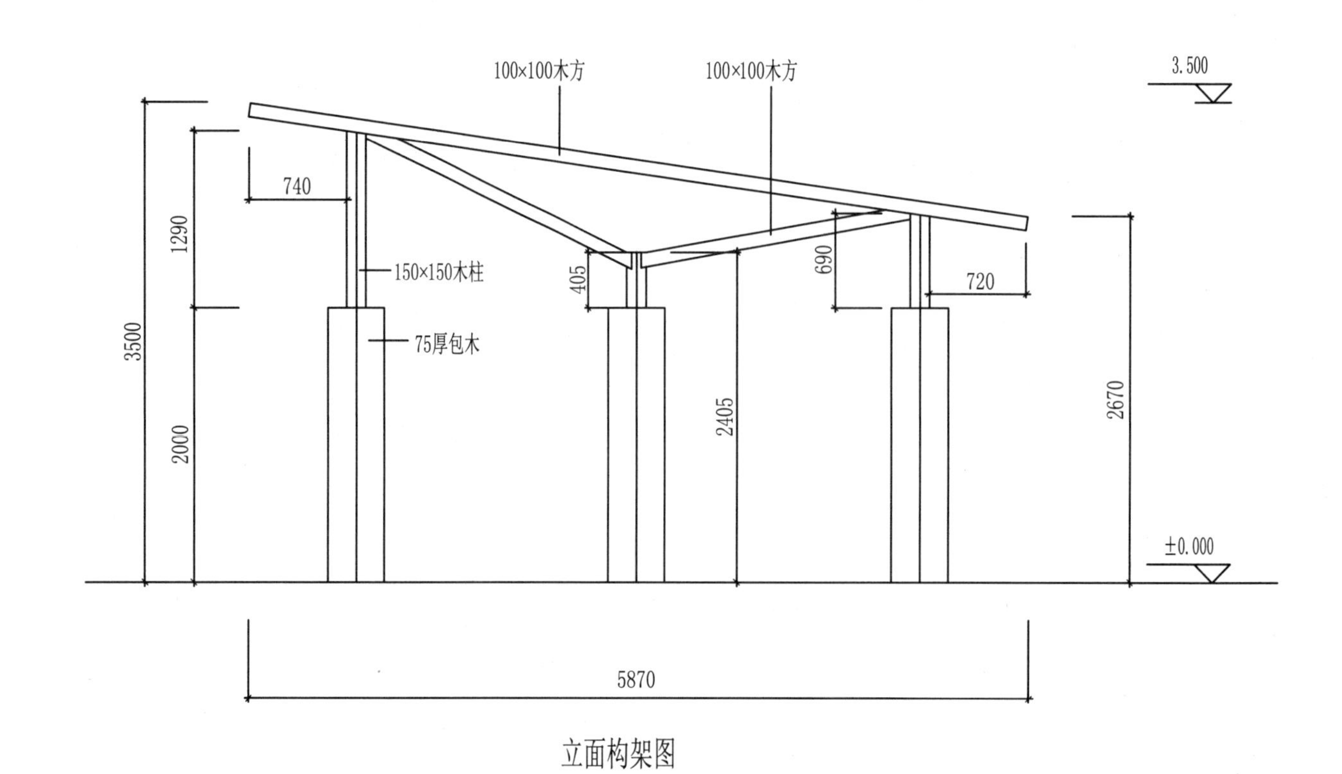

立面构架图

4150
3.500
木板100×30通长
3500
150
150×150木柱
75厚包木
425
425
300
木座椅
2000
850
900
850
50
400
100
±0.000
3000

立面图

4ø12, ø8@200
350
150×150木柱
350

75厚包木
75 150 75
150×150木柱
ø6螺栓@500, 沉头固定
C20现浇混凝土
1000
4 ø 12
900
1300
ø8@200
ø10@150双向
200
200
300
-1.300
100
C15素混凝土垫层厚100
100 300 350 300 100
1150

J1

四角亭方案三

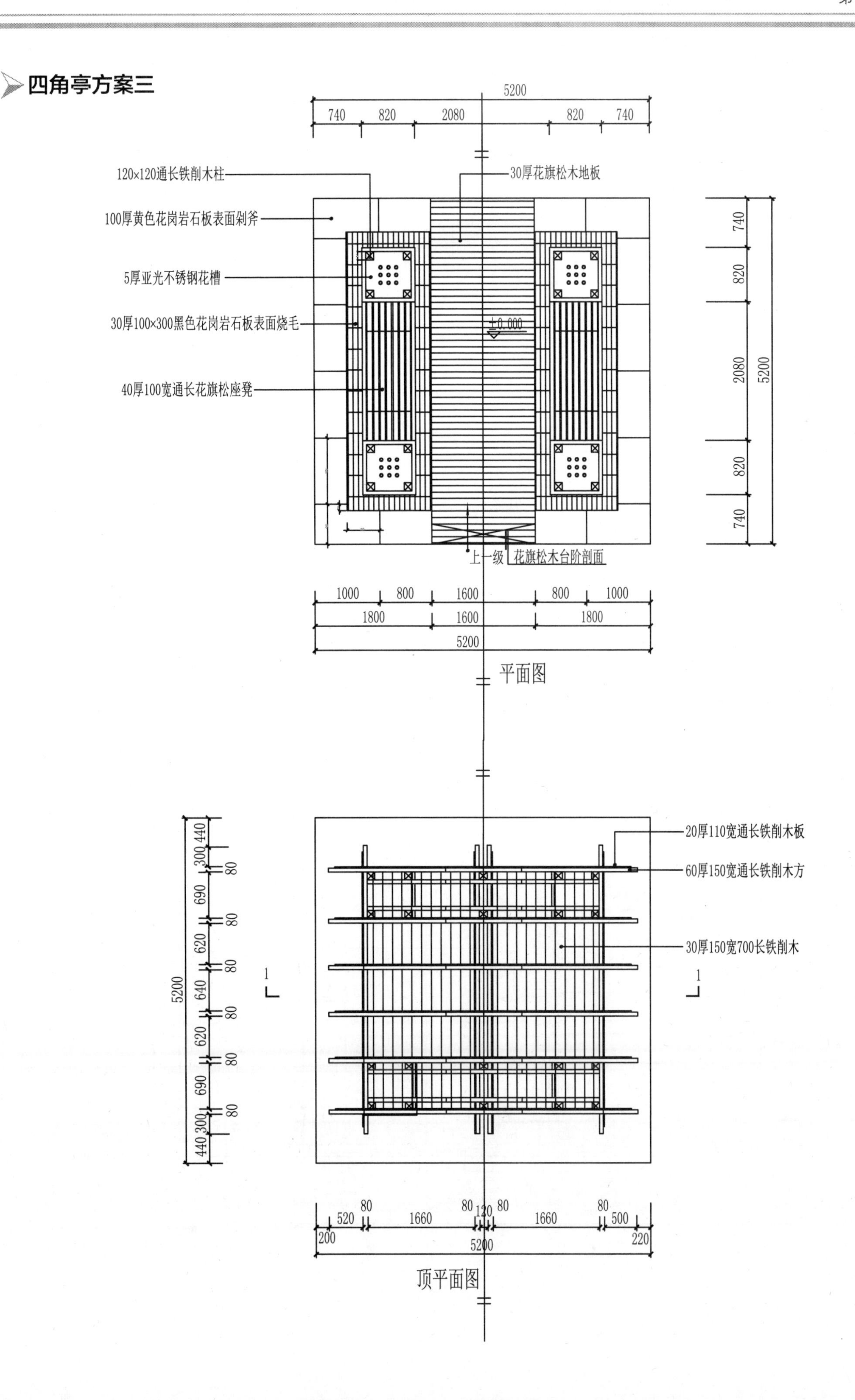
5200
740
820
2080
820
740
120×120通长铁削木柱
30厚花旗松木地板
100厚黄色花岗岩石板表面剁斧
5厚亚光不锈钢花槽
30厚100×300黑色花岗岩石板表面烧毛
±0.000
40厚100宽通长花旗松座凳
上一级
花旗松木台阶剖面
1000
800
1600
800
1000
1800
1600
1800
5200
平面图
20厚110宽通长铁削木板
60厚150宽通长铁削木方
30厚150宽700长铁削木
440
300
80
690
80
620
80
640
80
620
80
690
80
300
440
5200
1
1
520
80
1660
80
120
80
1660
80
500
200
5200
220
顶平面图

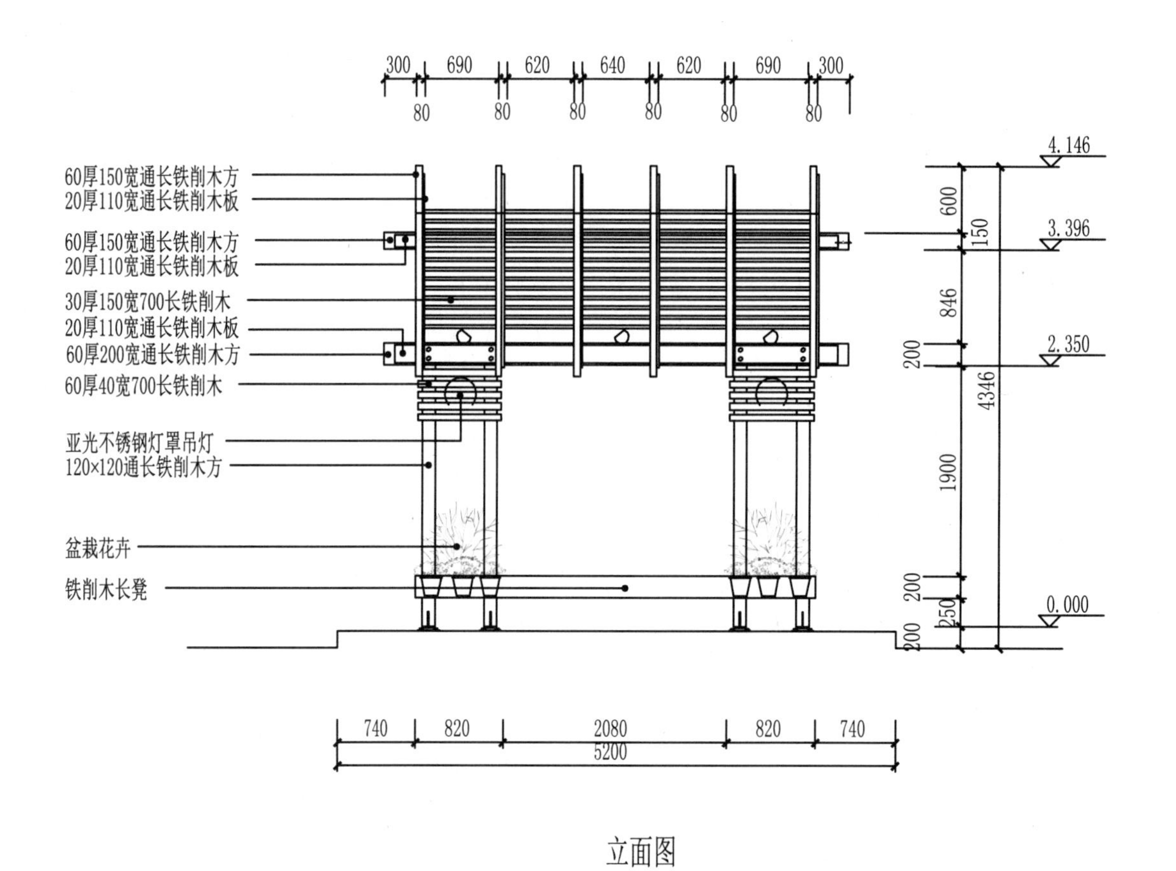
60厚150宽通长铁削木方
20厚110宽通长铁削木板
60厚150宽通长铁削木方
20厚110宽通长铁削木板
30厚150宽700长铁削木
20厚110宽通长铁削木板
60厚200宽通长铁削木方
60厚40宽700长铁削木
亚光不锈钢灯罩吊灯
120×120通长铁削木方
盆栽花卉
铁削木长凳
4.146
3.396
2.350
0.000
5200

立面图

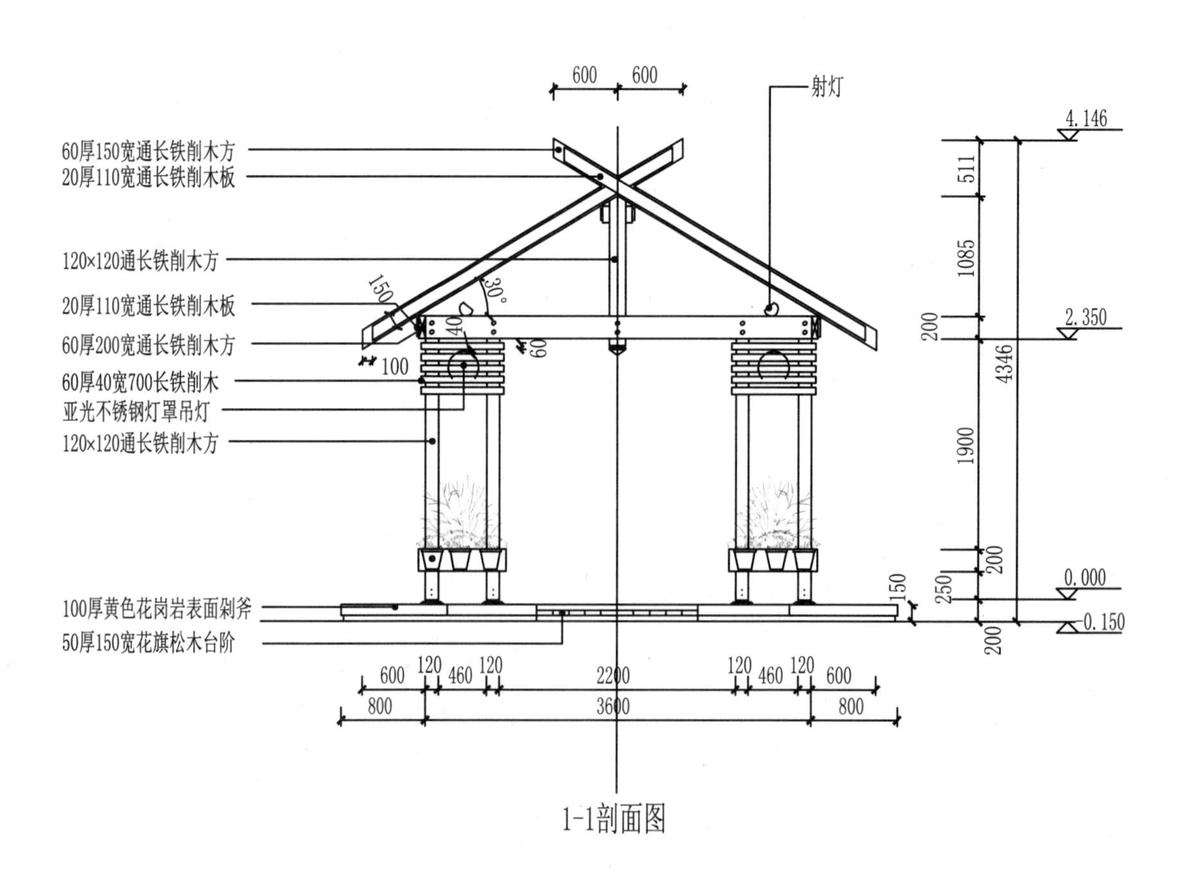
射灯
60厚150宽通长铁削木方
20厚110宽通长铁削木板
120×120通长铁削木方
20厚110宽通长铁削木板
60厚200宽通长铁削木方
60厚40宽700长铁削木
亚光不锈钢灯罩吊灯
120×120通长铁削木方
100厚黄色花岗岩表面剁斧
50厚150宽花旗松木台阶
30°
4.146
2.350
0.000
-0.150
3600

1-1剖面图

四角亭方案四

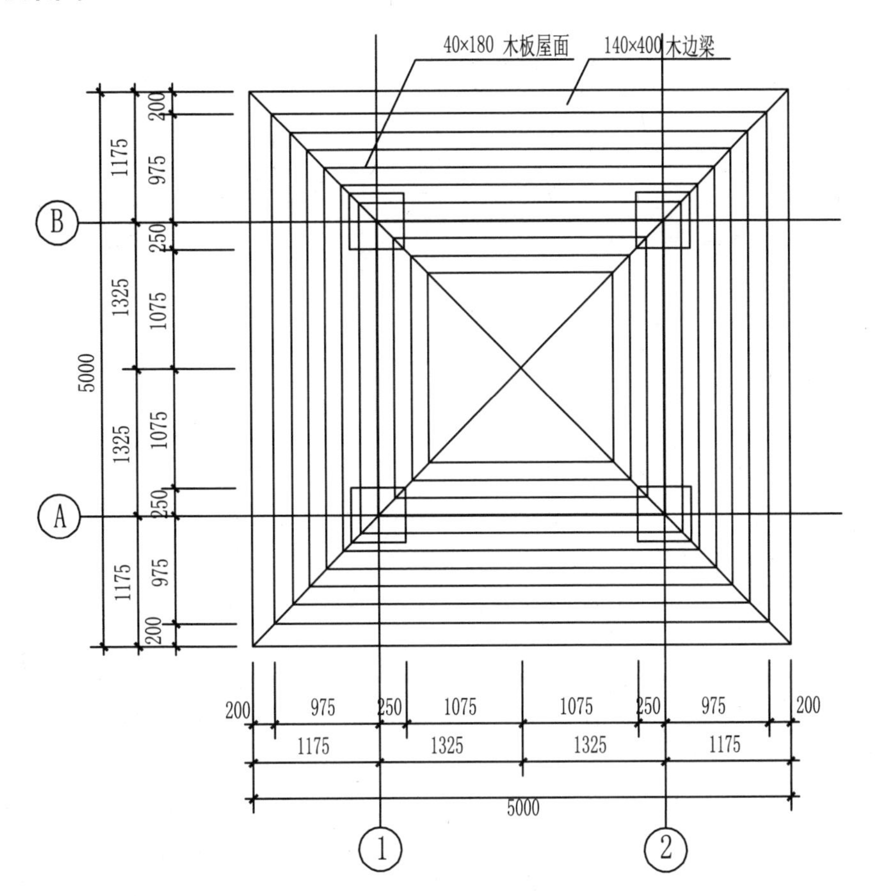

顶平面图

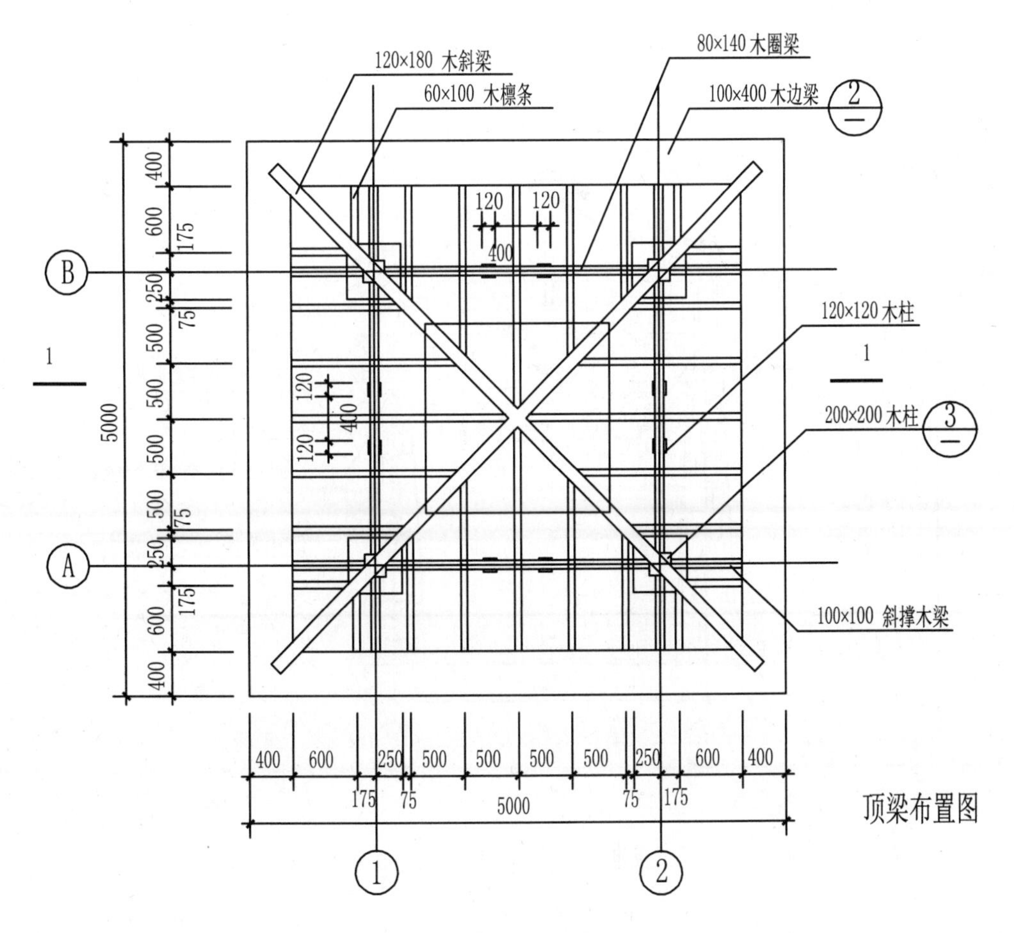

顶梁布置图

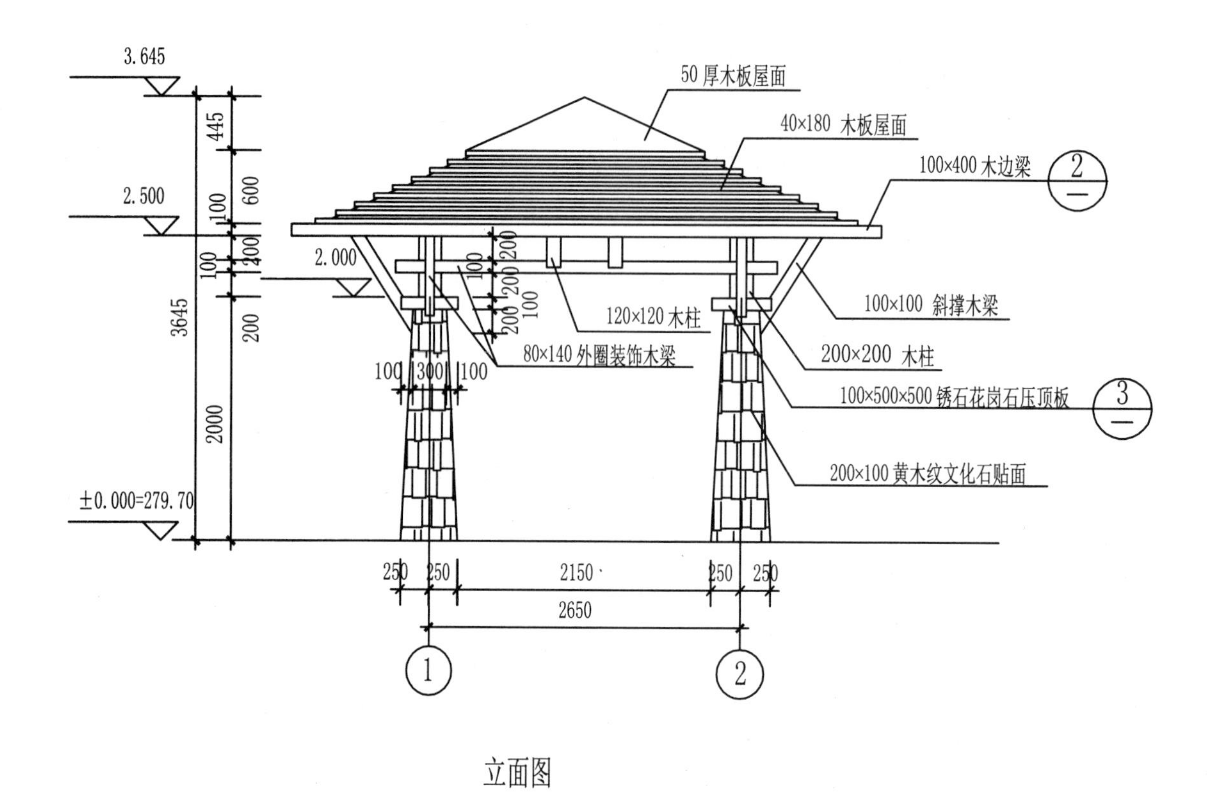
3.645
2.500
2.000
±0.000=279.70
445
600
100
200
3645
2000
50厚木板屋面
40×180 木板屋面
100×400 木边梁
100×100 斜撑木梁
120×120 木柱
200×200 木柱
80×140 外圈装饰木梁
100×500×500 锈石花岗石压顶板
200×100 黄木纹文化石贴面
100
300
250
2150
2650
1
2
3

立面图

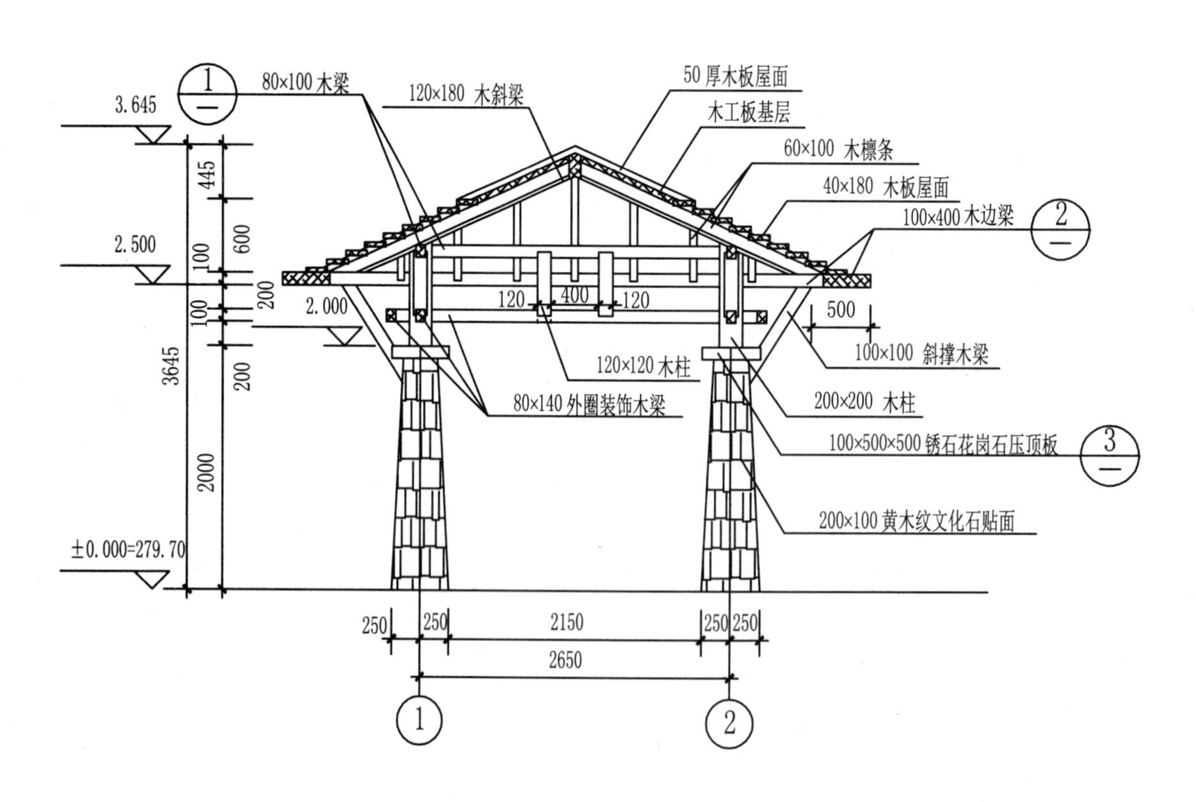
3.645
2.500
2.000
±0.000=279.70
445
600
100
200
3645
2000
80×100 木梁
120×180 木斜梁
50厚木板屋面
木工板基层
60×100 木檩条
40×180 木板屋面
100×400 木边梁
120
400
500
100×100 斜撑木梁
120×120 木柱
200×200 木柱
80×140 外圈装饰木梁
100×500×500 锈石花岗石压顶板
200×100 黄木纹文化石贴面
250
2150
2650
1
2
3

1-1剖面图

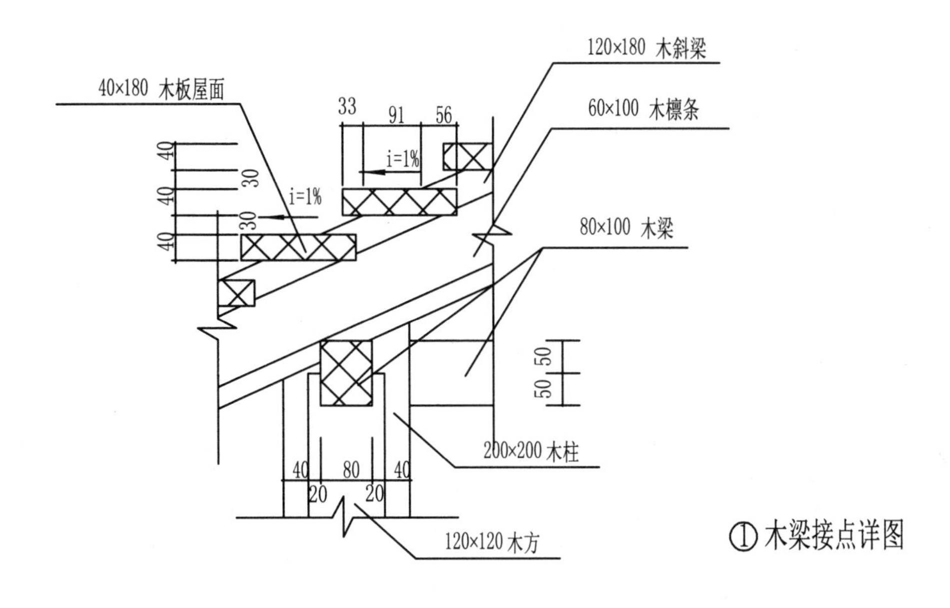

① 木梁接点详图

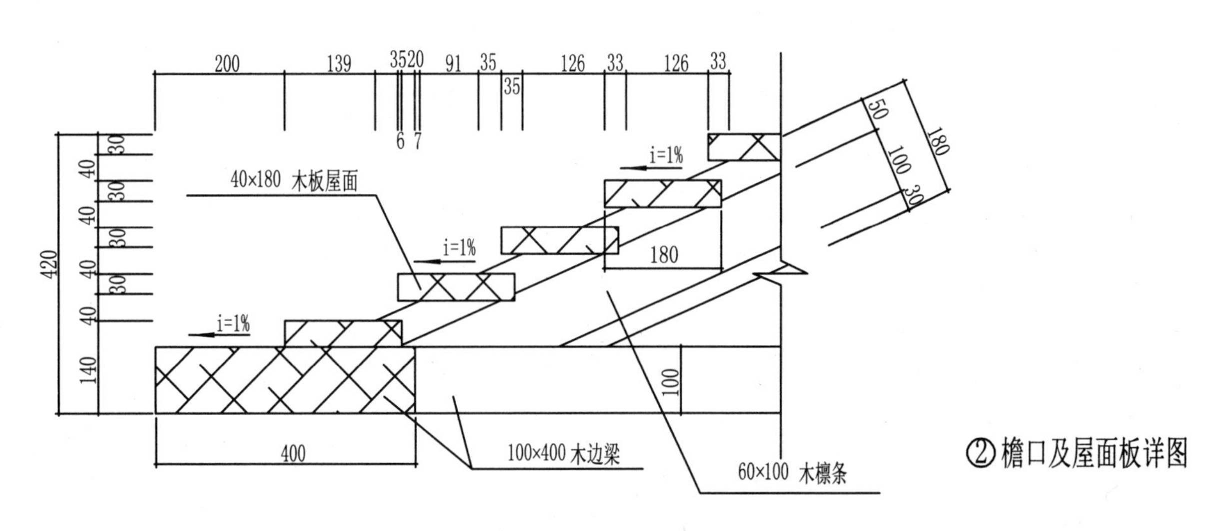

② 檐口及屋面板详图

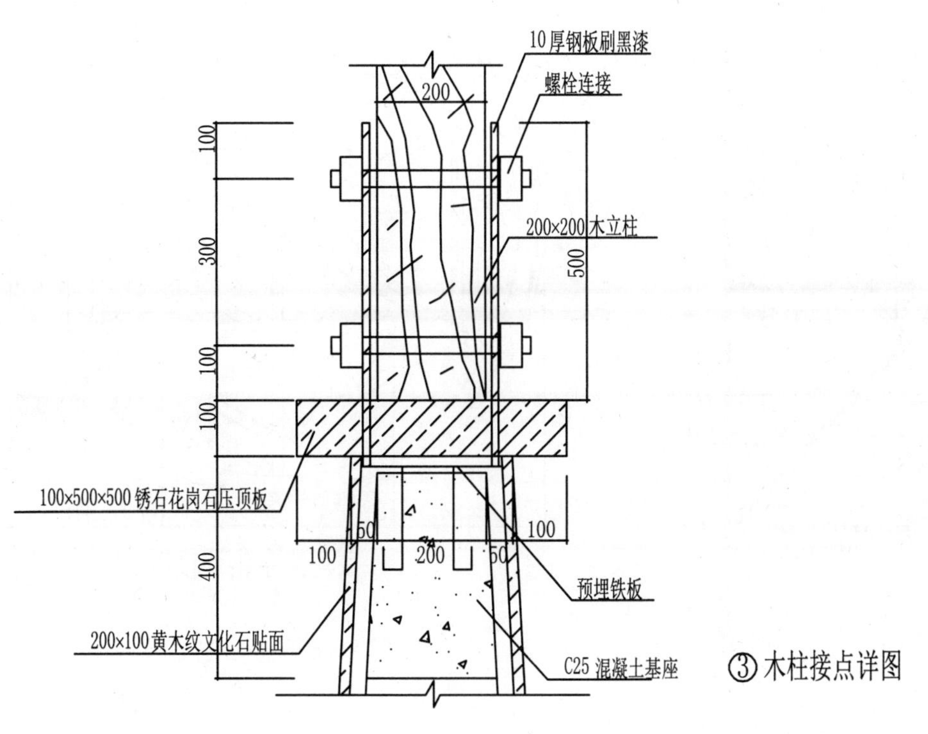

③ 木柱接点详图

四角亭方案五

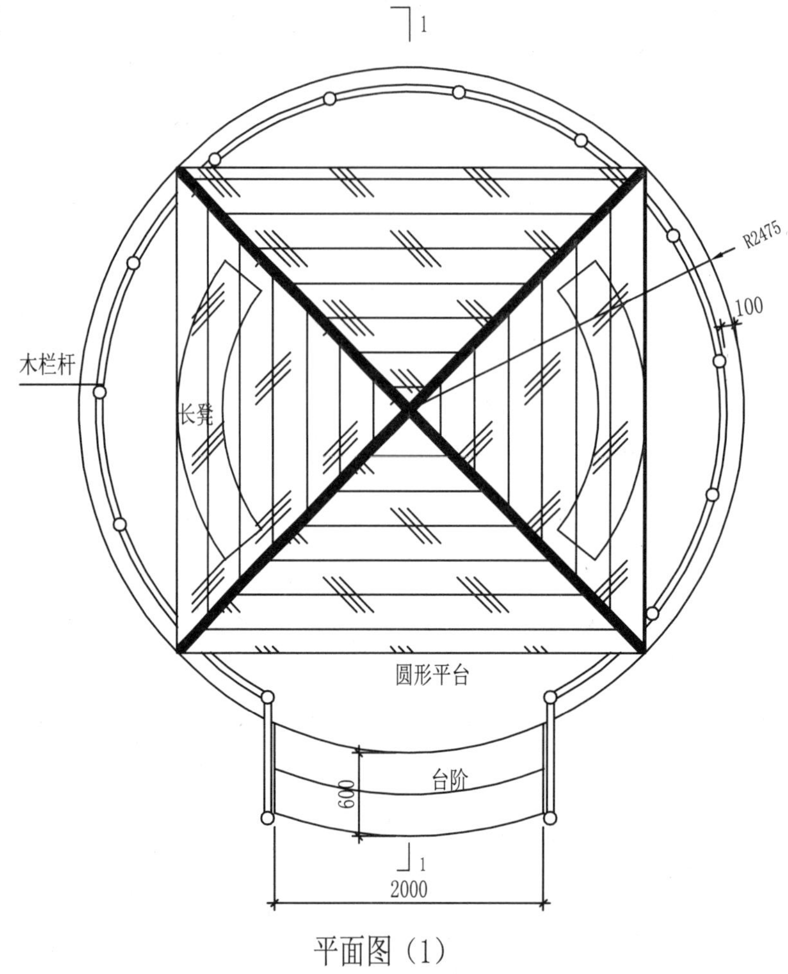

平面图（1）

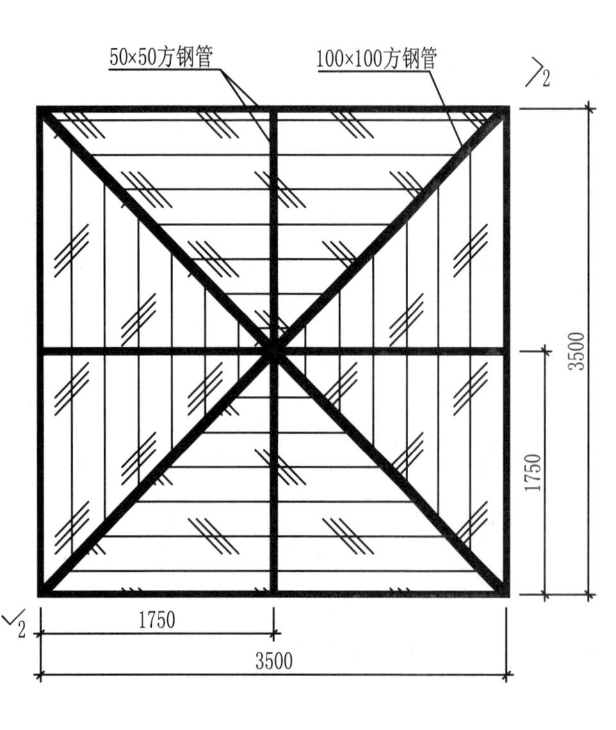

平面图（2）

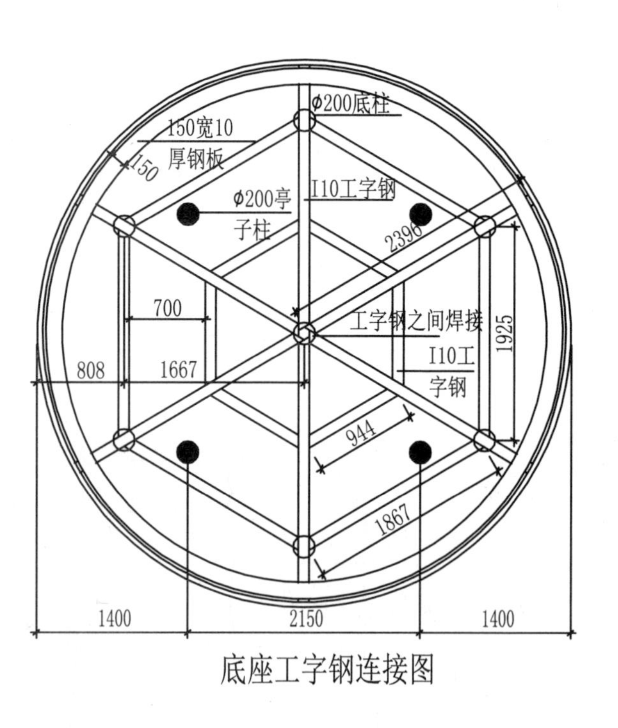

底座工字钢连接图

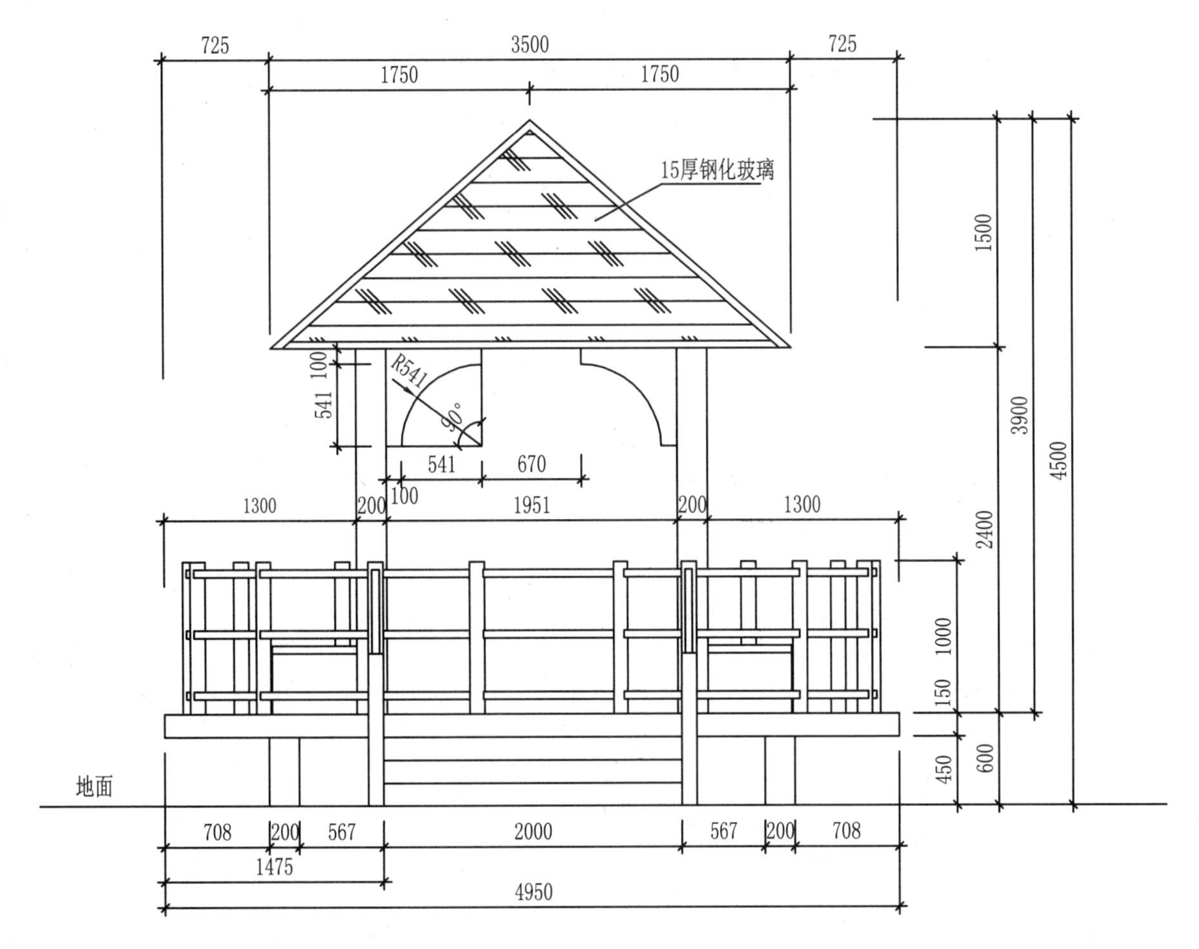
725
3500
725
1750
1750
15厚钢化玻璃
1500
3900
4500
2400
100
541
R541
90°
541
670
100
1300
200
1951
200
1300
1000
150
600
450
地面
708
200
567
2000
567
200
708
1475
4950

正立面图

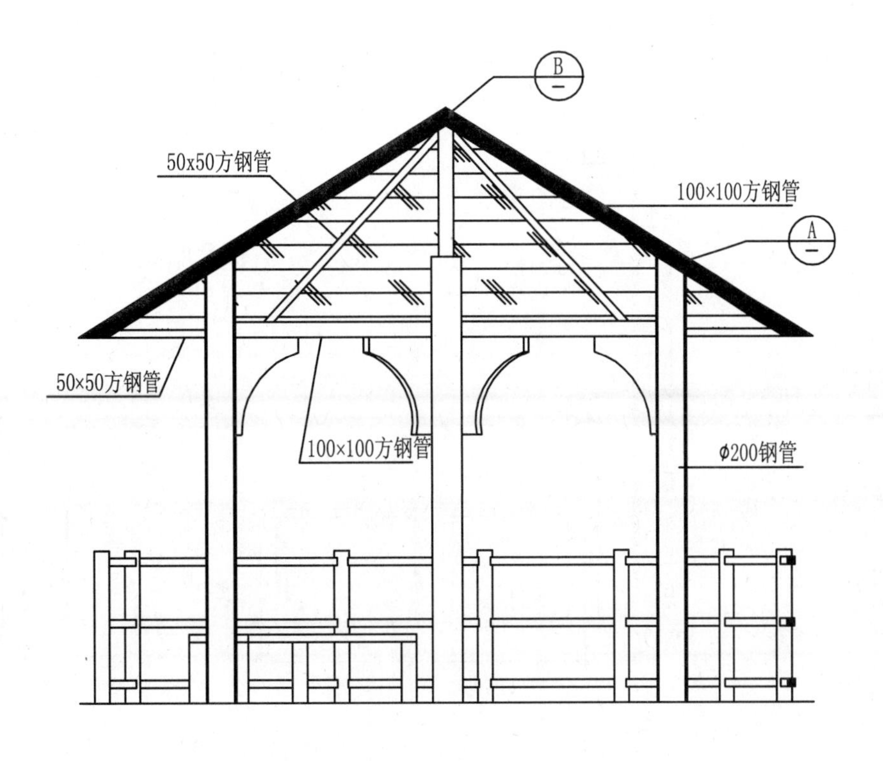
B
50x50方钢管
100×100方钢管
A
50×50方钢管
100×100方钢管
φ200钢管

2-2剖面图

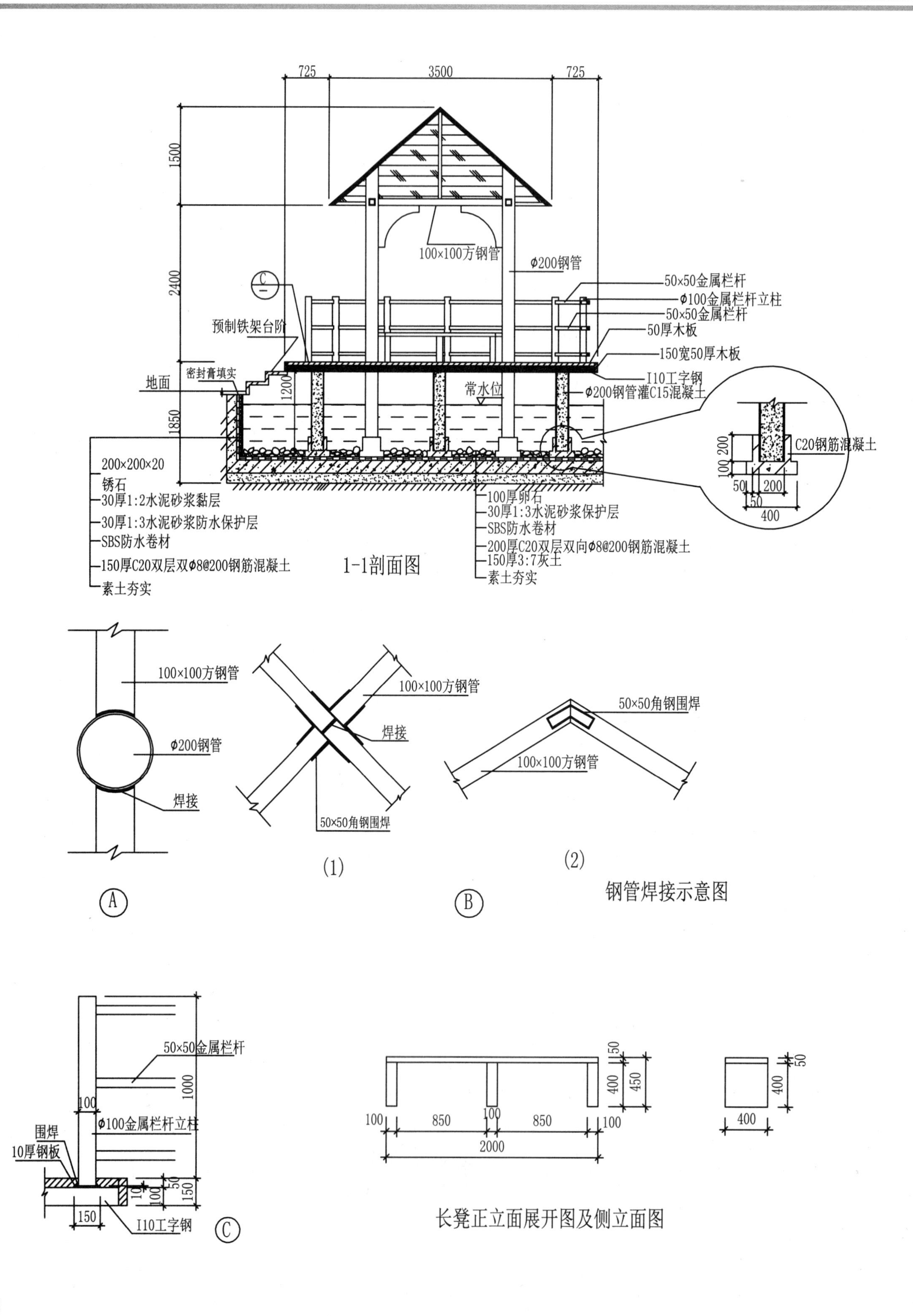
725
3500
725
1500
2400
1200
1850
100×100方钢管
Φ200钢管
50×50金属栏杆
Φ100金属栏杆立柱
50×50金属栏杆
50厚木板
150宽50厚木板
I10工字钢
Φ200钢管灌C15混凝土
预制铁架台阶
密封膏填实
地面
常水位
C20钢筋混凝土
200×200×20
锈石
30厚1:2水泥砂浆黏层
30厚1:3水泥砂浆防水保护层
SBS防水卷材
150厚C20双层双Φ8@200钢筋混凝土
素土夯实
100厚卵石
30厚1:3水泥砂浆保护层
SBS防水卷材
200厚C20双层双向Φ8@200钢筋混凝土
150厚3:7灰土
素土夯实
1-1剖面图
100×100方钢管
Φ200钢管
焊接
100×100方钢管
焊接
50×50角钢围焊
50×50角钢围焊
100×100方钢管
(1)
(2)
A
B
钢管焊接示意图
50×50金属栏杆
Φ100金属栏杆立柱
围焊
10厚钢板
I10工字钢
1000
150
C
长凳正立面展开图及侧立面图
2000
850
400

六角亭

六角亭方案一

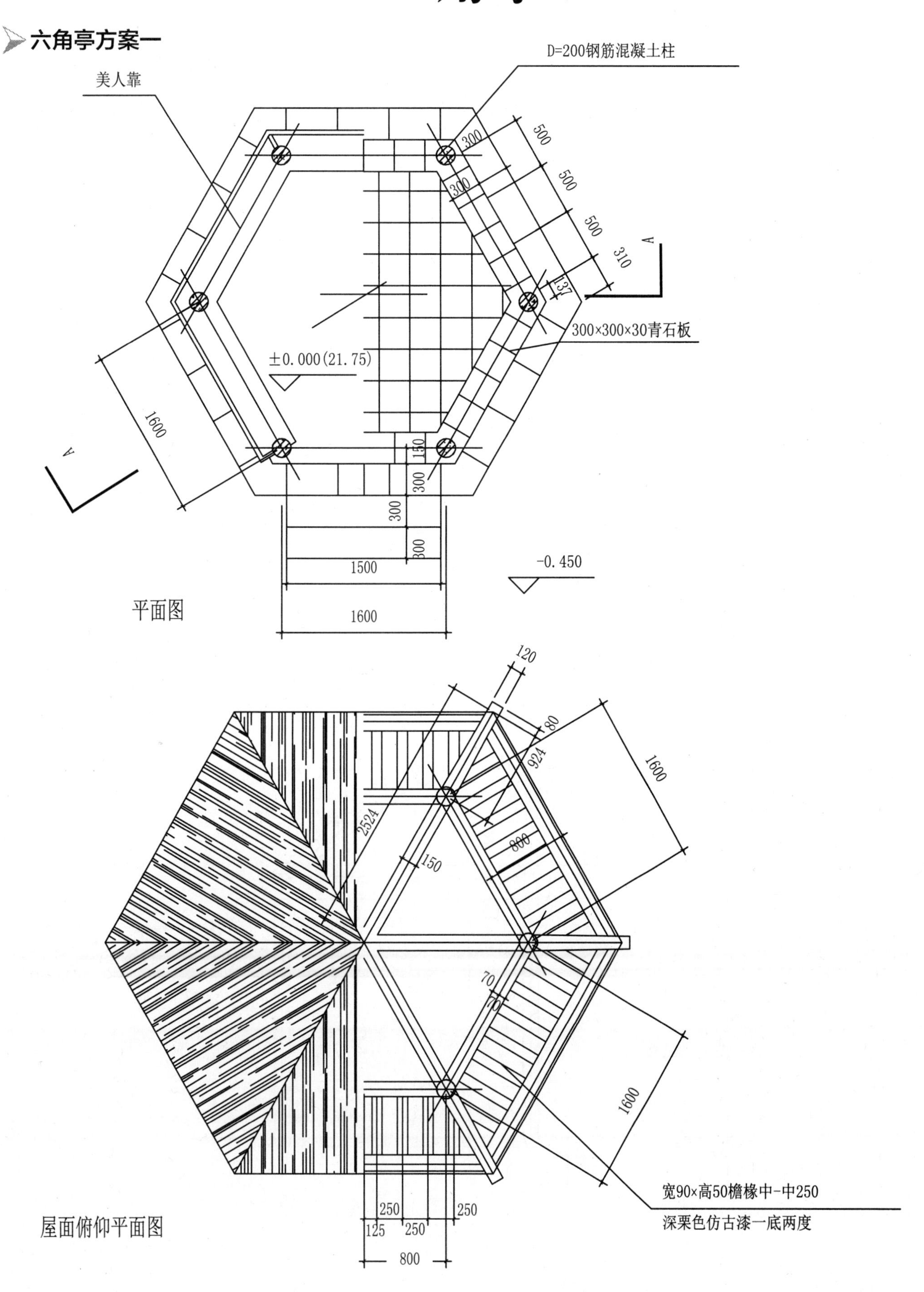

D=200钢筋混凝土柱
美人靠
300
500
300
500
500
310
137
A
300×300×30青石板
±0.000(21.75)
1600
A
150
300
300
300
1500
-0.450
1600
平面图
120
80
924
1600
2524
800
150
70
70
1600
宽90×高50檐椽中-中250
深栗色仿古漆一底两度
250
250
125
250
800
屋面俯仰平面图

六角亭方案二

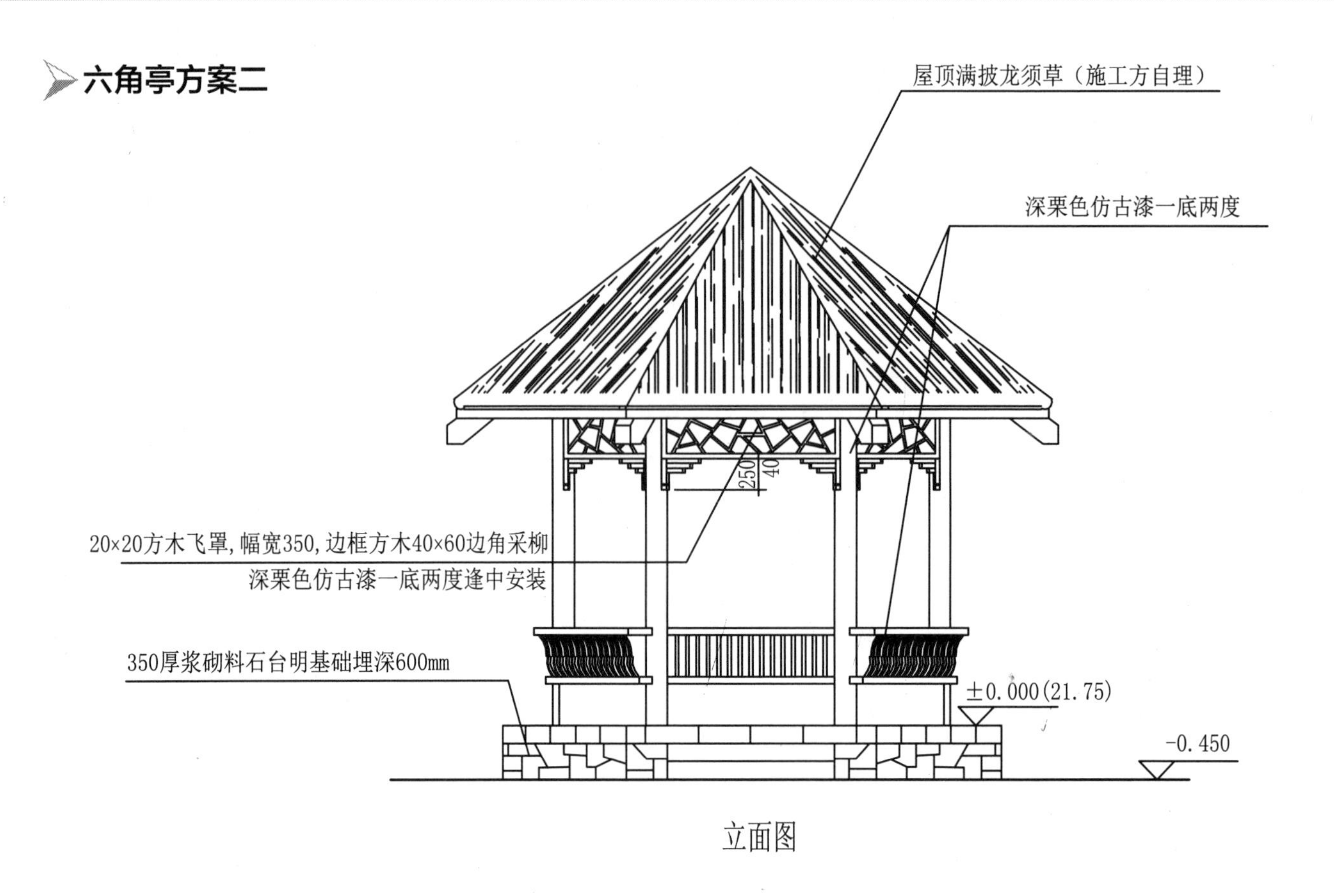

立面图

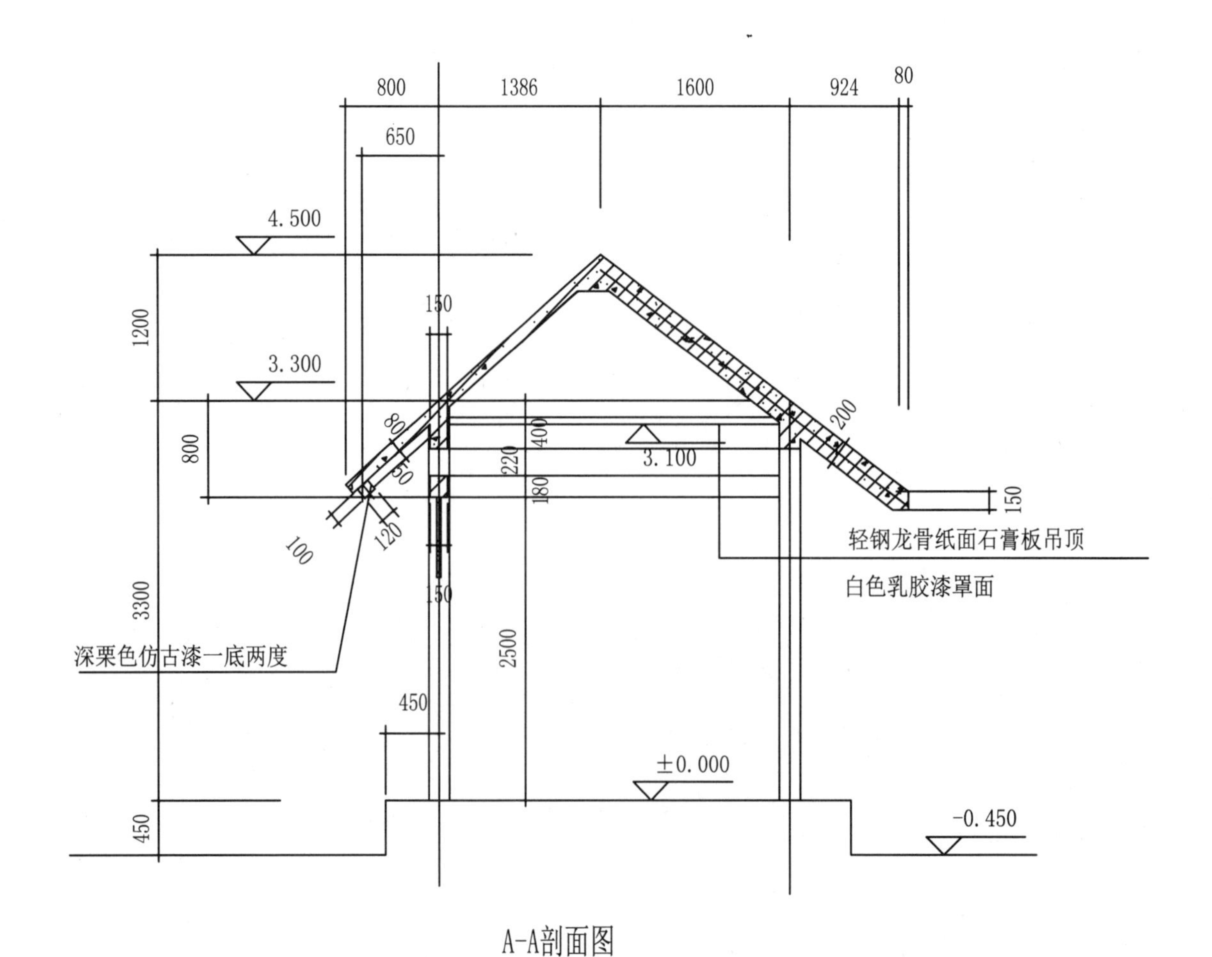

A-A剖面图

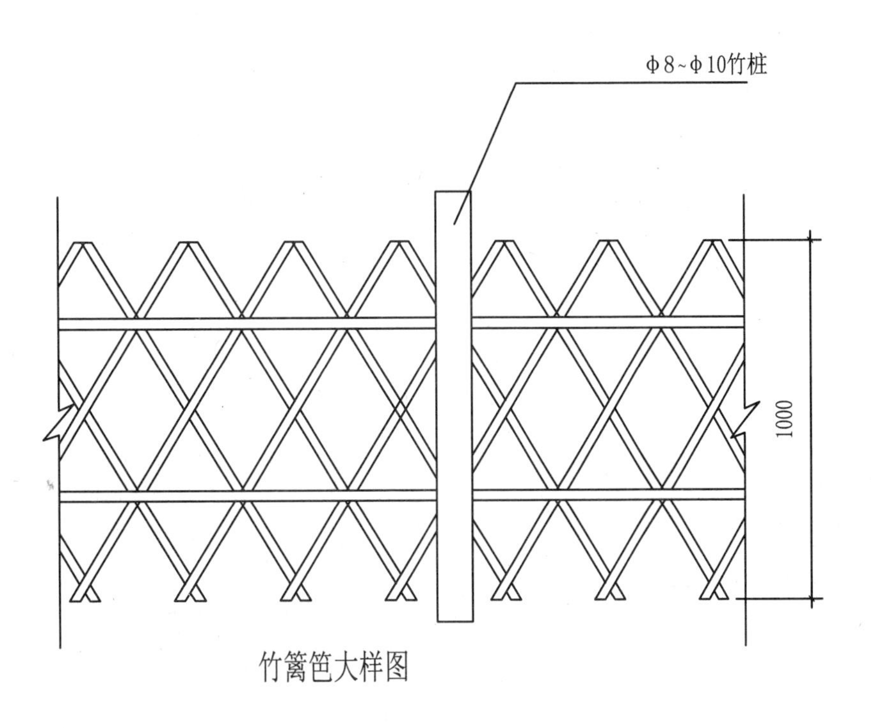

竹篱笆大样图

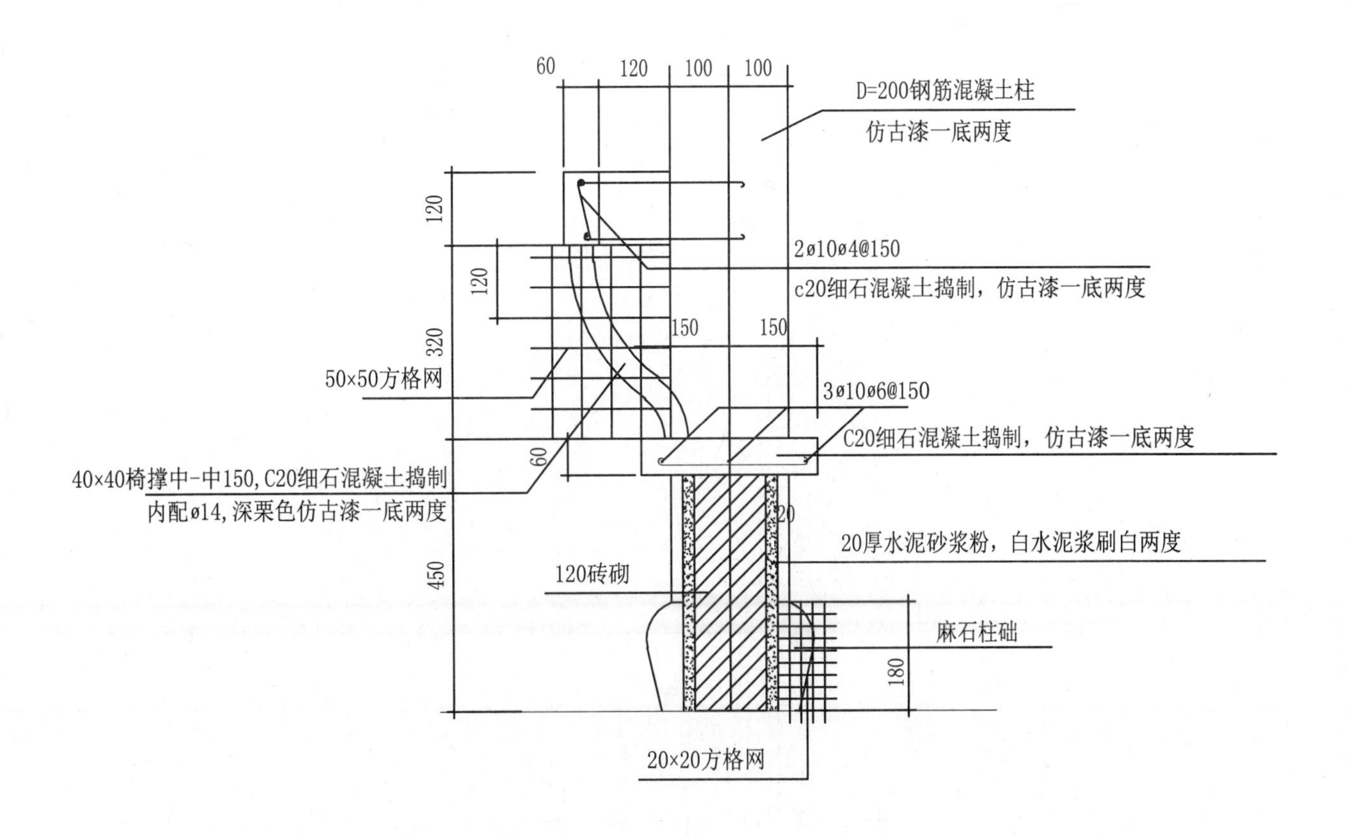

美人靠及柱础大样图

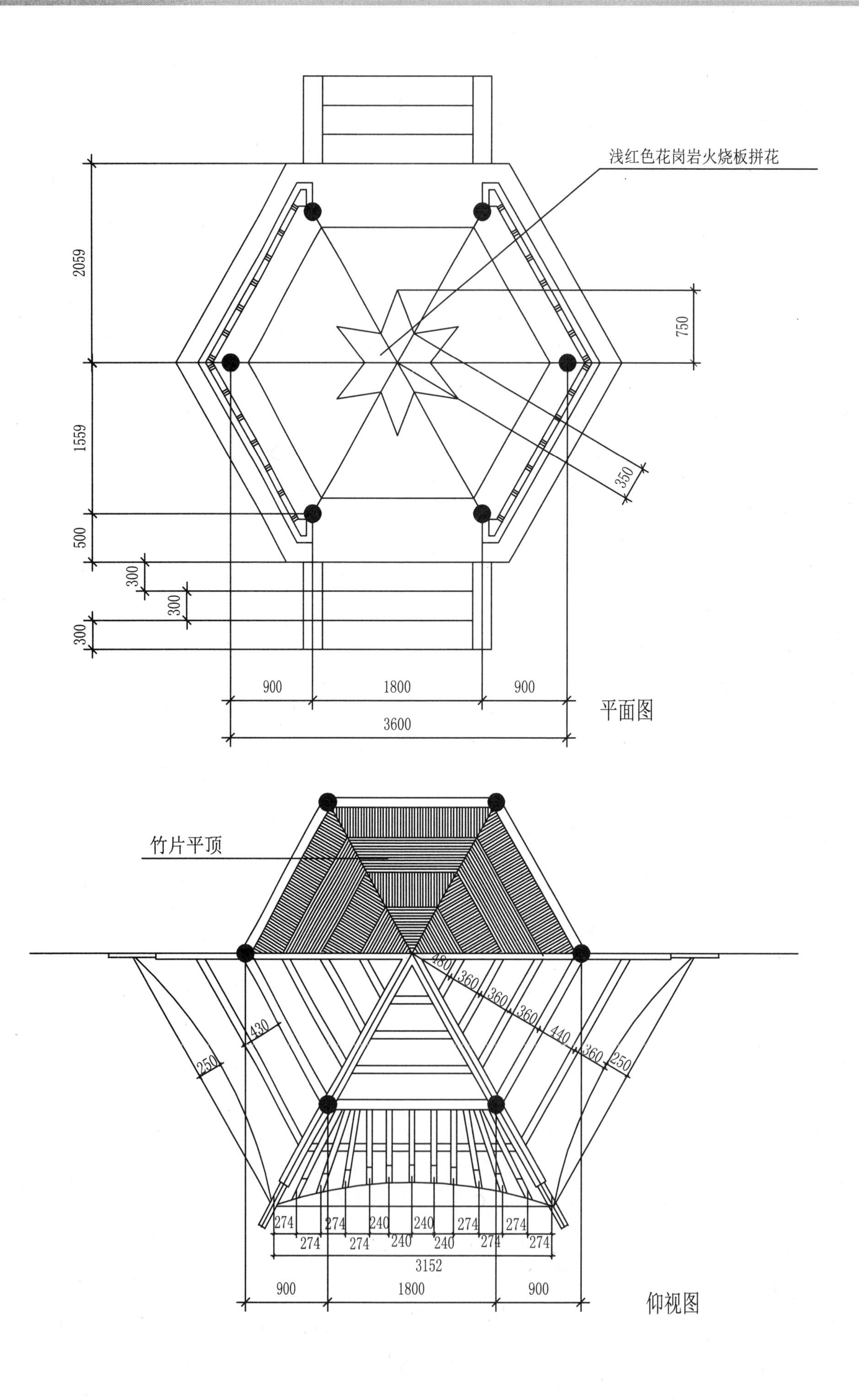
浅红色花岗岩火烧板拼花
2059
1559
500
300
300
300
750
350
900
1800
900
3600
平面图
竹片平顶
480
360
360
360
440
360
250
430
250
274
274
240
240
274
274
274
274
240
240
274
274
3152
900
1800
900
仰视图

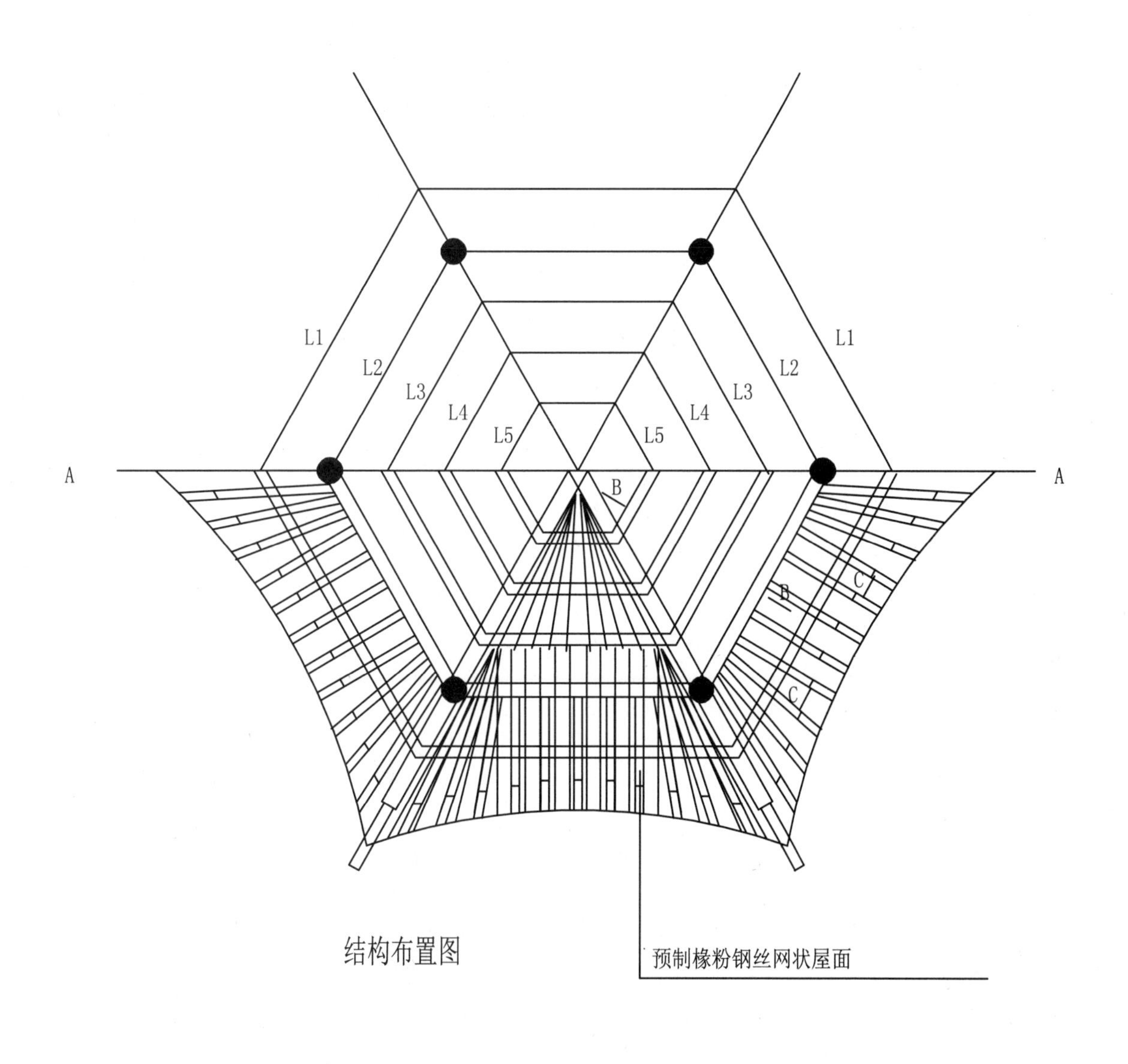

结构布置图

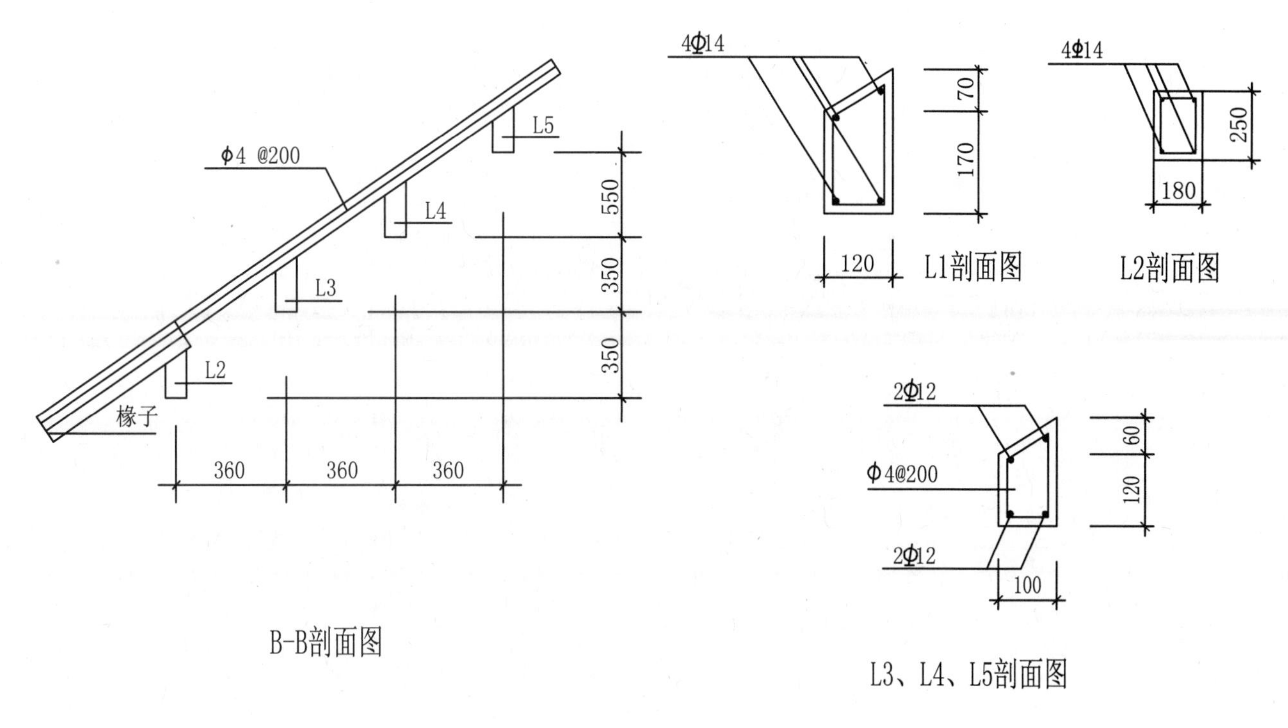

B-B剖面图

L1剖面图

L2剖面图

L3、L4、L5剖面图

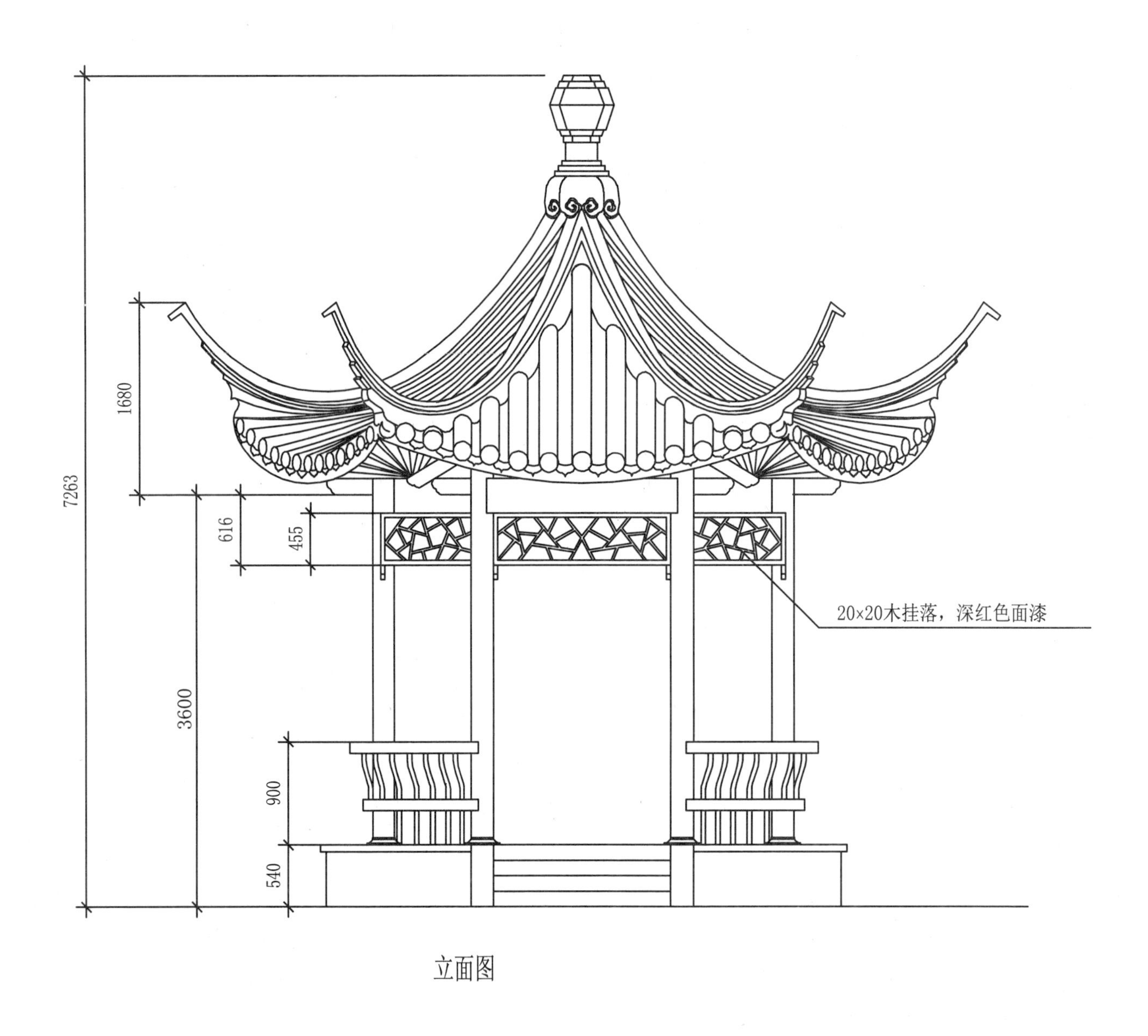

立面图

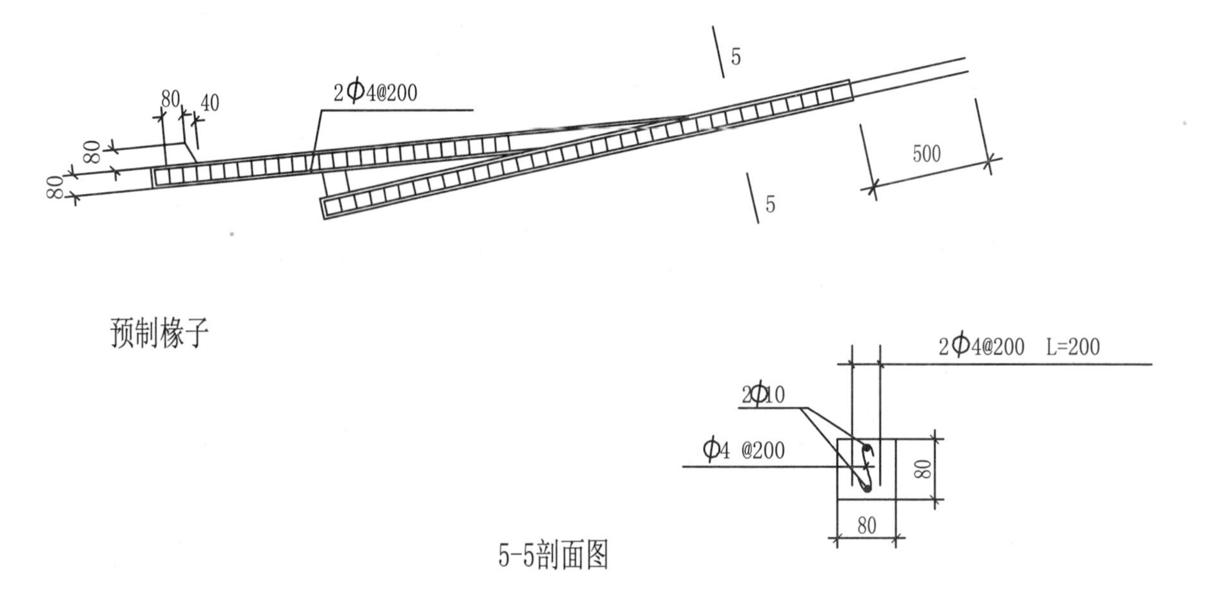

预制椽子

5-5剖面图

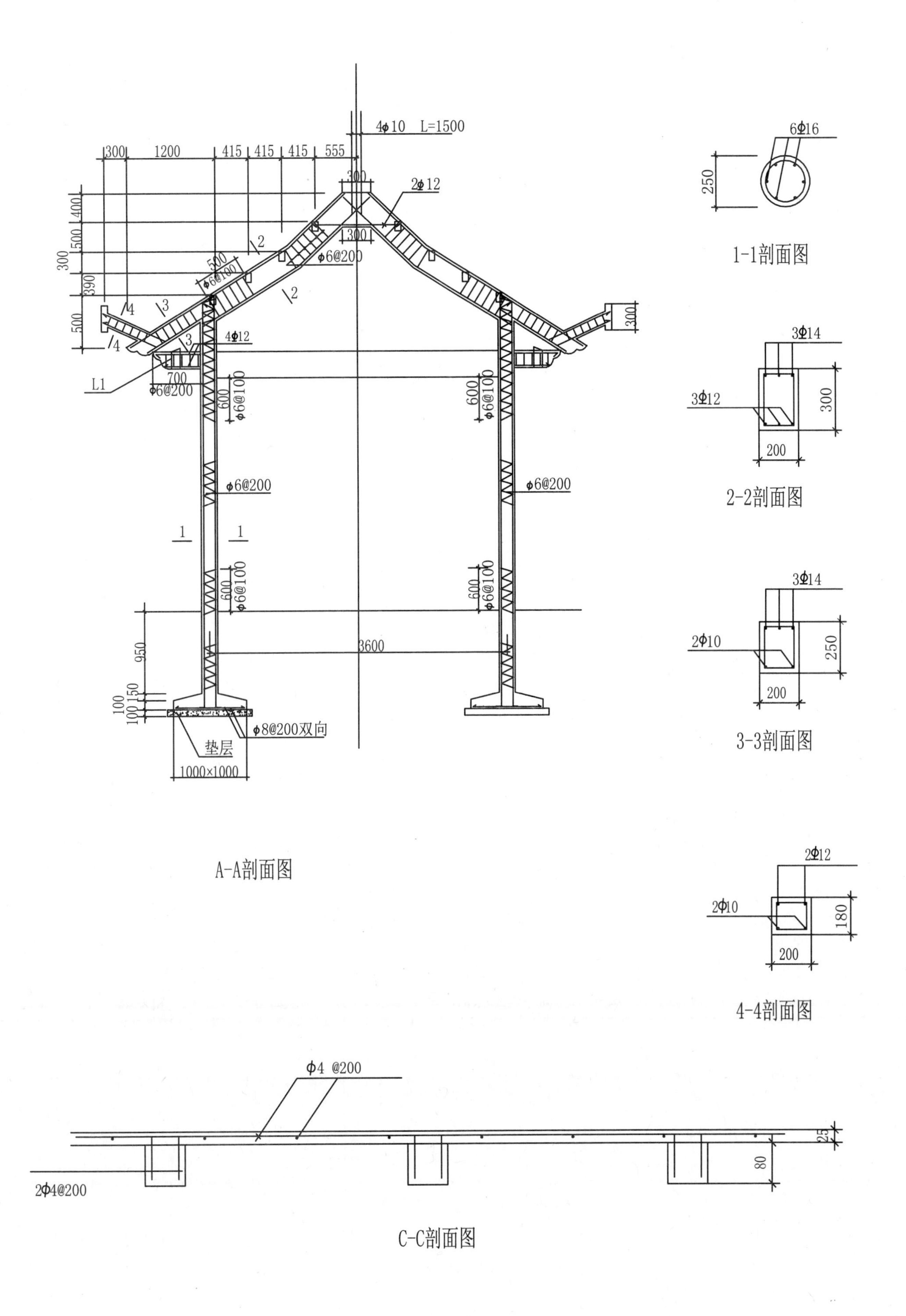

4ϕ10 L=1500
300 1200 415 415 415 555
300
2ϕ12
400
500
300
390
500
300
ϕ6@200
ϕ6@100
4ϕ12
L1
700
ϕ6@200
600
ϕ6@100
ϕ6@200
950
3600
ϕ8@200双向
垫层
1000×1000
6Φ16
250
1-1剖面图
3Φ14
3Φ12
300
200
2-2剖面图
3Φ14
2Φ10
250
200
3-3剖面图
2Φ12
2Φ10
180
200
4-4剖面图
Φ4 @200
2Φ4@200
25
80

A-A剖面图

C-C剖面图

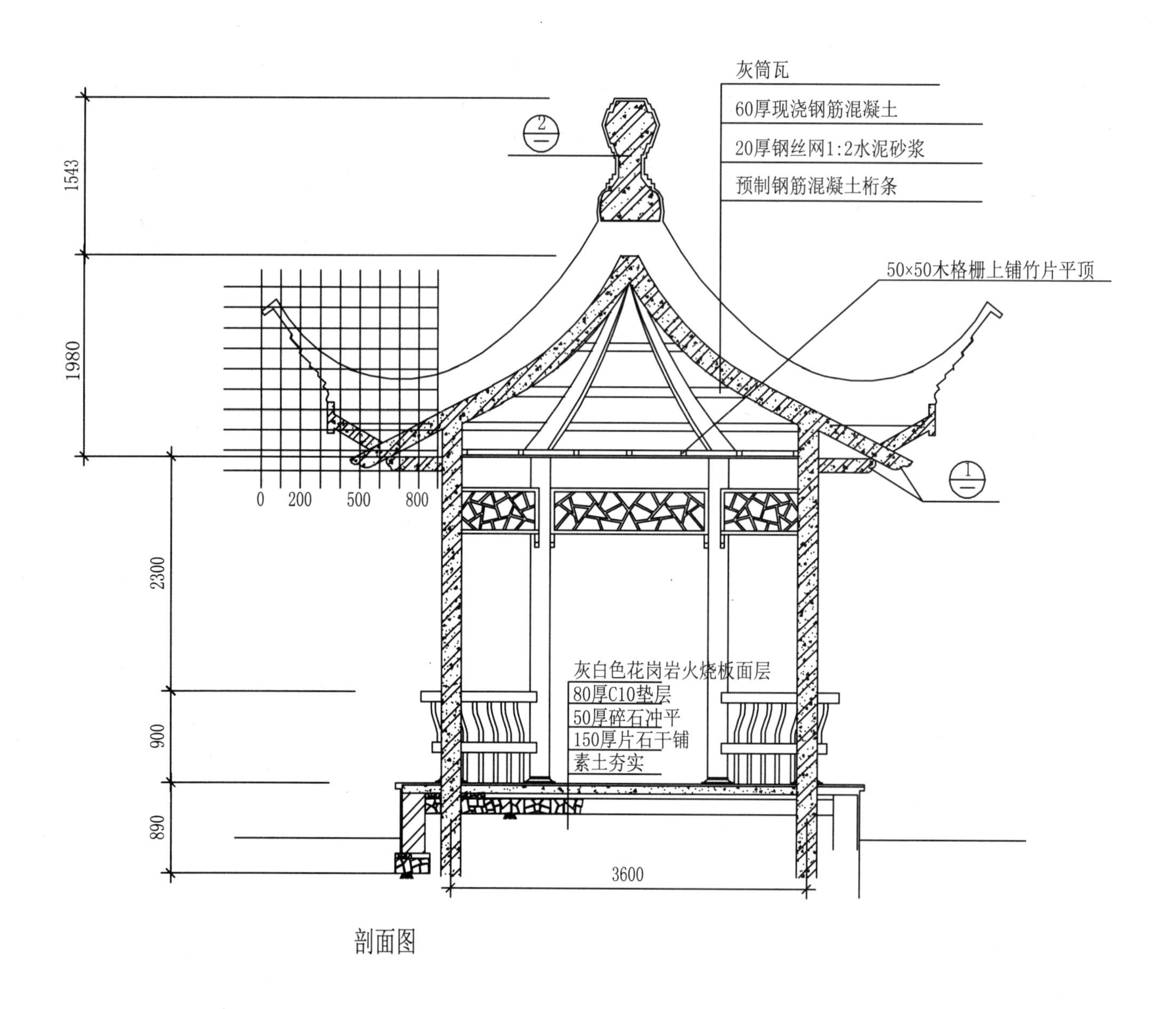

灰筒瓦
60厚现浇钢筋混凝土
20厚钢丝网1:2水泥砂浆
预制钢筋混凝土桁条
50×50木格栅上铺竹片平顶
灰白色花岗岩火烧板面层
80厚C10垫层
50厚碎石冲平
150厚片石干铺
素土夯实
1543
1980
2300
900
890
3600
0
200
500
800

剖面图

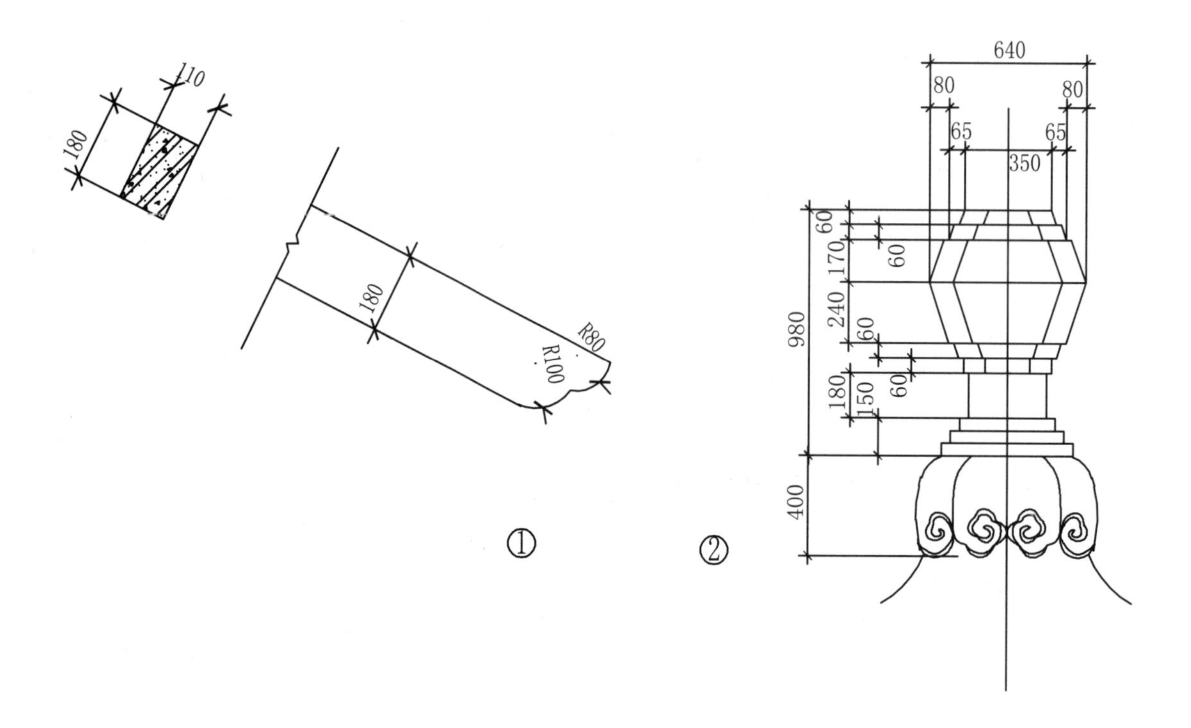

110
180
180
R80
R100
640
80
80
65
65
350
60
170
60
240
60
980
180
150
60
400

① ②

六角亭方案三

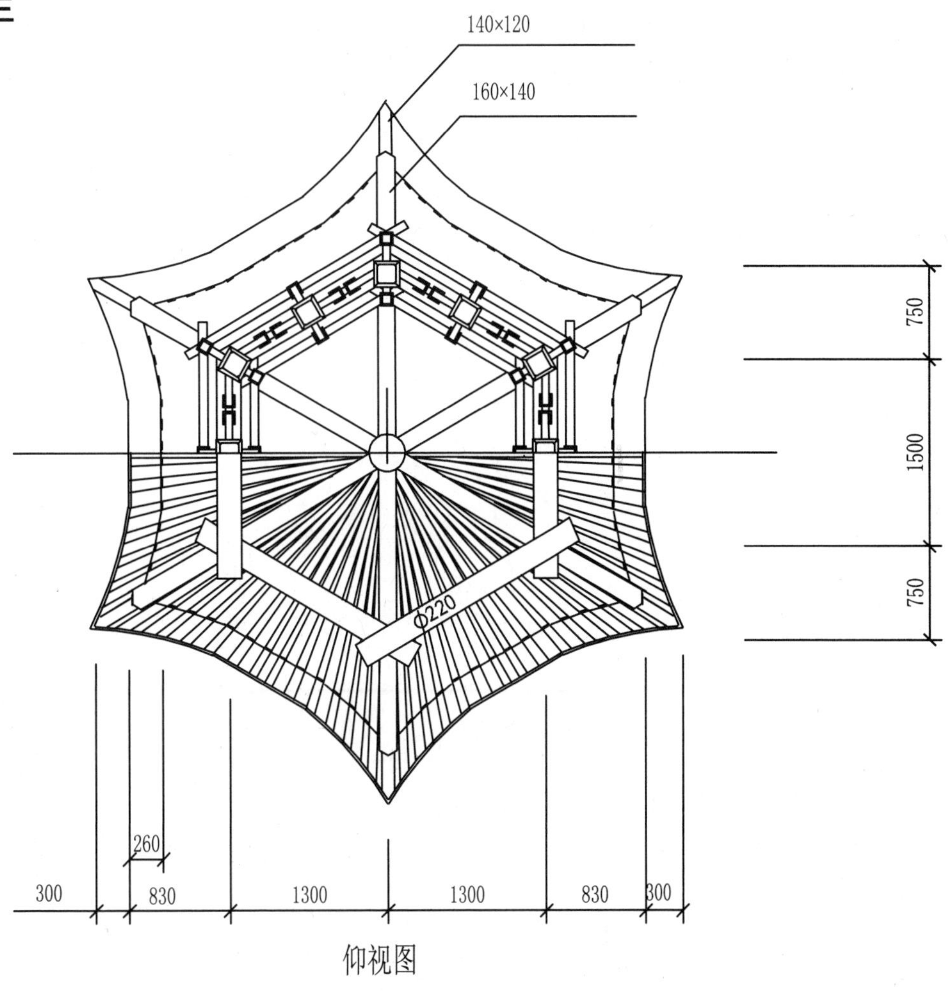

仰视图

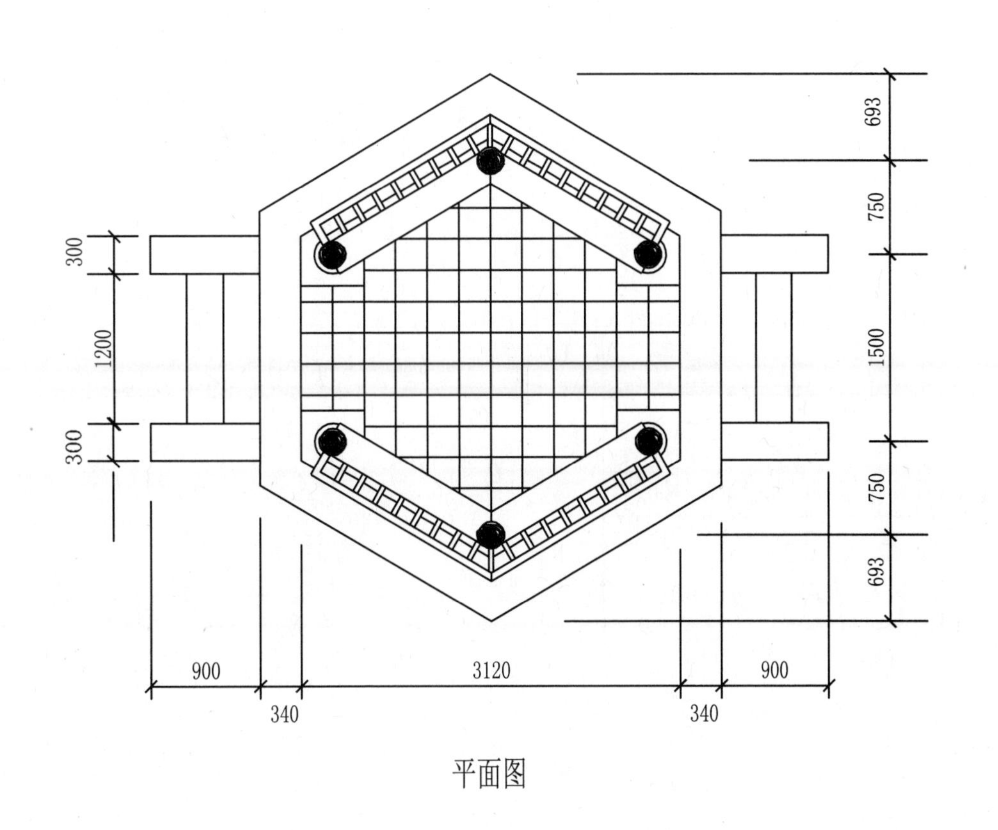

平面图

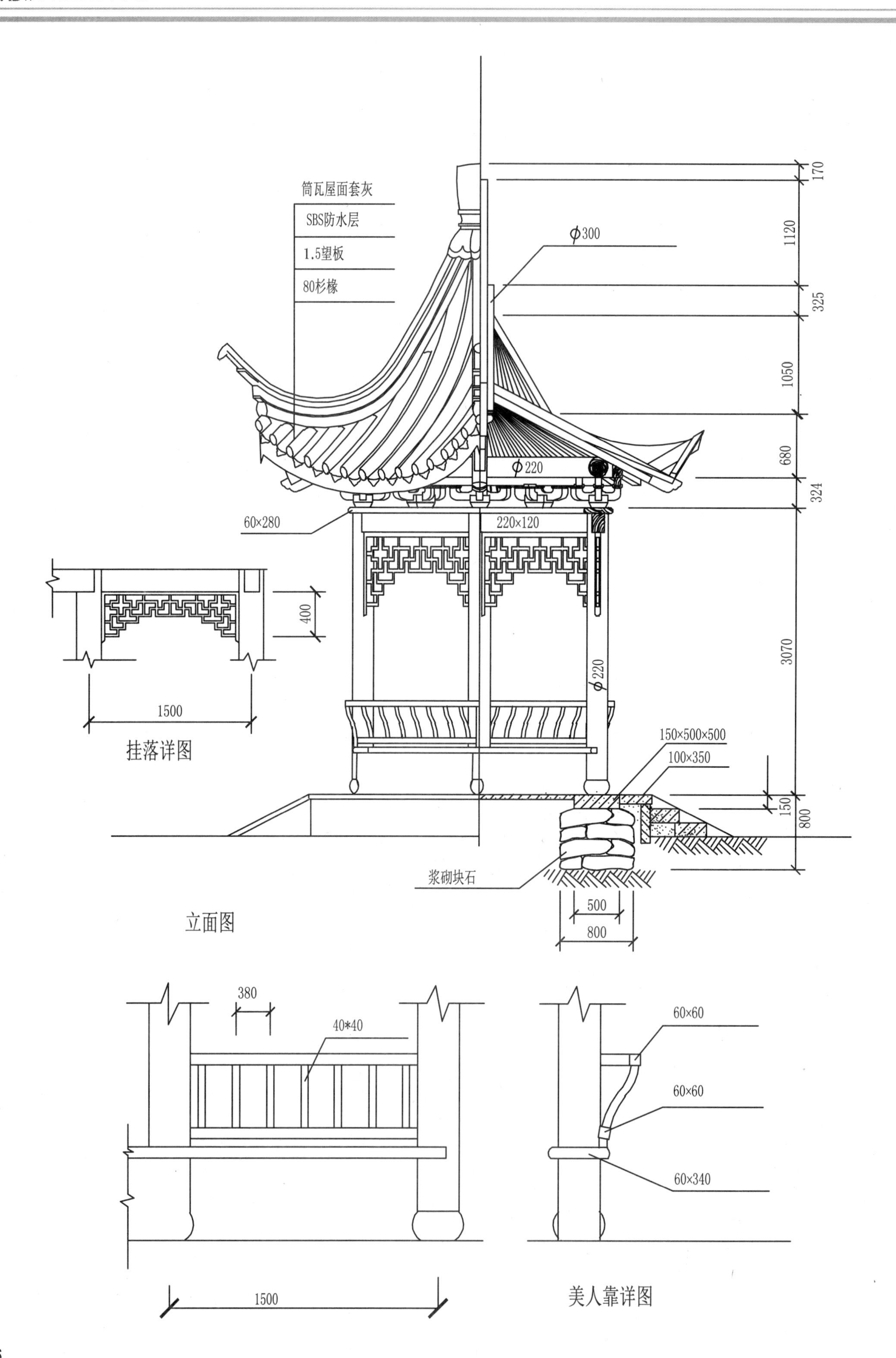

筒瓦屋面套灰
SBS防水层
1.5望板
80杉椽
φ300
φ220
60×280
220×120
φ220
150×500×500
100×350
浆砌块石
170
1120
325
1050
680
324
3070
150
800
500
800
400
1500
挂落详图
立面图
380
40*40
1500
60×60
60×60
60×340
美人靠详图

六角亭方案四

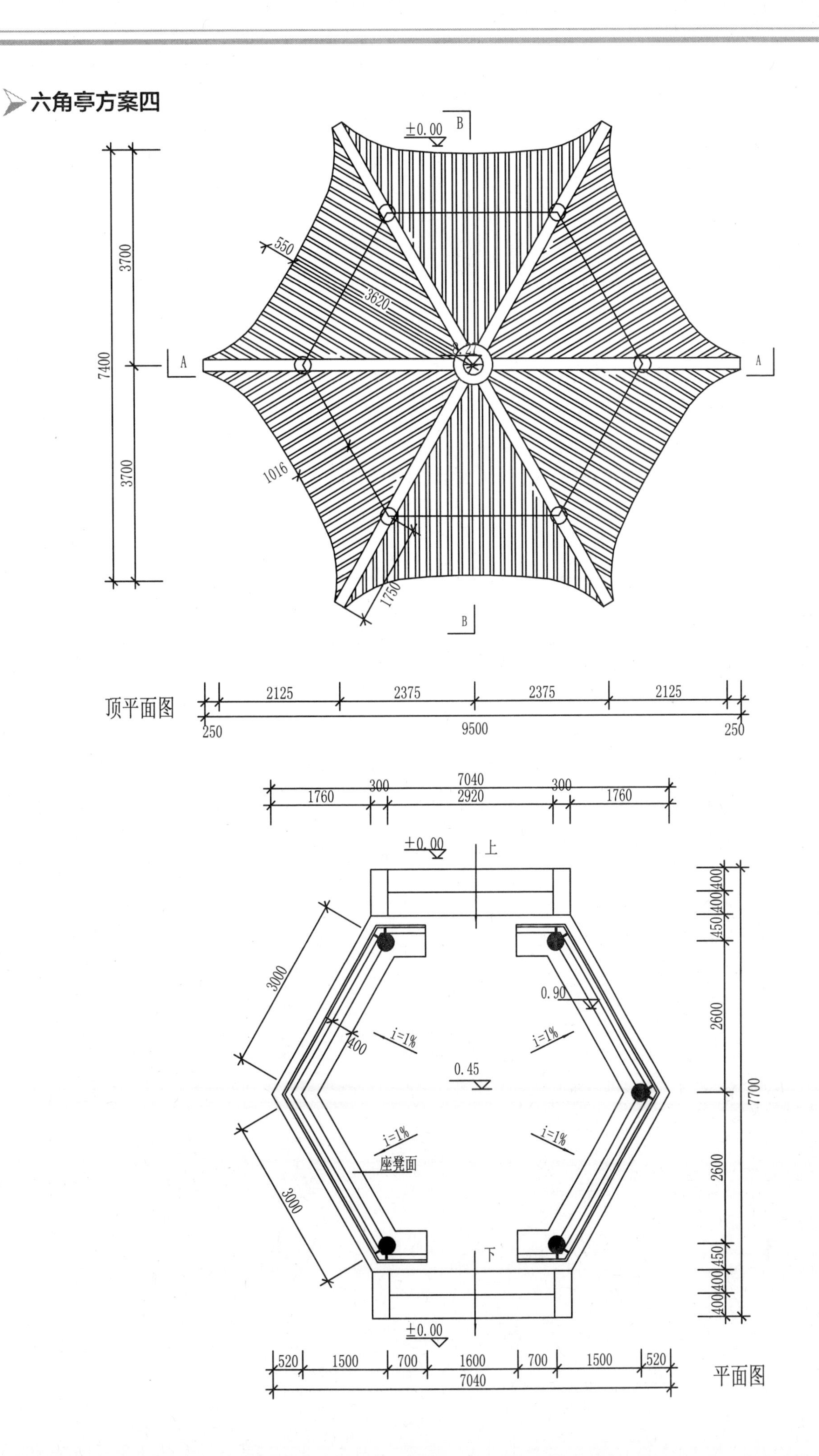
±0.00
B
A
550
3620
1016
1750
3700
3700
7400
顶平面图
2125
2375
2375
2125
250
9500
250
7040
1760
300
2920
300
1760
上
下
0.90
i=1%
400
0.45
座凳面
3000
3000
400
400
450
2600
2600
450
400
400
7700
520
1500
700
1600
700
1500
520
7040
平面图

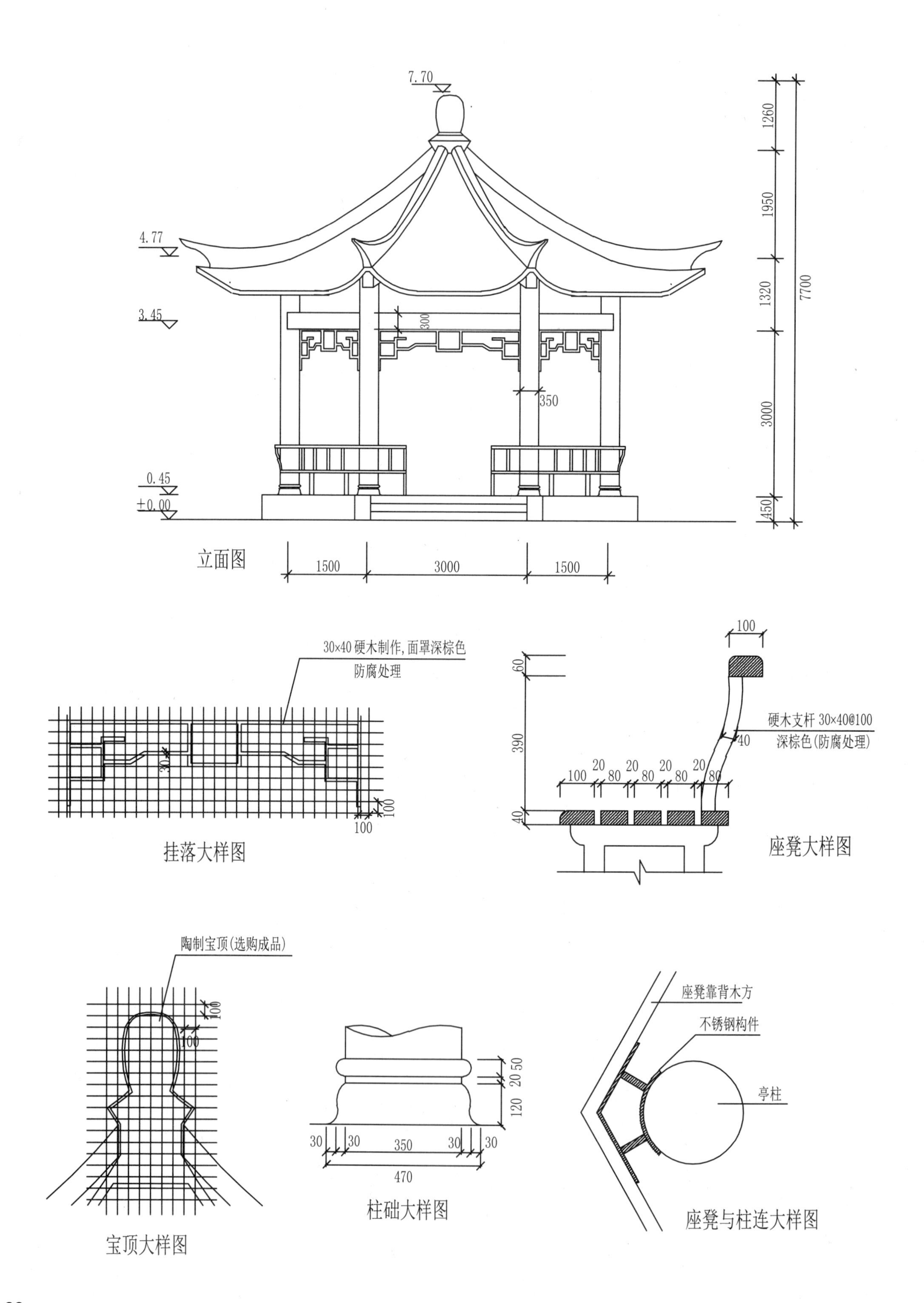

立面图

挂落大样图

座凳大样图

宝顶大样图

柱础大样图

座凳与柱连大样图

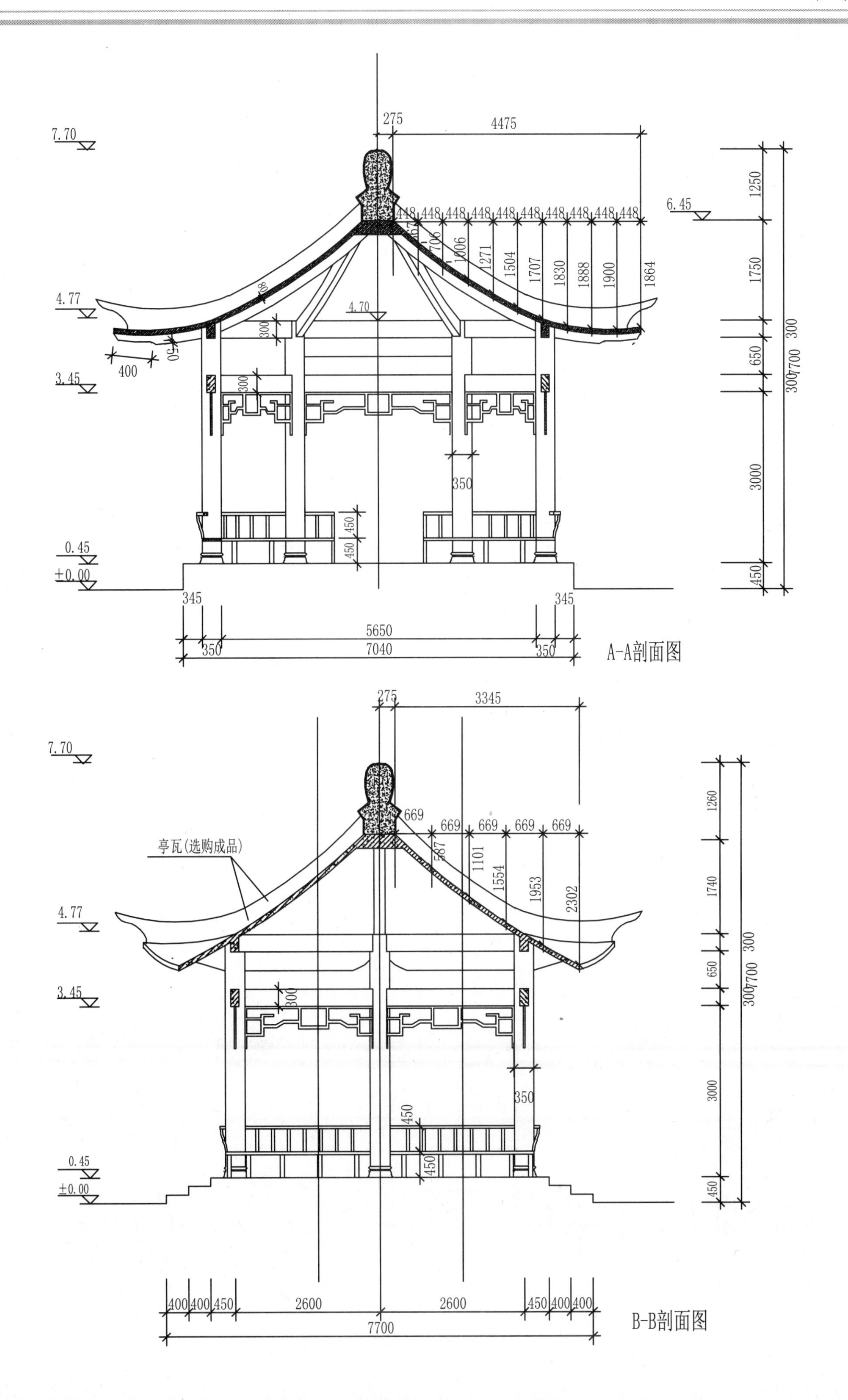
亭瓦(选购成品)
A-A剖面图
B-B剖面图

重檐亭

重檐亭方案一

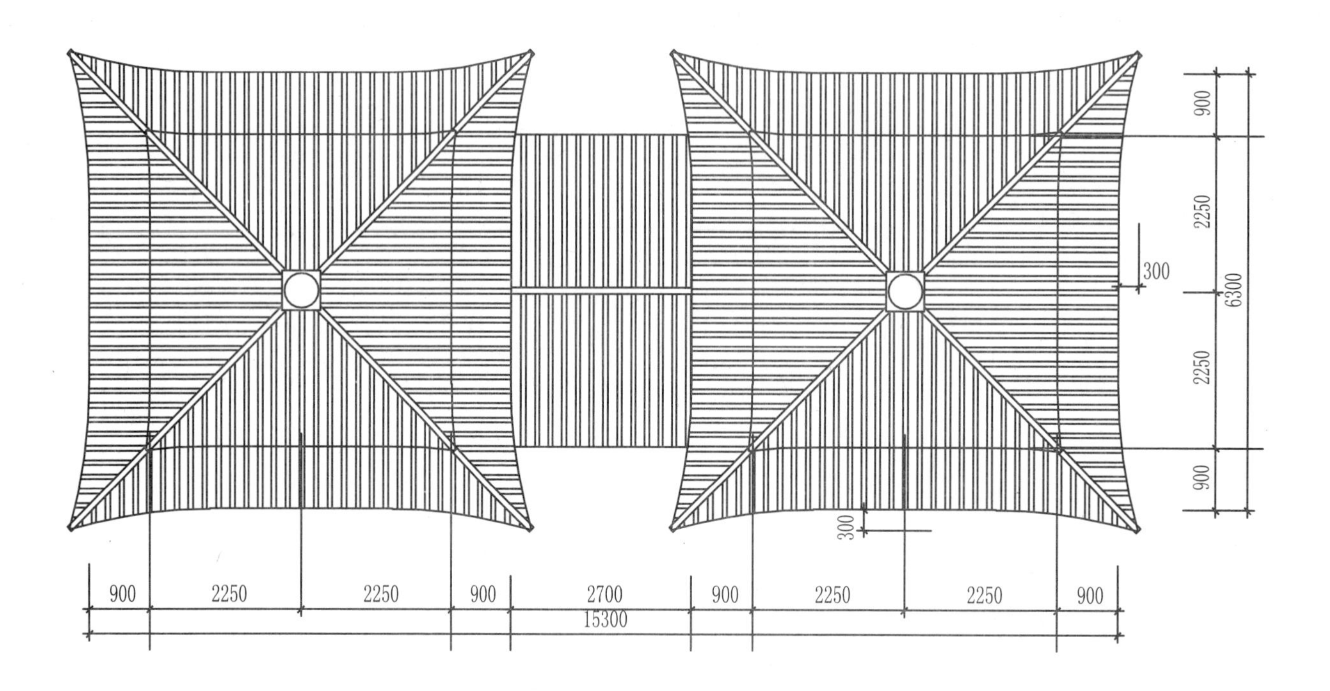

顶平面图

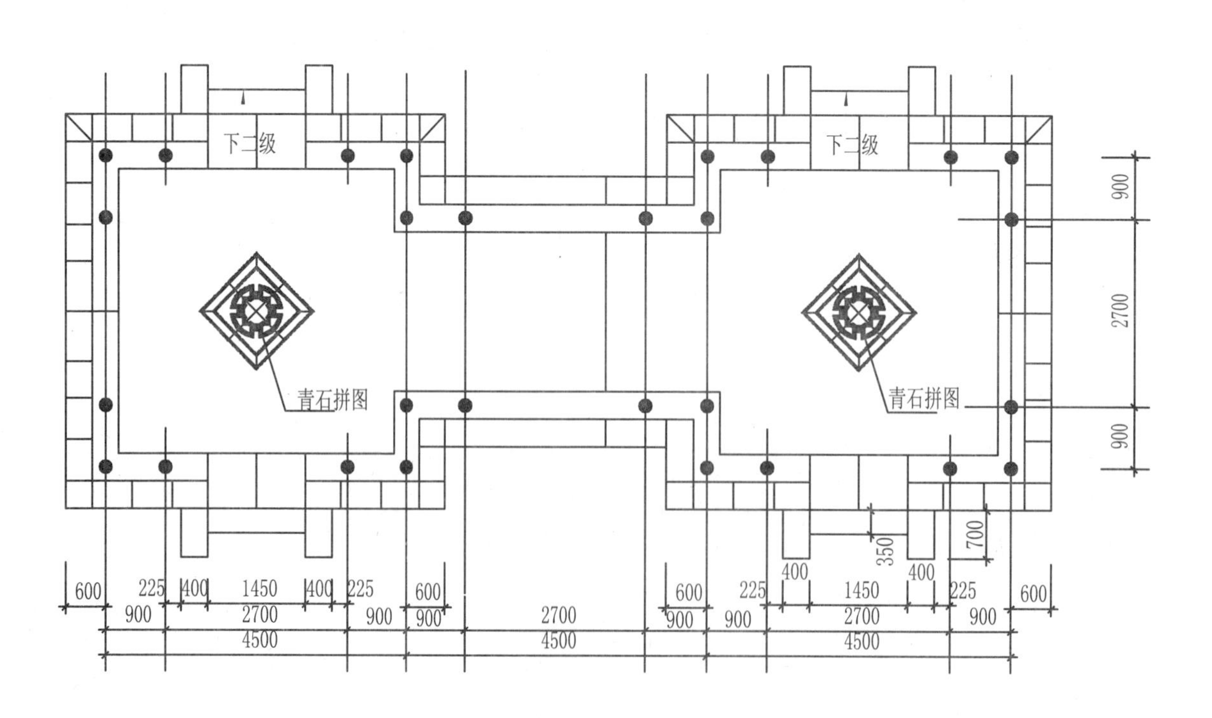

平面图

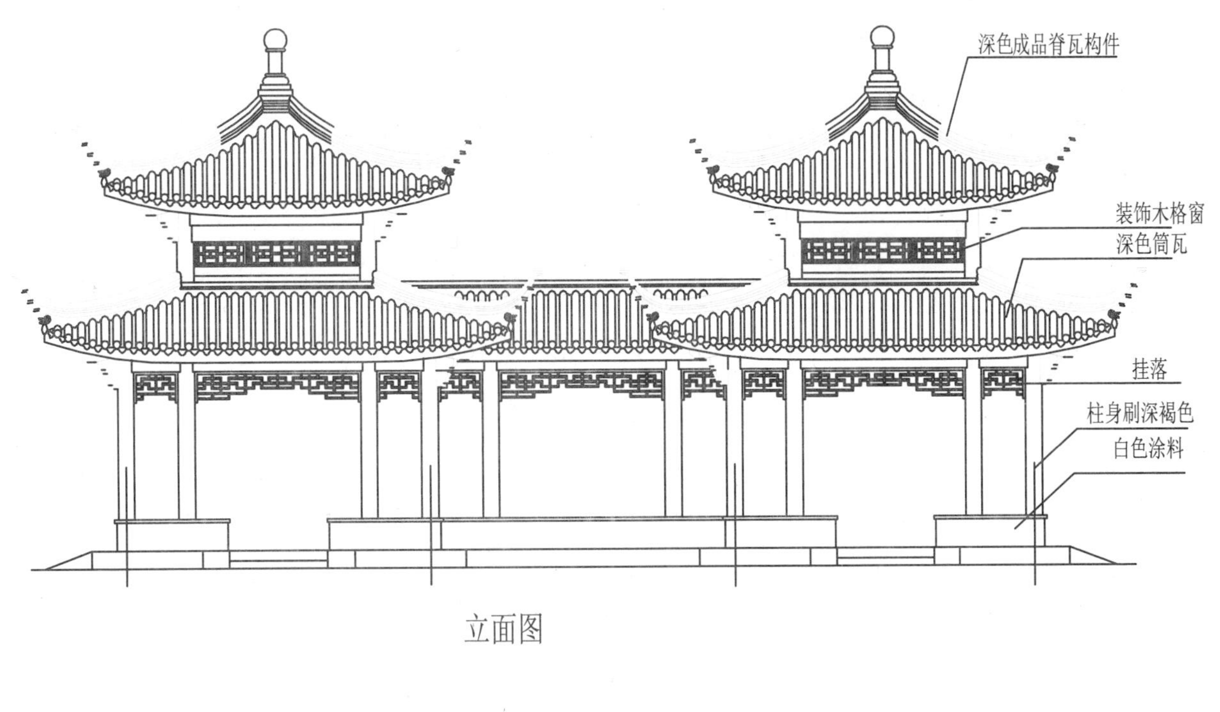

立面图

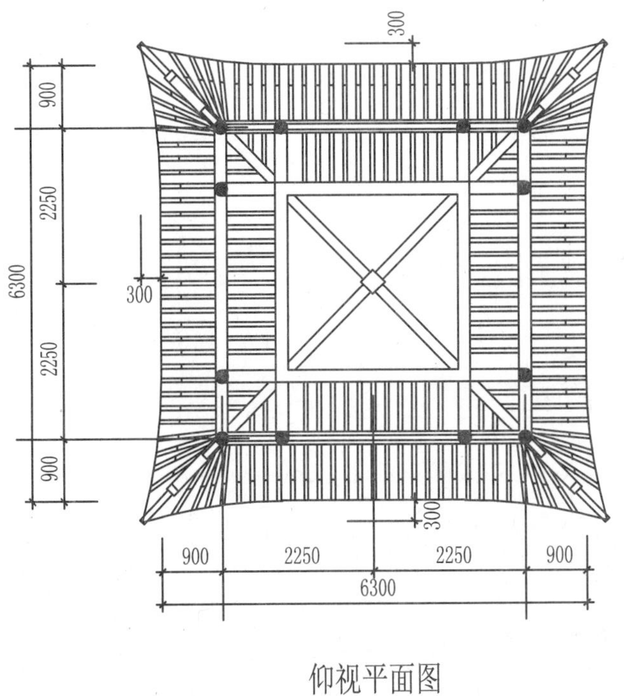

仰视平面图

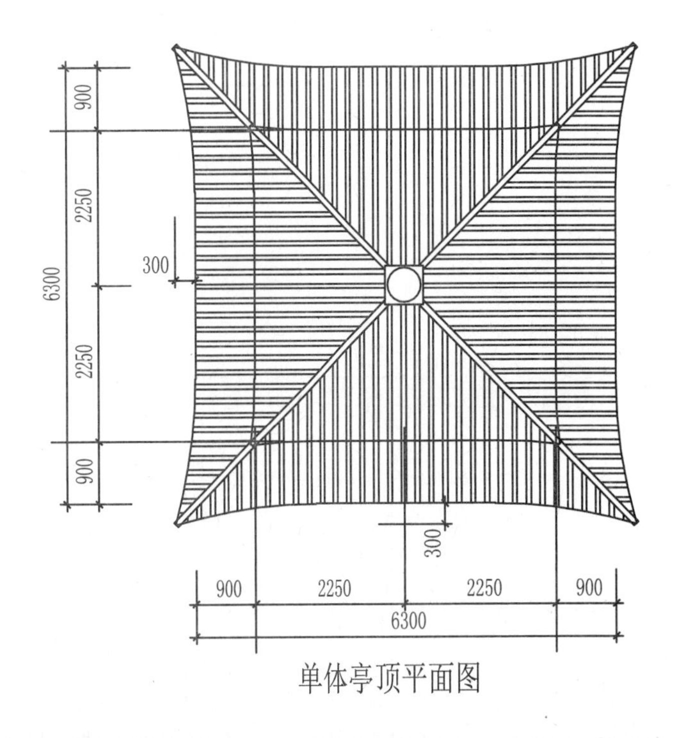

单体亭顶平面图

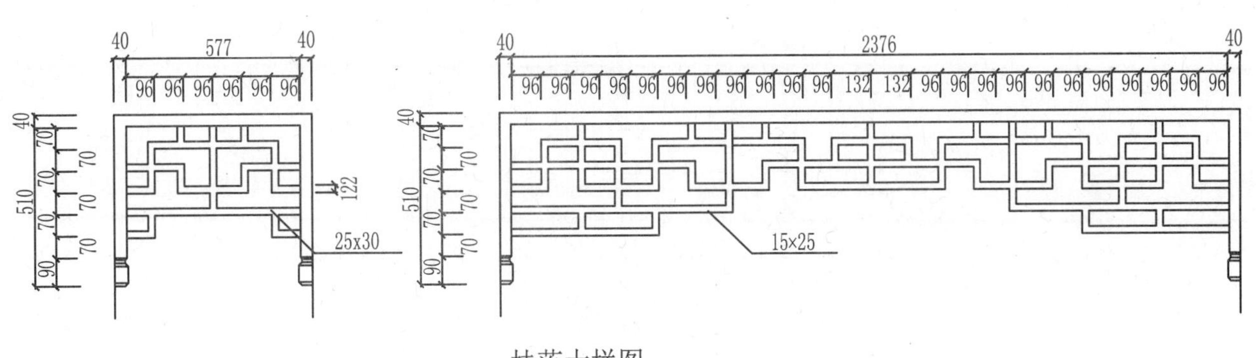

挂落大样图

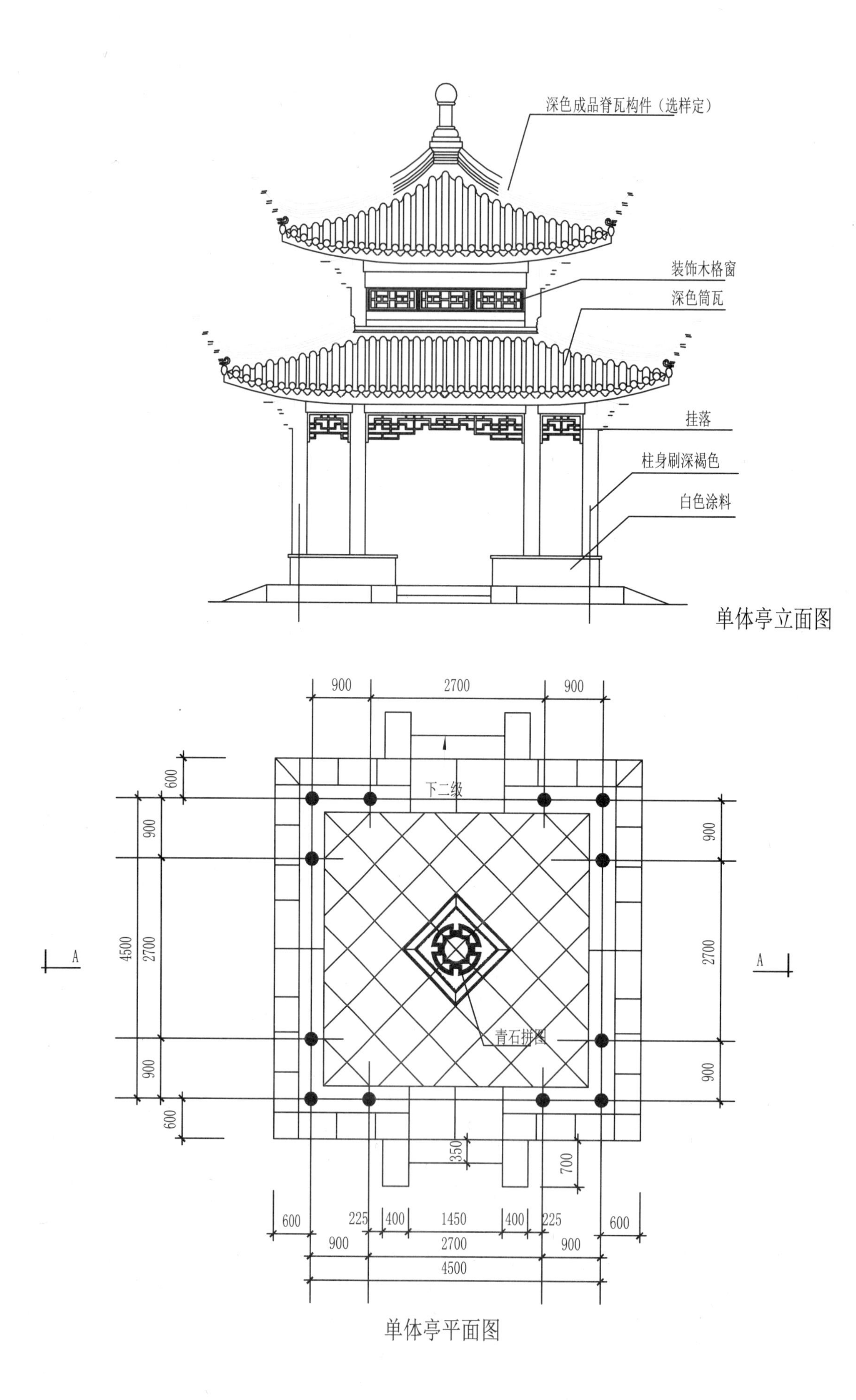

单体亭立面图

单体亭平面图

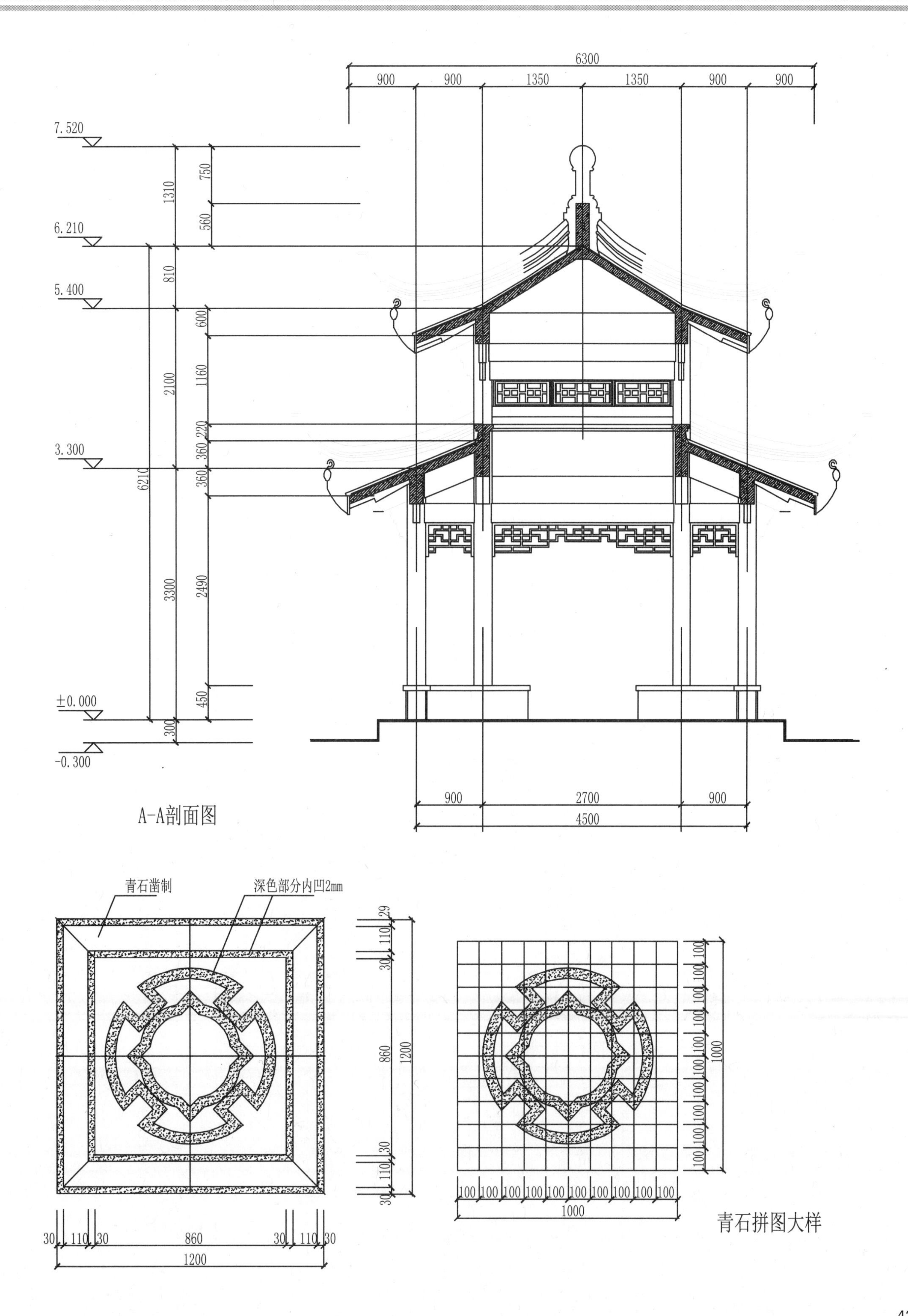
6300
900
900
1350
1350
900
900
7.520
6.210
5.400
3.300
±0.000
-0.300
1310
750
560
810
600
2100
1160
220
360
360
6210
3300
2490
450
300
900
2700
900
4500
A-A剖面图
青石凿制
深色部分内凹2mm
29
110
30
860
1200
30
110
30
30
110
30
860
30
110
30
1200
100
1000
青石拼图大样

重檐亭方案二

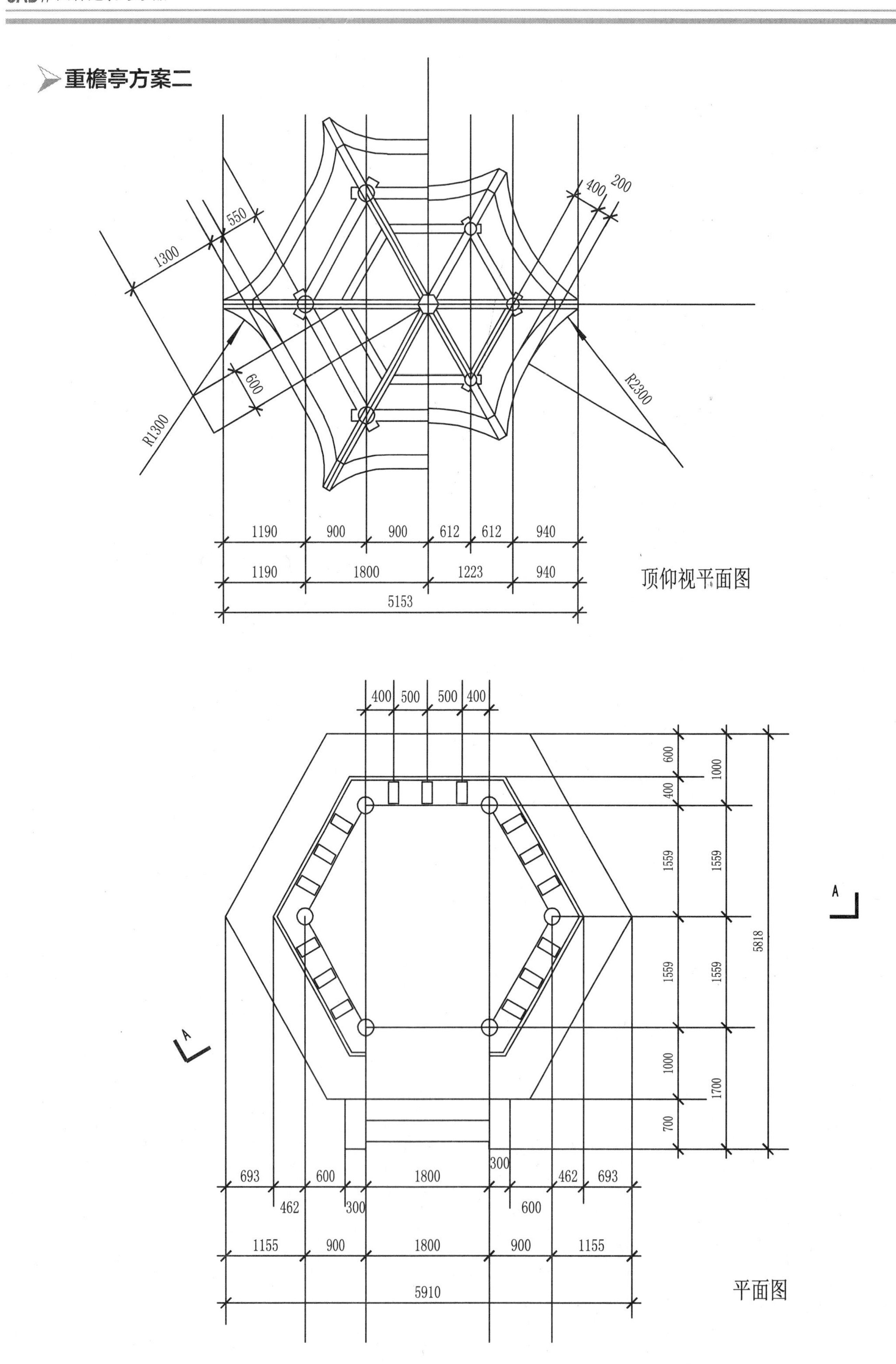

550
1300
400
200
600
R1300
R2300
1190
900
900
612
612
940
1190
1800
1223
940
5153
顶仰视平面图
400
500
500
400
600
400
1000
1559
1559
1559
1559
5818
1000
1700
700
A
A
693
600
1800
300
462
693
462
300
600
1155
900
1800
900
1155
5910
平面图

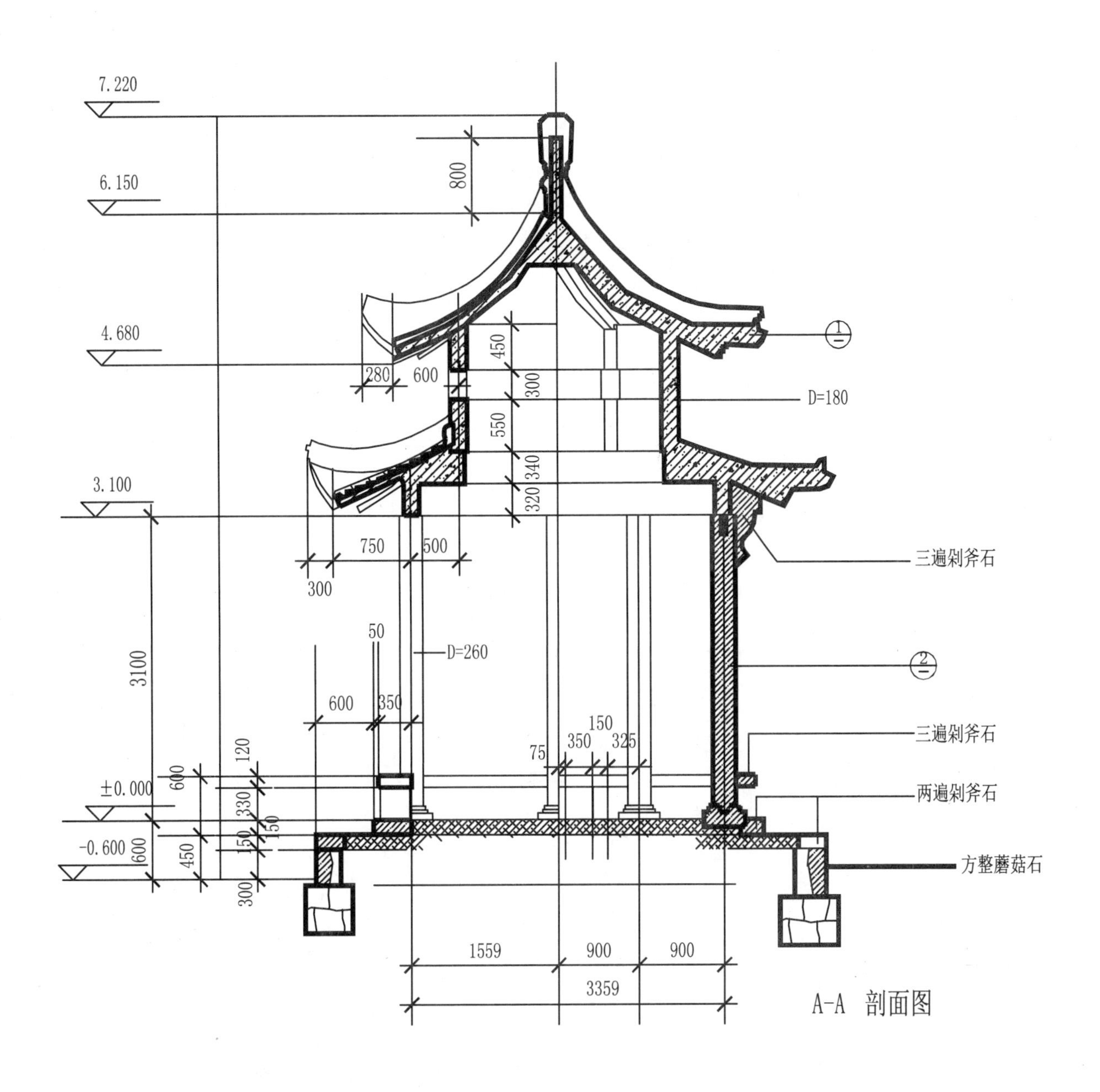

A-A 剖面图

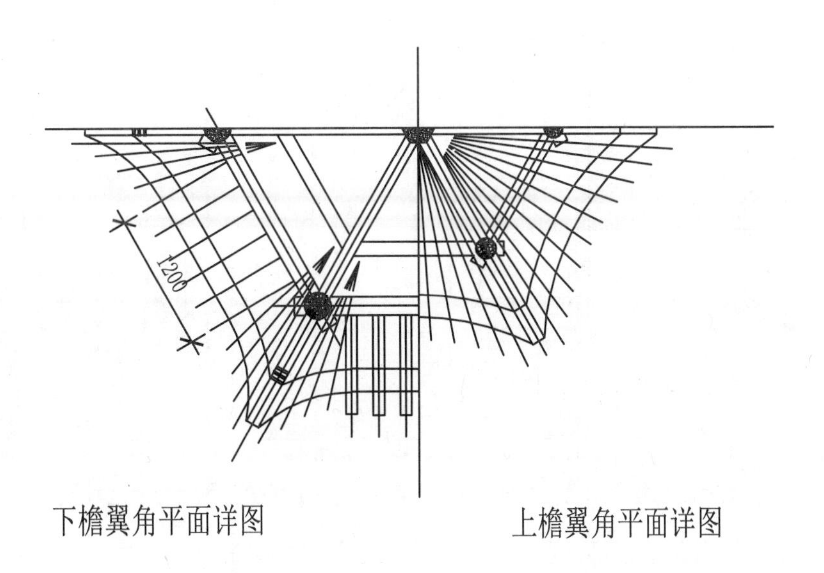

下檐翼角平面详图 上檐翼角平面详图

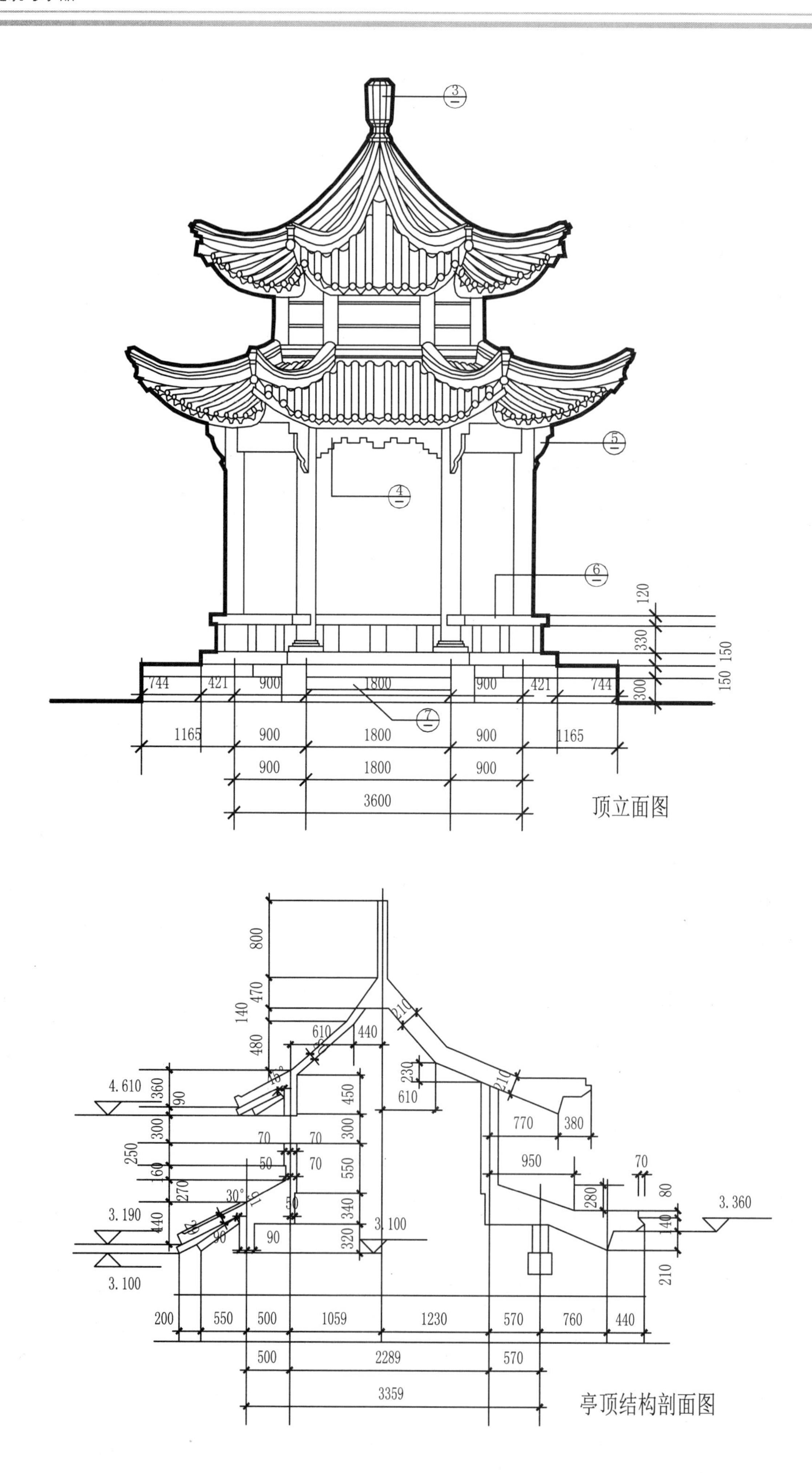

顶立面图

亭顶结构剖面图

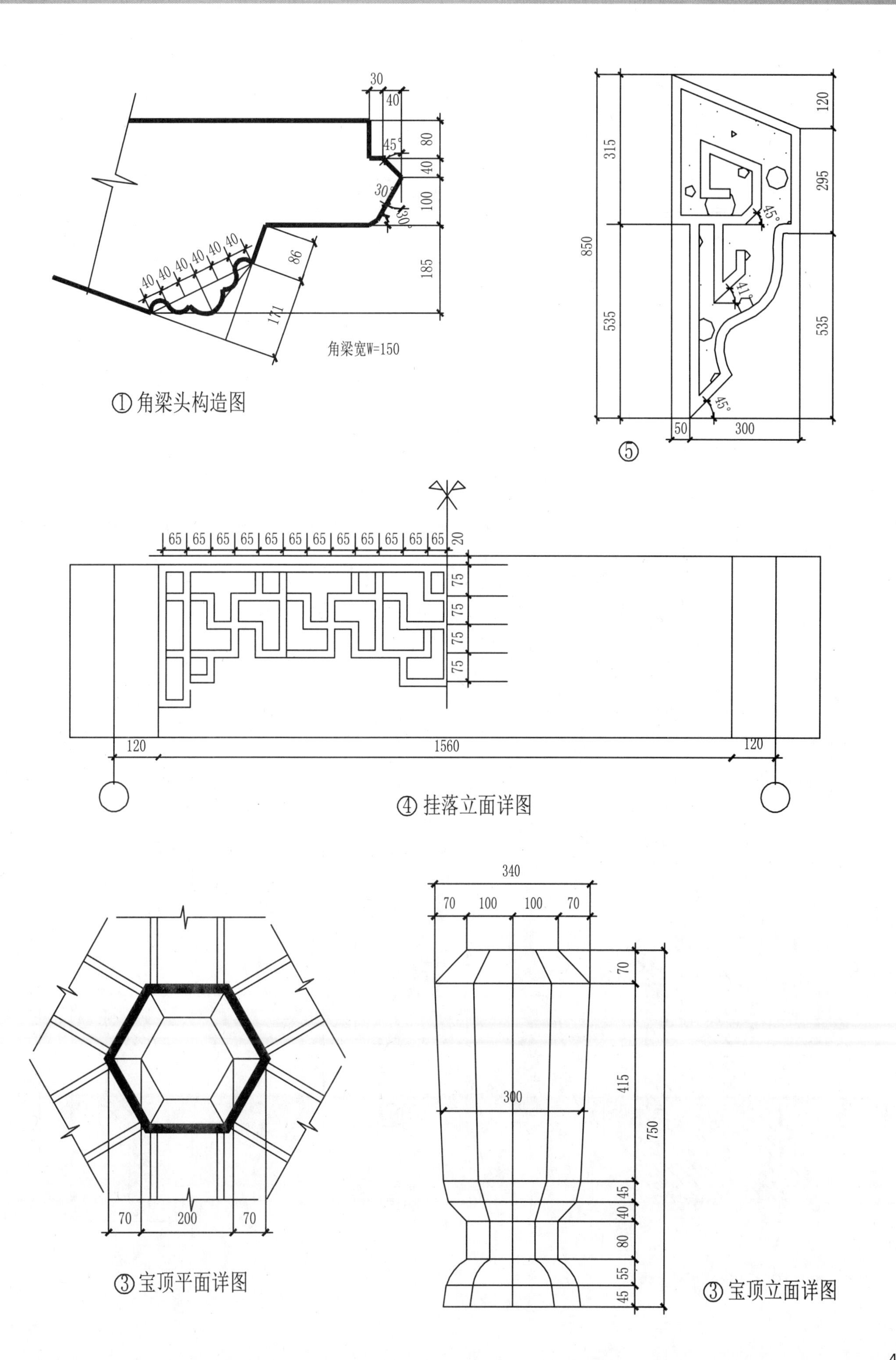

① 角梁头构造图

⑤

④ 挂落立面详图

③ 宝顶平面详图

③ 宝顶立面详图

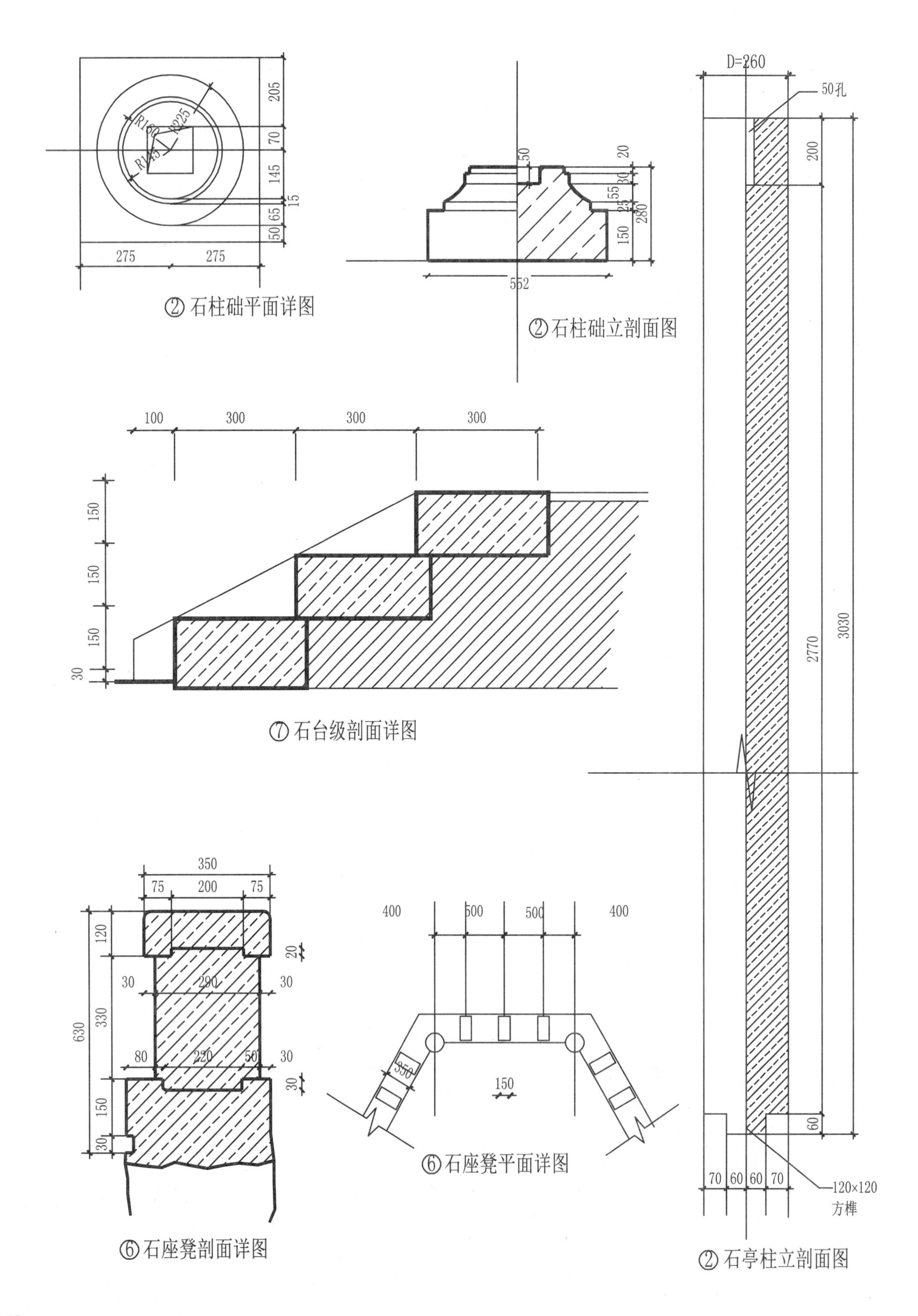

② 石柱础平面详图

② 石柱础立剖面图

⑦ 石台级剖面详图

⑥ 石座凳剖面详图

⑥ 石座凳平面详图

② 石亭柱立剖面图

重檐亭方案三

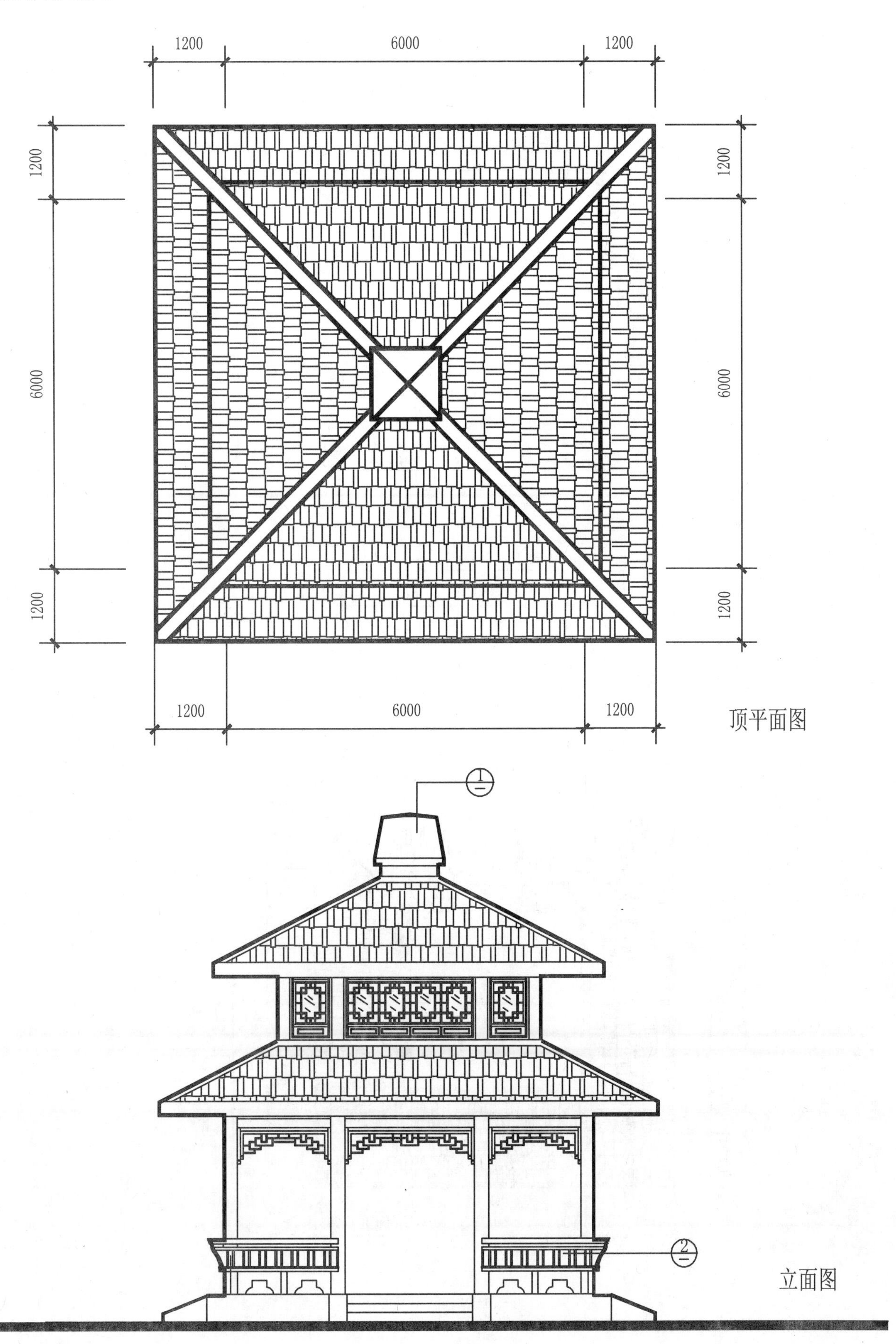
1200
6000
1200
1200
6000
1200
1200
6000
1200
1200
6000
1200
顶平面图
1
2
立面图

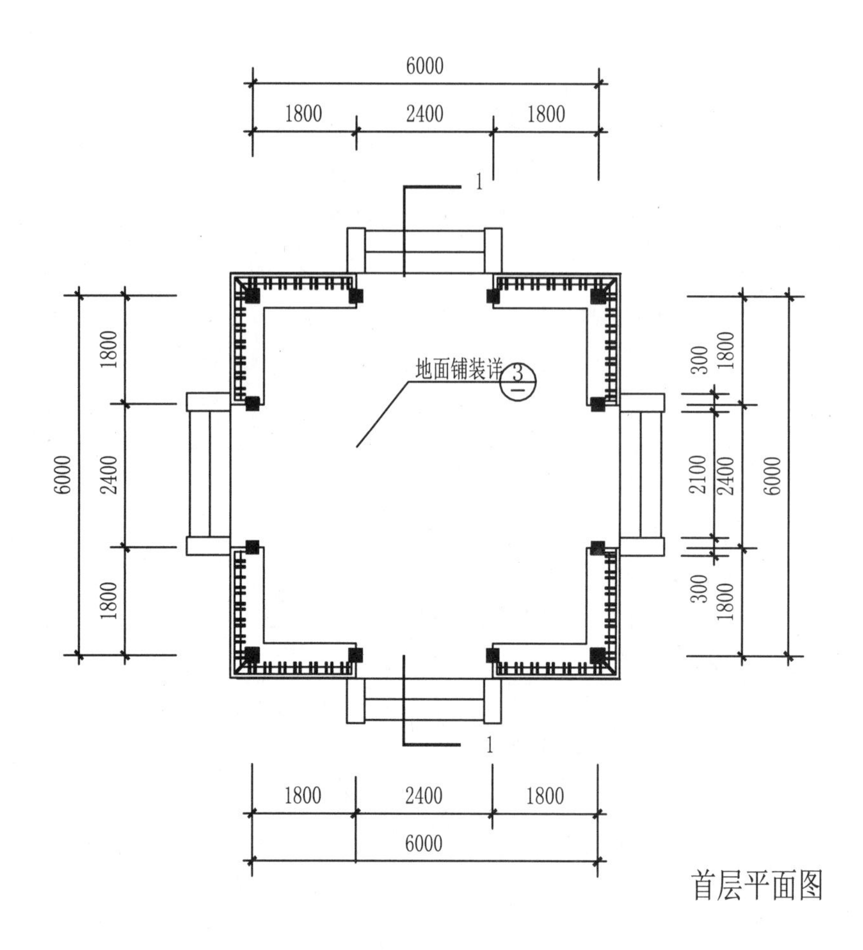
6000
1800
2400
1800
1
地面铺装详
3
300
2100
300
1

首层平面图

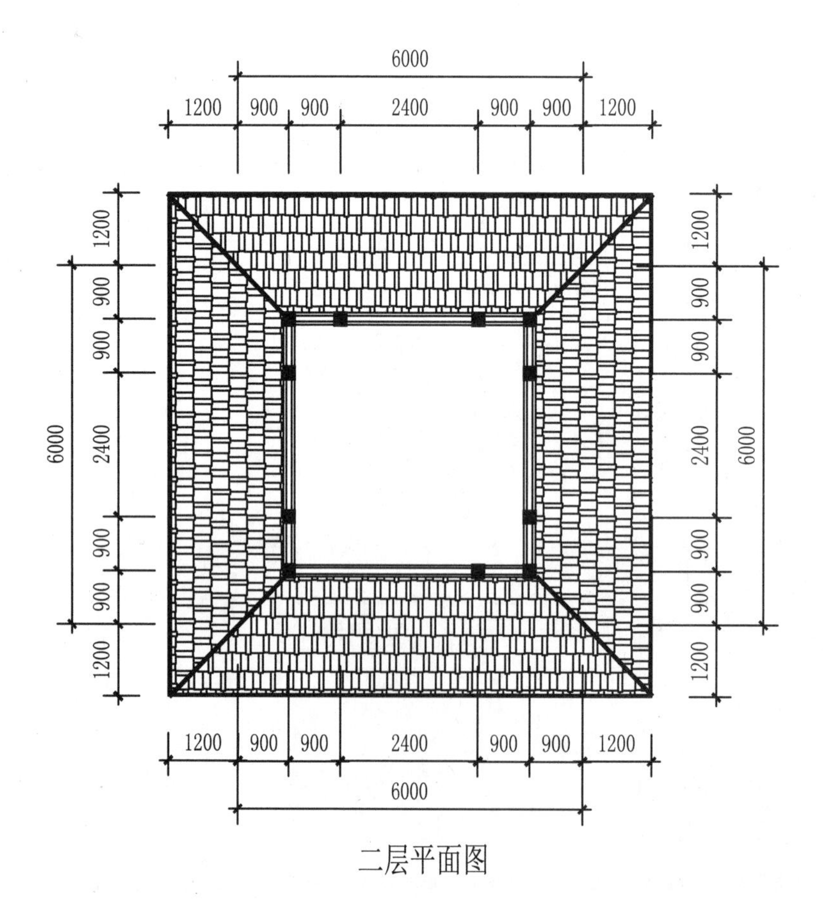
6000
1200
900
900
2400
900
900
1200

二层平面图

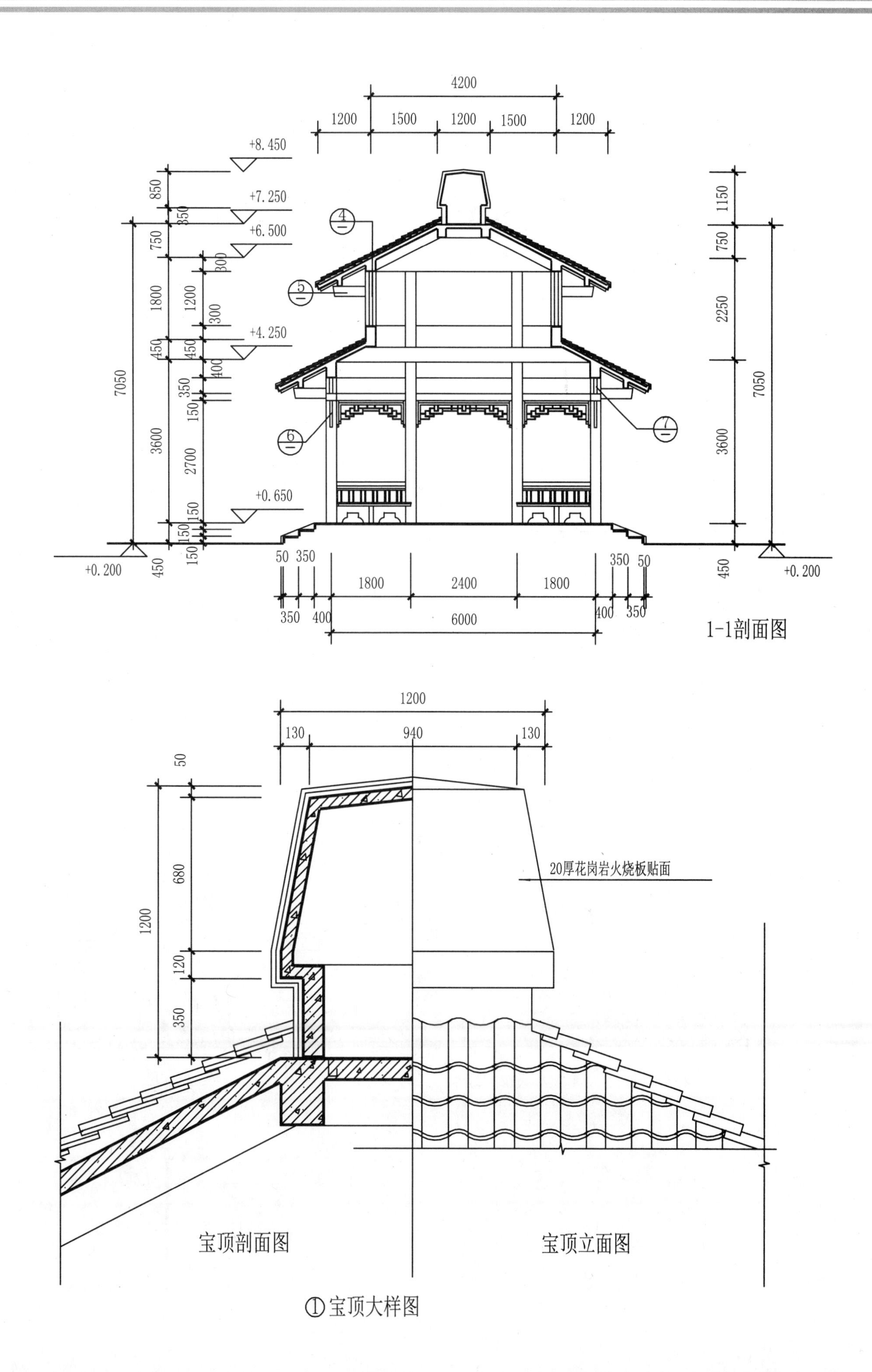

1-1剖面图

①宝顶大样图

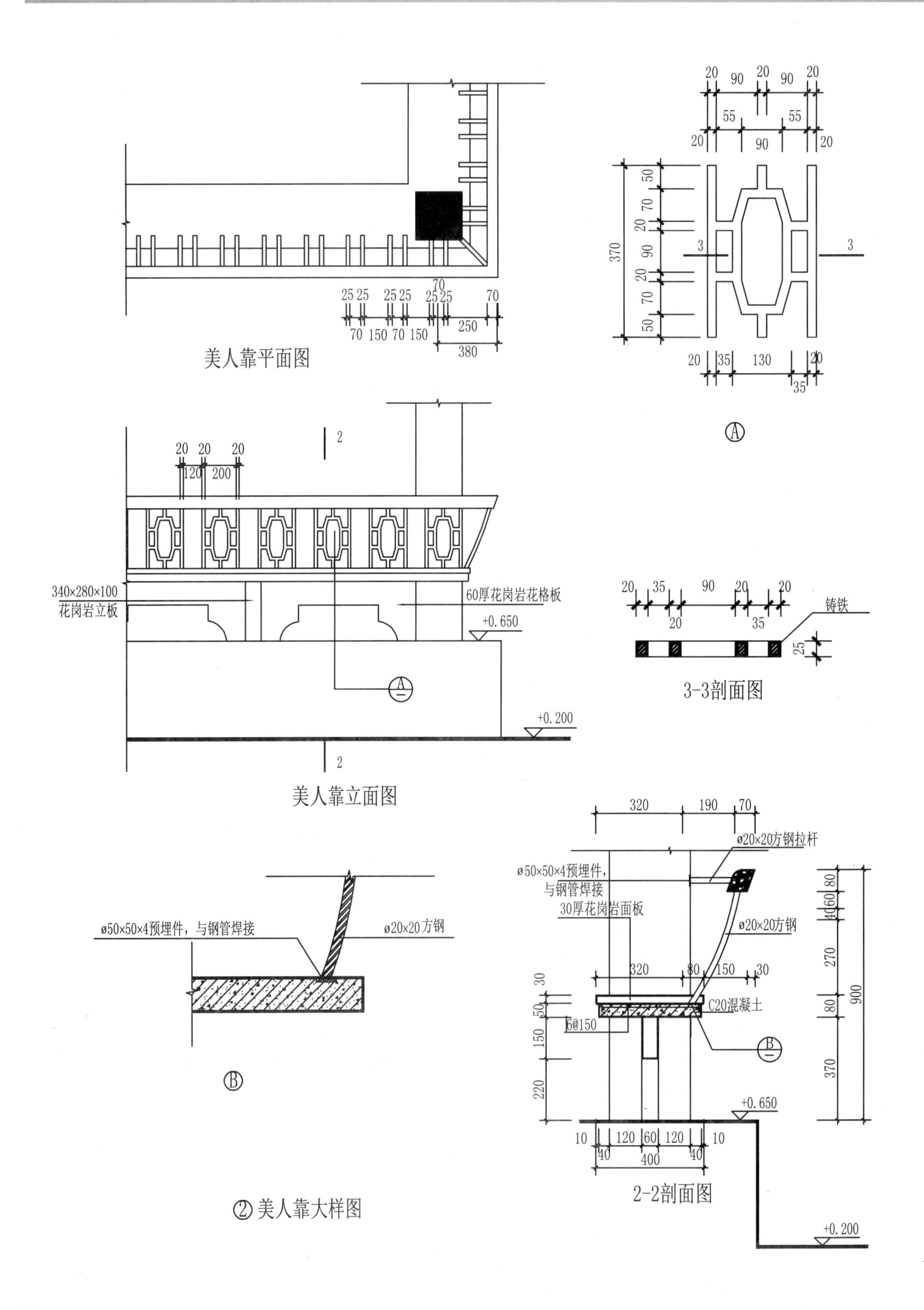
美人靠平面图
25 25 25 25 25 25 70 70
70 150 70 150 250 380
20 90 20 90 20
55 55
20 90 20
370 50 70 20 90 20 70 50
3 3
20 35 130 20 35
Ⓐ
20 20 20
120 200
2
340×280×100
花岗岩立板
60厚花岗岩花格板
+0.650
+0.200
美人靠立面图
20 35 90 20 20
20 35
铸铁
25
3-3剖面图
320 190 70
ø20×20方钢拉杆
ø50×50×4预埋件,
与钢管焊接
30厚花岗岩面板
ø20×20方钢
320 80 150 30
C20混凝土
6@150
30 50 150 220
80 40 60 270 80 370 900
+0.650
10 120 60 120 10
40 400 40
2-2剖面图
+0.200
ø50×50×4预埋件，与钢管焊接
ø20×20方钢
Ⓑ
② 美人靠大样图

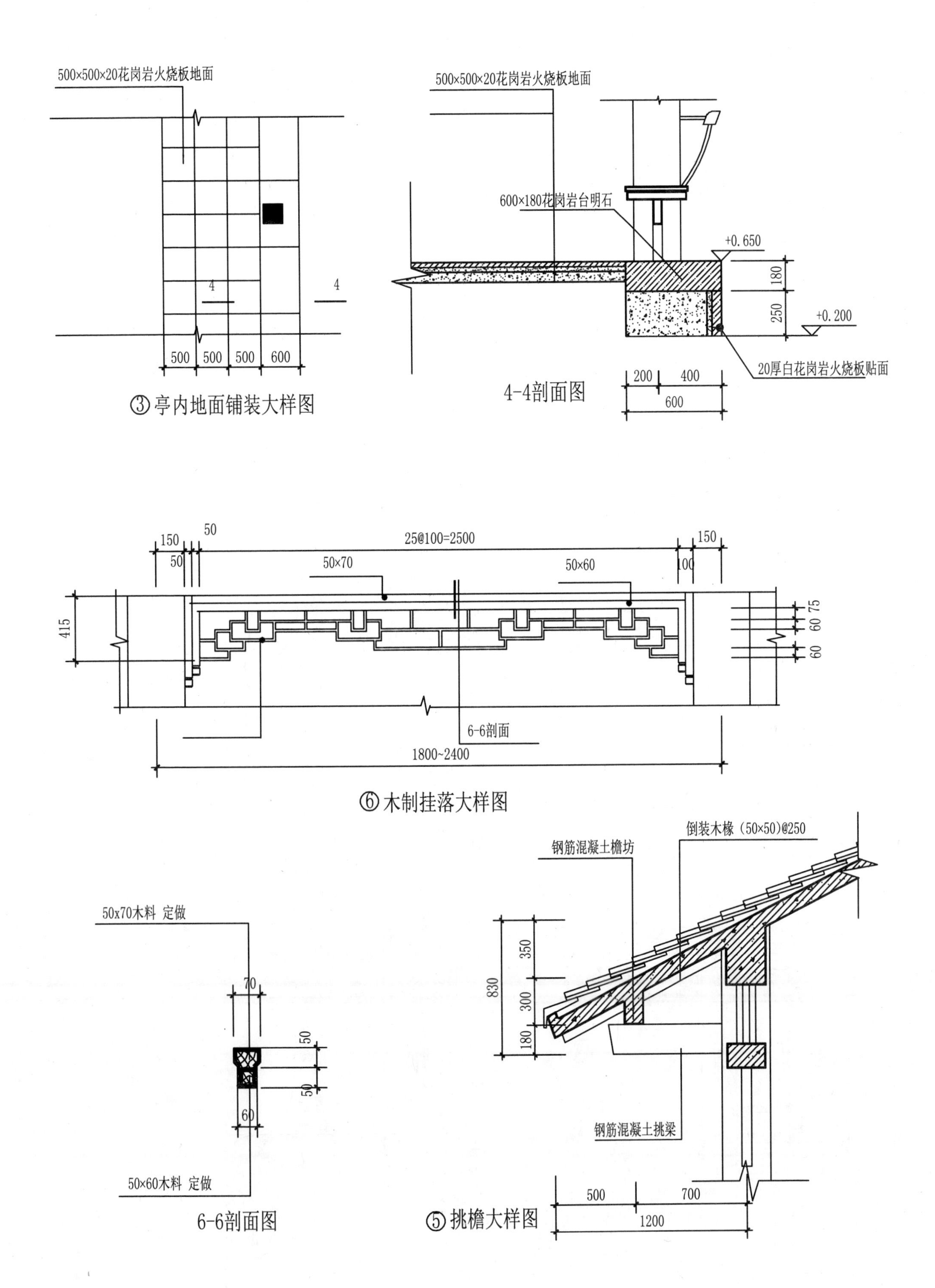

③亭内地面铺装大样图

4-4剖面图

⑥木制挂落大样图

6-6剖面图

⑤挑檐大样图

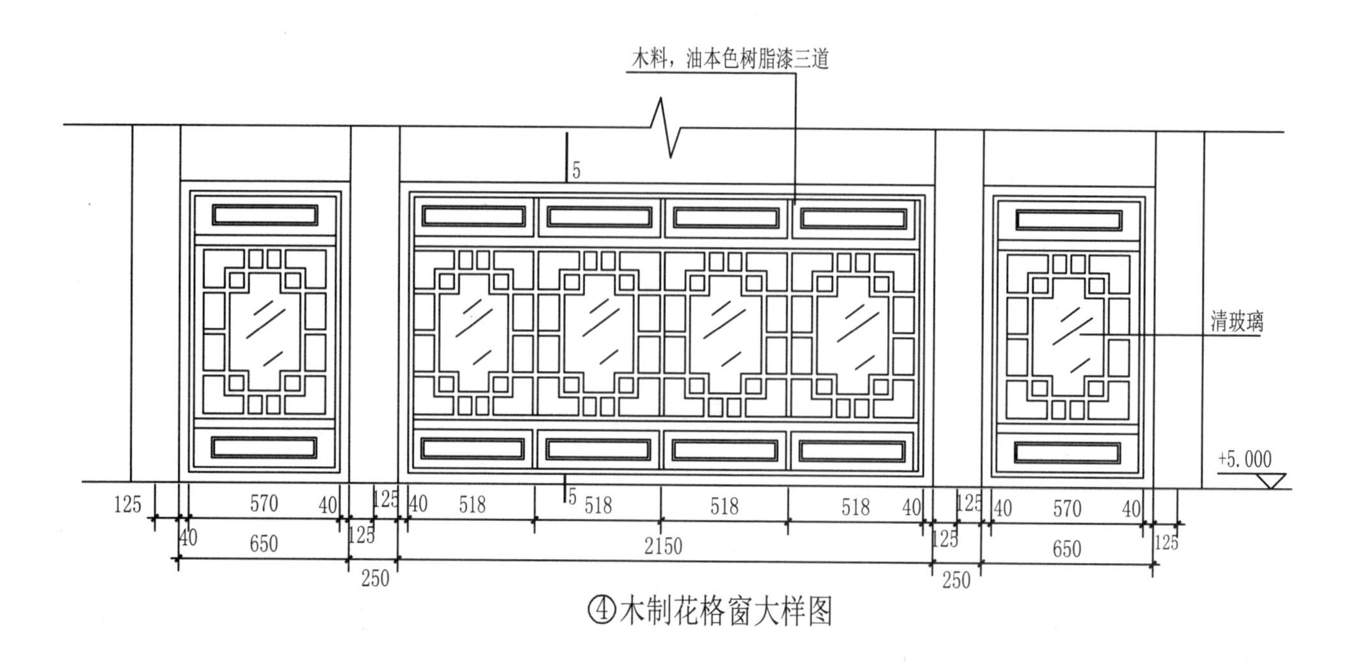

④木制花格窗大样图

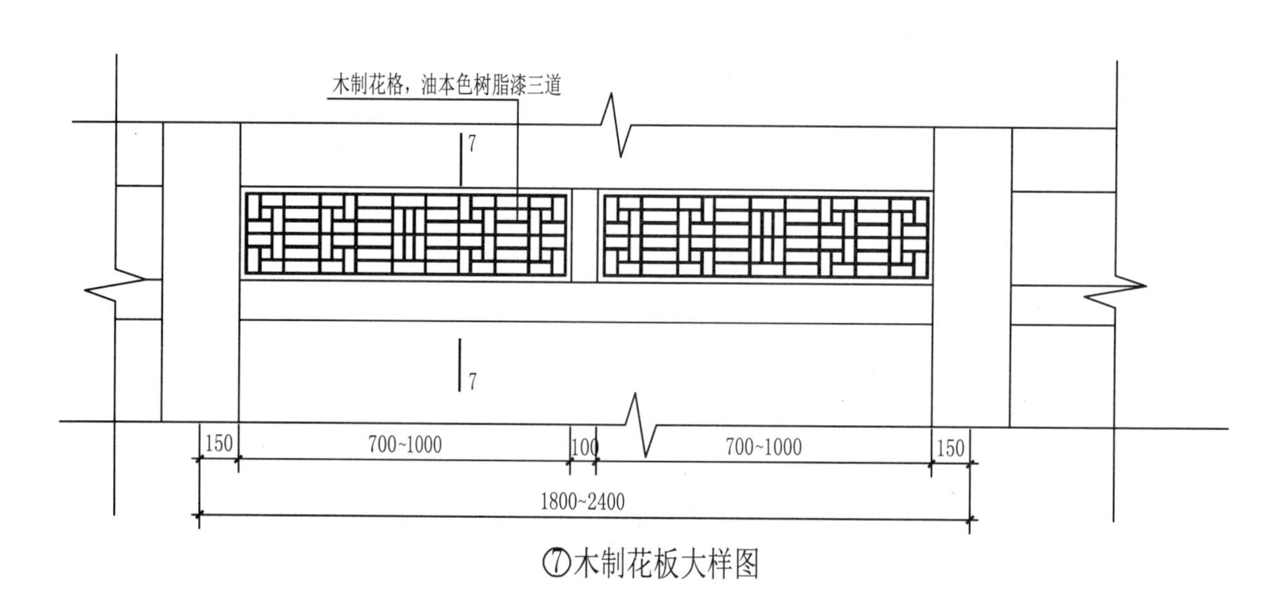

⑦木制花板大样图

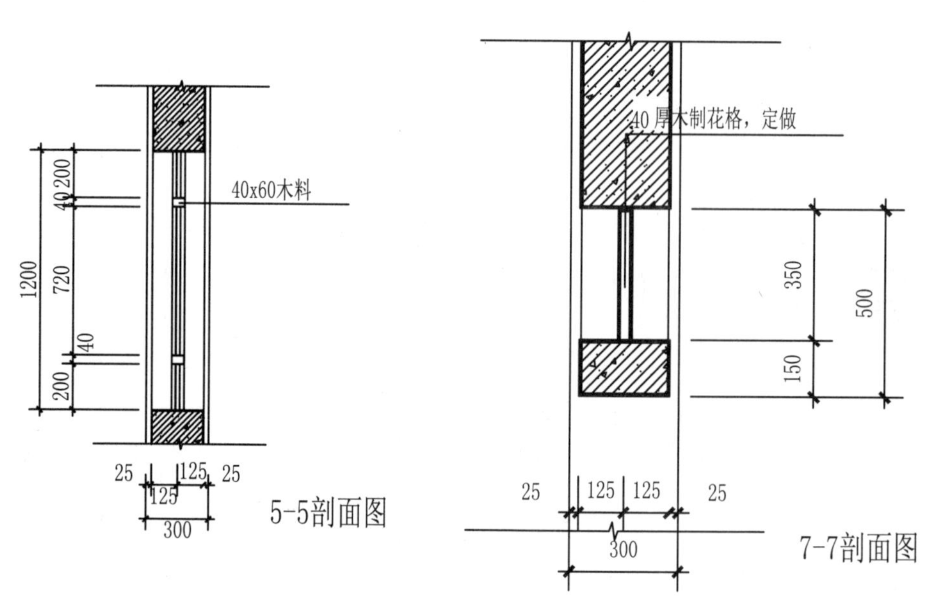

5-5剖面图

7-7剖面图

第二篇 廊与水榭

现代廊

现代廊方案一

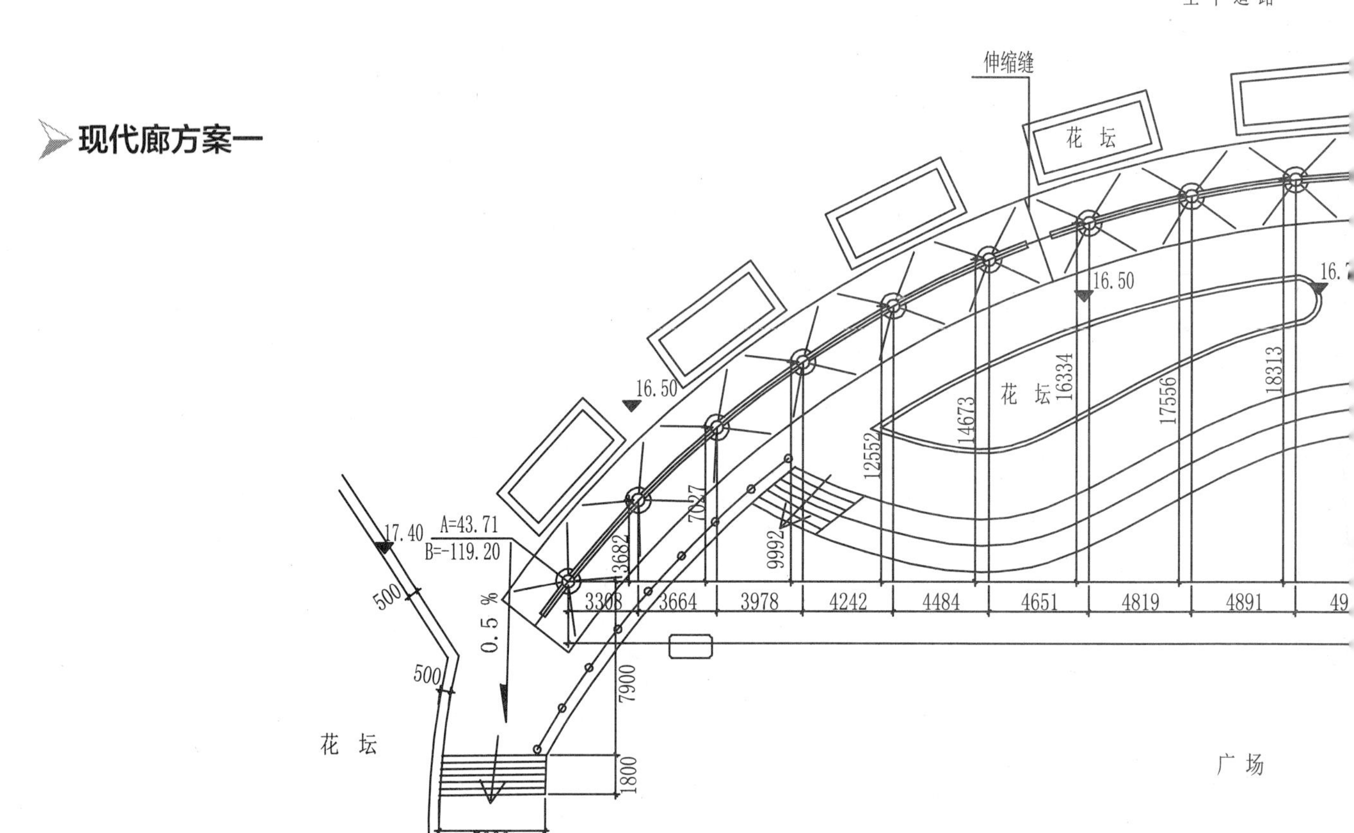
主干道路
伸缩缝
花 坛
16.50
16.50
17.40
A=43.71
B=-119.20
0.5 %
500
500
花 坛
16334
14673
12552
17556
18313
7027
9992
3682
3308
3664
3978
4242
4484
4651
4819
4891
7900
1800
5000
广 场

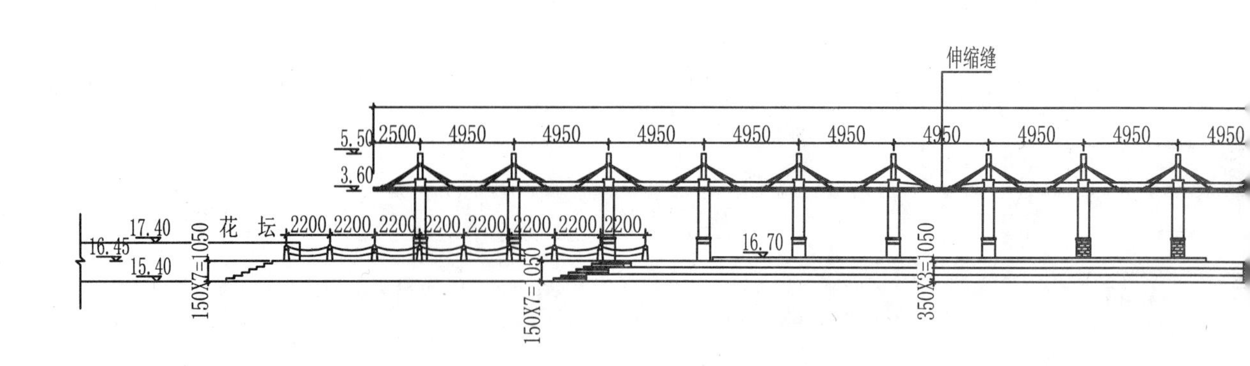
伸缩缝
5.50
3.60
2500
4950
17.40
16.45
15.40
花 坛
2200
16.70
150X7=1050
150X7=1050
350X3=1050

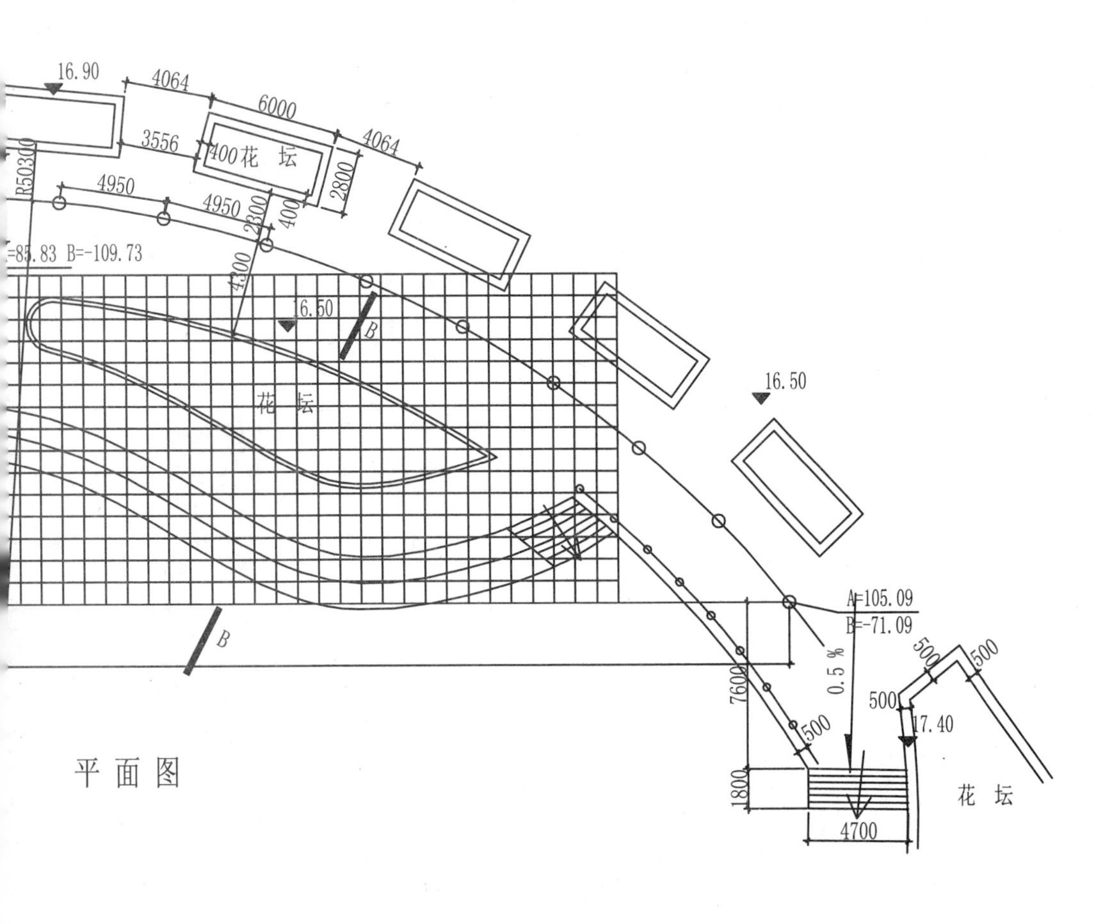
16.90
4064
6000
3556
400花　坛
4064
2800
4950
4950
2300
400
4300
=85.83 B=-109.73
16.50
B
花　坛
16.50
A=105.09
B=-71.09
0.5%
500
500
500
17.40
7600
500
1800
4700
花　坛

平 面 图

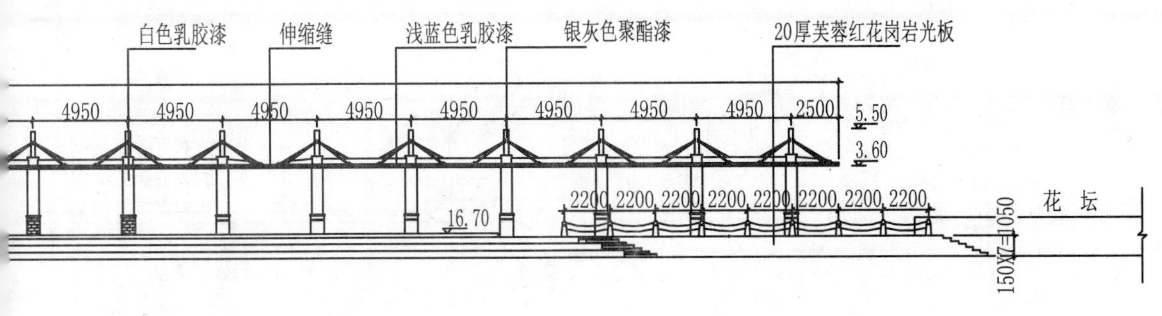
白色乳胶漆
伸缩缝
浅蓝色乳胶漆
银灰色聚酯漆
20厚芙蓉红花岗岩光板
4950
2500
5.50
3.60
2200
16.70
花　坛
150X7=1050

正立面图(展开图)

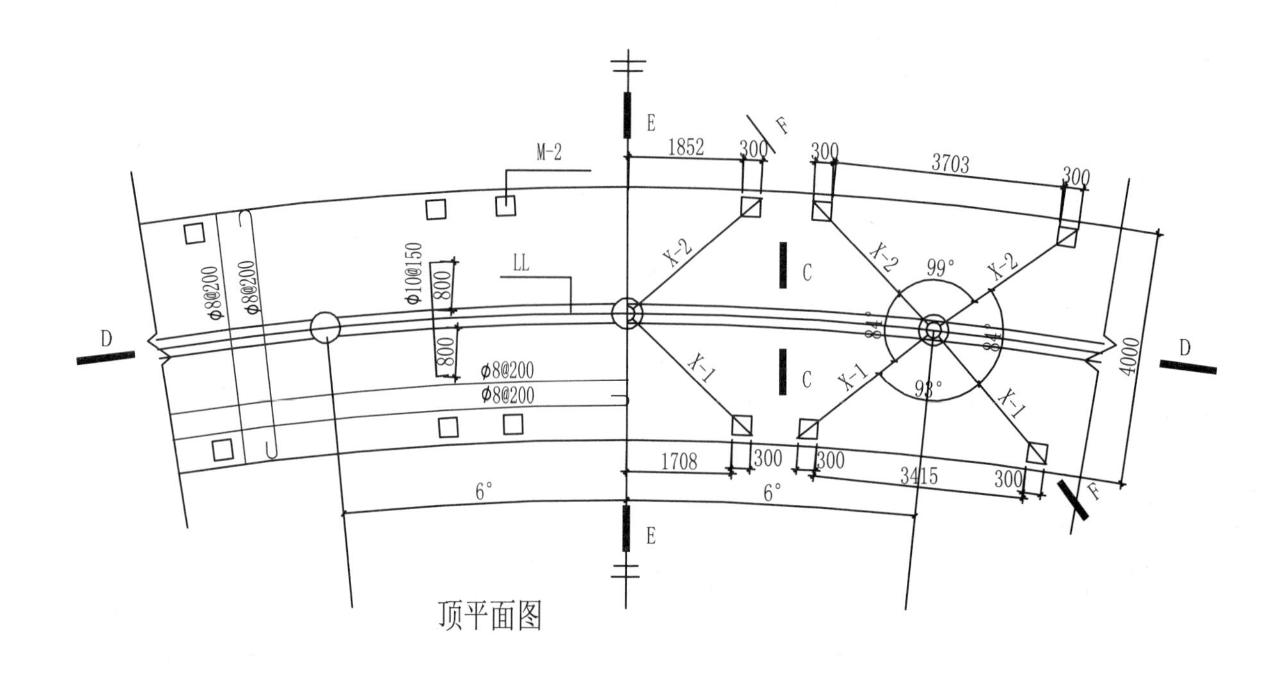
E
M-2
1852
300
F
300
3703
300
D
Φ8@200
Φ8@200
Φ10@150
800
800
LL
X-2
C
X-2
99°
X-2
84°
84°
X-1
X-1
X-1
C
93°
Φ8@200
Φ8@200
4000
1708
300
300
3415
300
6°
6°
E
F
顶平面图

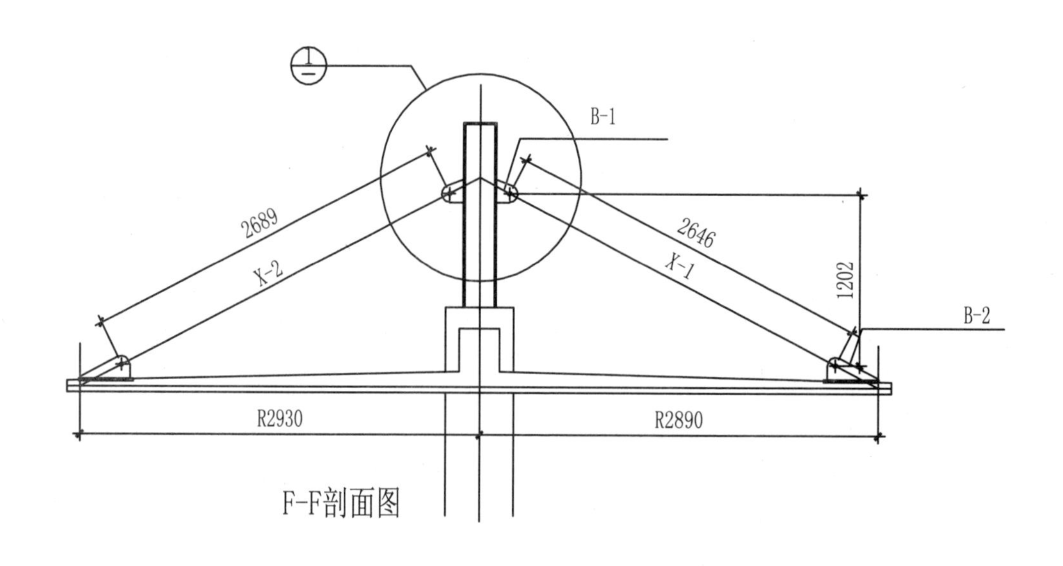
B-1
2689
X-2
2646
X-1
1202
B-2
R2930
R2890
F-F剖面图

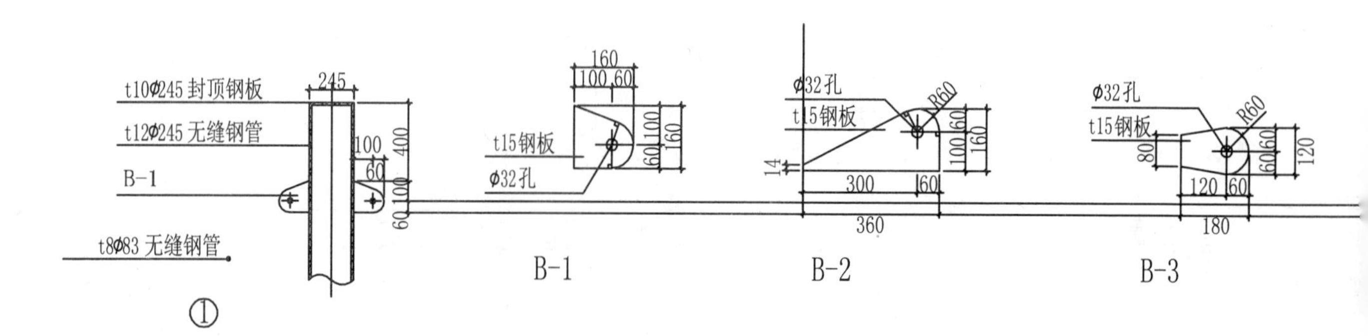
t10Φ245 封顶钢板
t12Φ245 无缝钢管
B-1
t8Φ83 无缝钢管
245
100
400
60
100
60
160
100 60
t15钢板
Φ32孔
100
60
160
B-1
Φ32孔
t15钢板
R60
60
100
160
14
300
60
360
B-2
Φ32孔
t15钢板
R60
80
60
60
120
120
60
180
B-3

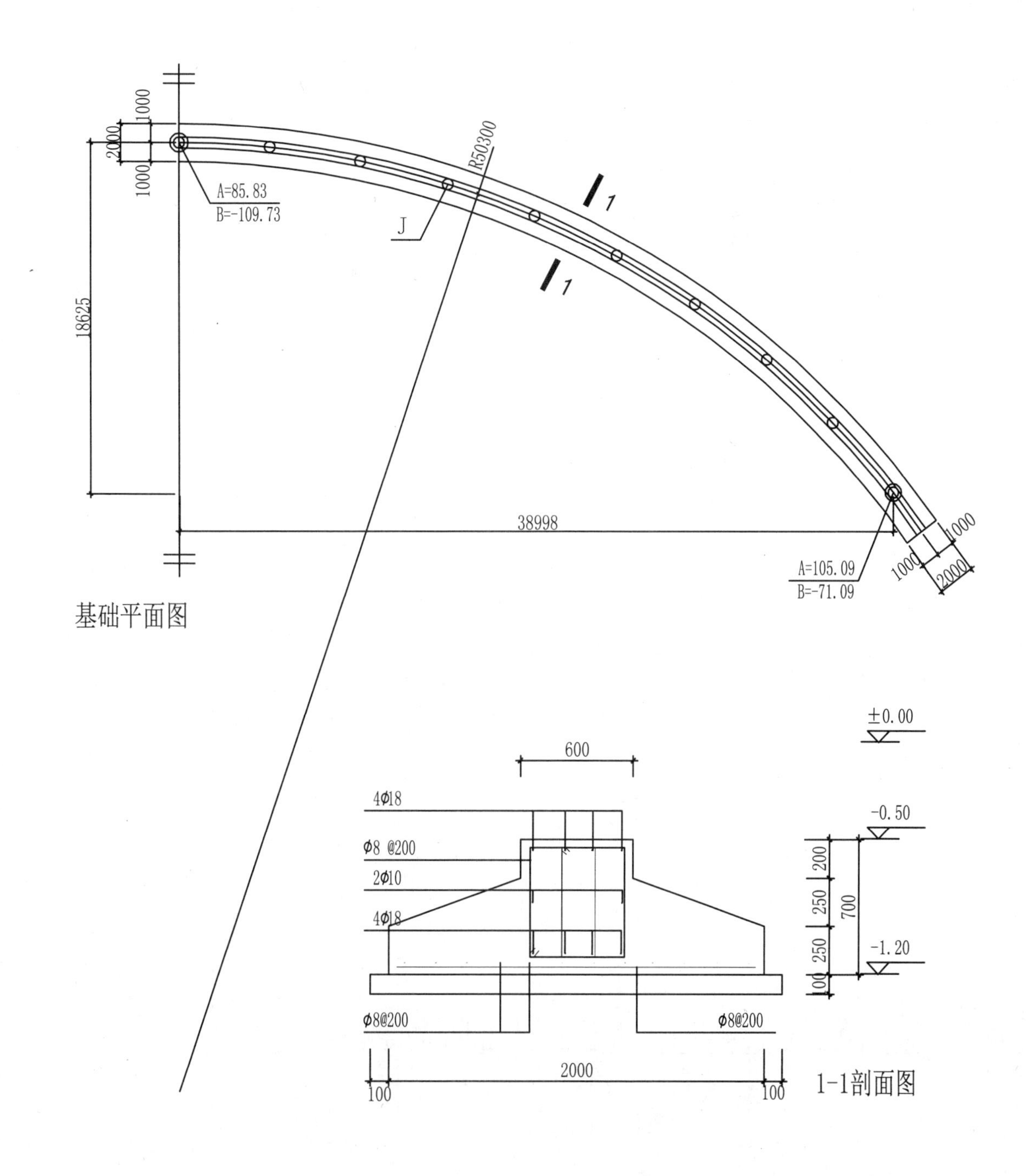

1000
2000
1000
R50300
A=85.83
B=-109.73
J
1
1
18625
38998
1000
1000
2000
A=105.09
B=-71.09
基础平面图
±0.00
600
4Φ18
Φ8 @200
2Φ10
4Φ18
-0.50
200
250
250
100
700
-1.20
Φ8@200
Φ8@200
2000
100
100
1-1剖面图

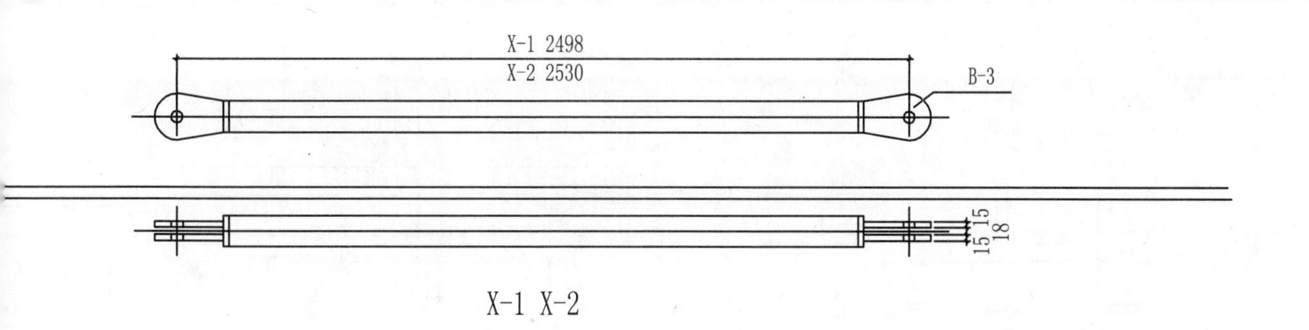

X-1 2498
X-2 2530
B-3
15 15
15 18
X-1 X-2

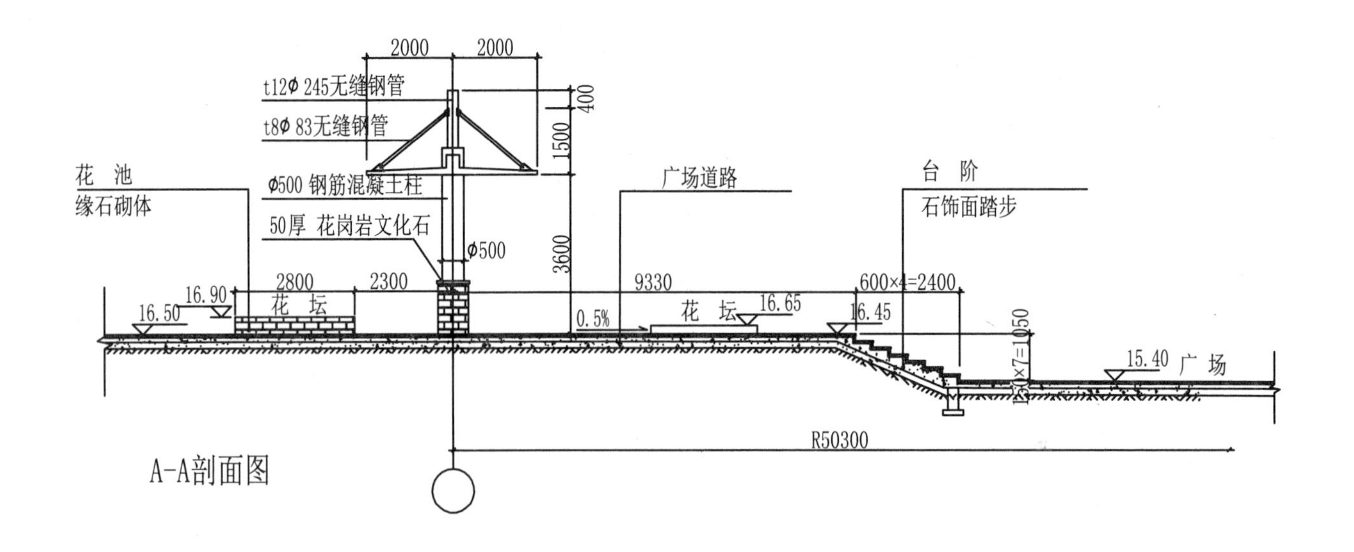

A-A剖面图

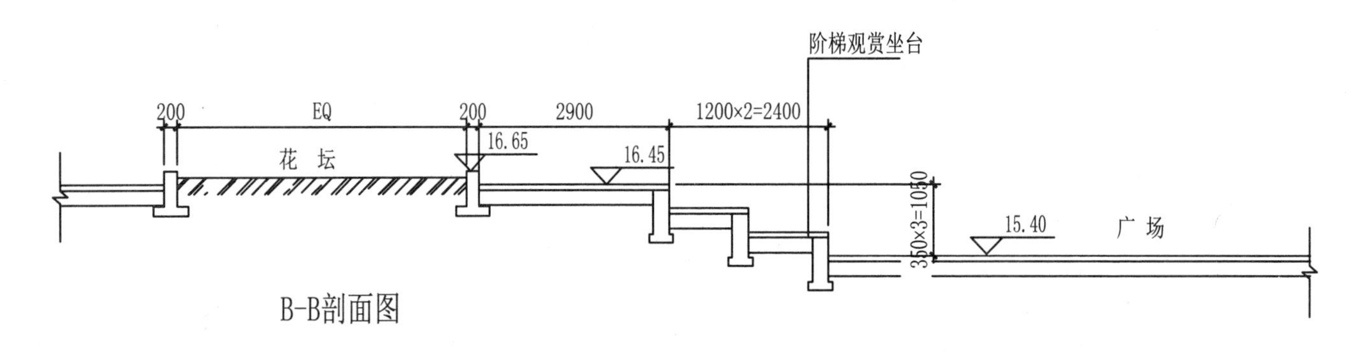

B-B剖面图

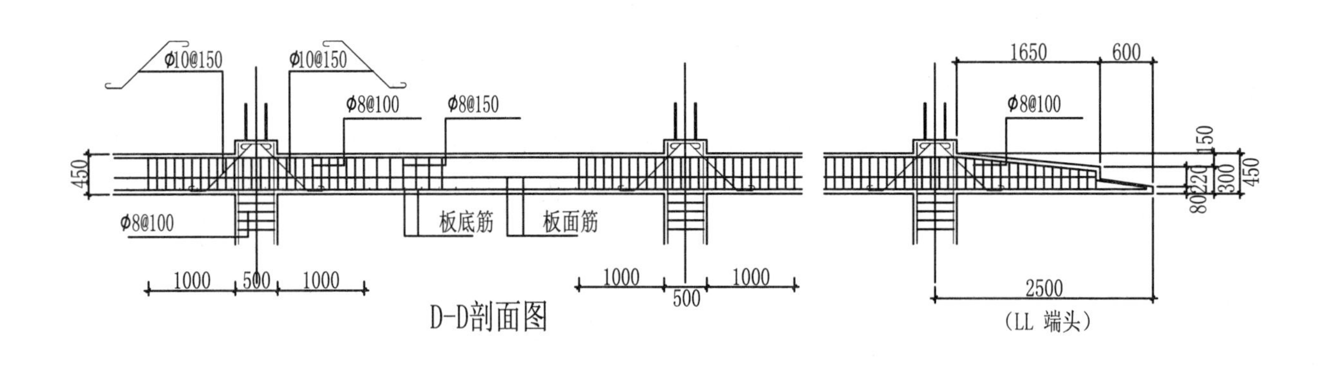

D-D剖面图

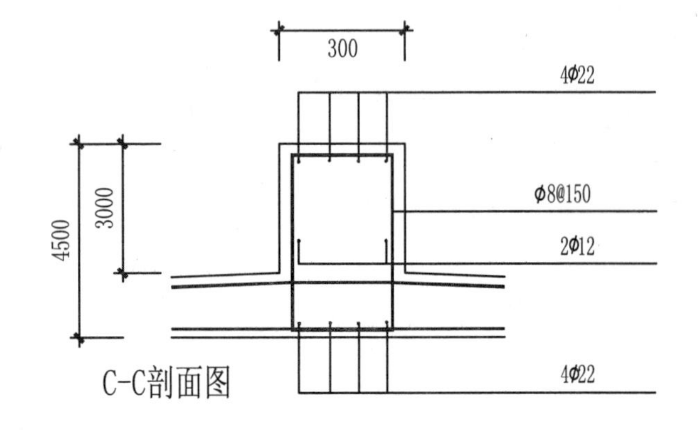

C-C剖面图

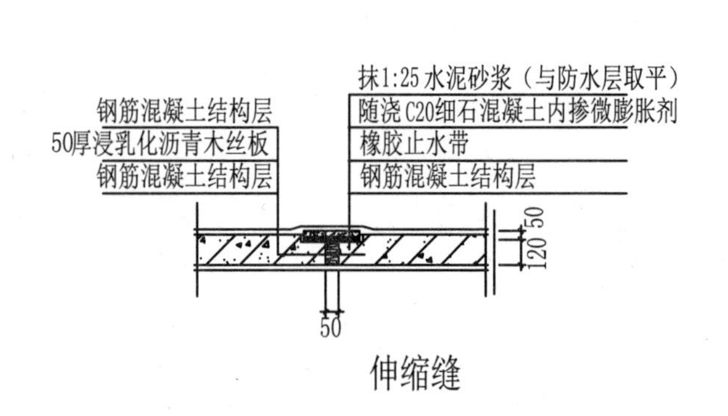

伸缩缝

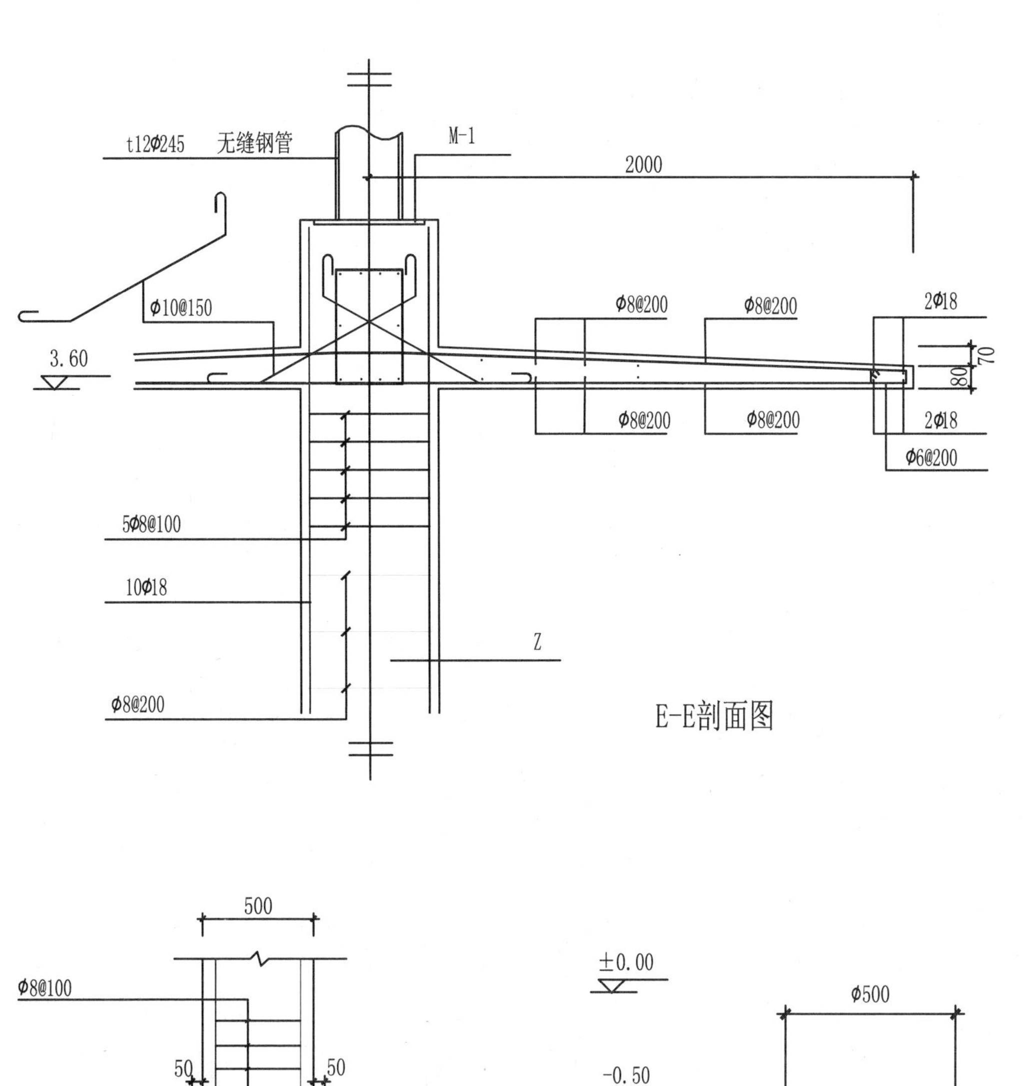

E-E剖面图

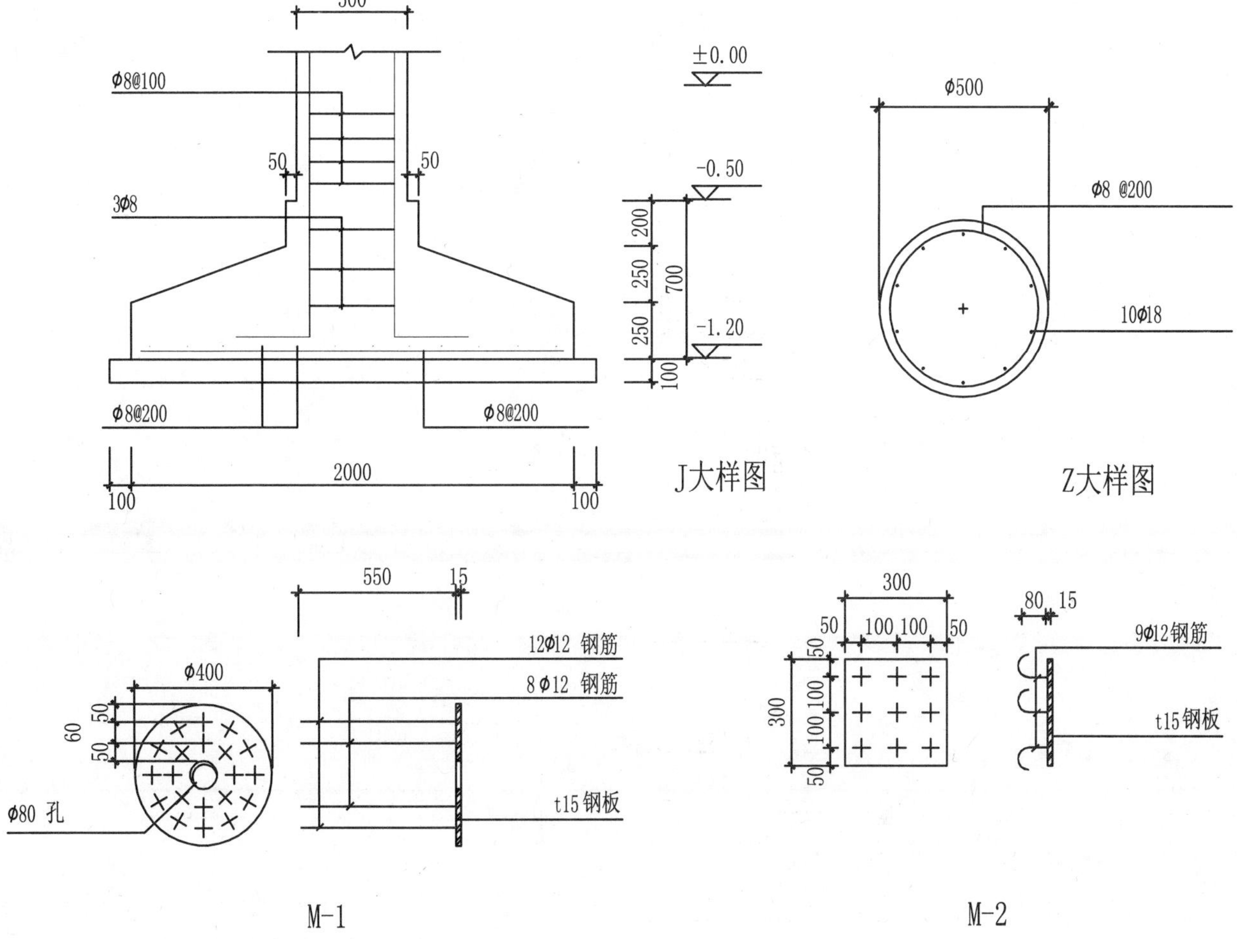

J大样图

Z大样图

M-1

M-2

现代廊方案二

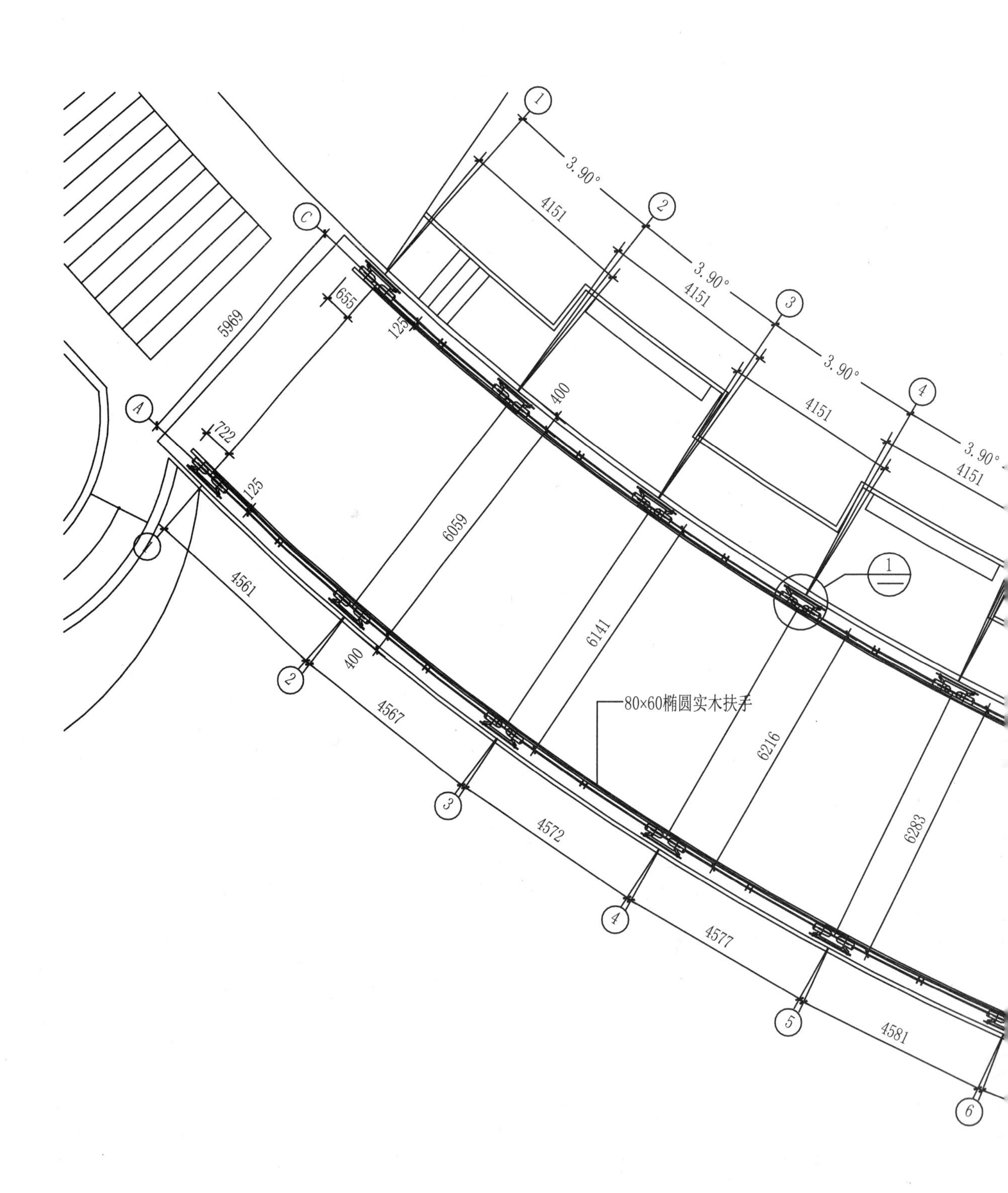
1
2
3
4
C
A
3.90°
4151
5969
655
125
722
400
6059
6141
6216
6283
4561
4567
4572
4577
4581
5
6
80×60椭圆实木扶手

平面图

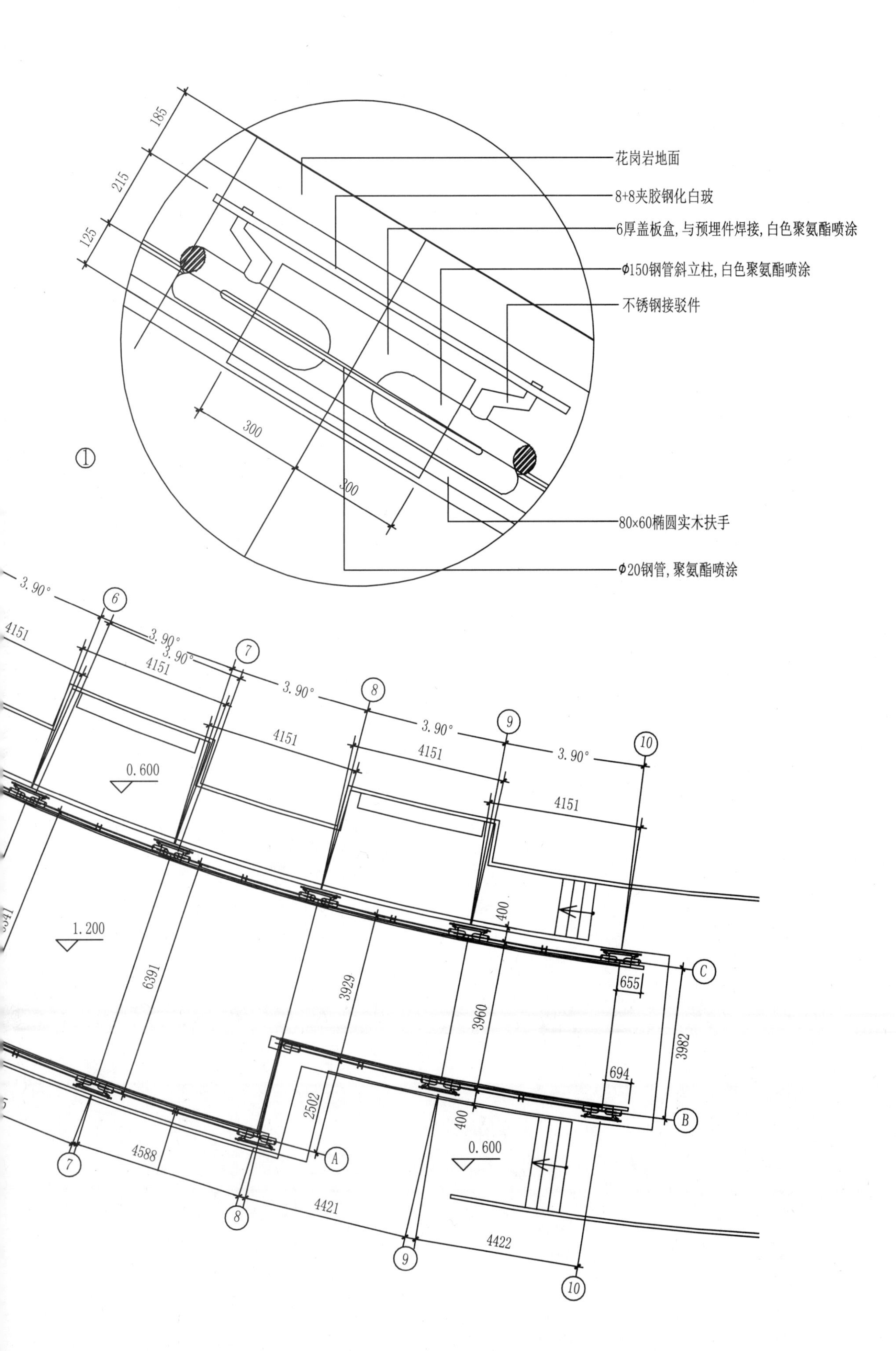

185
215
125
花岗岩地面
8+8夹胶钢化白玻
6厚盖板盒，与预埋件焊接，白色聚氨酯喷涂
Φ150钢管斜立柱，白色聚氨酯喷涂
不锈钢接驳件
300
300
①
80×60椭圆实木扶手
Φ20钢管，聚氨酯喷涂
3.90°
4151
0.600
1.200
6391
3929
3960
400
655
3982
694
2502
4588
4421
4422
A
B
C
6
7
8
9
10

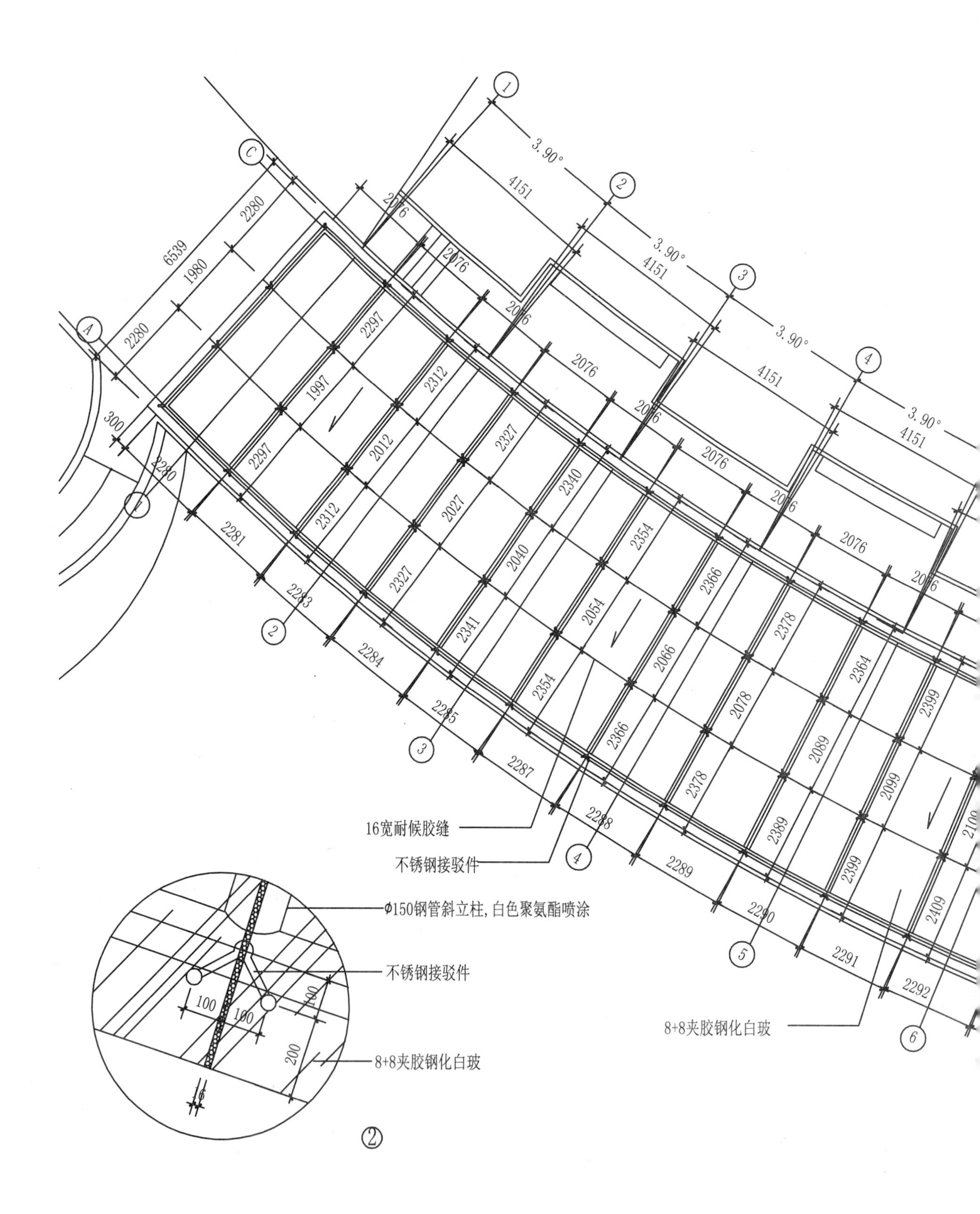
16宽耐候胶缝
不锈钢接驳件
Φ150钢管斜立柱，白色聚氨酯喷涂
不锈钢接驳件
8+8夹胶钢化白玻
8+8夹胶钢化白玻
②

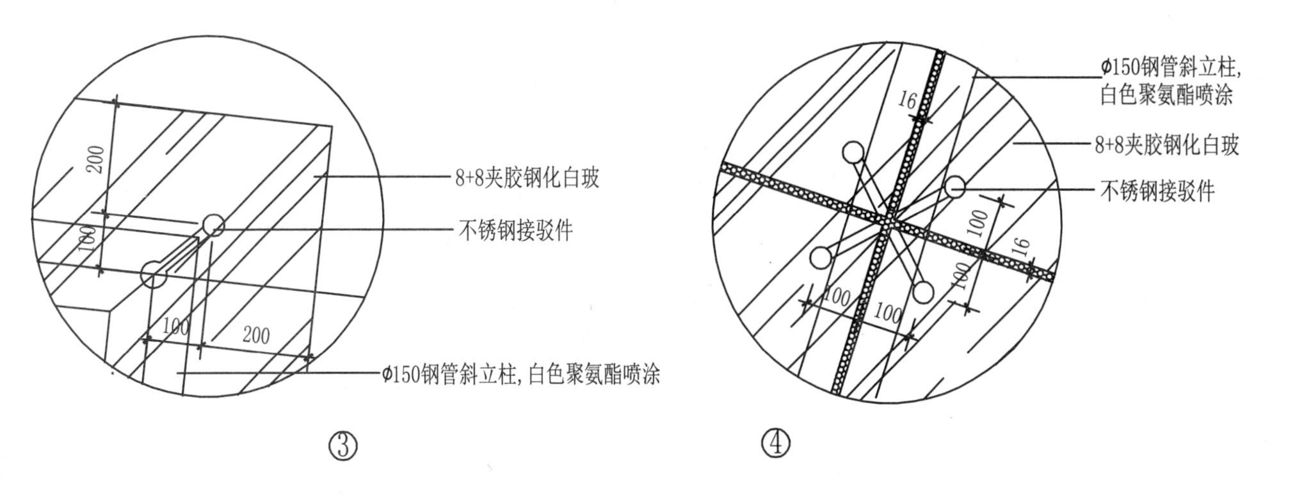
200
100
100
200
8+8夹胶钢化白玻
不锈钢接驳件
Φ150钢管斜立柱，白色聚氨酯喷涂
③
Φ150钢管斜立柱，
白色聚氨酯喷涂
8+8夹胶钢化白玻
不锈钢接驳件
16
100
16
100
100
100
④

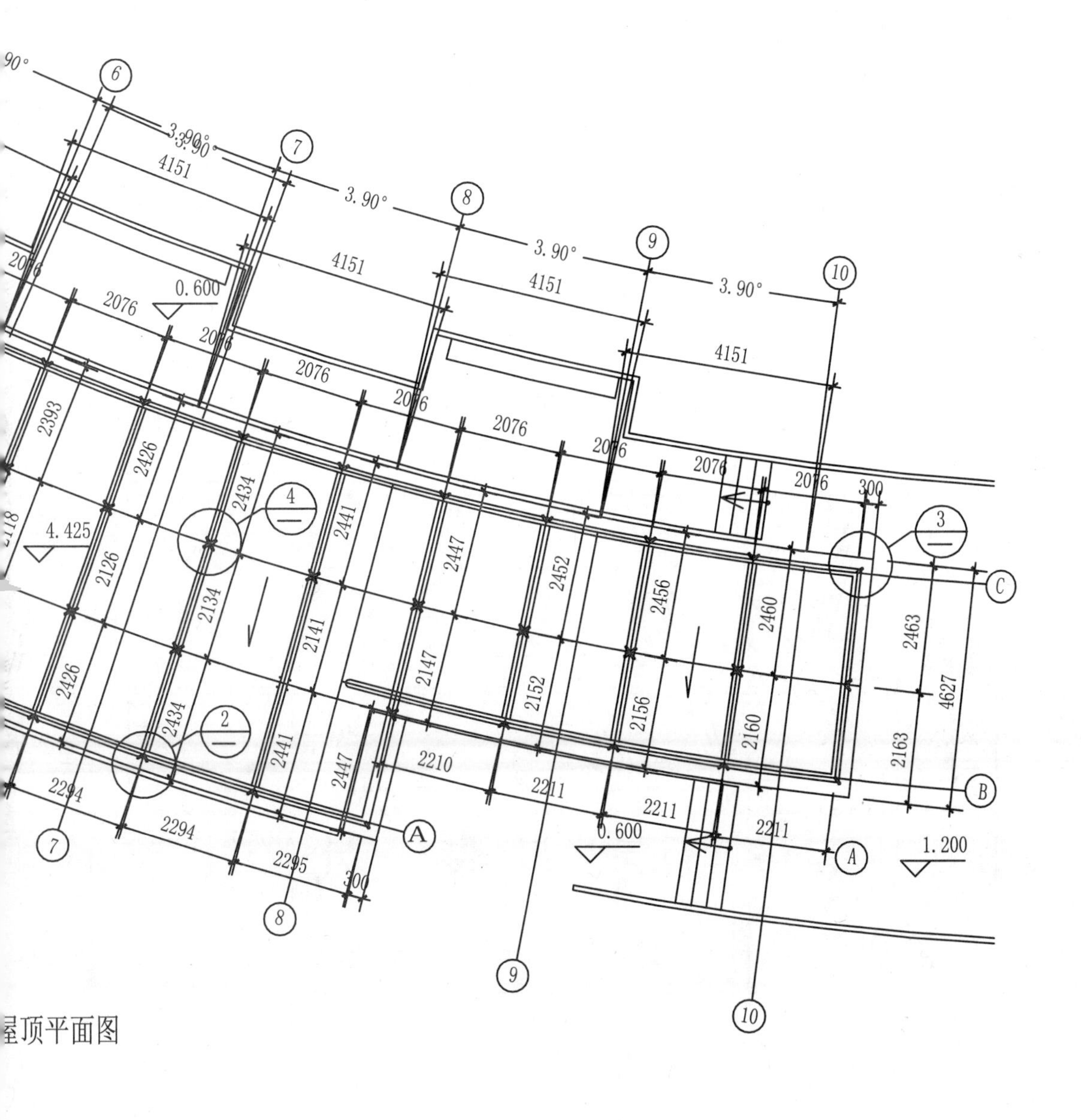
3.90°
4151
2076
0.600
4.425
1.200
2211
2210
2294
2295
300
2463
4627
2163

屋顶平面图

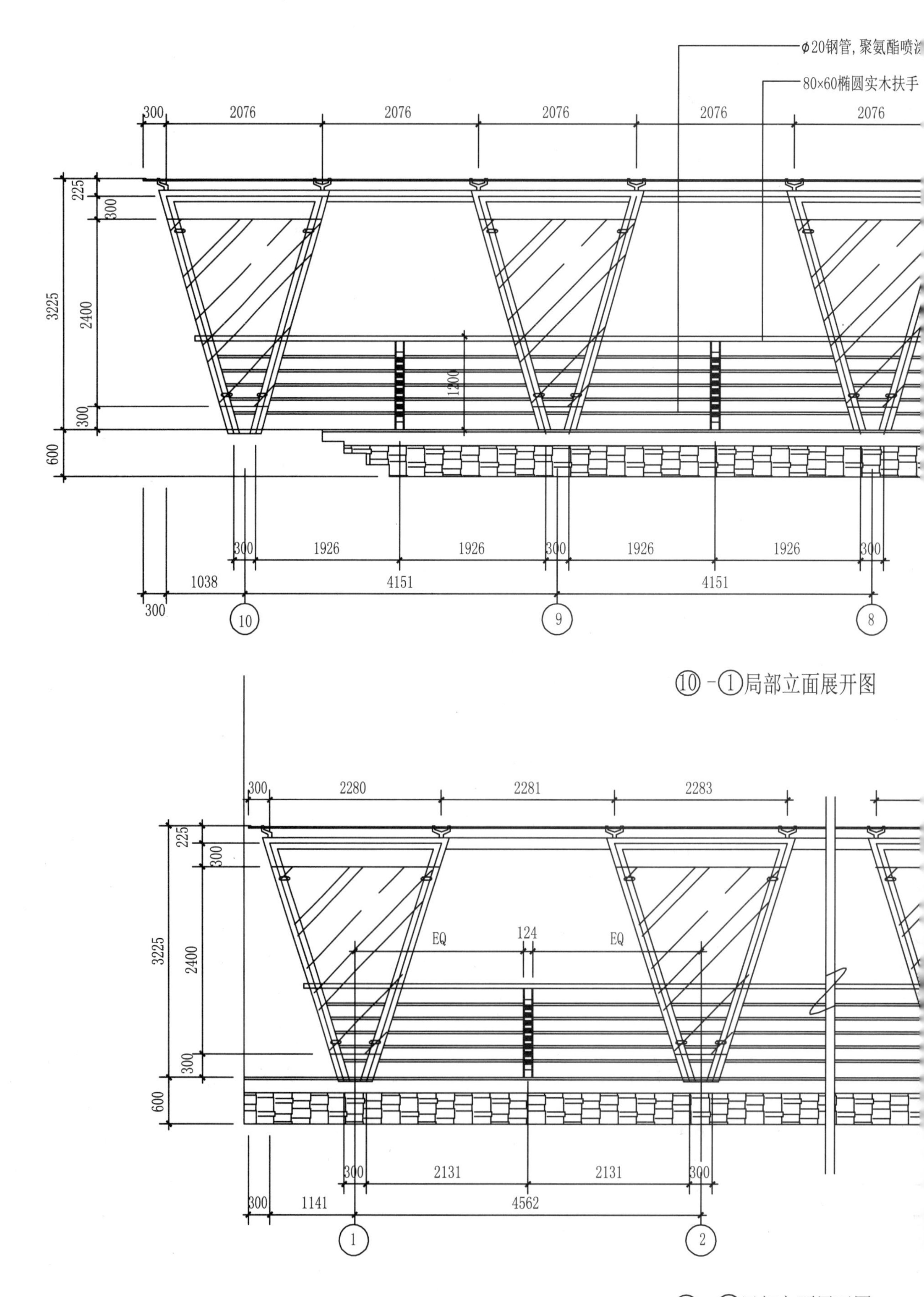

⑩-①局部立面展开图

①-⑩局部立面展开图

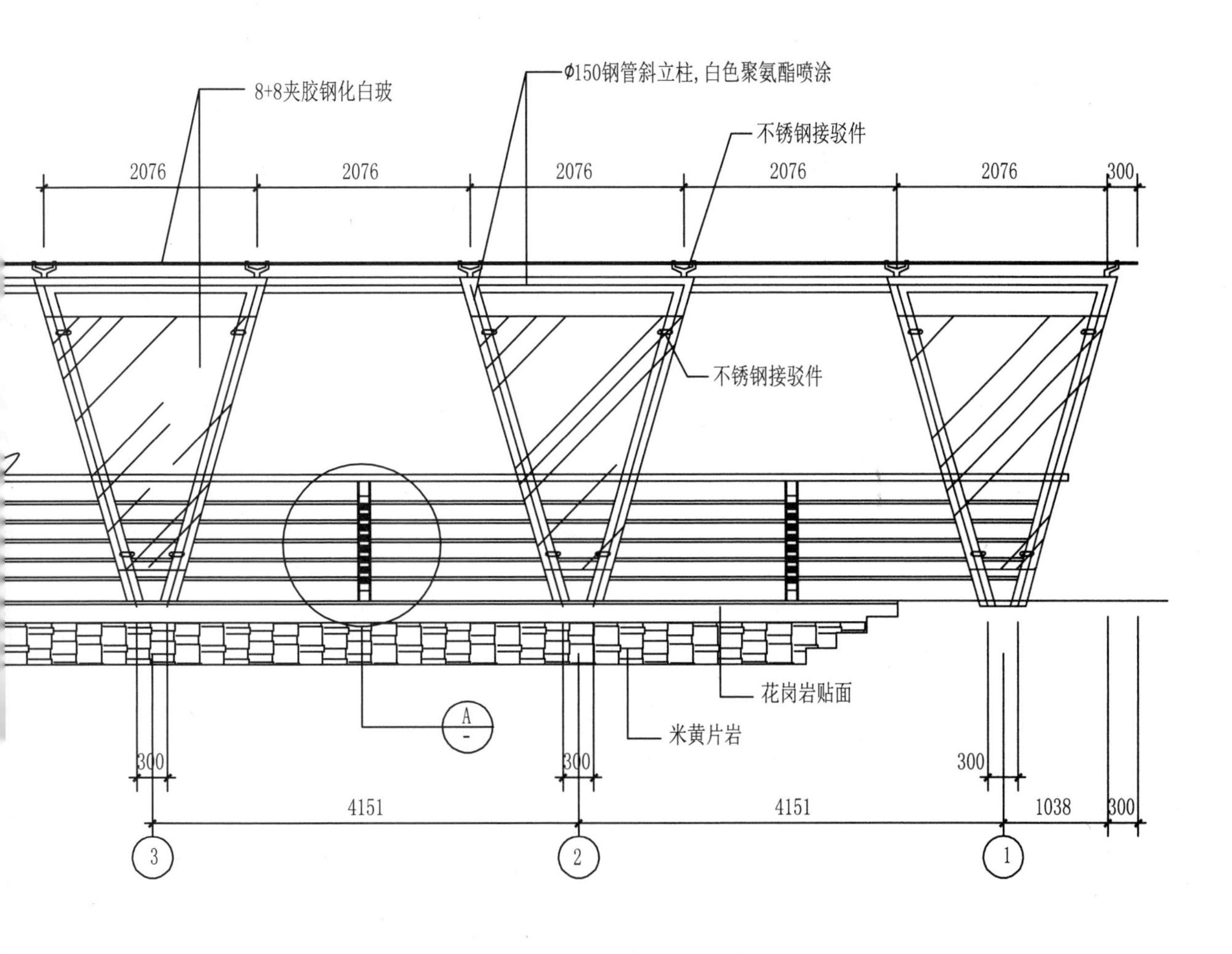
8+8夹胶钢化白玻
Φ150钢管斜立柱，白色聚氨酯喷涂
不锈钢接驳件
2076
2076
2076
2076
2076
300
不锈钢接驳件
花岗岩贴面
米黄片岩
A
300
300
300
4151
4151
1038
300
3
2
1

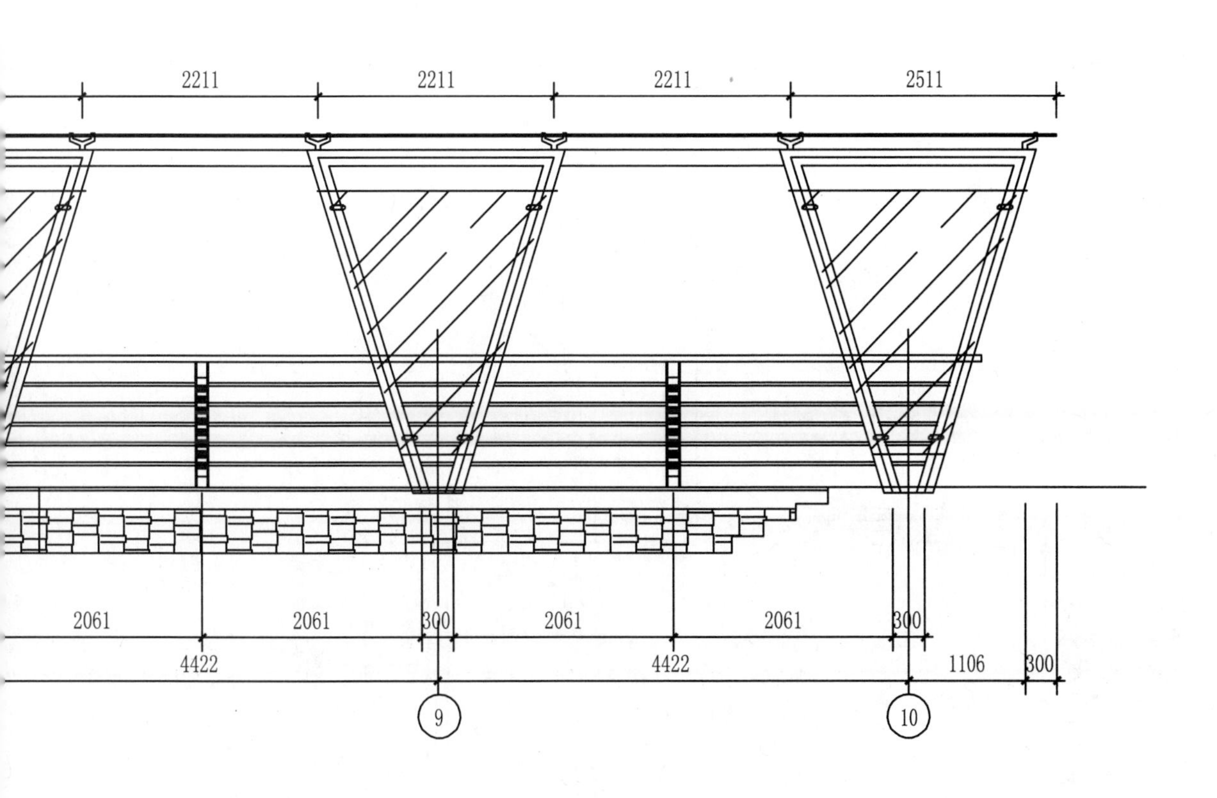
2211
2211
2211
2511
2061
2061
300
2061
2061
300
4422
4422
1106
300
9
10

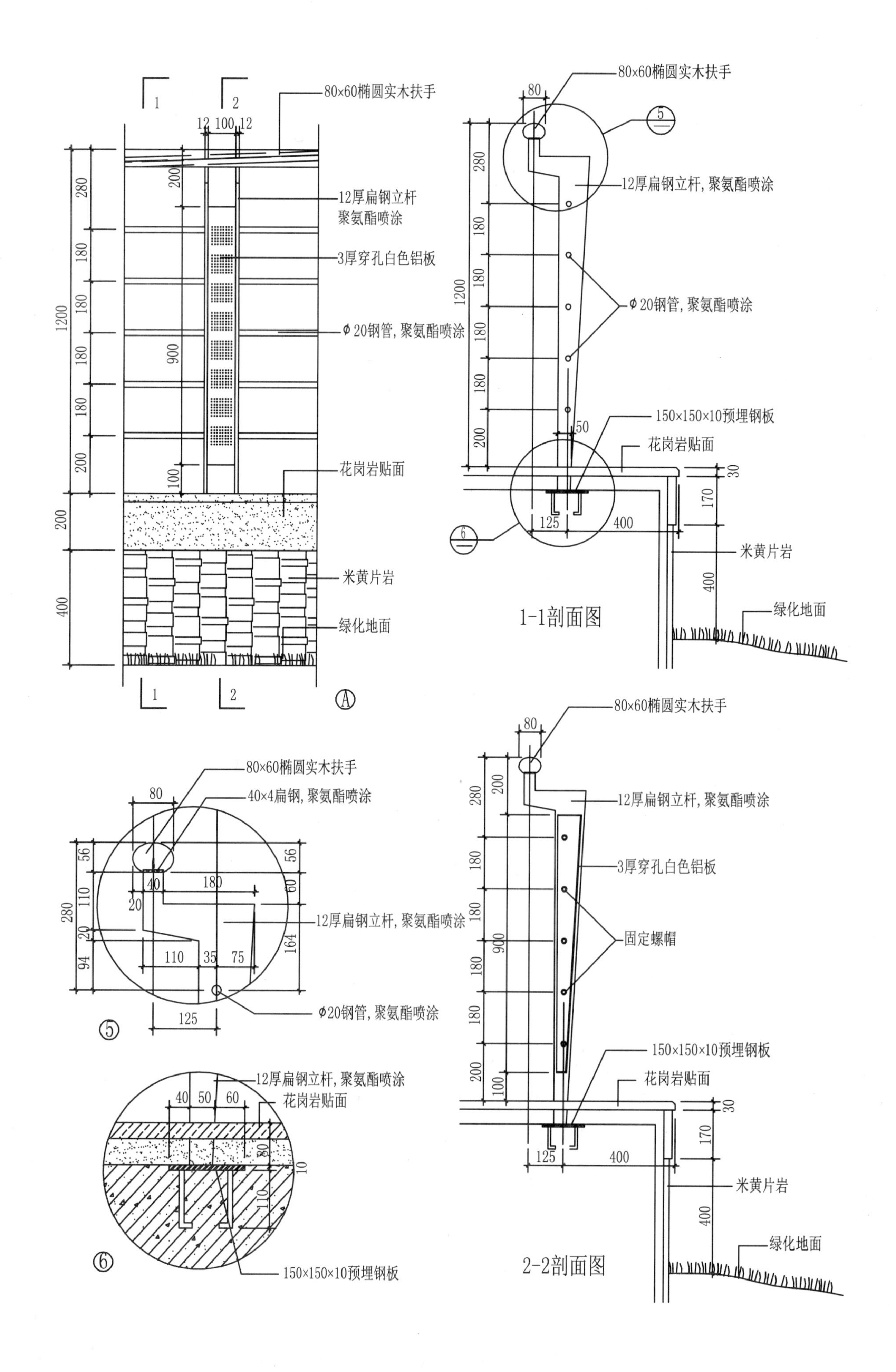
80×60椭圆实木扶手
12厚扁钢立杆
聚氨酯喷涂
3厚穿孔白色铝板
φ20钢管，聚氨酯喷涂
花岗岩贴面
米黄片岩
绿化地面
1-1剖面图
12厚扁钢立杆，聚氨酯喷涂
150×150×10预埋钢板
40×4扁钢，聚氨酯喷涂
φ20钢管，聚氨酯喷涂
3厚穿孔白色铝板
固定螺帽
2-2剖面图

现代廊方案三

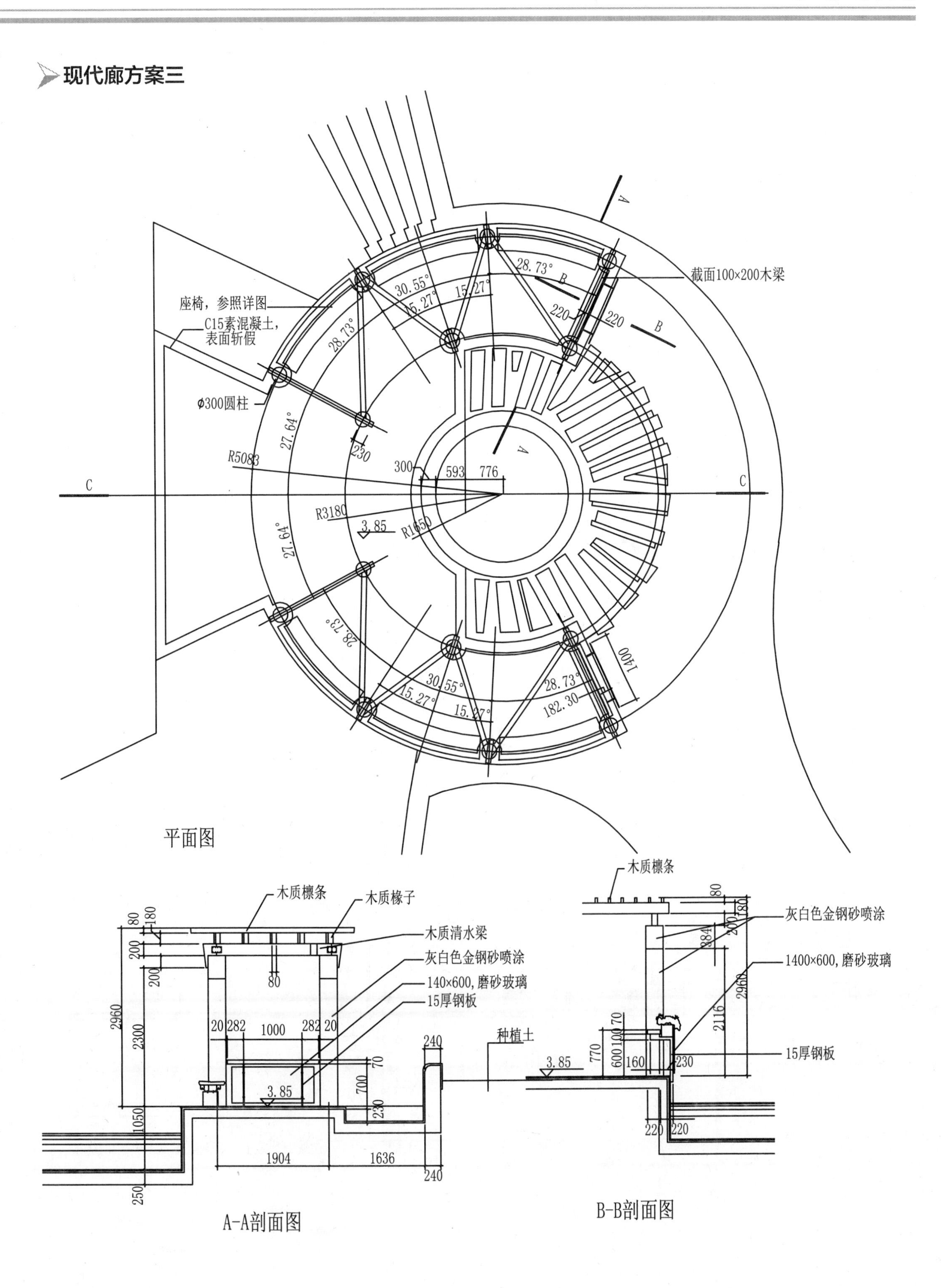
截面100×200木梁
座椅，参照详图
C15素混凝土，
表面斩假
ϕ300圆柱
R5083
R3180
R1650
3.85
30.55°
15.27°
28.73°
27.64°
182.30
1400
平面图
木质檩条
木质椽子
木质清水梁
灰白色金钢砂喷涂
140×600，磨砂玻璃
15厚钢板
种植土
1904
1636
A-A剖面图
1400×600，磨砂玻璃
B-B剖面图

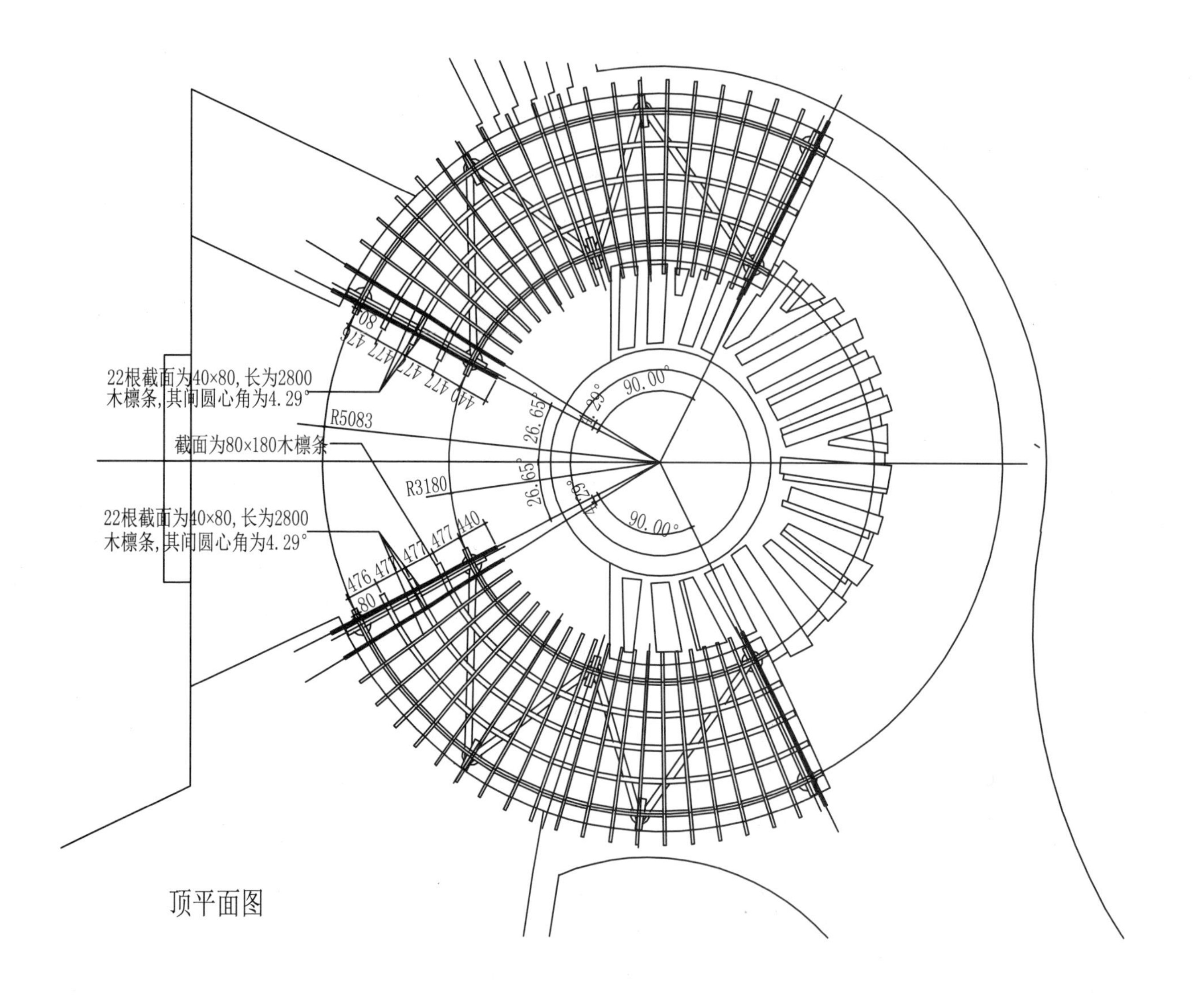
22根截面为40×80，长为2800
木檩条，其间圆心角为4.29°
R5083
截面为80×180木檩条
R3180
22根截面为40×80，长为2800
木檩条，其间圆心角为4.29°
90.00°
26.65°
90.00°
26.65°

顶平面图

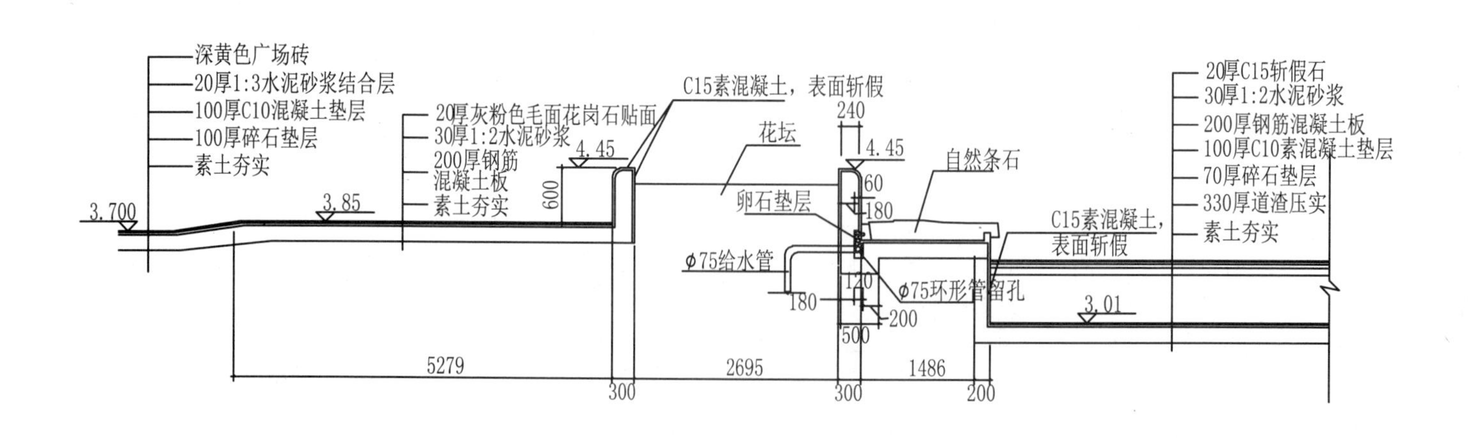
深黄色广场砖
20厚1:3水泥砂浆结合层
100厚C10混凝土垫层
100厚碎石垫层
素土夯实
20厚灰粉色毛面花岗石贴面
30厚1:2水泥砂浆
200厚钢筋
混凝土板
素土夯实
C15素混凝土，表面斩假
花坛
卵石垫层
φ75给水管
φ75环形管留孔
自然条石
C15素混凝土，
表面斩假
20厚C15斩假石
30厚1:2水泥砂浆
200厚钢筋混凝土板
100厚C10素混凝土垫层
70厚碎石垫层
330厚道渣压实
素土夯实
3.700
3.85
4.45
600
240
4.45
60
180
120
180
200
500
3.01
5279
2695
1486
300
300
200

C-C剖面图

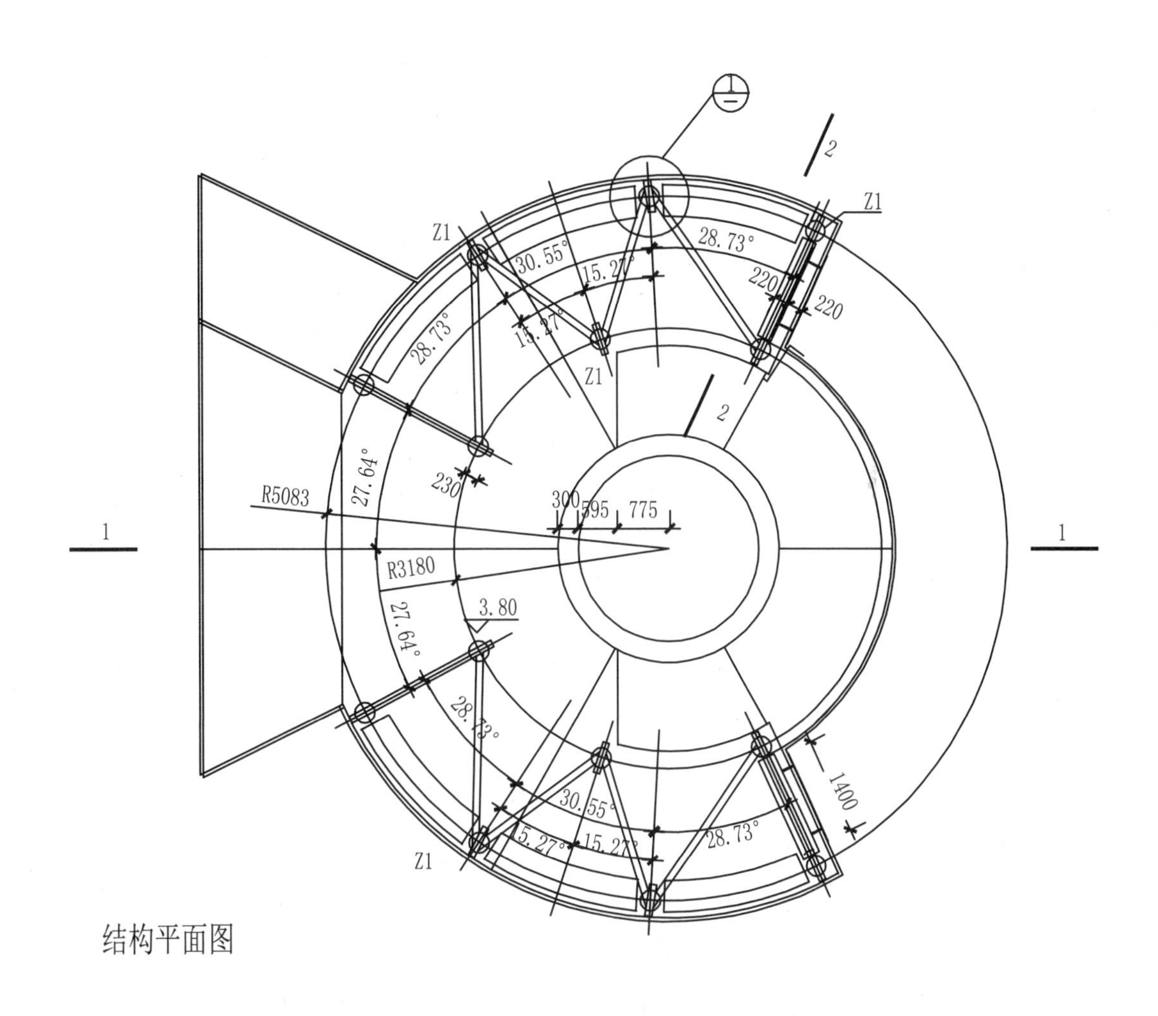
Z1
30.55°
15.27°
28.73°
220
220
2
15.27
Z1
28.73°
2
27.64°
230
R5083
300
595
775
1
1
R3180
3.80
27.64°
28.73°
30.55°
15.27°
15.27°
28.73°
1400
Z1

结构平面图

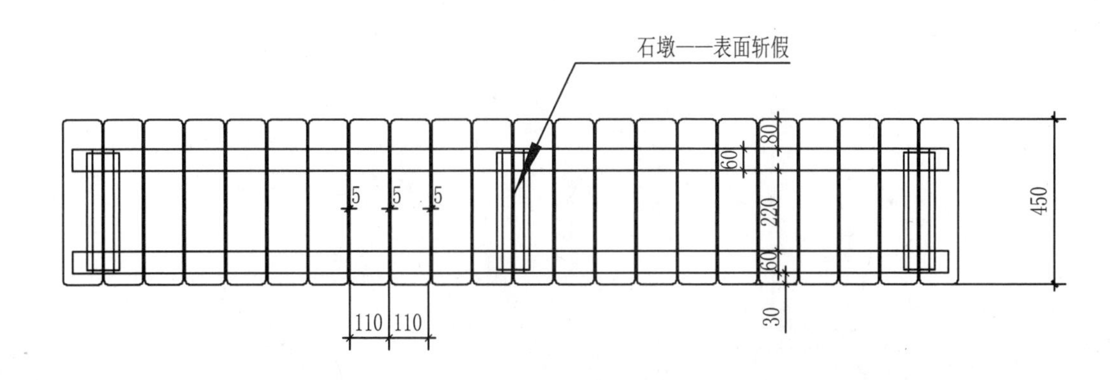
石墩——表面斩假
5
5
5
60
80
220
60
450
110
110
30

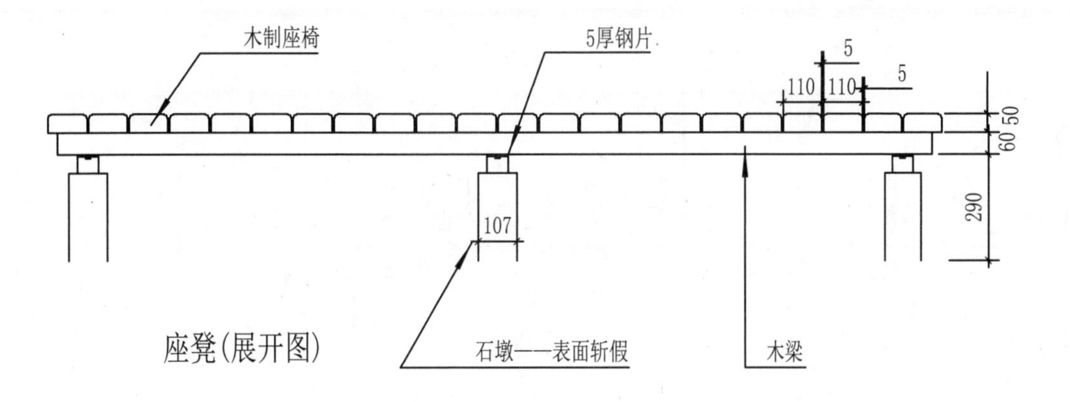
木制座椅
5厚钢片
5
5
110
110
60 50
290
107
石墩——表面斩假
木梁

座凳(展开图)

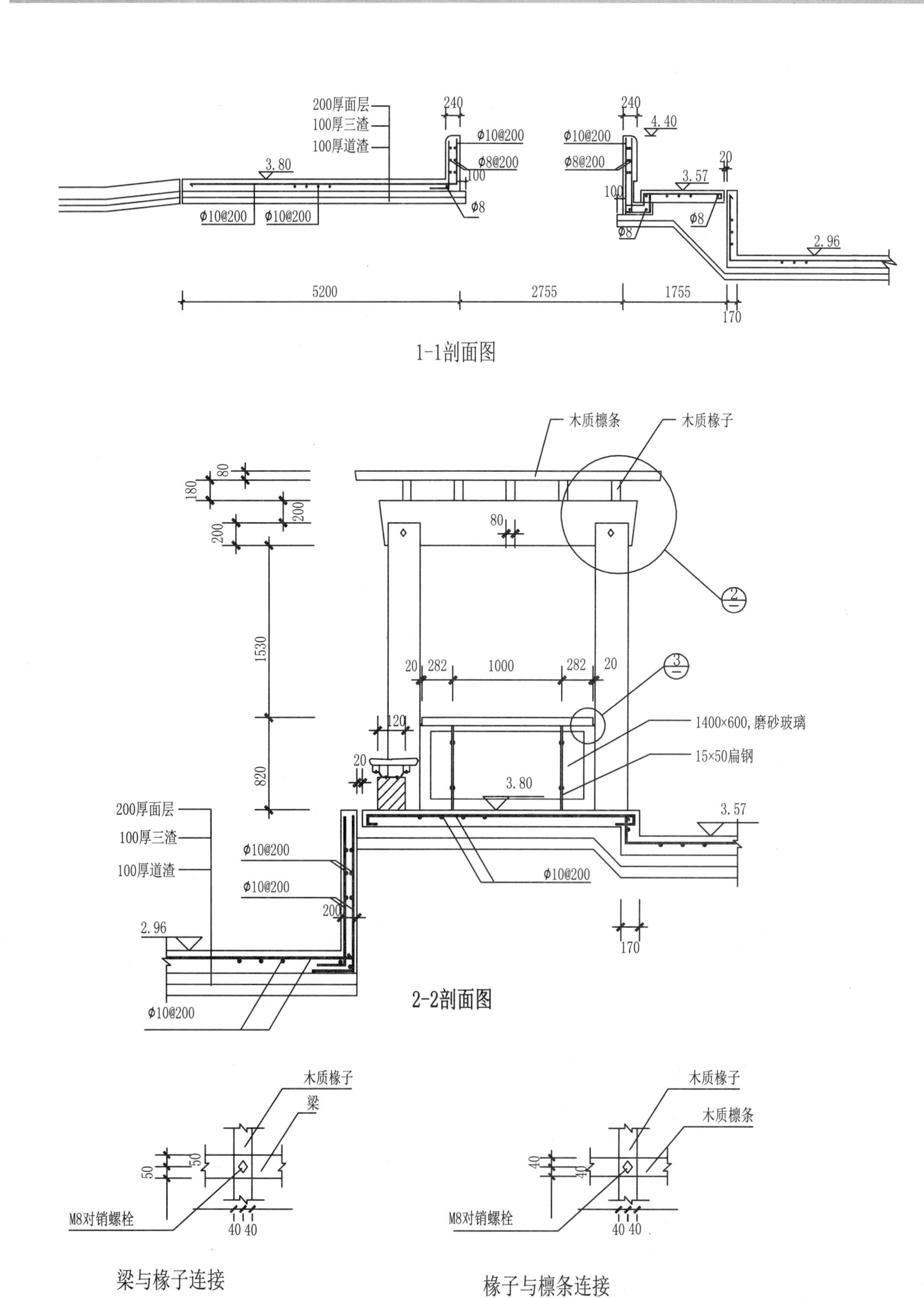

1-1剖面图

2-2剖面图

梁与椽子连接

椽子与檩条连接

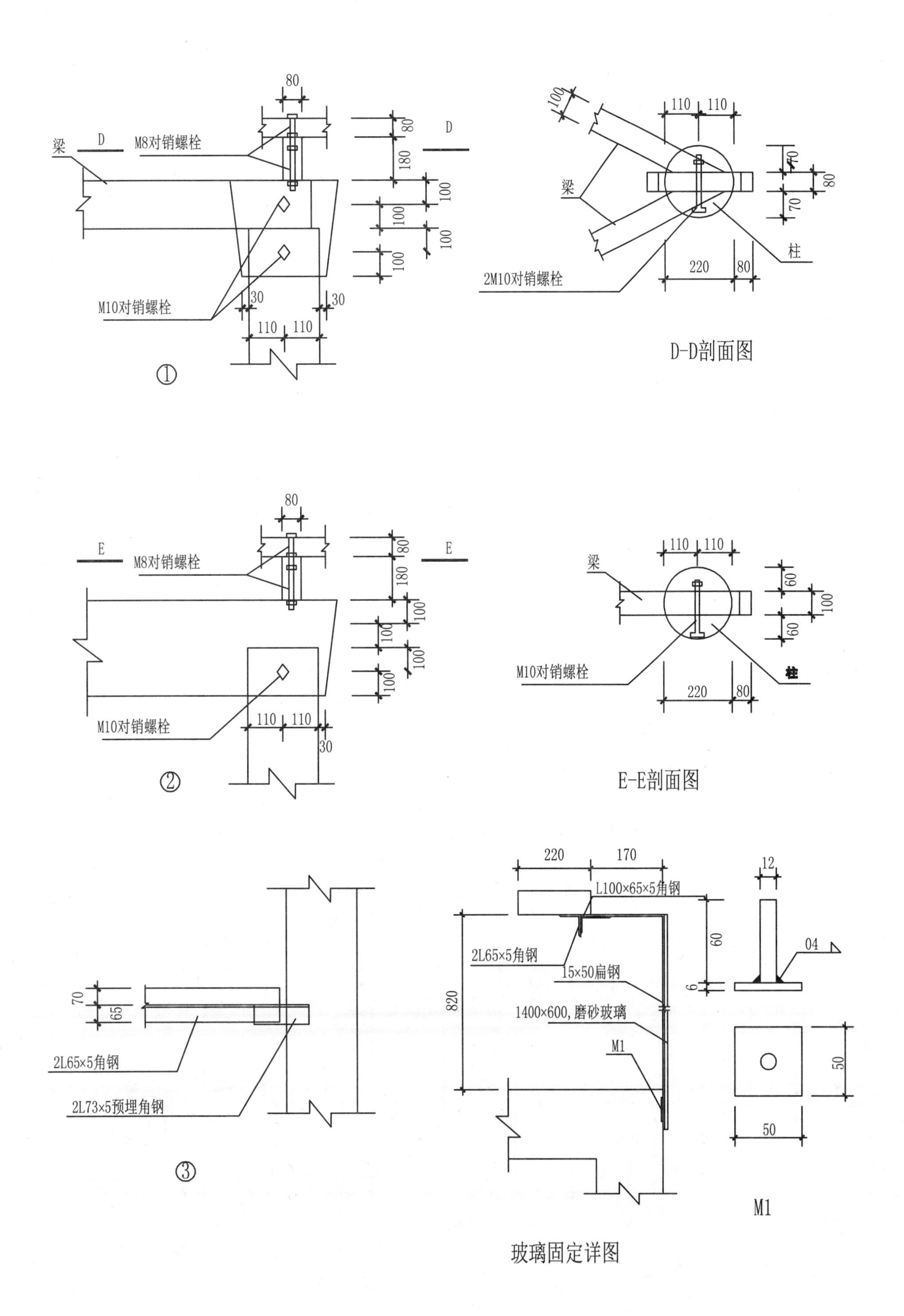
80
梁
D
M8对销螺栓
D
80
180
100
100
100
100
M10对销螺栓
30
30
110
110
①
100
110
110
70
80
70
梁
柱
220
80
2M10对销螺栓
D-D剖面图
80
E
M8对销螺栓
E
80
180
100
100
100
100
M10对销螺栓
110
110
30
②
梁
110
110
60
100
60
M10对销螺栓
柱
220
80
E-E剖面图
70
65
2L65×5角钢
2L73×5预埋角钢
③
220
170
L100×65×5角钢
12
60
6
04
2L65×5角钢
15×50扁钢
820
1400×600，磨砂玻璃
M1
50
50
M1
玻璃固定详图

中式廊

中式廊方案一

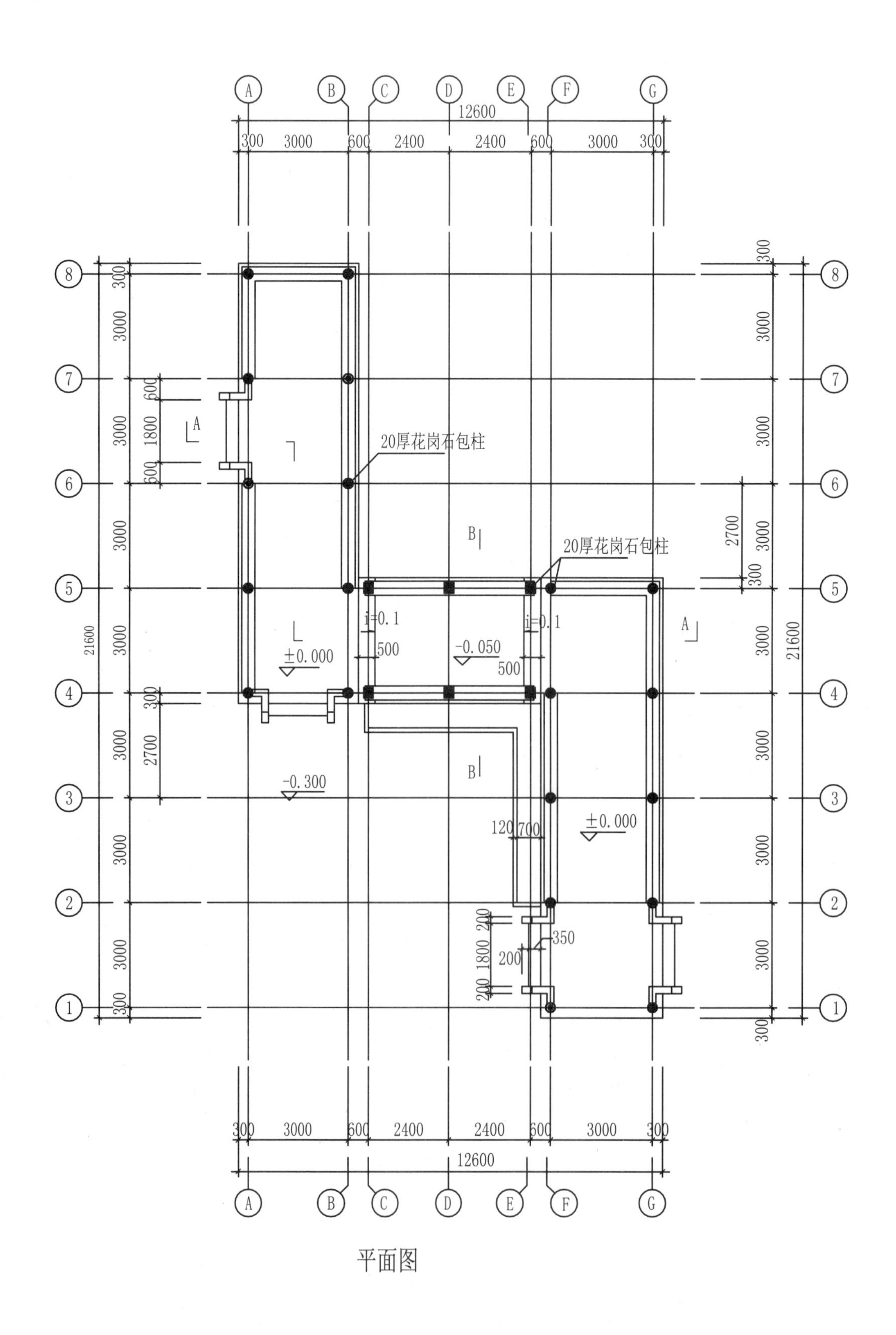

平面图

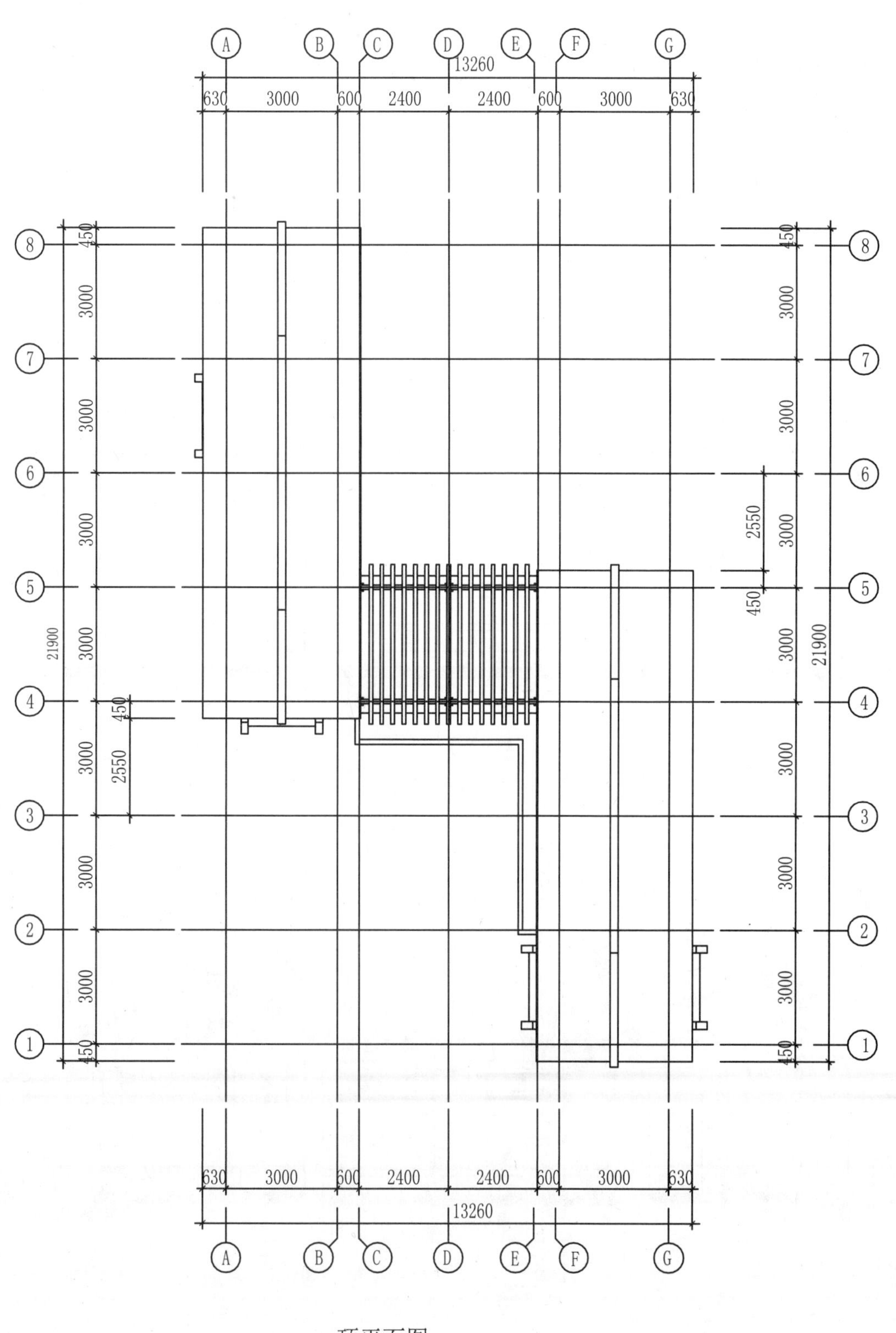
A
B
C
D
E
F
G
13260
630
3000
600
2400
2400
600
3000
630
8
7
6
5
4
3
2
1
450
3000
2550
21900

顶平面图

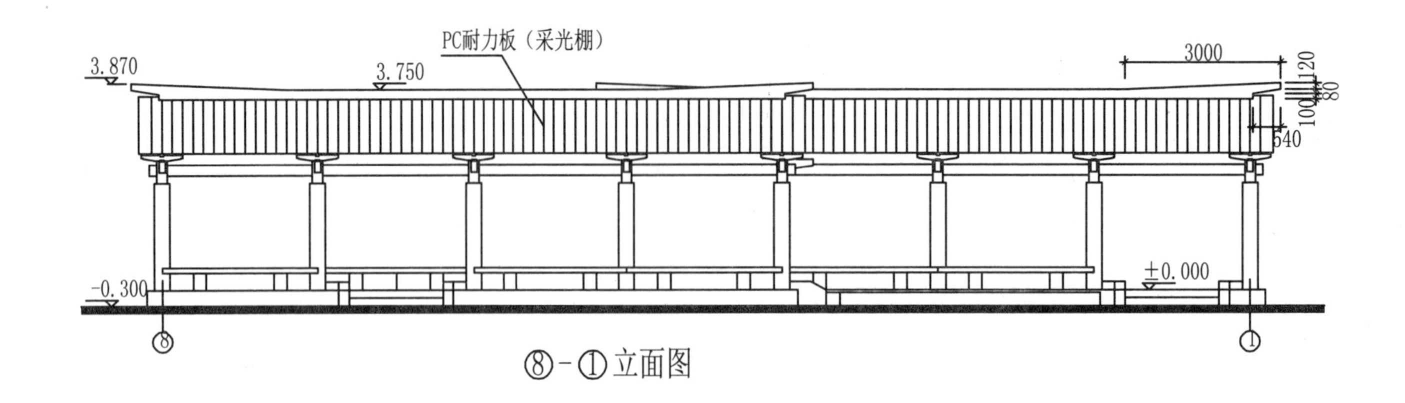

⑧-①立面图

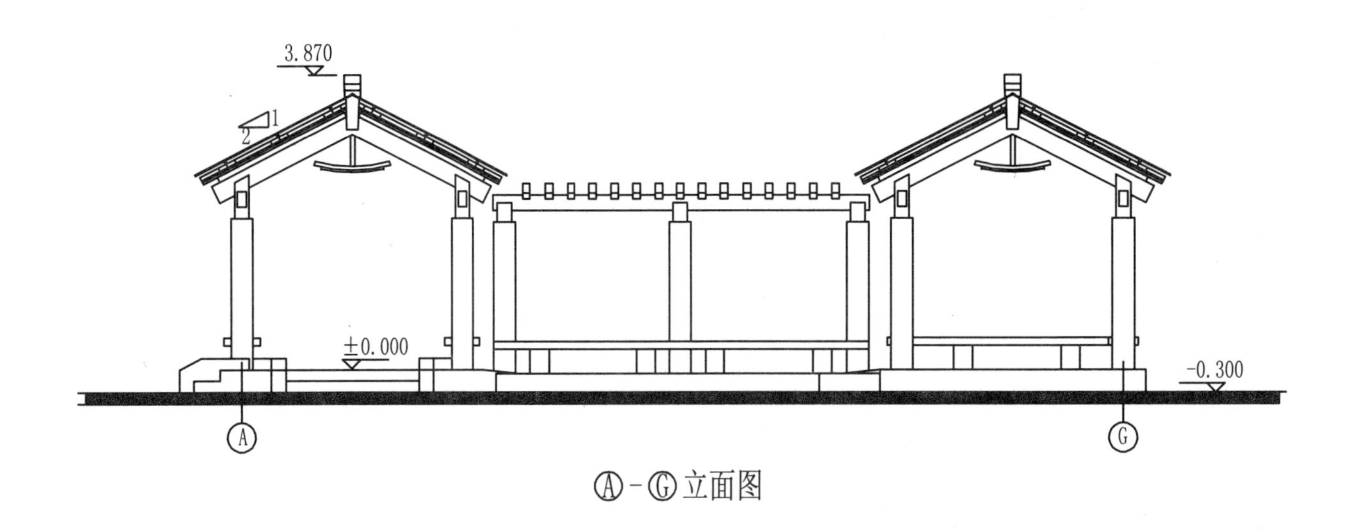

Ⓐ-Ⓖ立面图

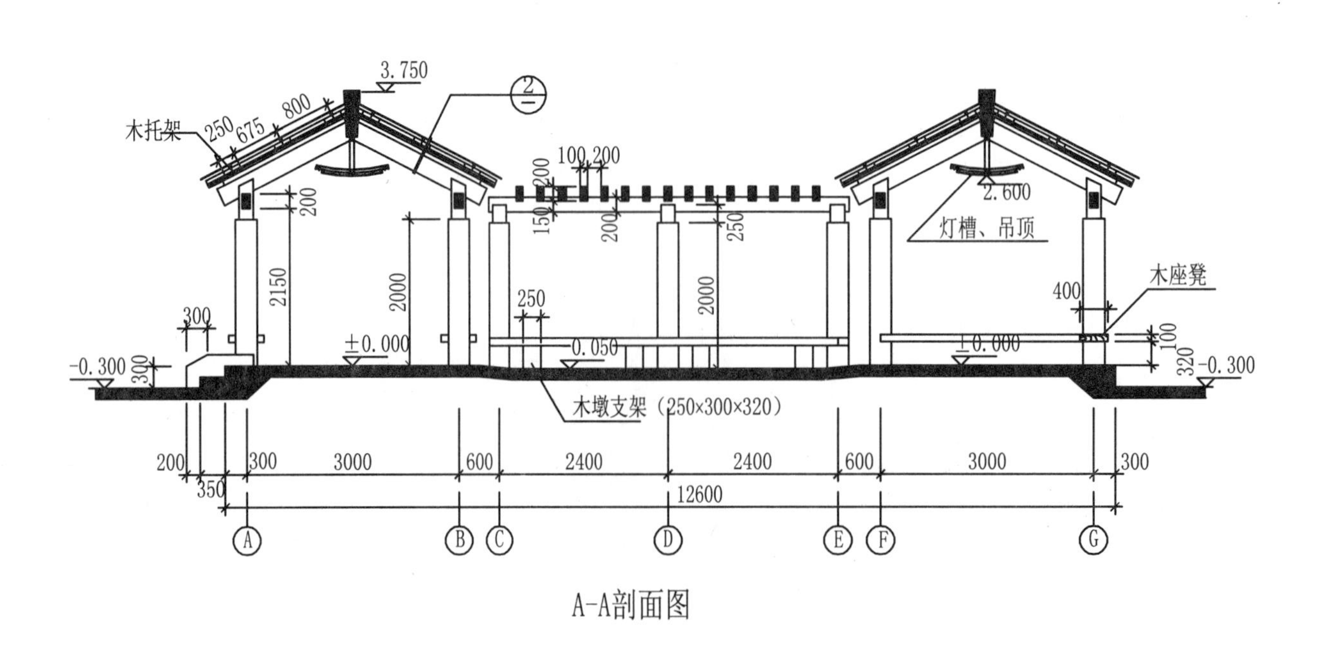

A-A剖面图

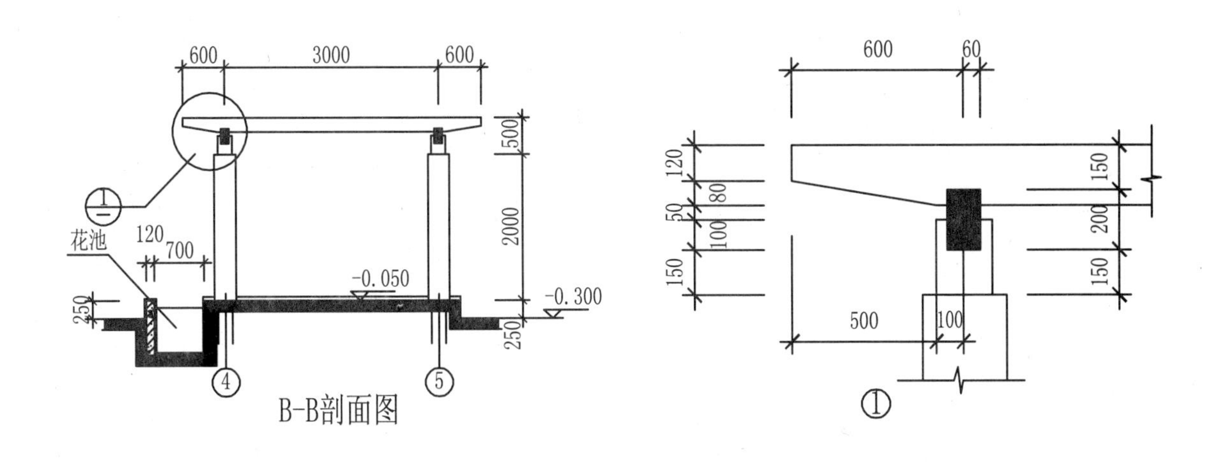
600
3000
600
500
2000
120
700
花池
-0.050
-0.300
250
250
4
5
B-B剖面图
60
150
80
50
100
200
500
100
①

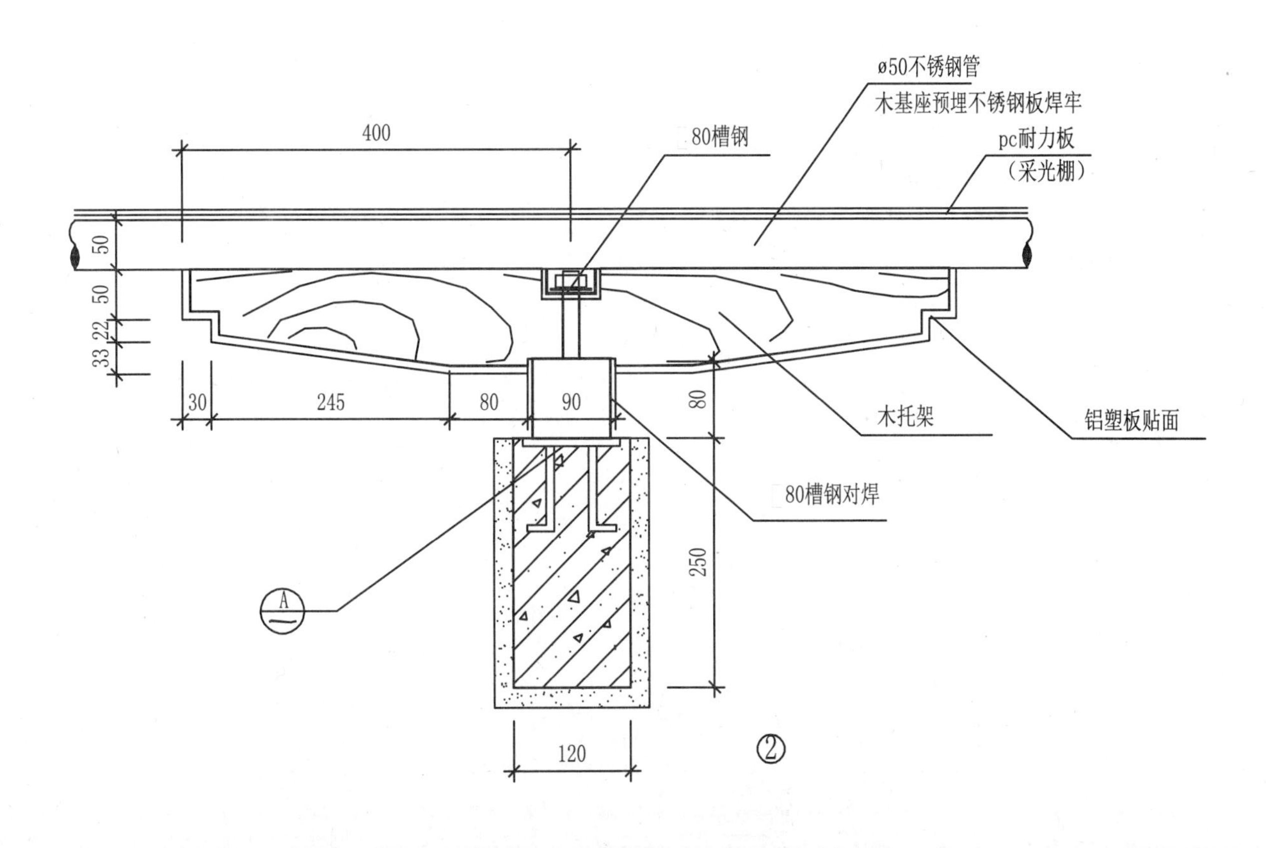
ø50不锈钢管
木基座预埋不锈钢板焊牢
80槽钢
pc耐力板
（采光棚）
400
50
50
22
33
30
245
80
90
80
木托架
铝塑板贴面
80槽钢对焊
250
A
120
②

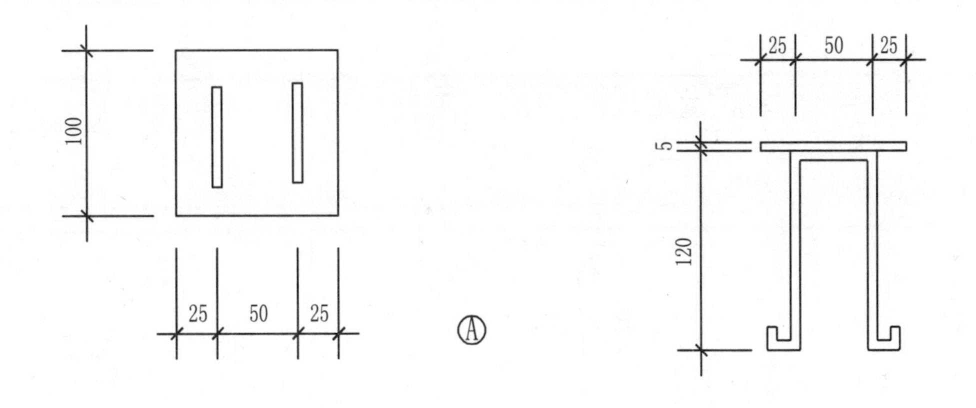
100
25
50
25
Ⓐ
5
120

中式廊方案二

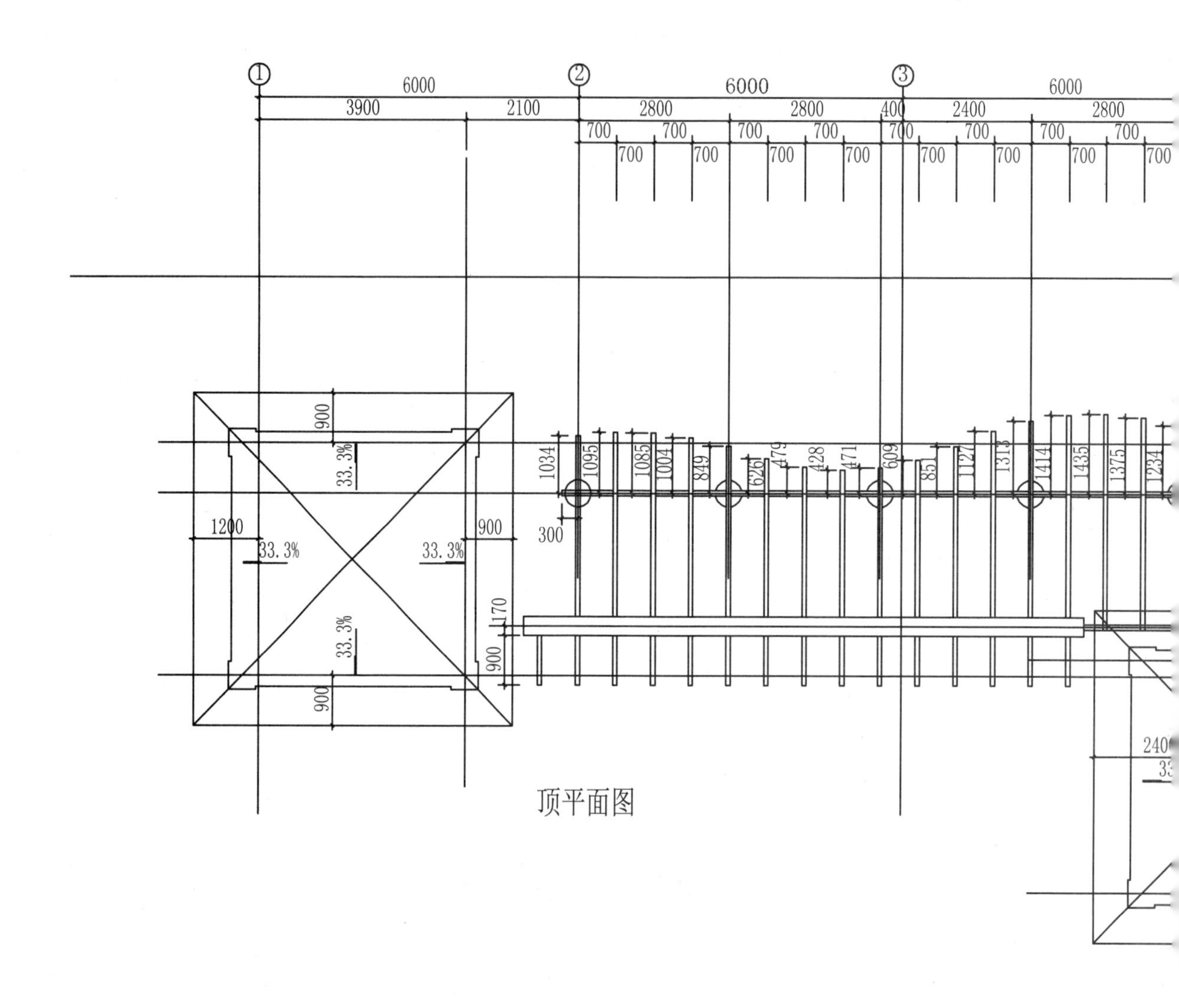

顶平面图

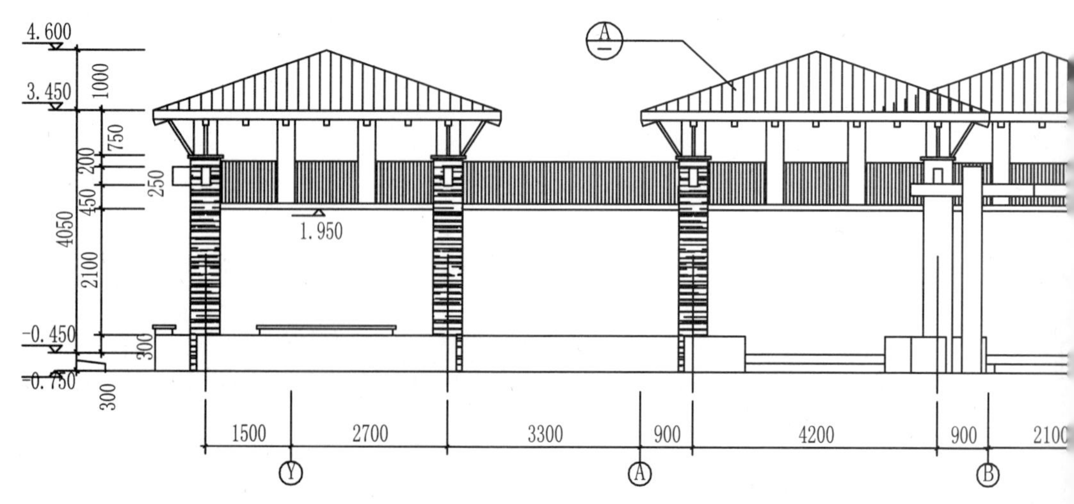

Ⓨ-Ⓒ轴立面图

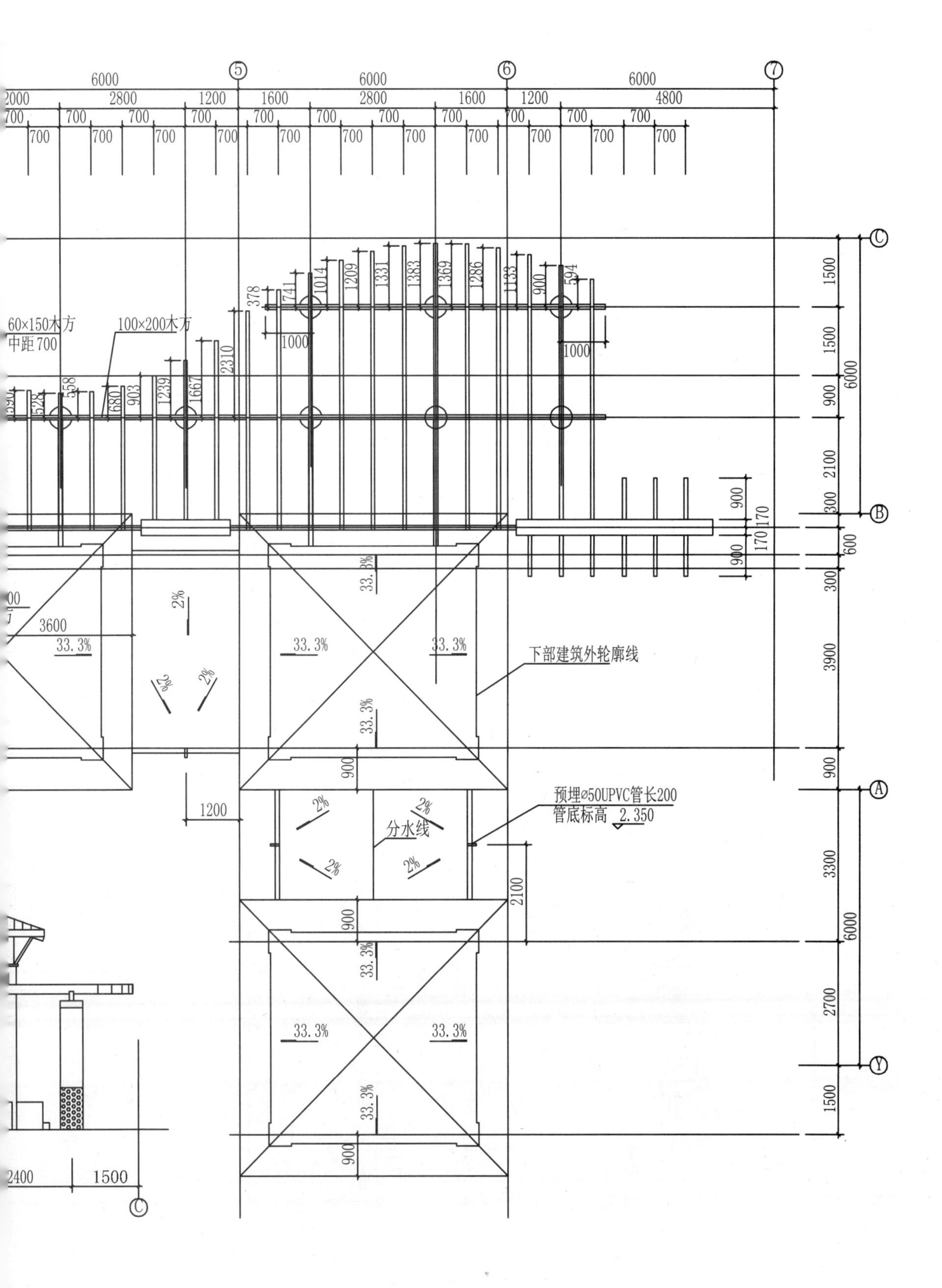
60×150木方
中距700
100×200木方
下部建筑外轮廓线
预埋⌀50UPVC管长200
管底标高 2.350
分水线
33.3%
2%

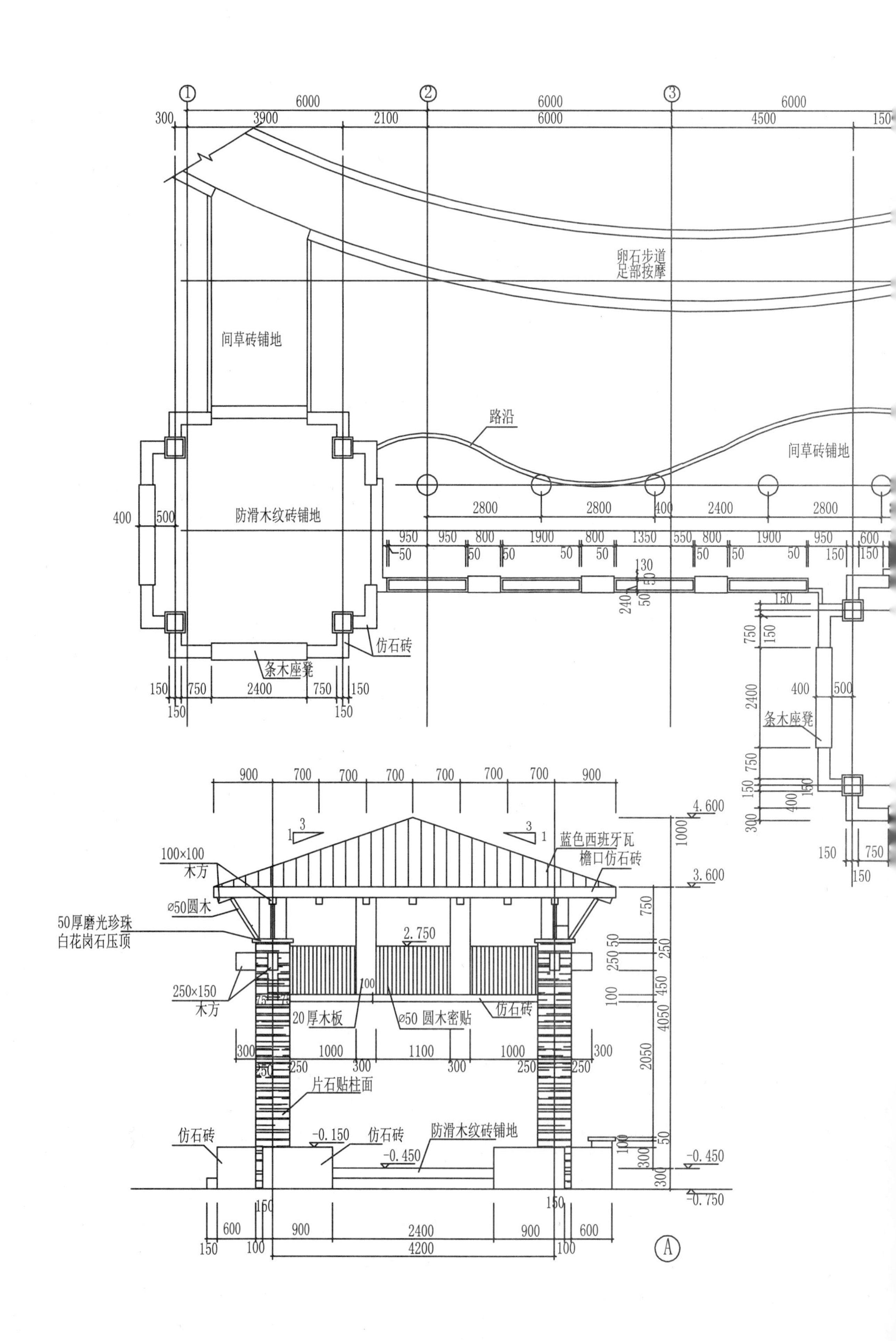

卵石步道
足部按摩
间草砖铺地
路沿
防滑木纹砖铺地
仿石砖
条木座凳
蓝色西班牙瓦
檐口仿石砖
100×100
木方
ø50圆木
50厚磨光珍珠
白花岗石压顶
250×150
木方
20厚木板
ø50 圆木密贴
片石贴柱面

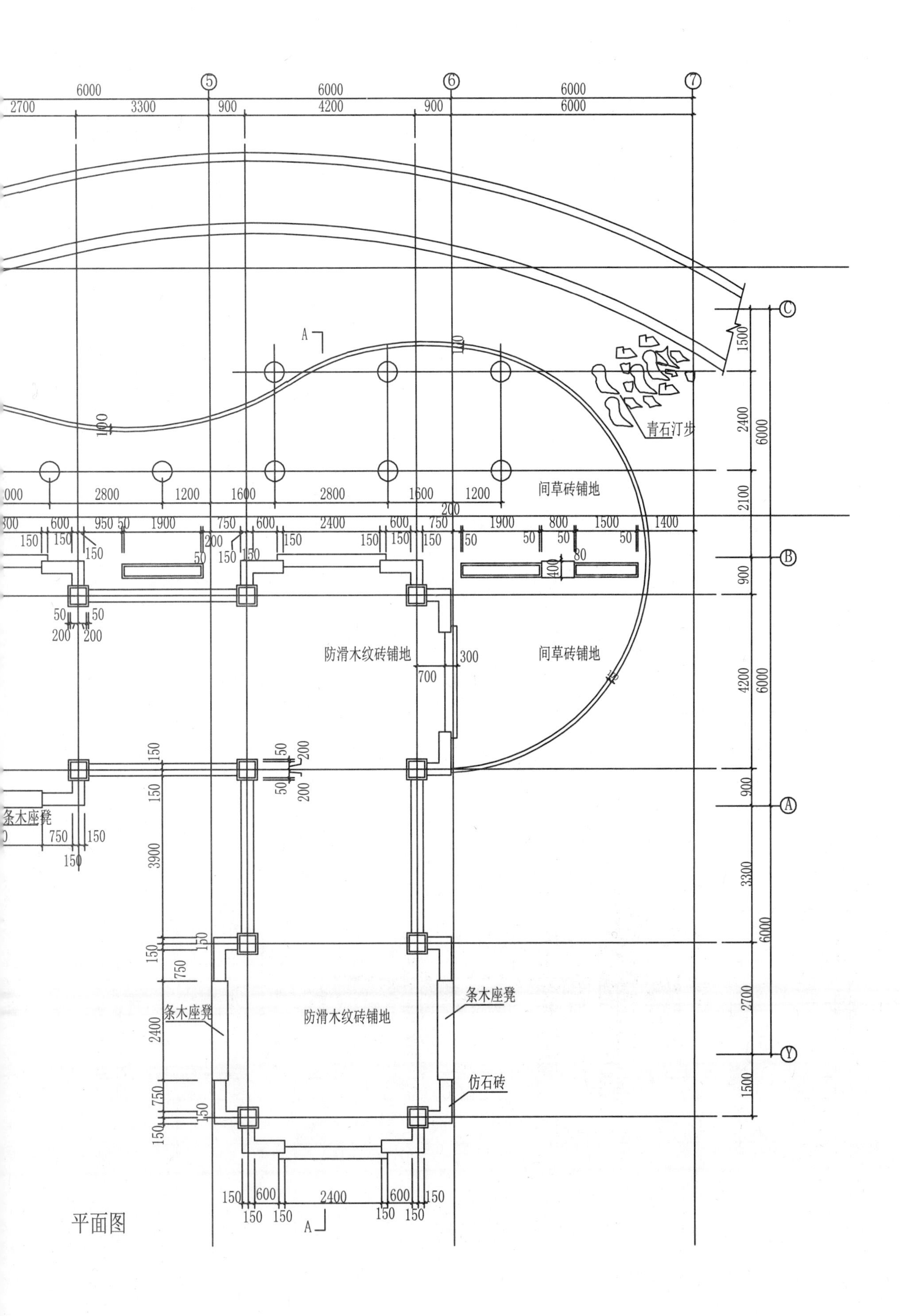

平面图

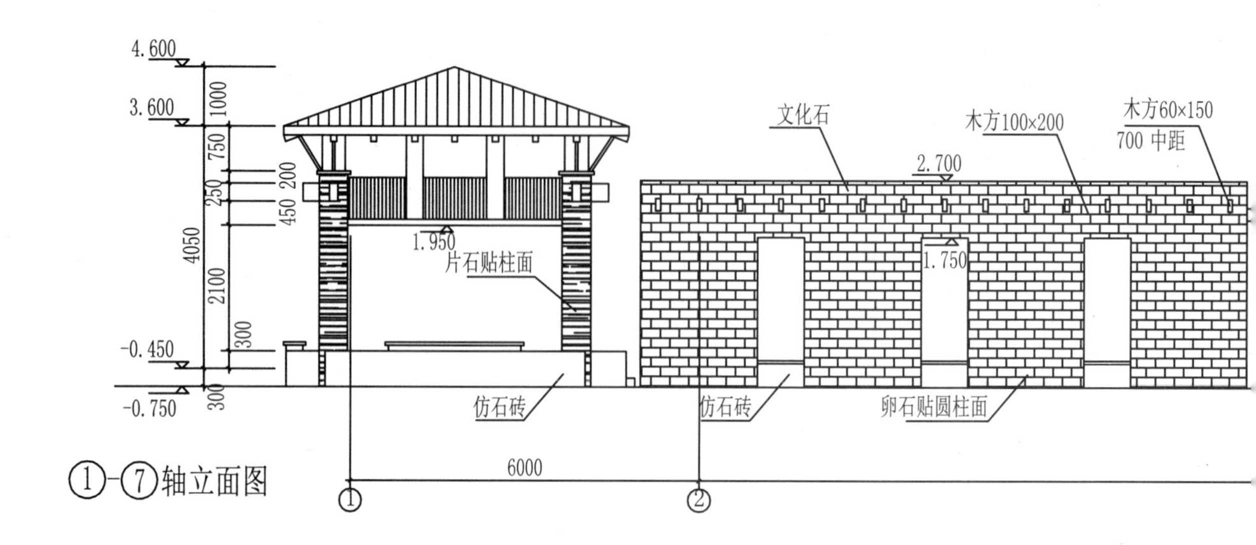
4.600
3.600
1000
750
200
250
450
4050
2100
300
-0.450
-0.750
300
1.950
片石贴柱面
文化石
木方100×200
木方60×150
700 中距
2.700
1.750
仿石砖
仿石砖
卵石贴圆柱面
6000
1
2

①-⑦轴立面图

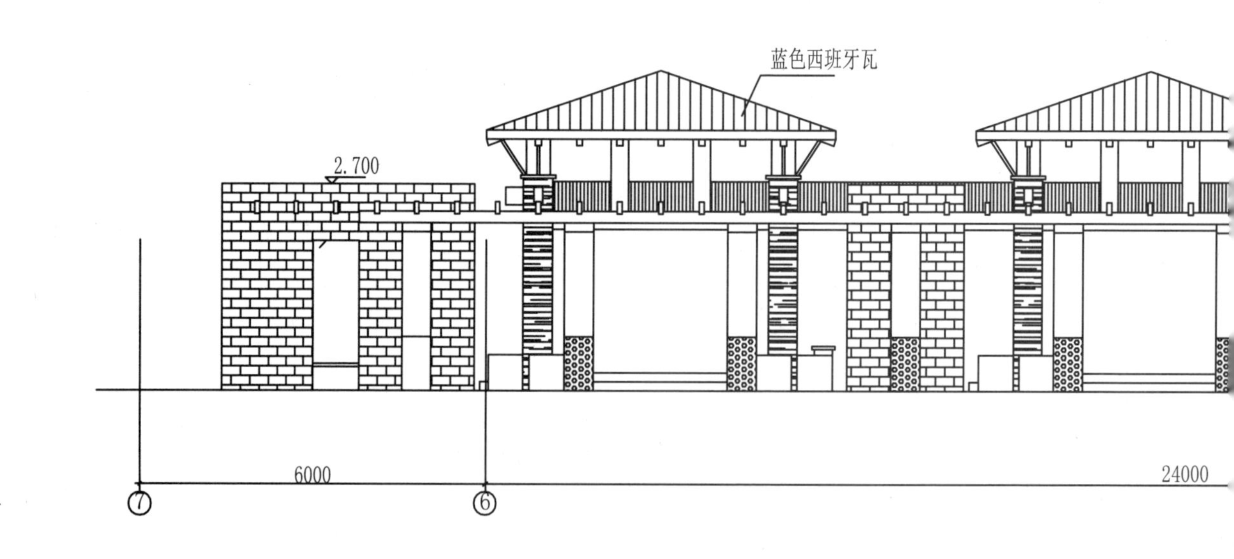
蓝色西班牙瓦
2.700
6000
24000
7
6

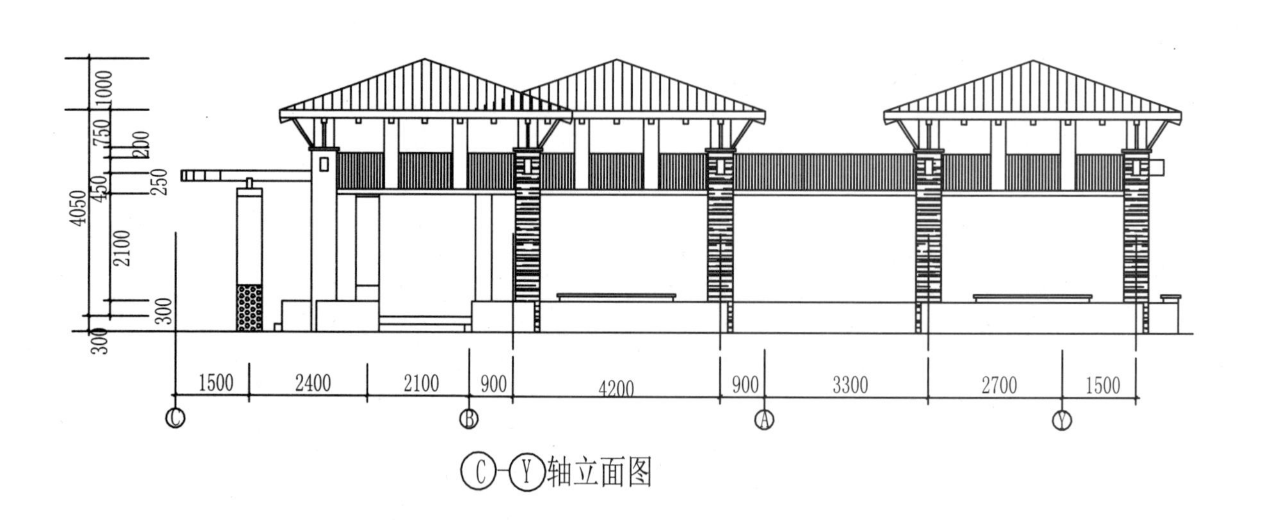
1000
750
200
4050
450
250
2100
300
300
1500
2400
2100
900
4200
900
3300
2700
1500
C
B
A
Y

Ⓒ-Ⓨ轴立面图

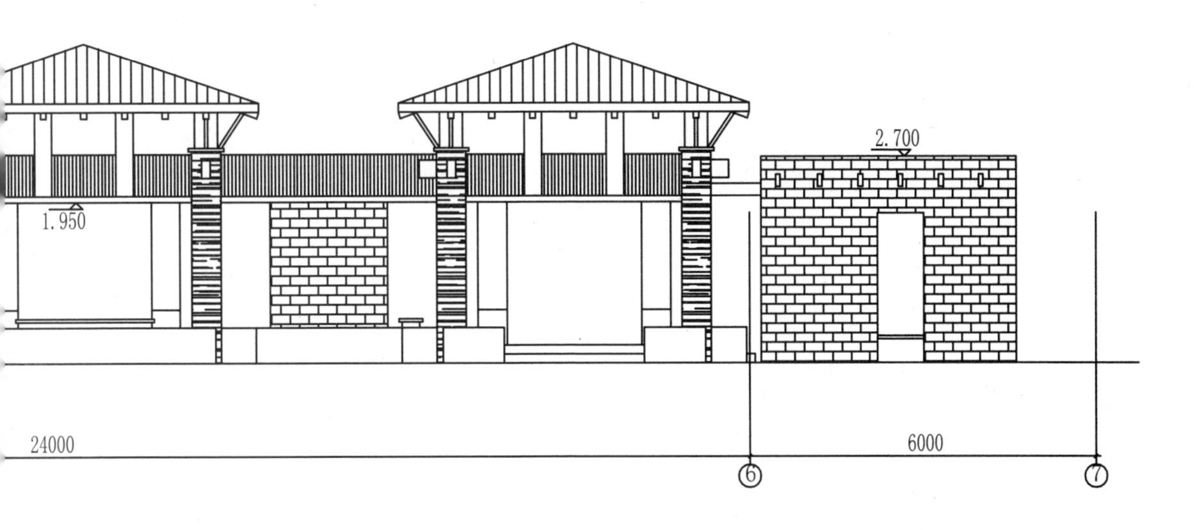

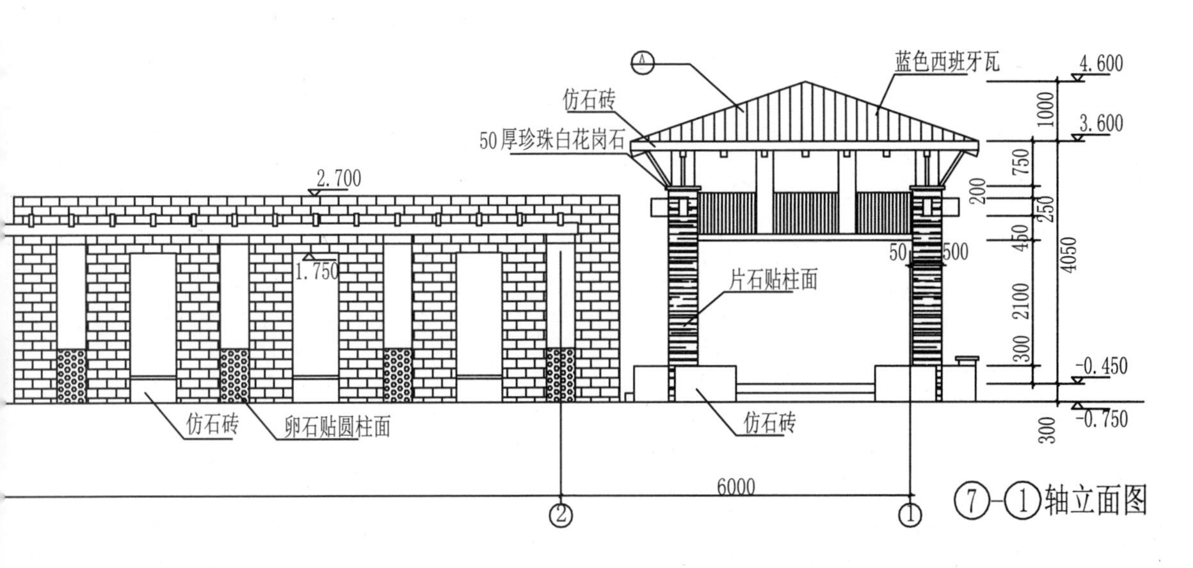

⑦-①轴立面图

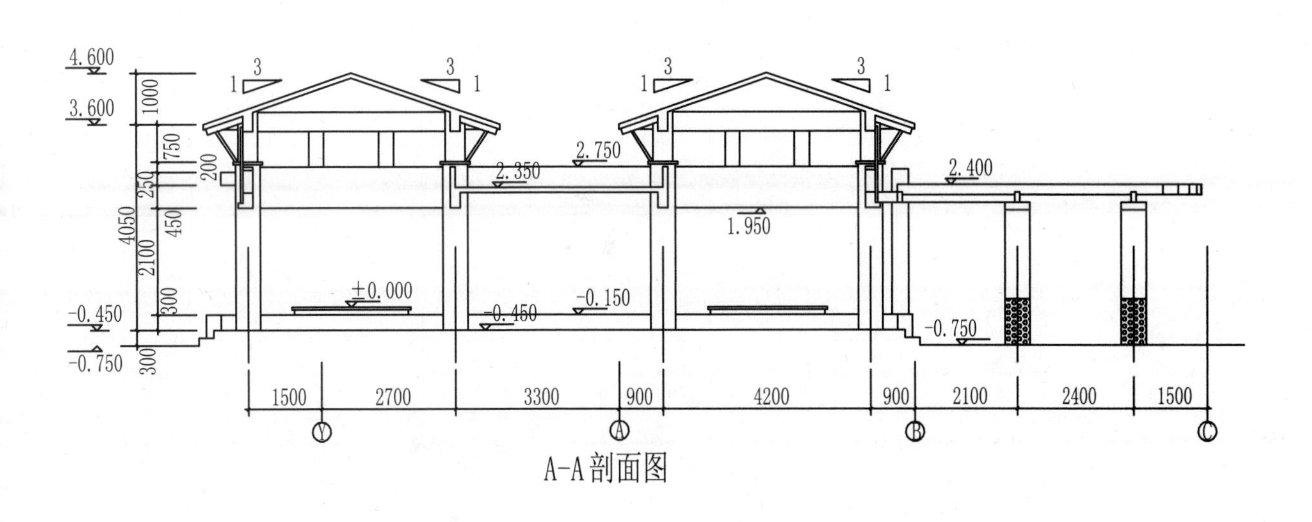

A-A剖面图

中式廊方案三

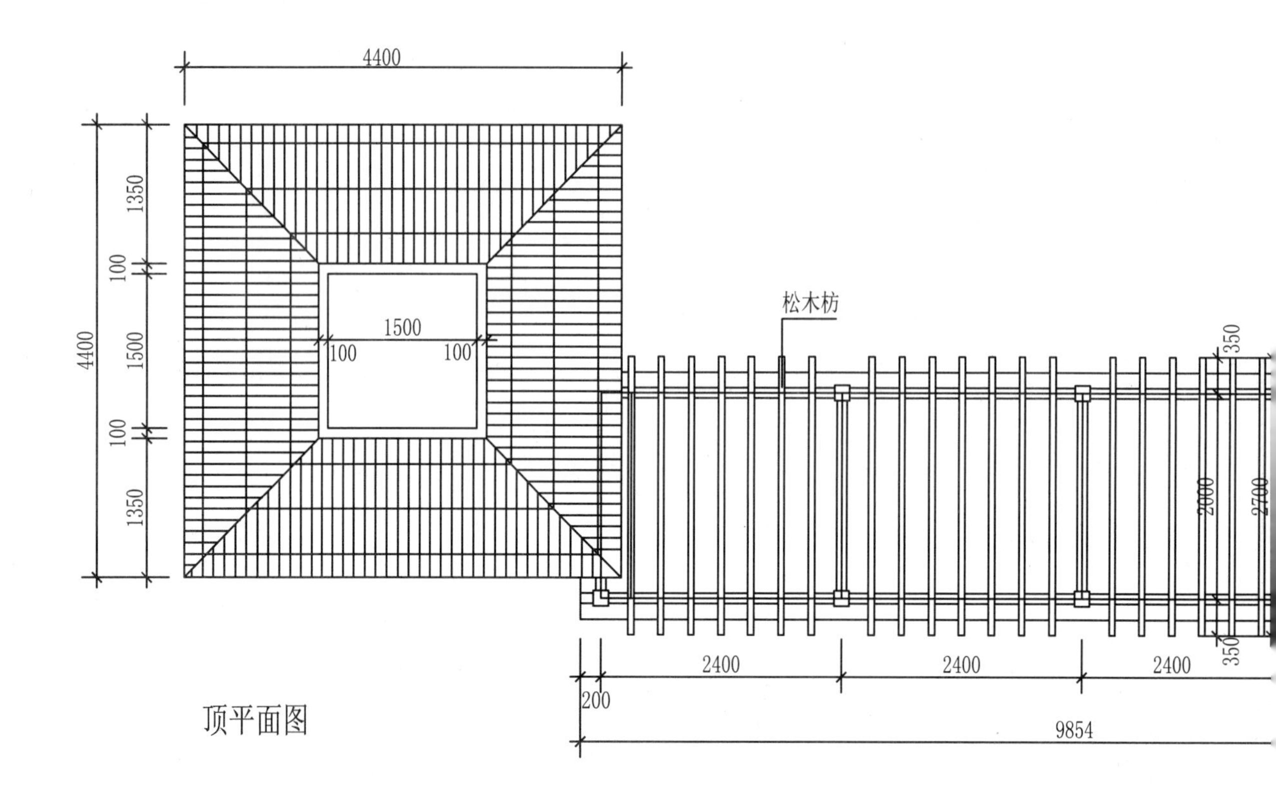

顶平面图

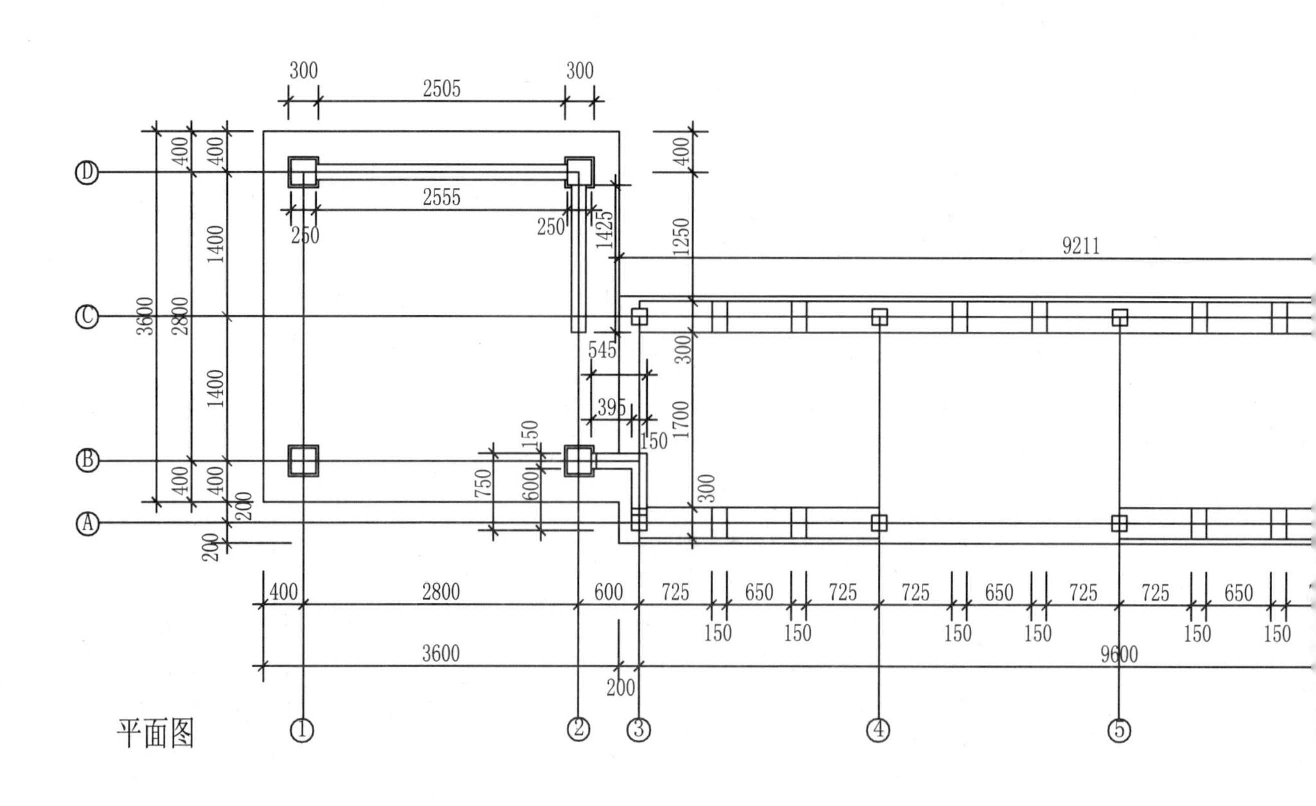

平面图

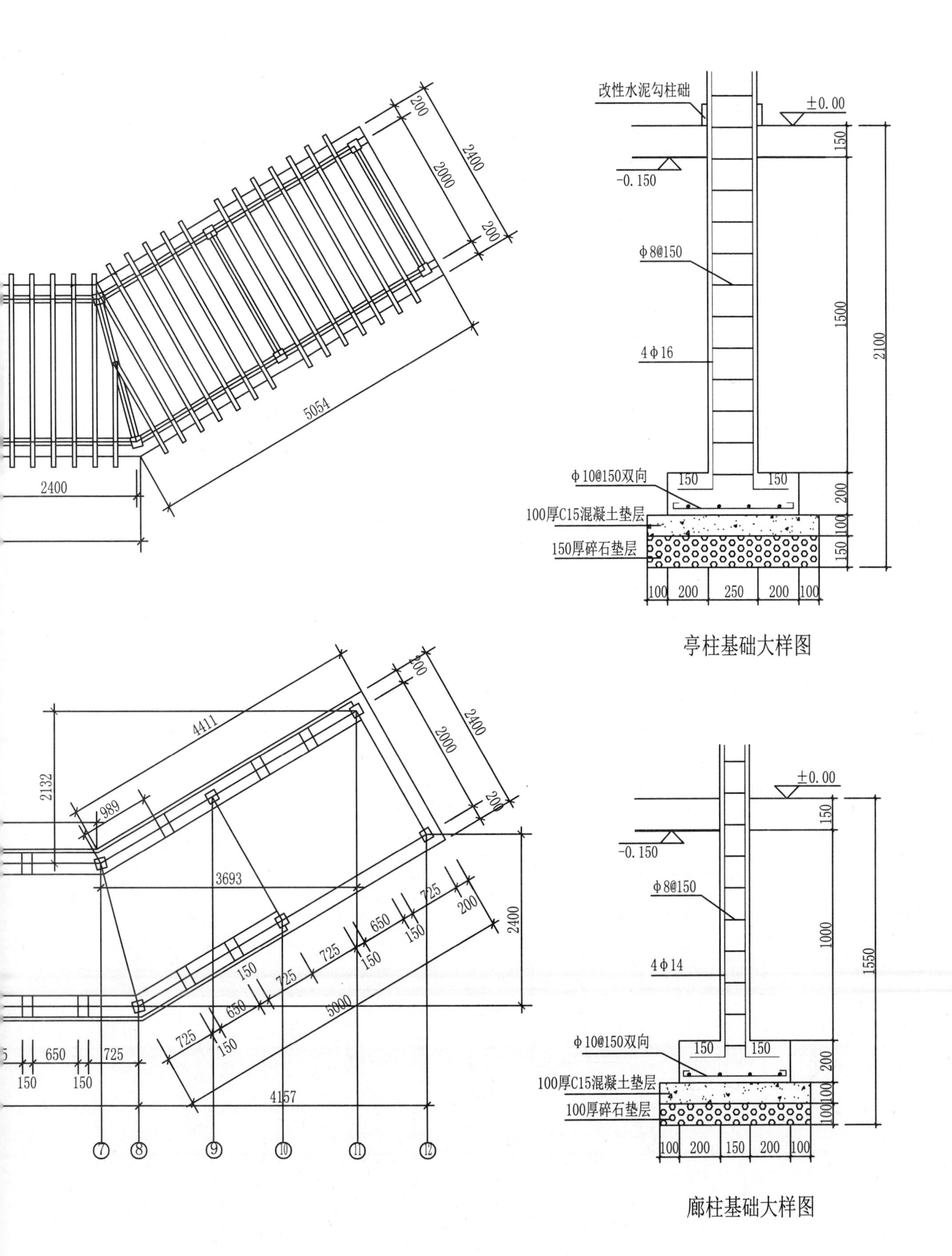

亭柱基础大样图

廊柱基础大样图

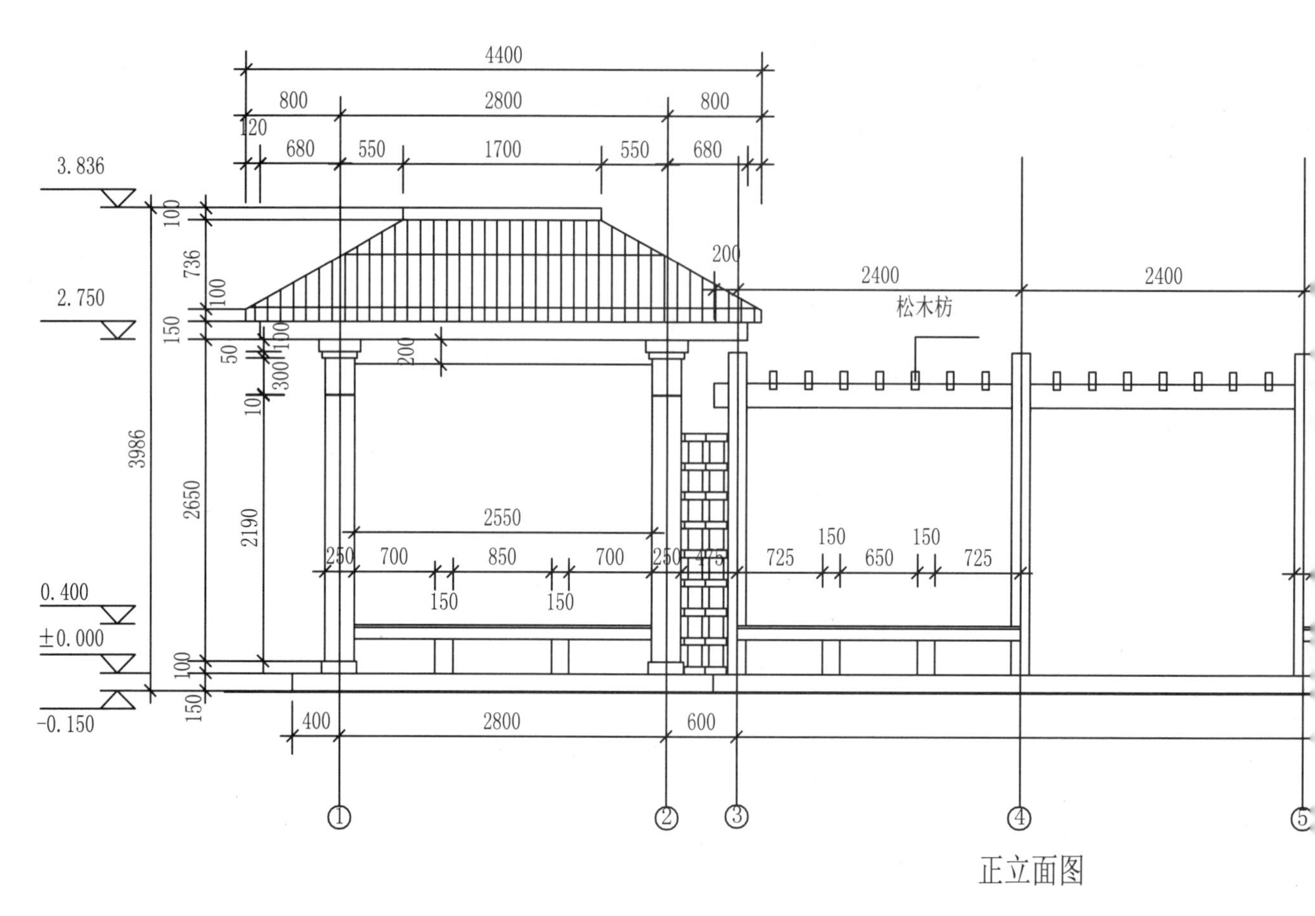
4400
800
2800
800
120
680
550
1700
550
680
3.836
2.750
200
2400
2400
松木枋
3986
2650
2190
2550
250
700
850
700
250
725
150
650
150
725
0.400
±0.000
-0.150
400
2800
600
①
②
③
④
⑤

正立面图

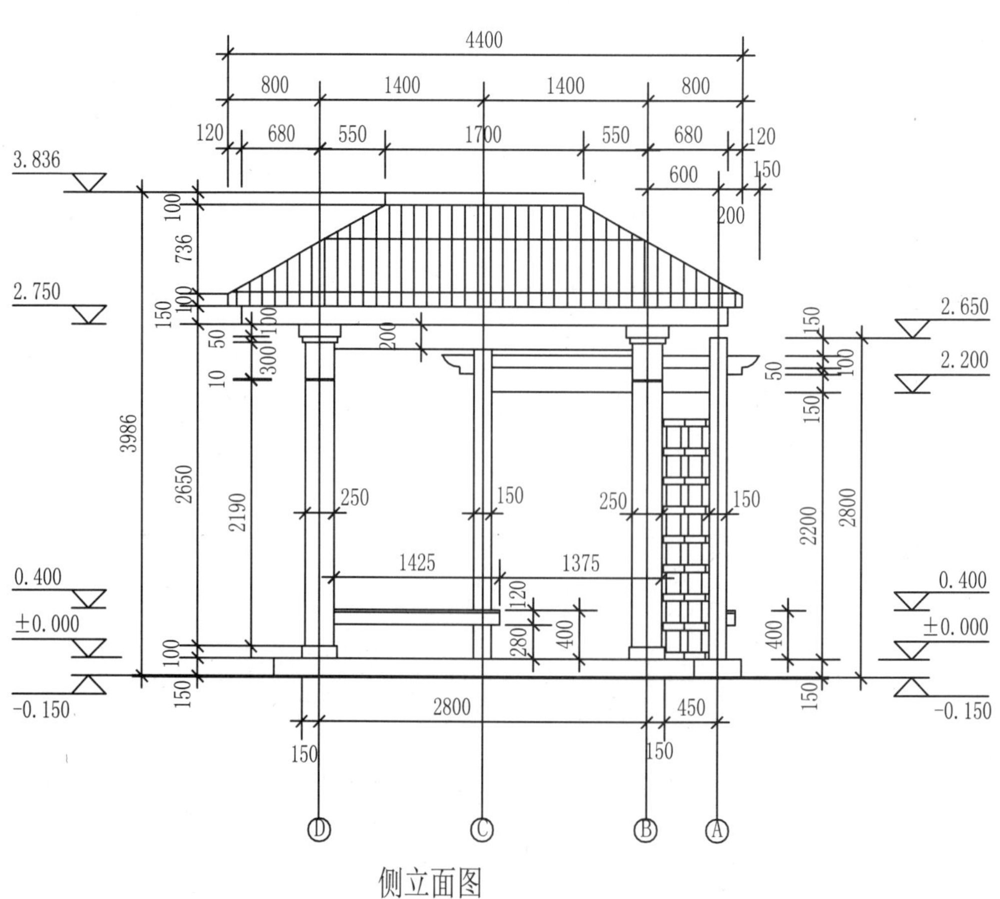
4400
800
1400
1400
800
120
680
550
1700
550
680
120
600
150
200
3.836
2.750
2.650
2.200
3986
2650
2190
250
150
250
150
1425
1375
2200
2800
0.400
±0.000
-0.150
2800
450
Ⓓ
Ⓒ
Ⓑ
Ⓐ

侧立面图

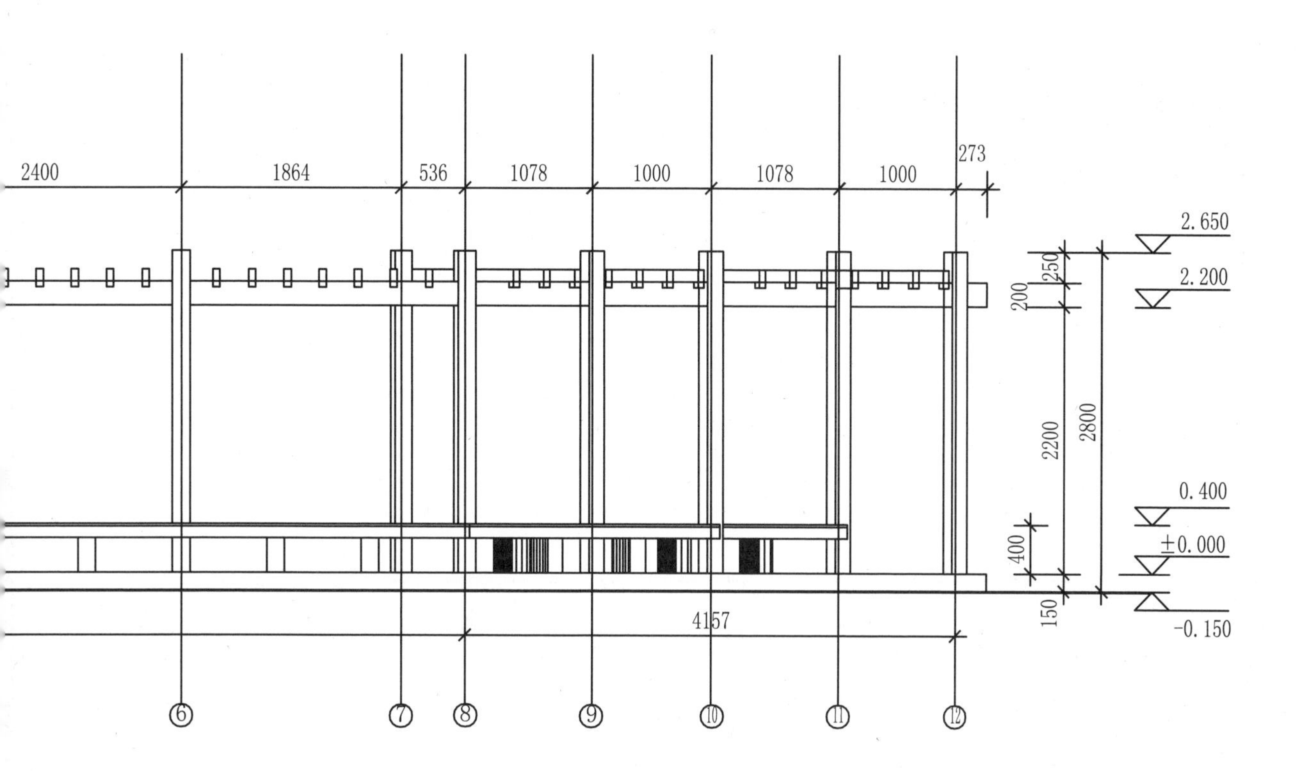

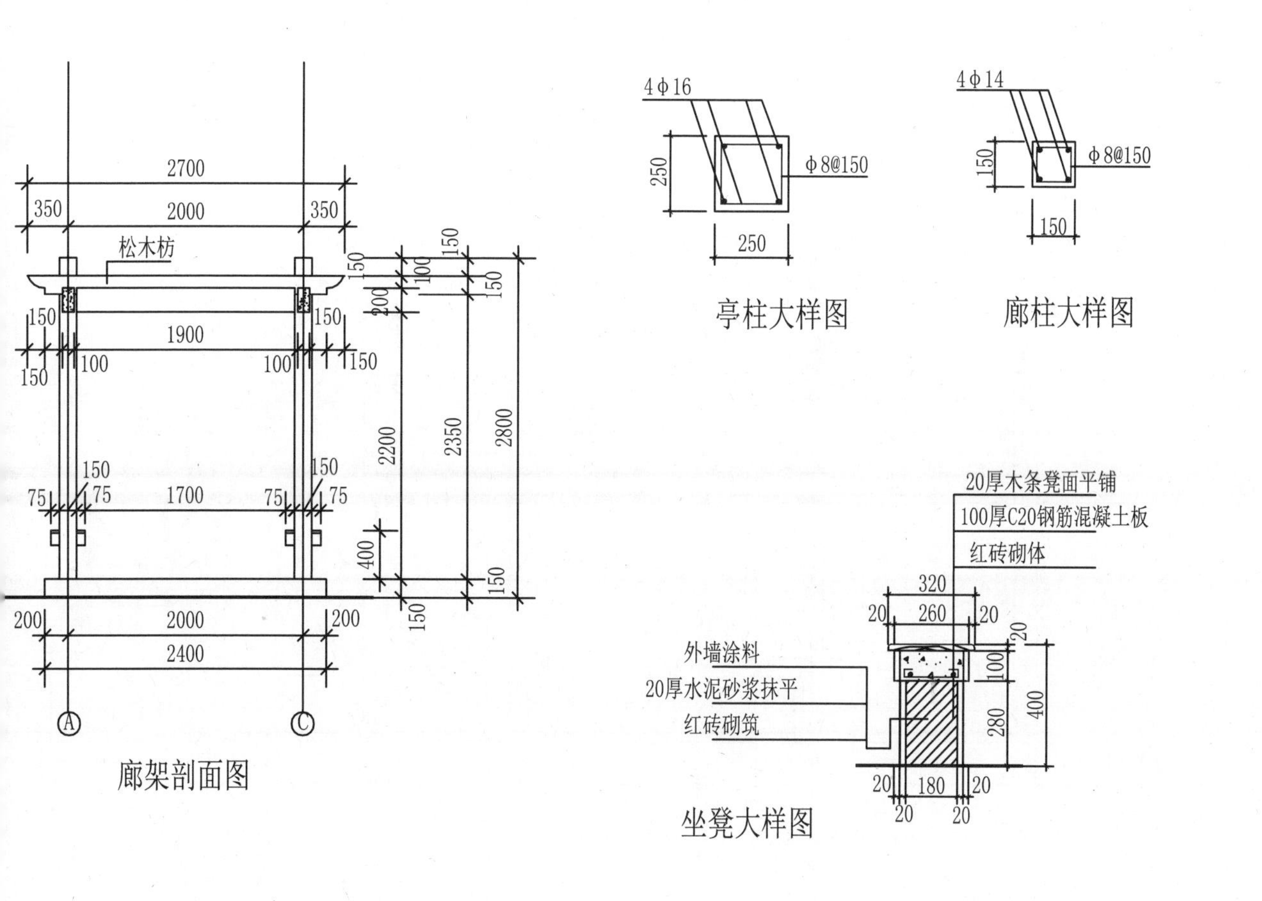

廊架剖面图

亭柱大样图

廊柱大样图

坐凳大样图

中式廊方案四

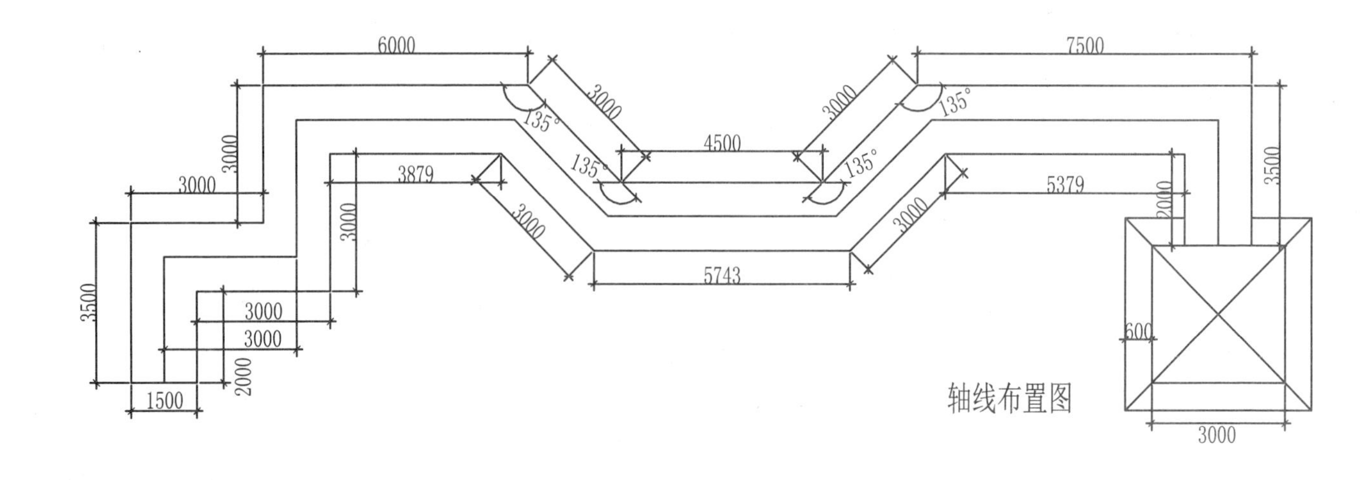

轴线布置图

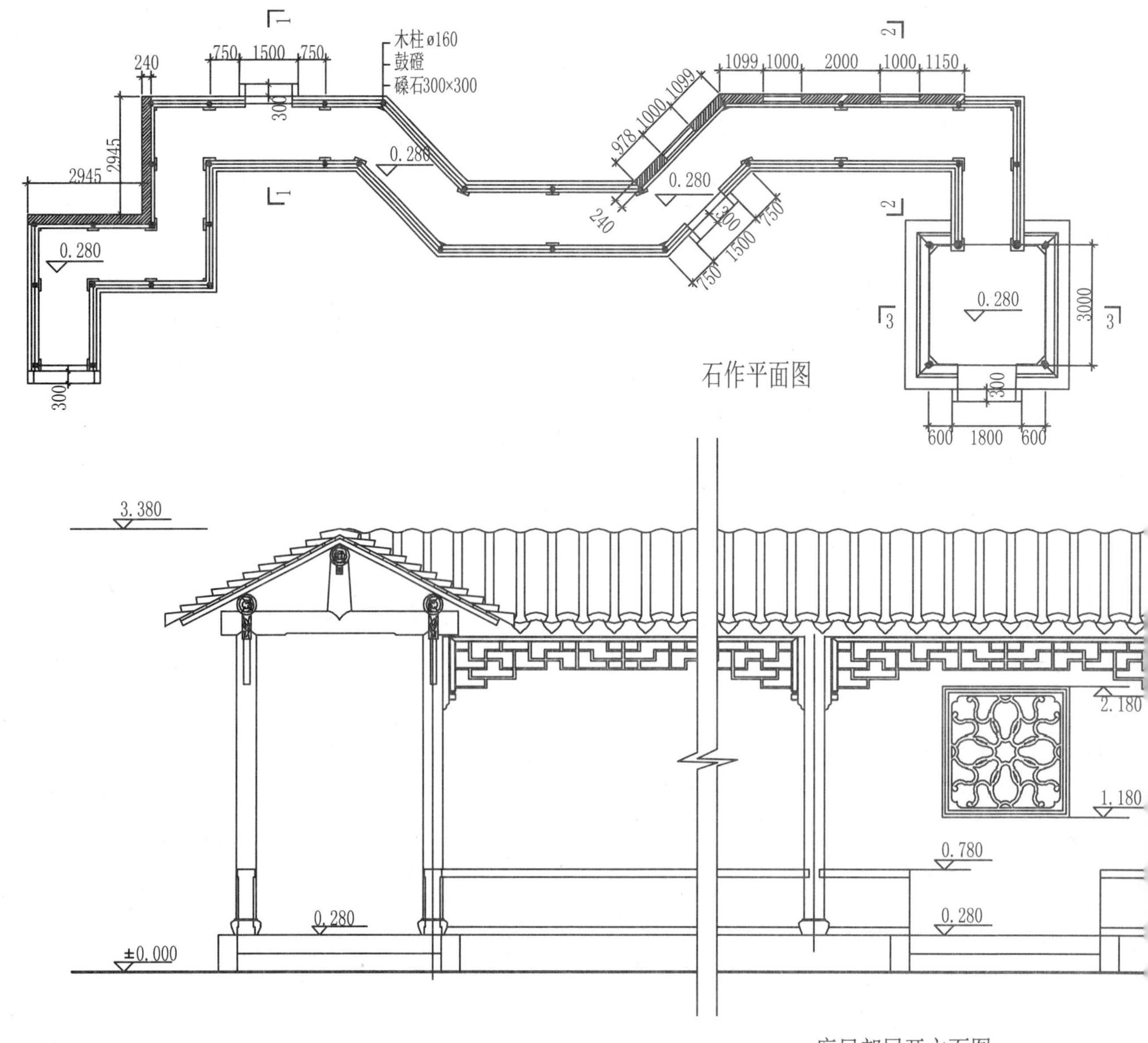

石作平面图

廊局部展开立面图

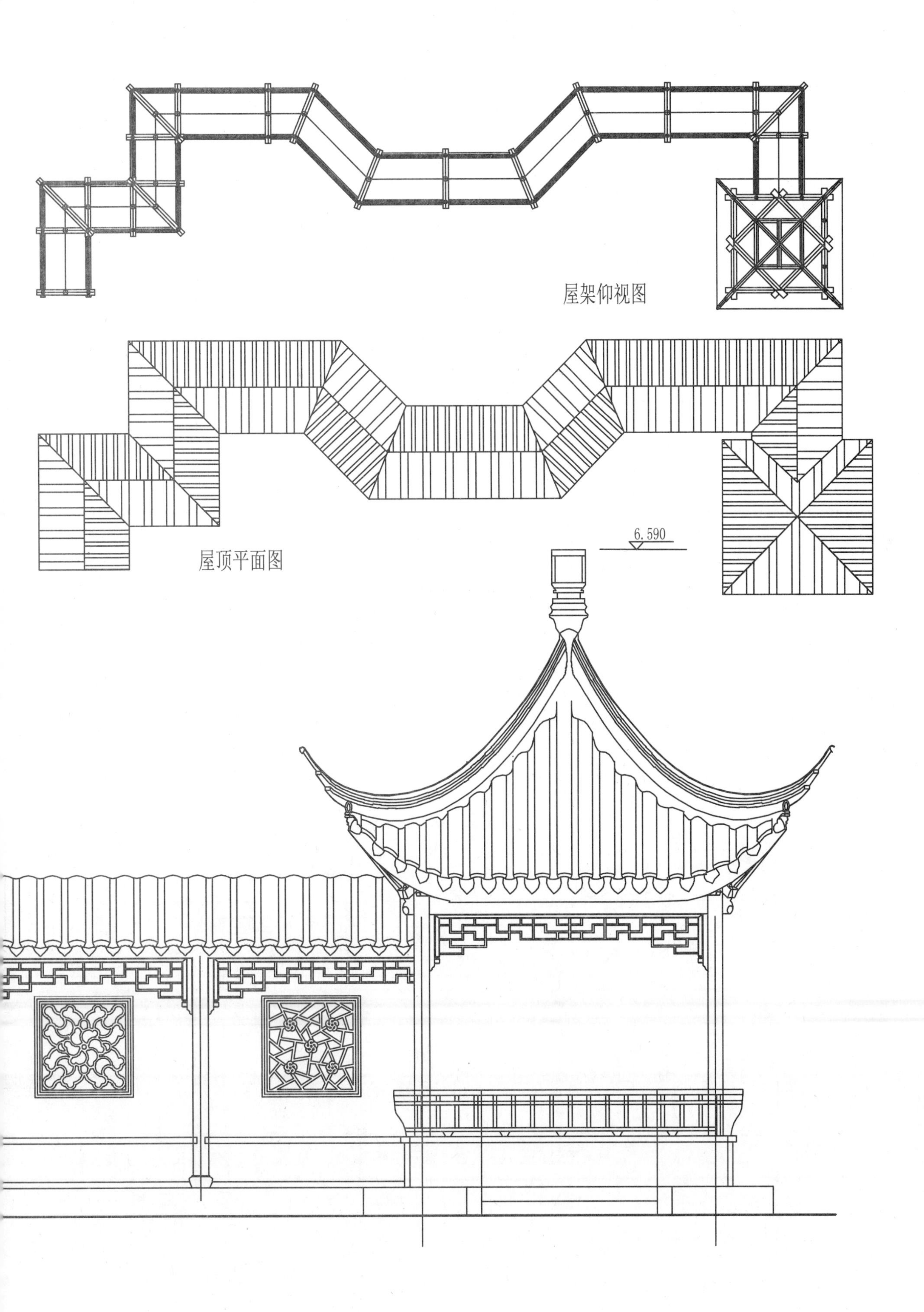
屋架仰视图
屋顶平面图
6.590

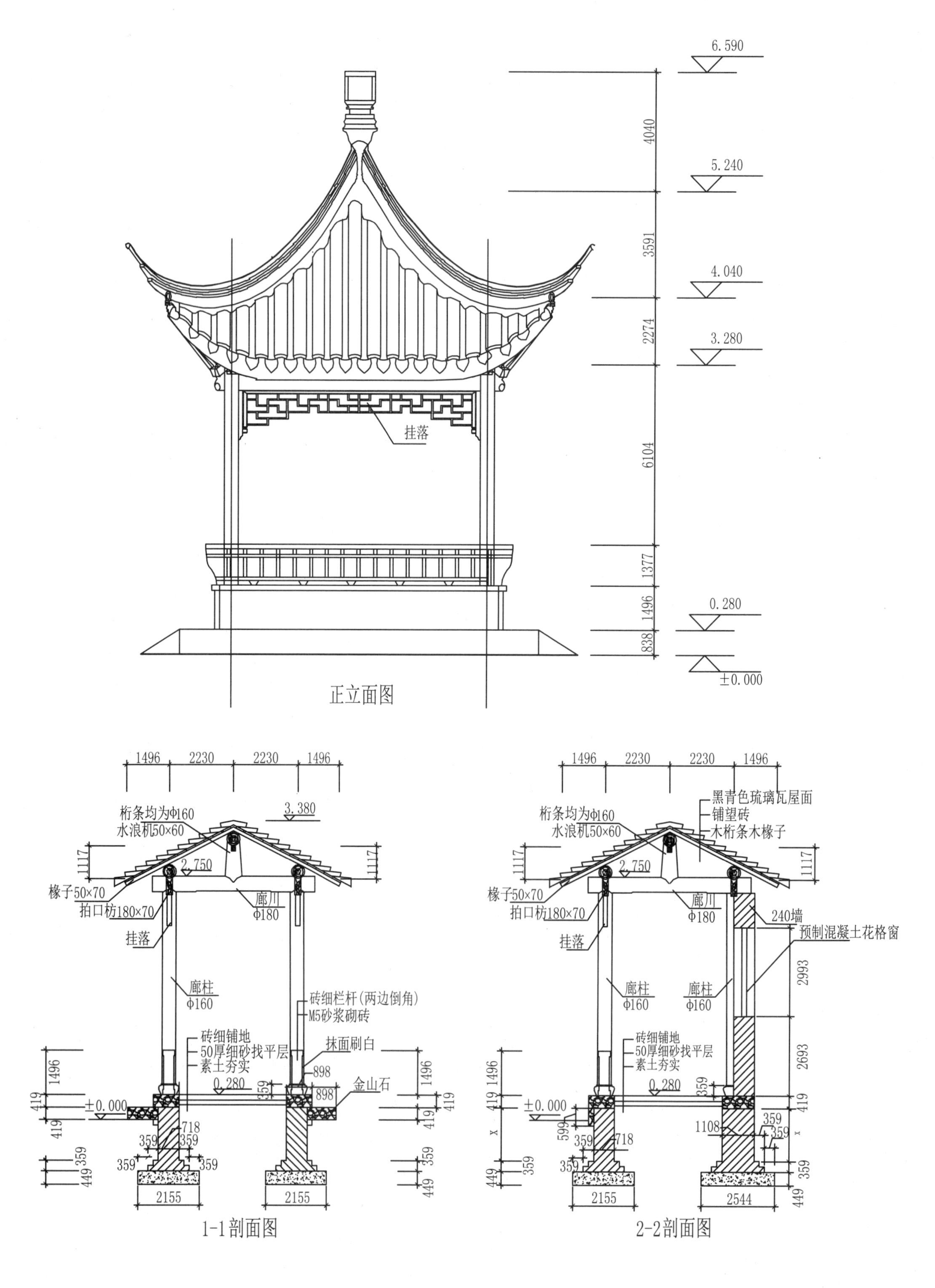
6.590
5.240
4.040
3.280
0.280
±0.000
4040
3591
2274
6104
1377
1496
838
挂落
正立面图
1496 2230 2230 1496
桁条均为Φ160
水浪机50×60
3.380
2.750
1117
椽子50×70
拍口枋180×70
挂落
廊川 Φ180
廊柱 Φ160
砖细栏杆(两边倒角)
M5砂浆砌砖
砖细铺地
50厚细砂找平层
素土夯实
抹面刷白
金山石
898
359
419
449
718
2155
1-1剖面图
黑青色琉璃瓦屋面
铺望砖
木桁条木椽子
240墙
预制混凝土花格窗
2993
2693
1108
599
2544
2-2剖面图

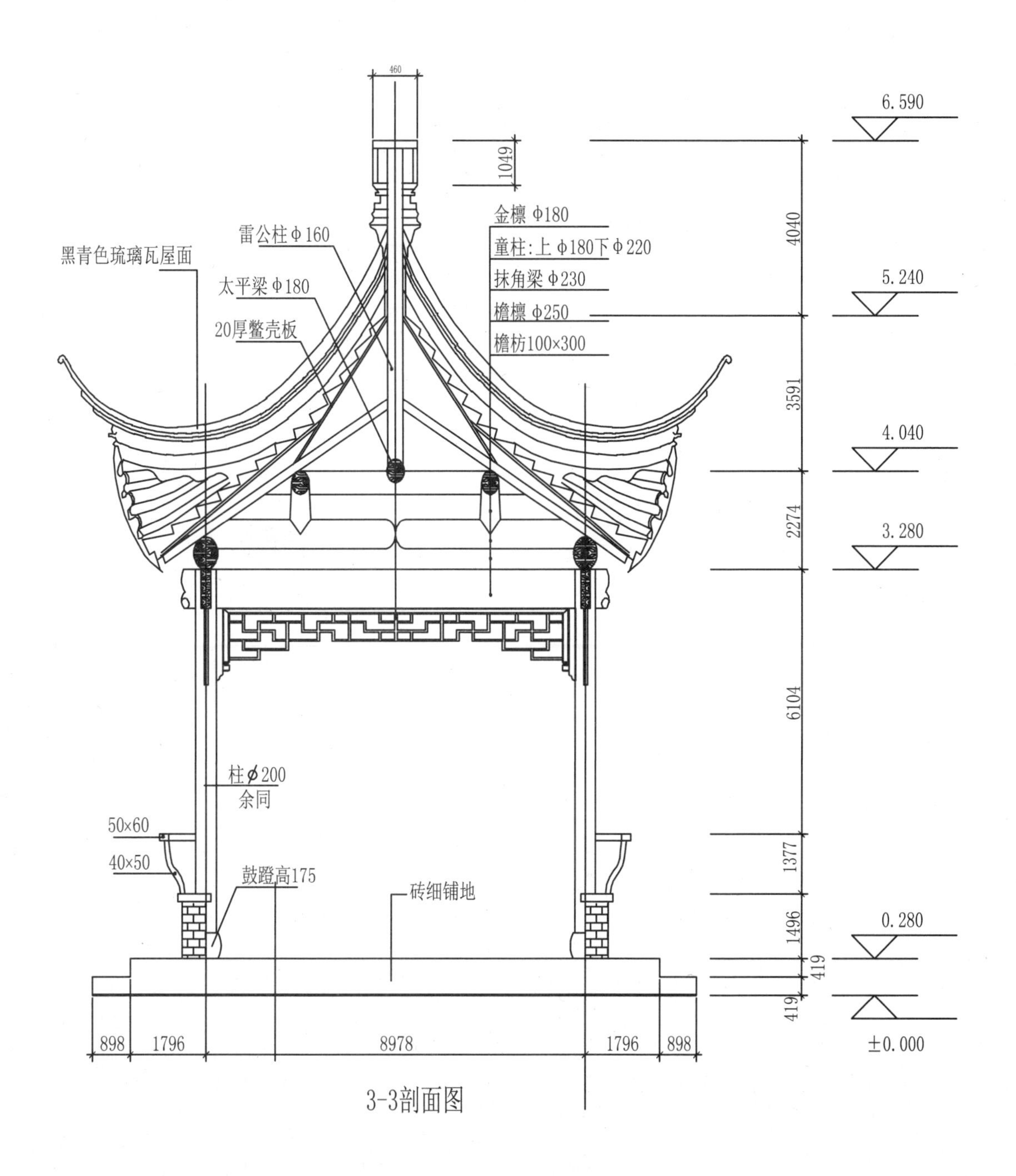

3-3剖面图

混凝土预制花格样式图

中式廊方案五

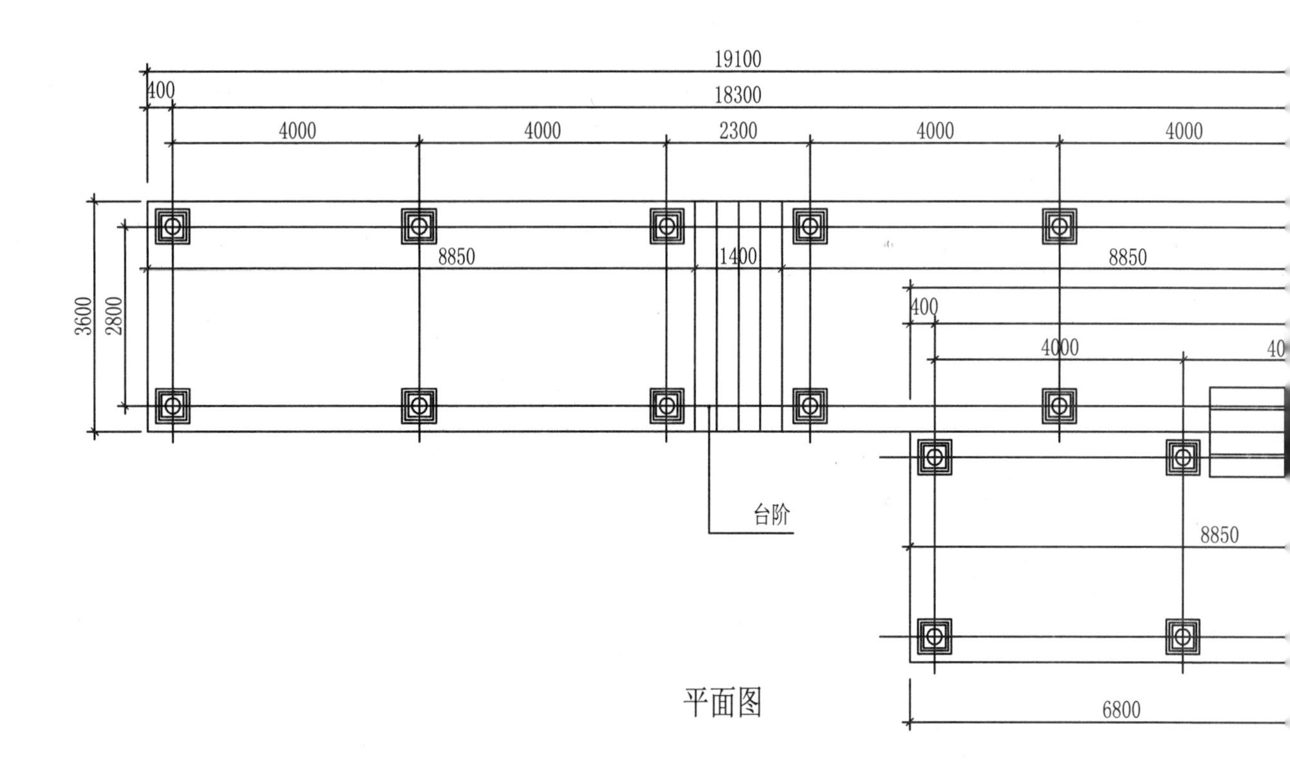

平面图

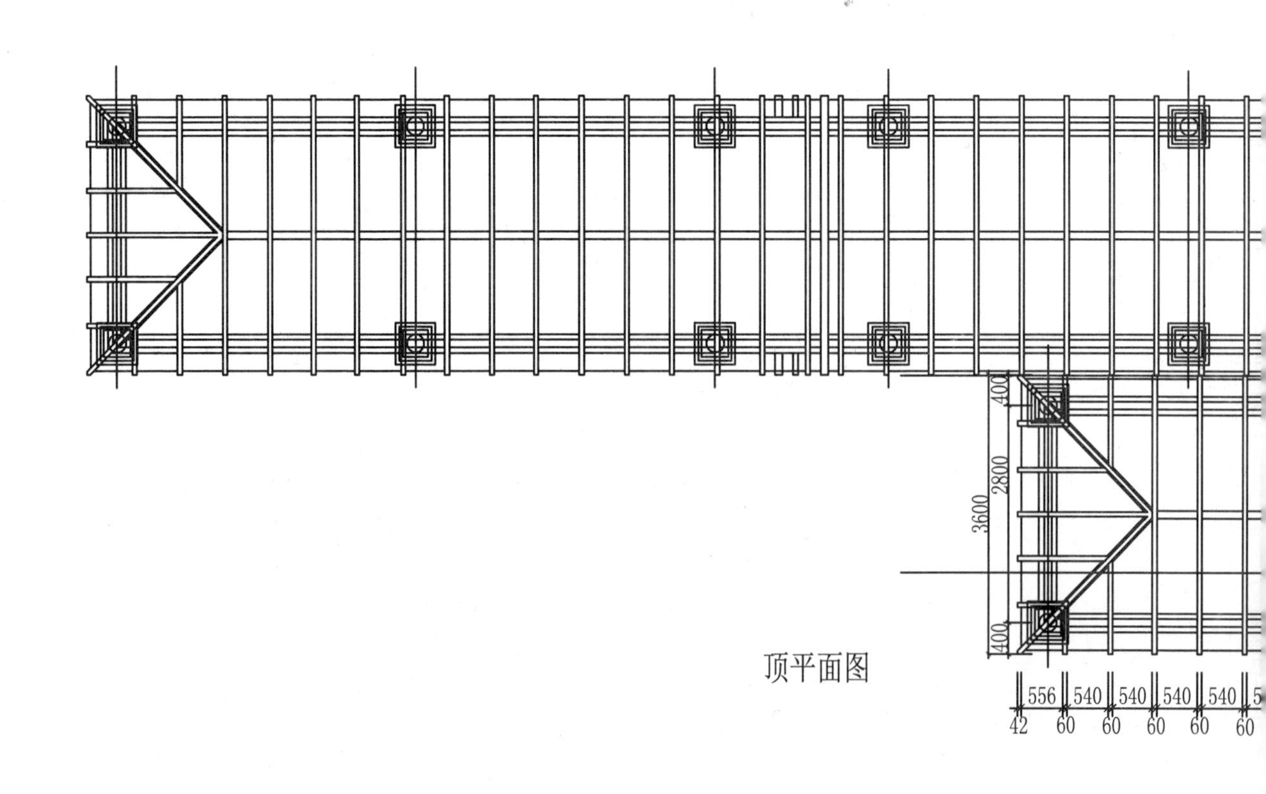

顶平面图

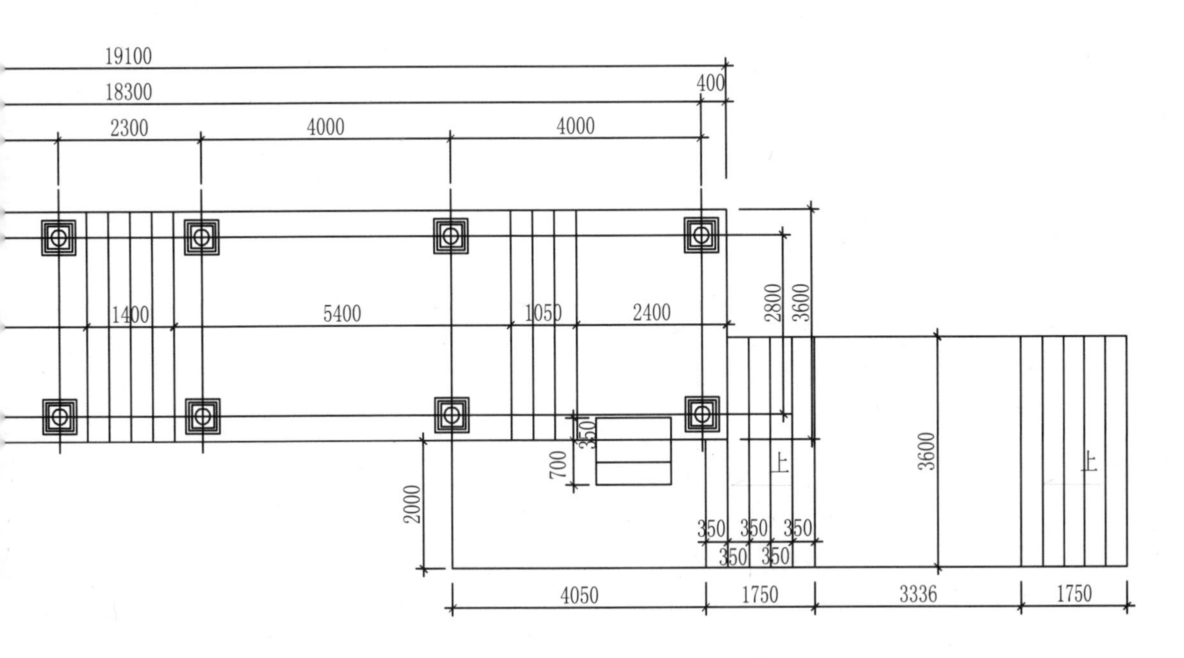
19100
18300
400
2300
4000
4000
1400
5400
1050
2400
2800
3600
350
700
2000
3600
上
上
350 350 350
350 350
4050
1750
3336
1750

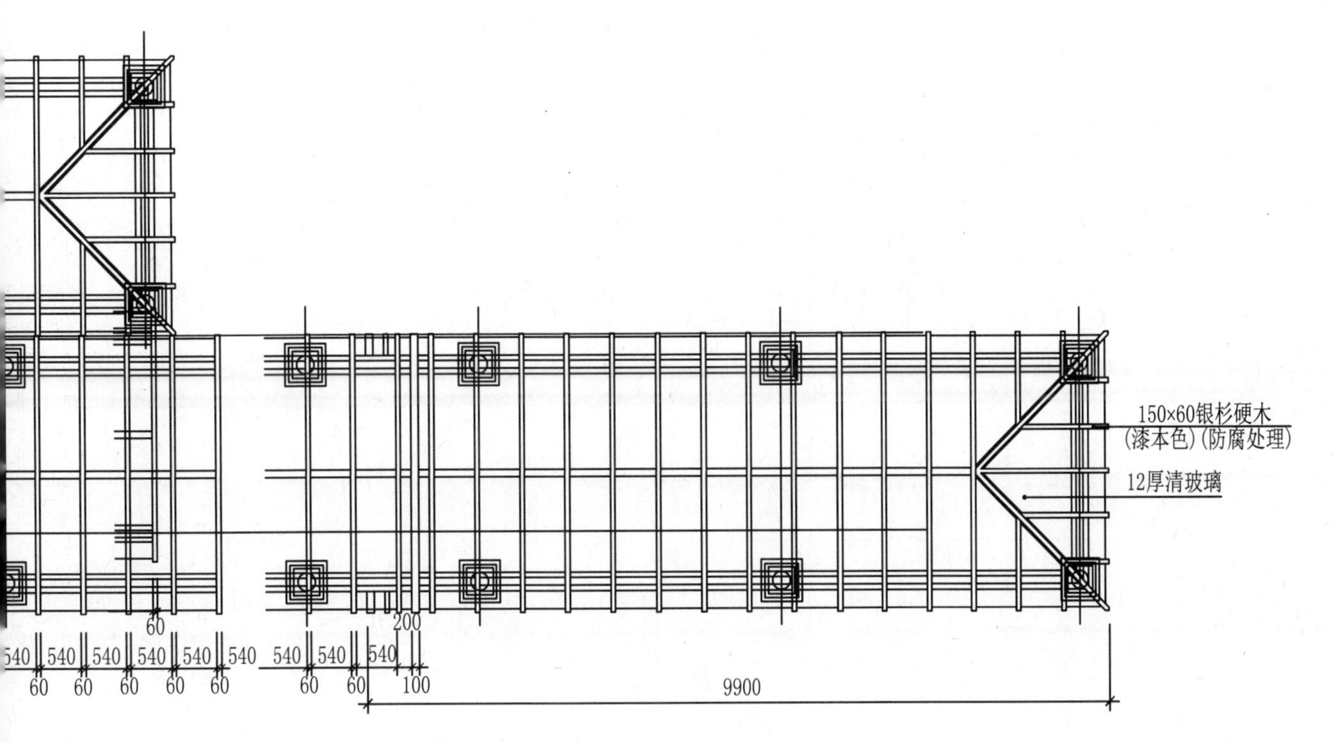
150×60银杉硬木
(漆本色)(防腐处理)
12厚清玻璃
60
200
540 540 540 540 540 540 540 540 540
60 60 60 60 60 60 60 100
9900

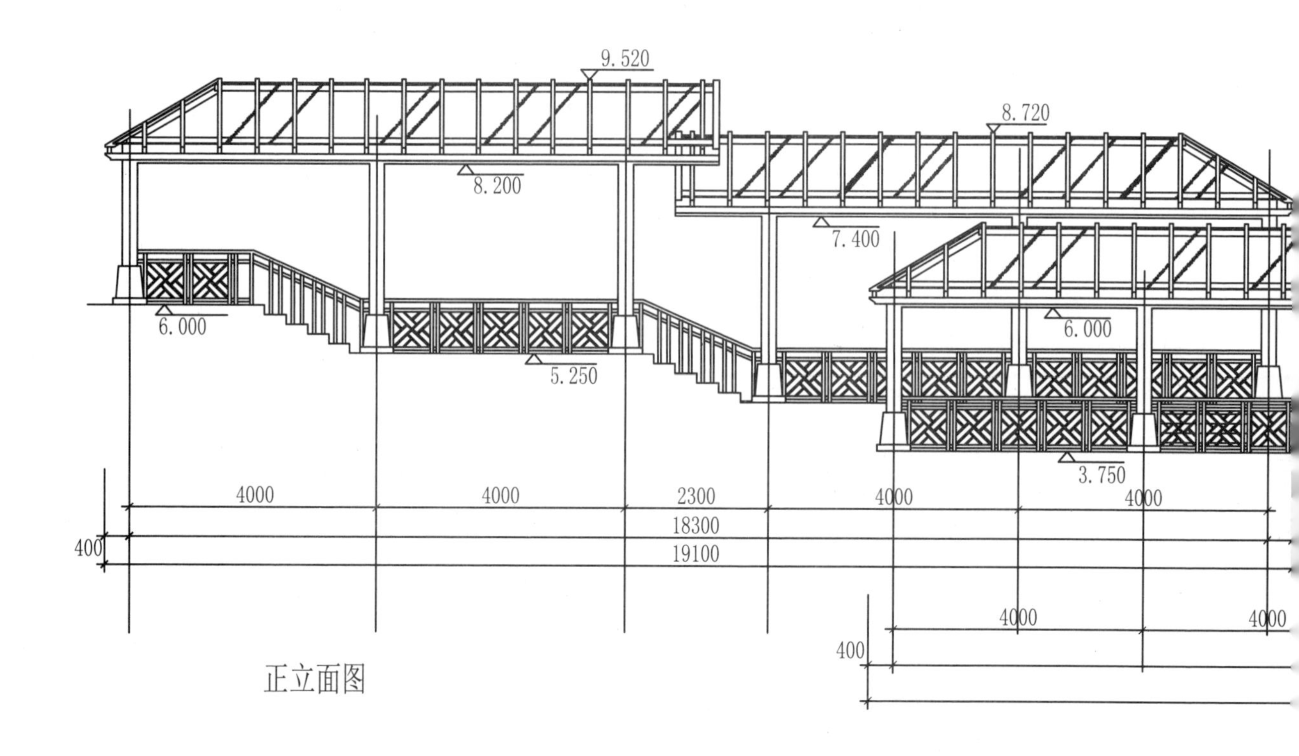
9.520
8.720
8.200
7.400
6.000
6.000
5.250
3.750
4000
4000
2300
4000
4000
18300
19100
400
4000
4000
400

正立面图

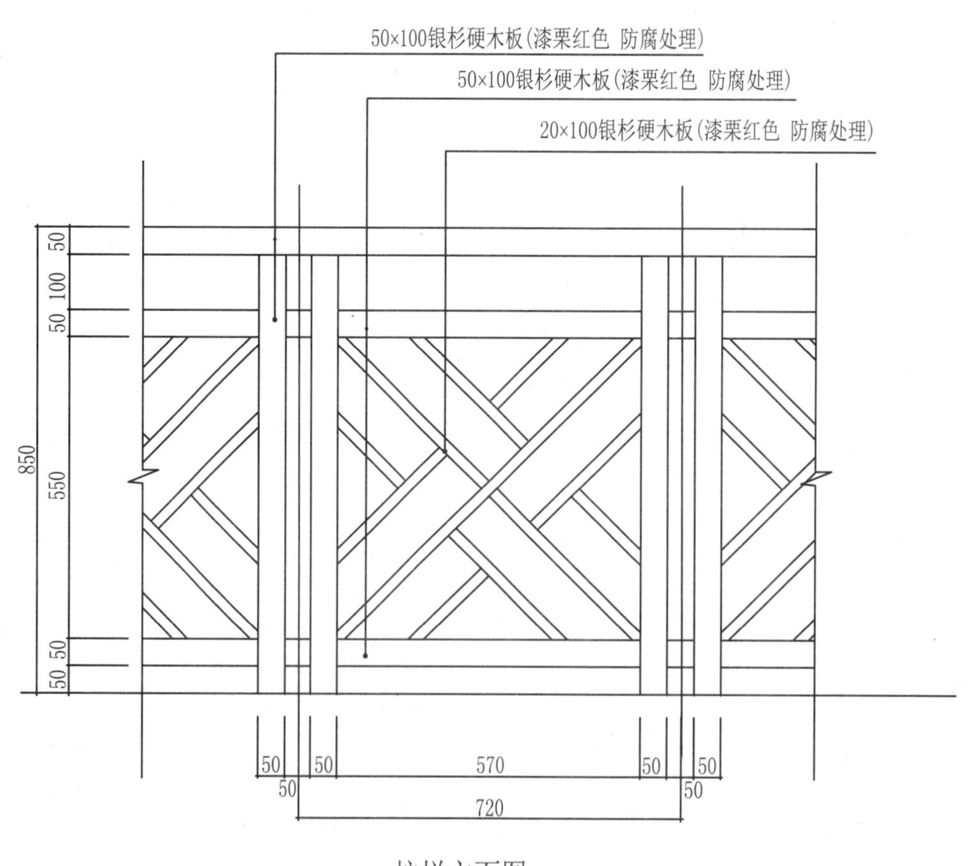
50×100银杉硬木板(漆栗红色 防腐处理)
50×100银杉硬木板(漆栗红色 防腐处理)
20×100银杉硬木板(漆栗红色 防腐处理)
50
100
50
850
550
50
50
50
50
570
50
50
50
50
720

护栏立面图

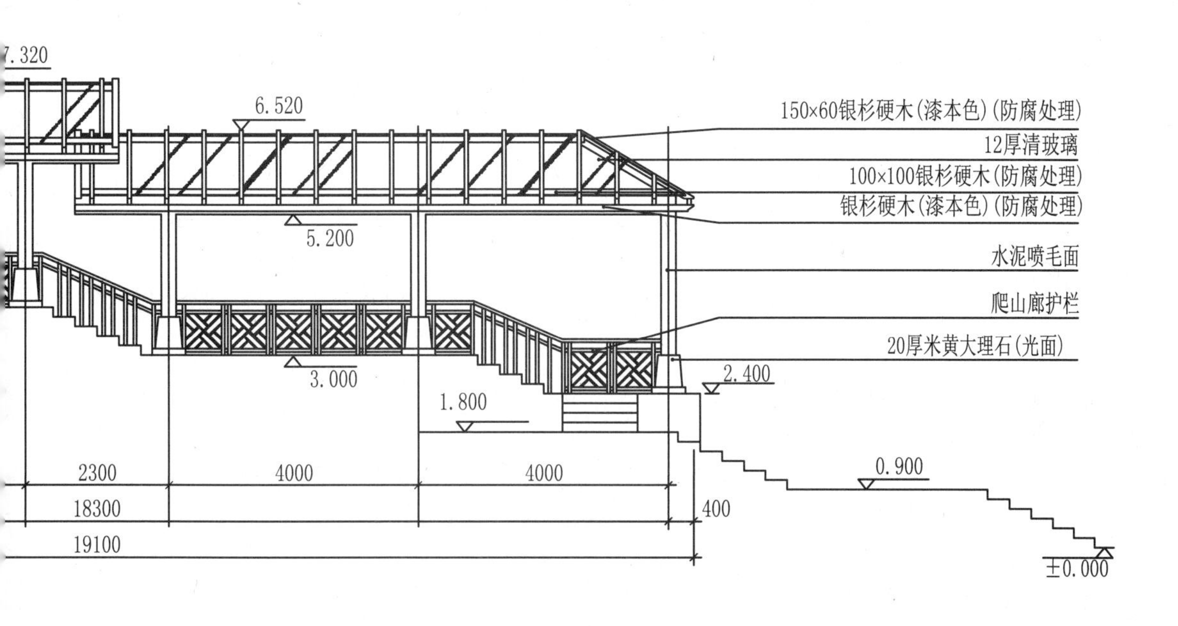
7.320
6.520
5.200
3.000
2.400
1.800
0.900
±0.000
150×60银杉硬木(漆本色)(防腐处理)
12厚清玻璃
100×100银杉硬木(防腐处理)
银杉硬木(漆本色)(防腐处理)
水泥喷毛面
爬山廊护栏
20厚米黄大理石(光面)
2300
4000
4000
18300
400
19100

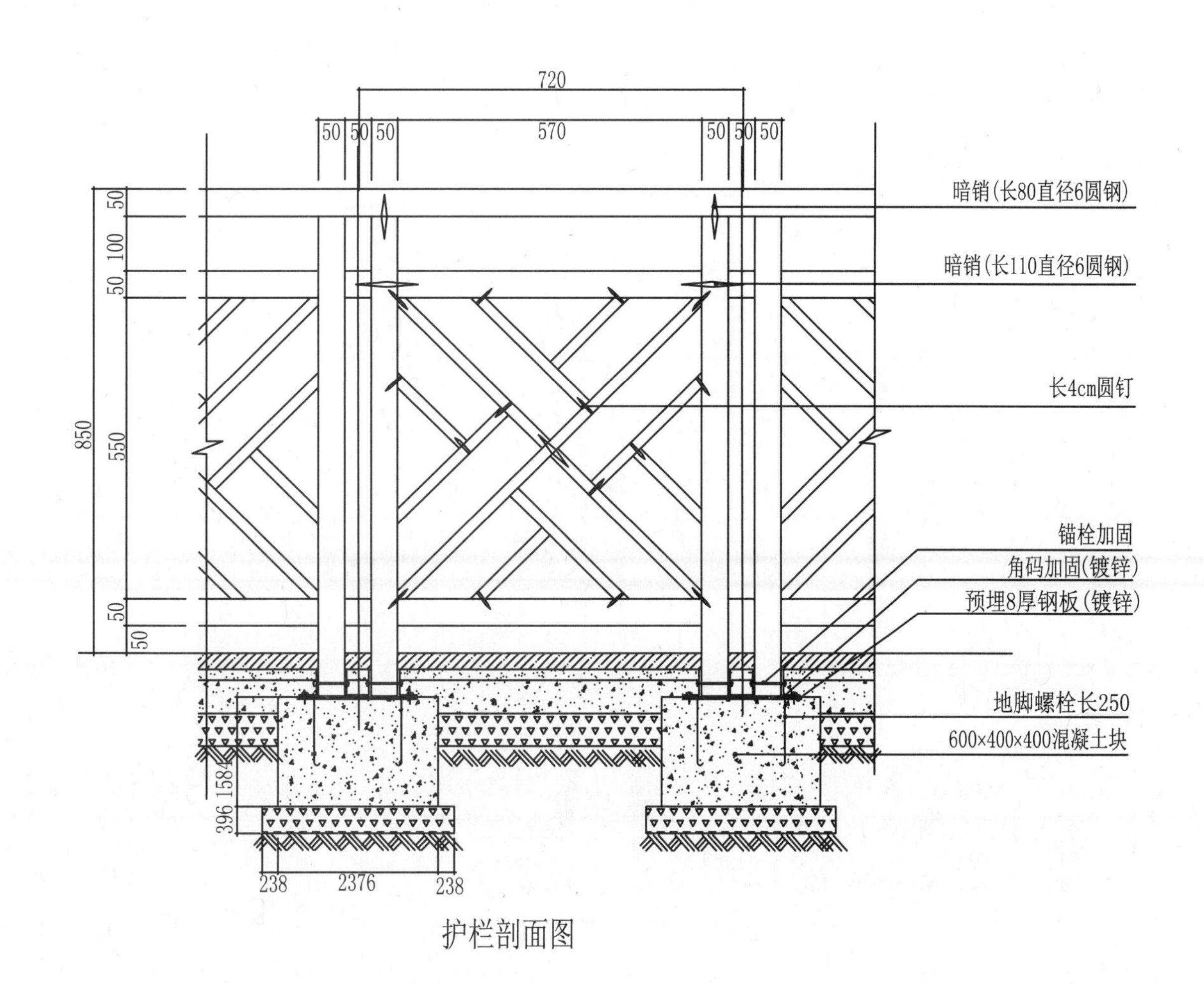
720
50 50 50
570
50 50 50
暗销(长80直径6圆钢)
暗销(长110直径6圆钢)
长4cm圆钉
锚栓加固
角码加固(镀锌)
预埋8厚钢板(镀锌)
地脚螺栓长250
600×400×400混凝土块
850
50
100
50
550
50
50
158
396
238
2376
238

护栏剖面图

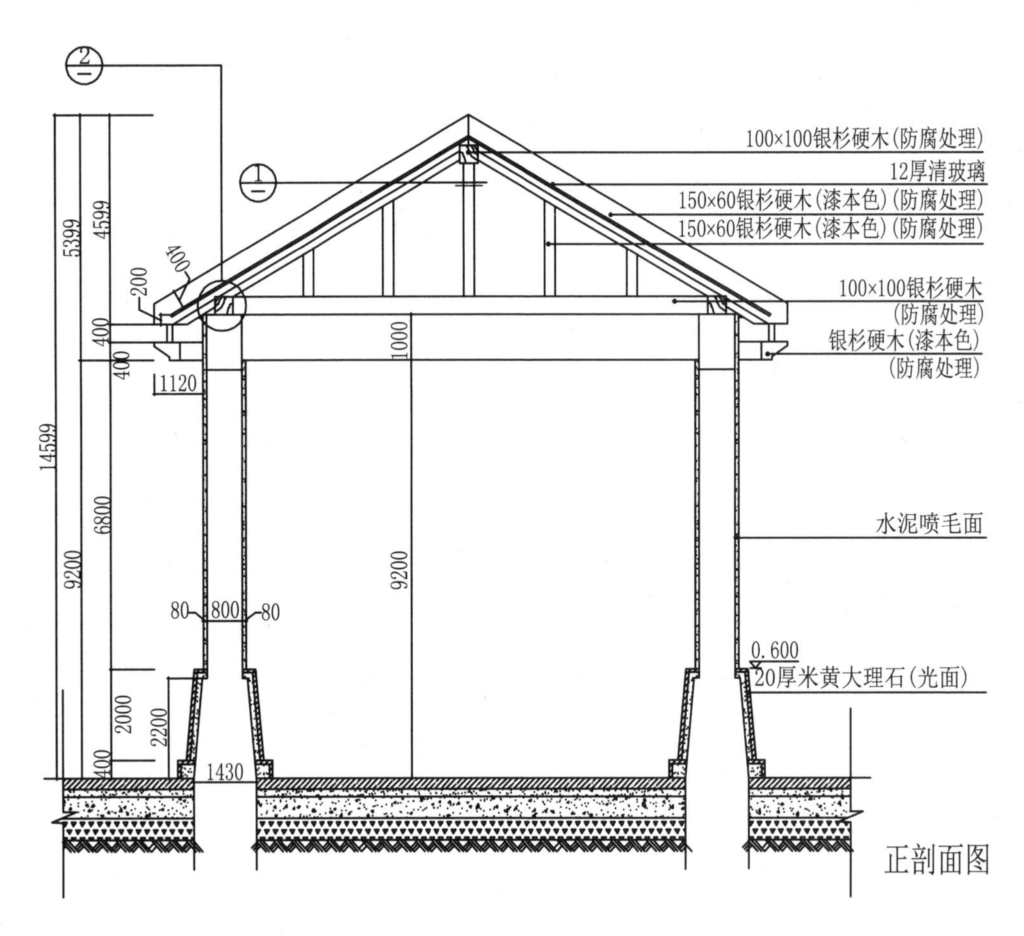

100×100银杉硬木(防腐处理)
12厚清玻璃
150×60银杉硬木(漆本色)(防腐处理)
150×60银杉硬木(漆本色)(防腐处理)
100×100银杉硬木
(防腐处理)
银杉硬木(漆本色)
(防腐处理)
水泥喷毛面
0.600
20厚米黄大理石(光面)
5399
4599
400
200
400
400
1120
1000
14599
6800
9200
9200
80
800
80
2000
2200
400
1430

正剖面图

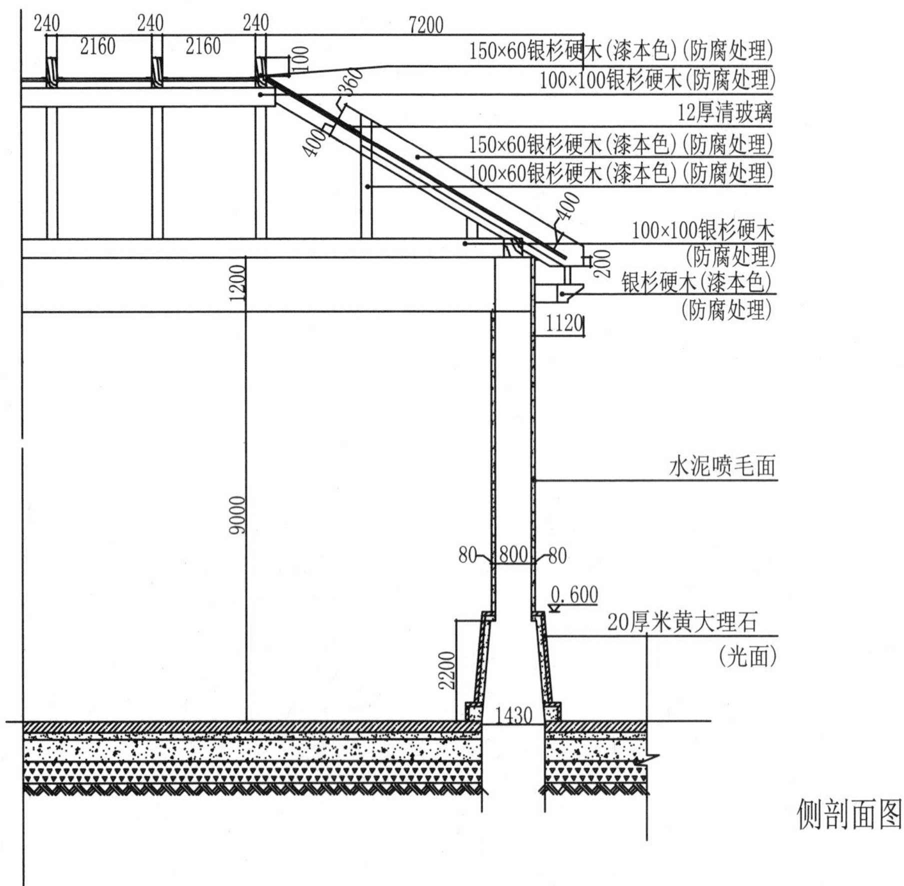

240
240
240
7200
2160
2160
100
360
150×60银杉硬木(漆本色)(防腐处理)
100×100银杉硬木(防腐处理)
12厚清玻璃
150×60银杉硬木(漆本色)(防腐处理)
100×60银杉硬木(漆本色)(防腐处理)
400
400
100×100银杉硬木
(防腐处理)
200
银杉硬木(漆本色)
(防腐处理)
1200
1120
水泥喷毛面
9000
80
800
80
0.600
20厚米黄大理石
(光面)
2200
1430

侧剖面图

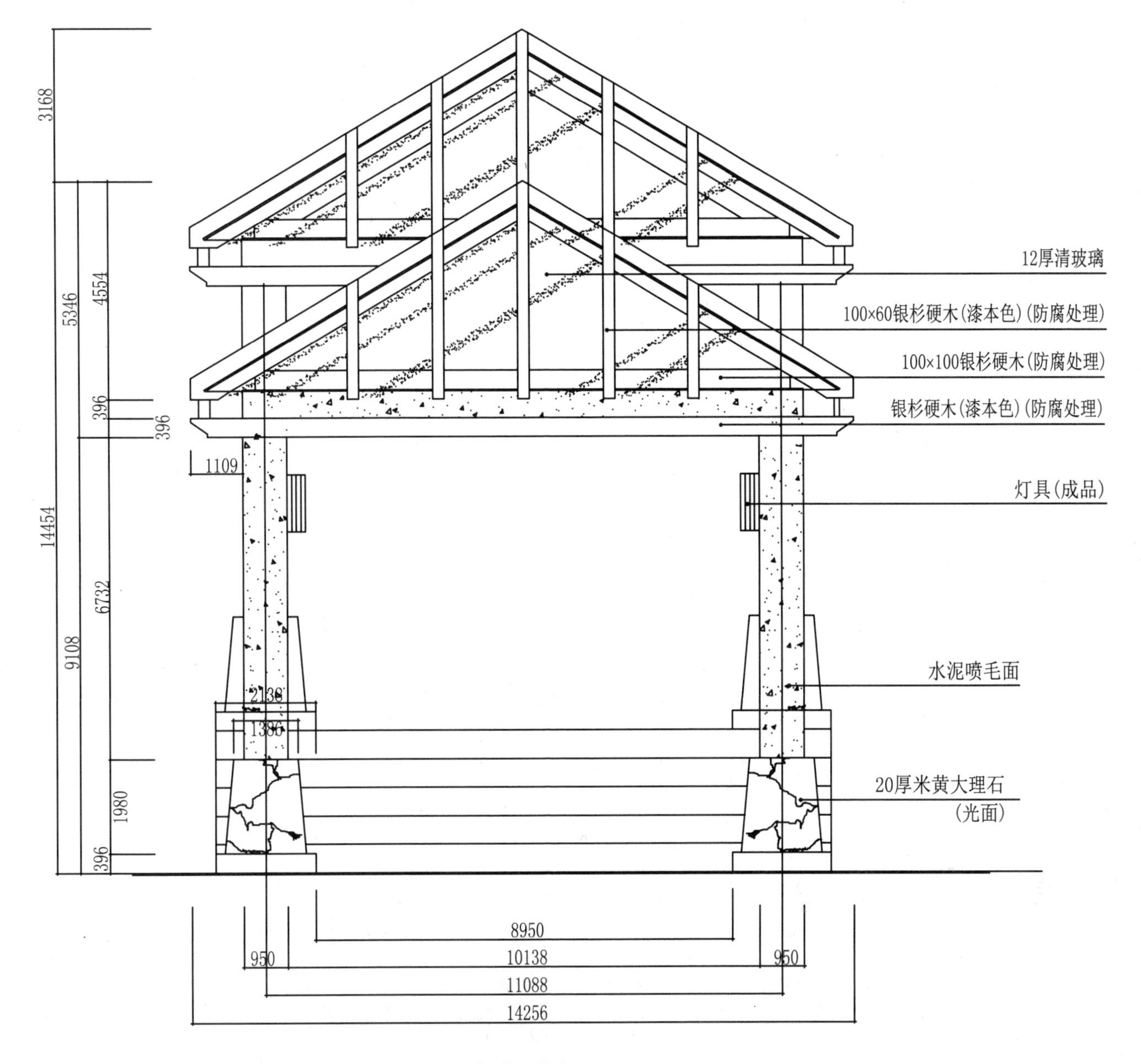
3168
5346
4554
396
396
1109
14454
9108
6732
2138
1386
1980
396
12厚清玻璃
100×60银杉硬木(漆本色)(防腐处理)
100×100银杉硬木(防腐处理)
银杉硬木(漆本色)(防腐处理)
灯具(成品)
水泥喷毛面
20厚米黄大理石
(光面)
8950
950
10138
950
11088
14256

侧立面图

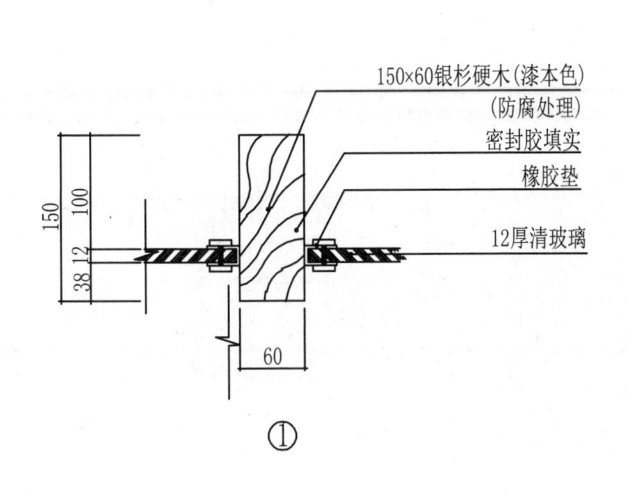
150×60银杉硬木(漆本色)
(防腐处理)
密封胶填实
橡胶垫
12厚清玻璃
150
100
12
38
60

①

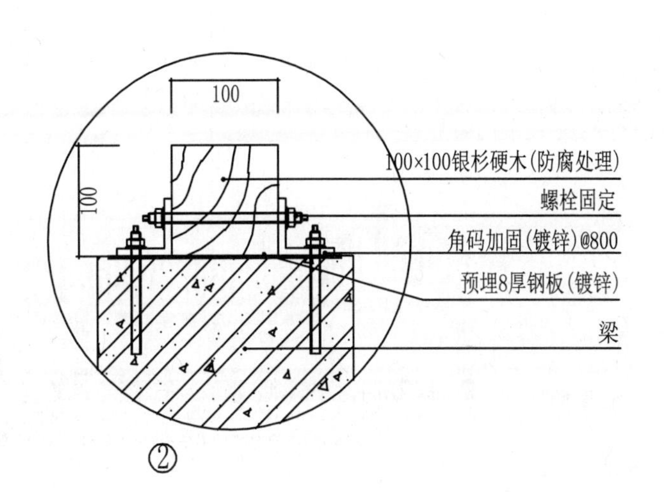
100
100
100×100银杉硬木(防腐处理)
螺栓固定
角码加固(镀锌)@800
预埋8厚钢板(镀锌)
梁

②

中式廊方案六

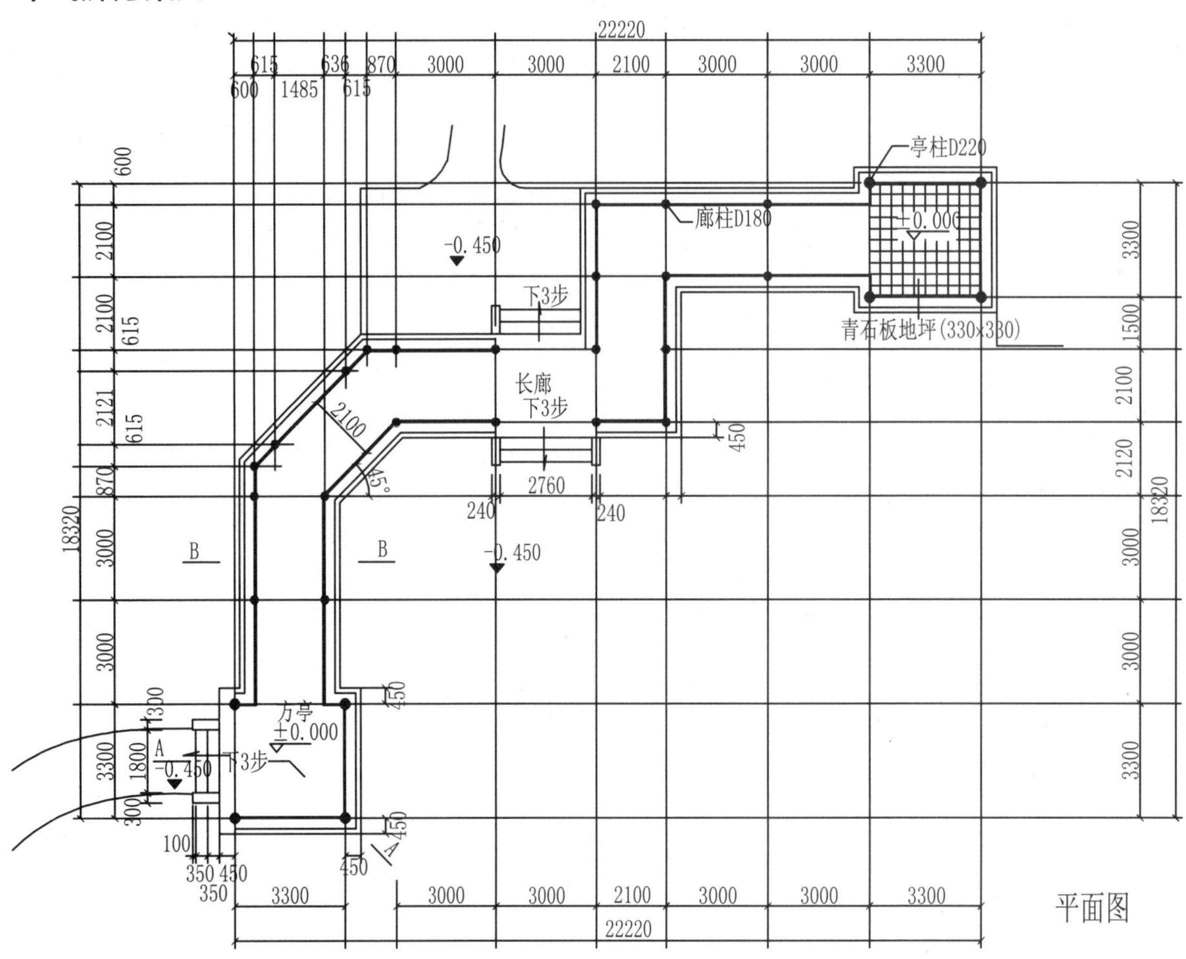

平面图

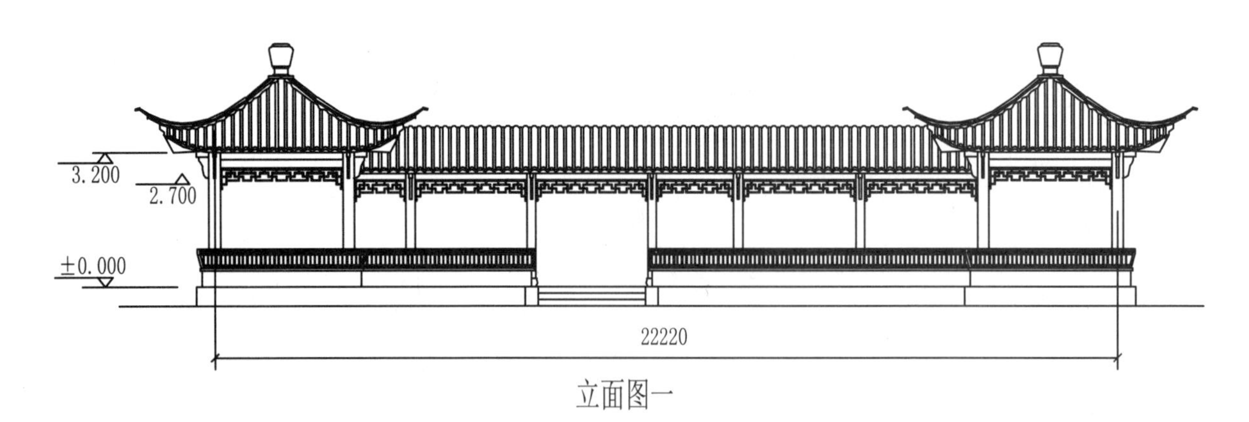

立面图一

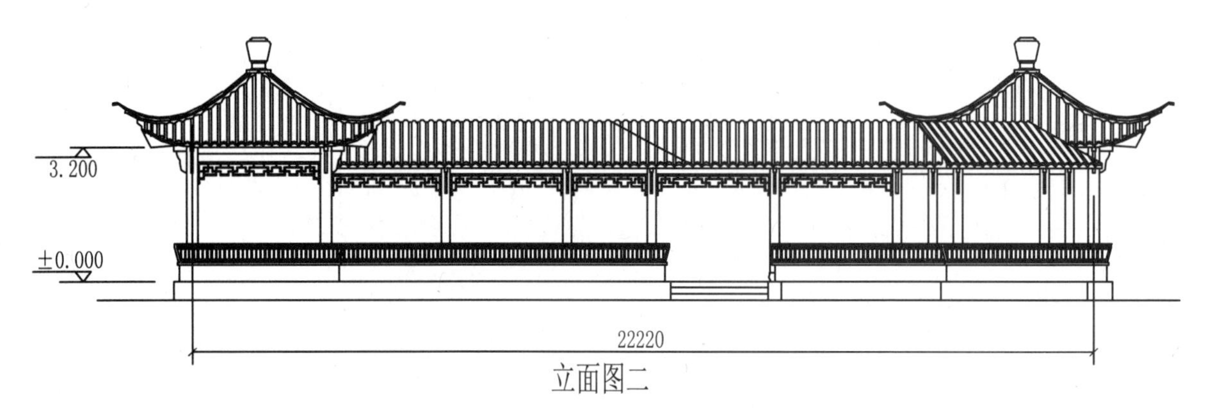

立面图二

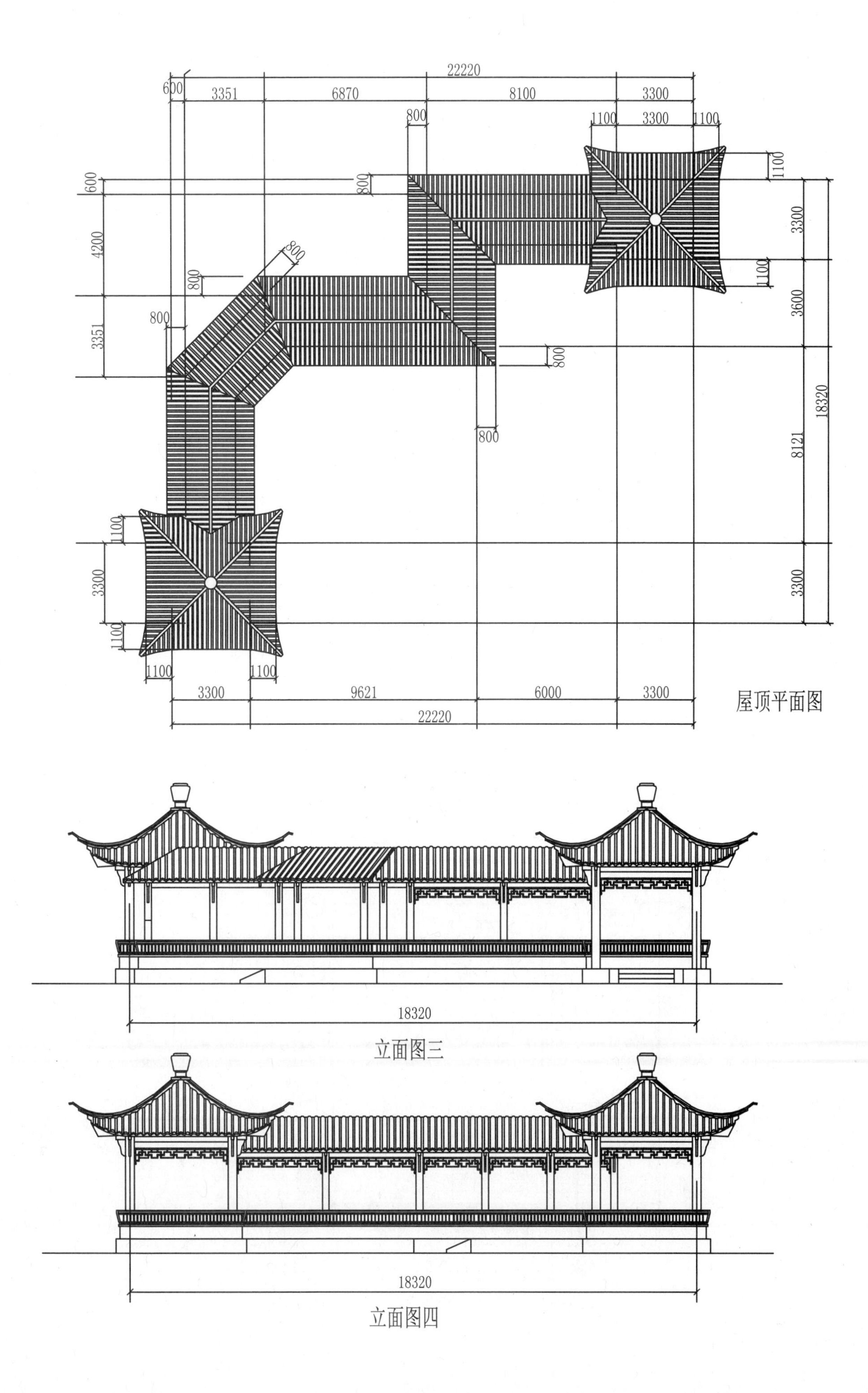

屋顶平面图

立面图三

立面图四

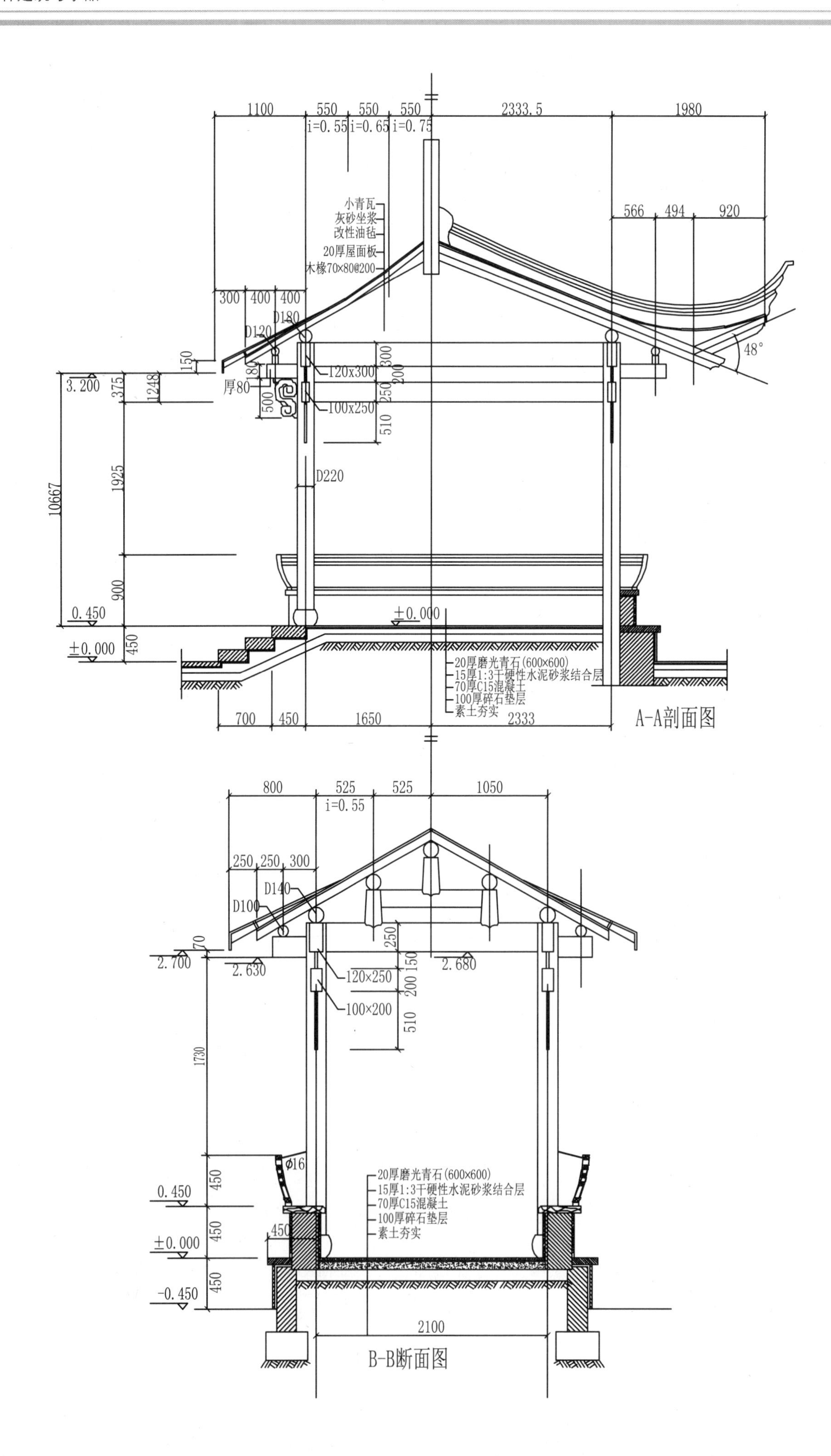

1100
550
550
550
2333.5
1980
i=0.55
i=0.65
i=0.75
小青瓦
灰砂坐浆
改性油毡
20厚屋面板
木椽70×80@200
566
494
920
300
400
400
D180
D120
150
3.200
375
1248
厚80
120x300
100x250
300
200
250
500
510
48°
D220
10667
1925
900
0.450
±0.000
450
20厚磨光青石(600×600)
15厚1:3干硬性水泥砂浆结合层
70厚C15混凝土
100厚碎石垫层
素土夯实
700
450
1650
2333
A-A剖面图
800
525
525
1050
i=0.55
250
250
300
D140
D100
70
2.700
2.630
2.680
120×250
100×200
250
150
200
510
1730
ϕ16
0.450
±0.000
-0.450
2100
B-B断面图

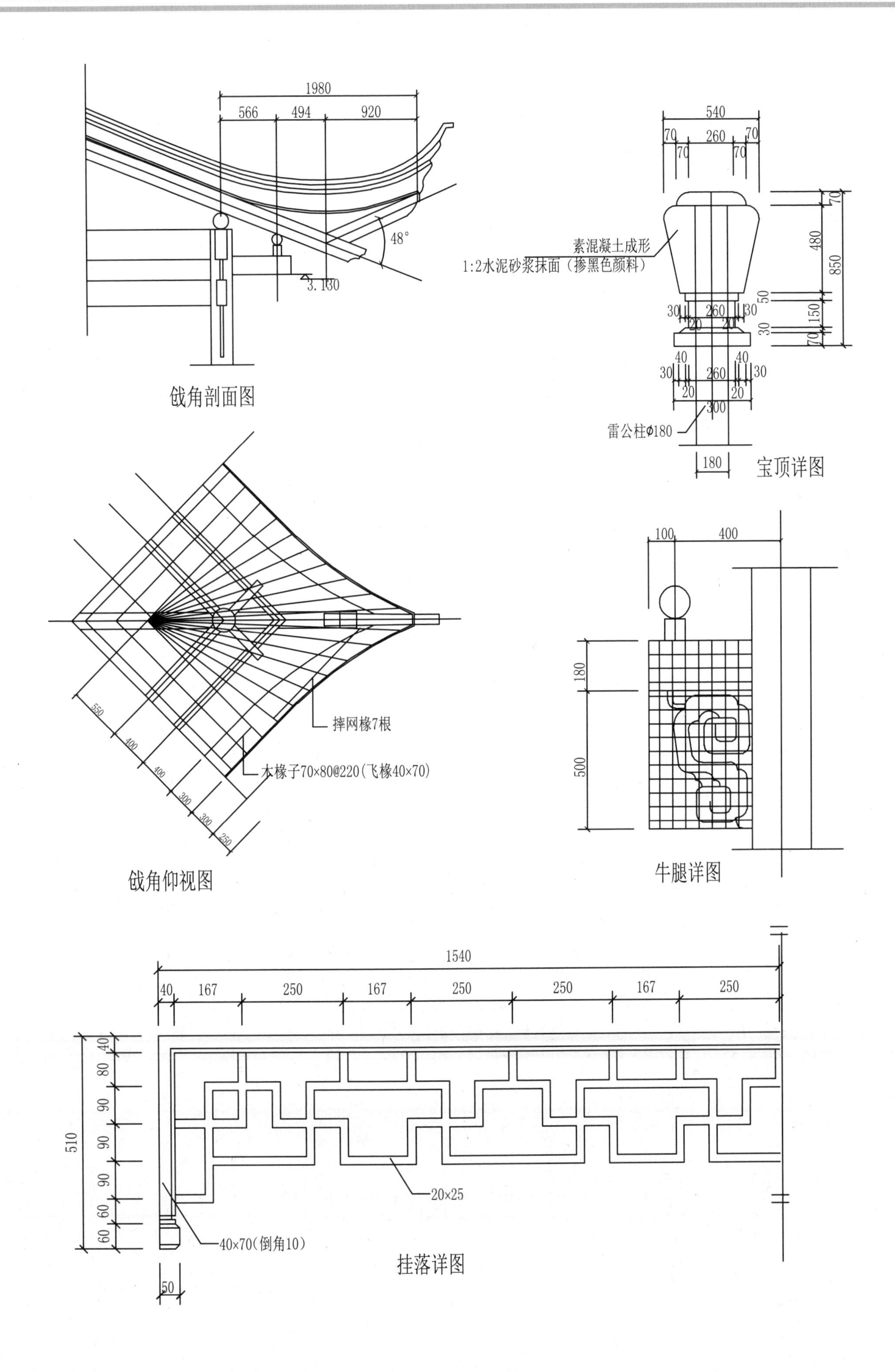

戗角剖面图

宝顶详图

戗角仰视图

牛腿详图

挂落详图

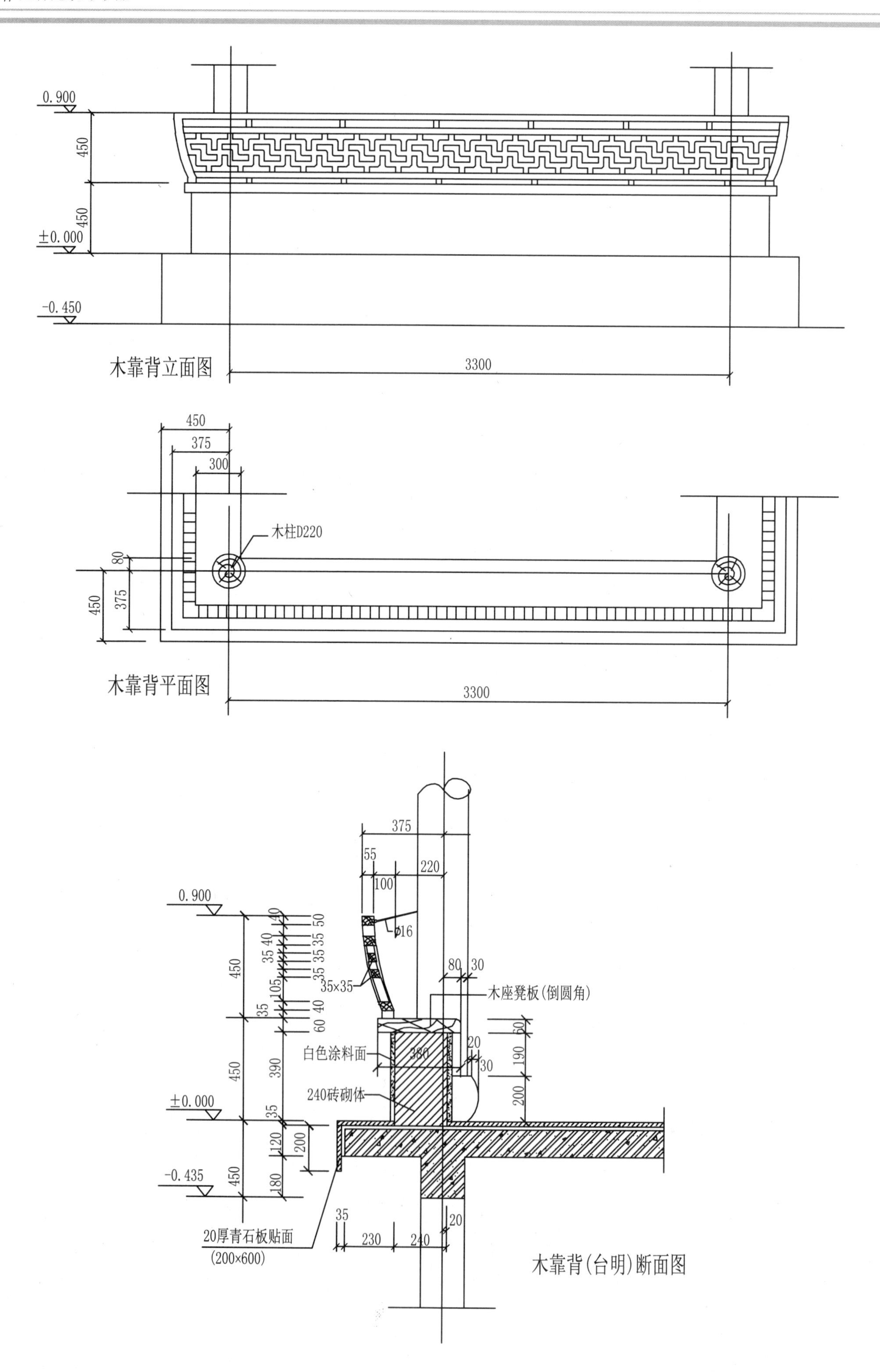

木靠背立面图

木靠背平面图

木靠背(台明)断面图

水　榭

水榭方案一

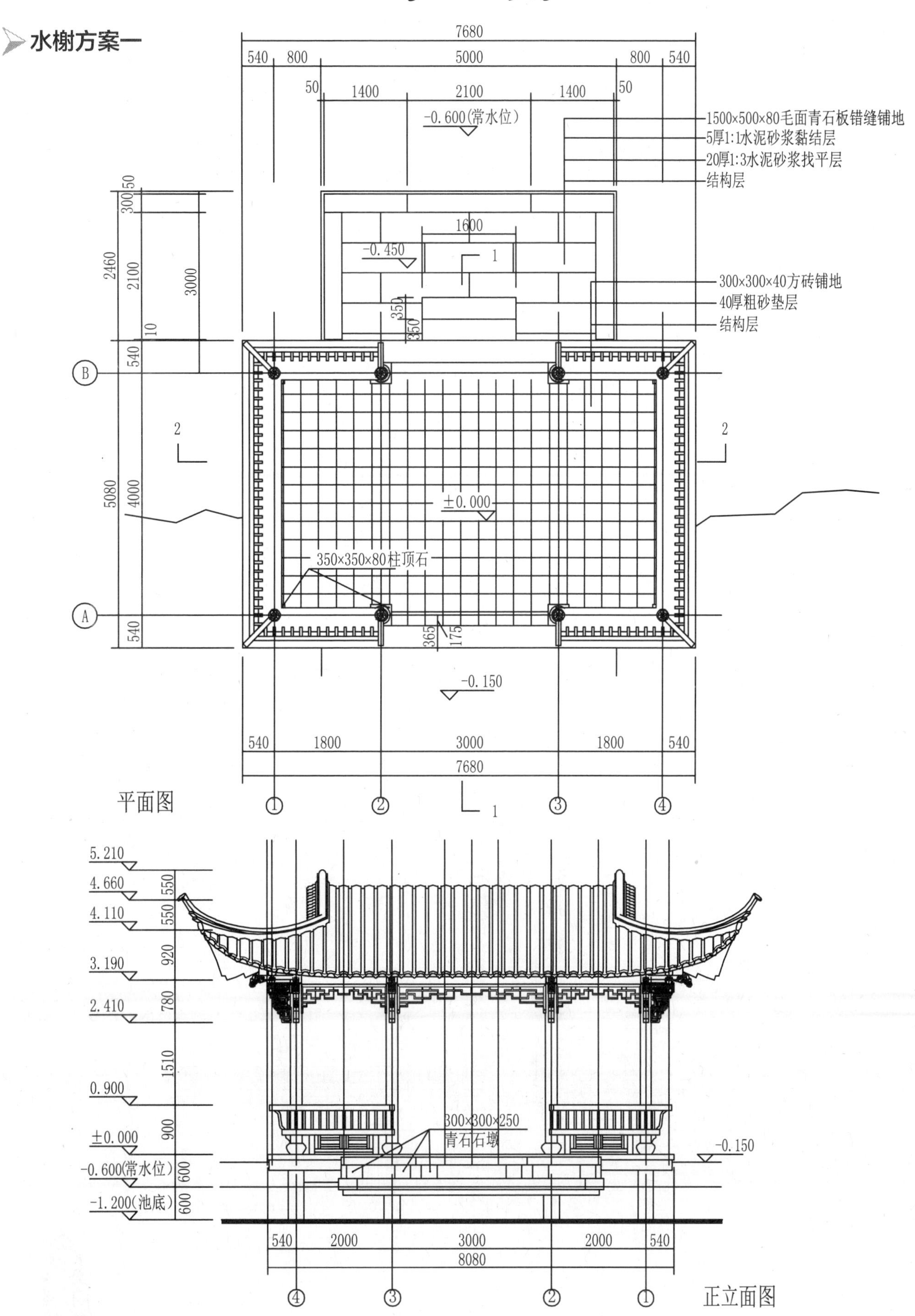

7680
540
800
5000
800
540
50
1400
2100
1400
50
-0.600(常水位)
1500×500×80毛面青石板错缝铺地
5厚1:1水泥砂浆黏结层
20厚1:3水泥砂浆找平层
结构层
1600
-0.450
300×300×40方砖铺地
40厚粗砂垫层
结构层
±0.000
350×350×80柱顶石
-0.150
1800
3000
平面图
5.210
4.660
4.110
3.190
2.410
0.900
±0.000
-0.600(常水位)
-1.200(池底)
300×300×250
青石石墩
8080
2000
正立面图

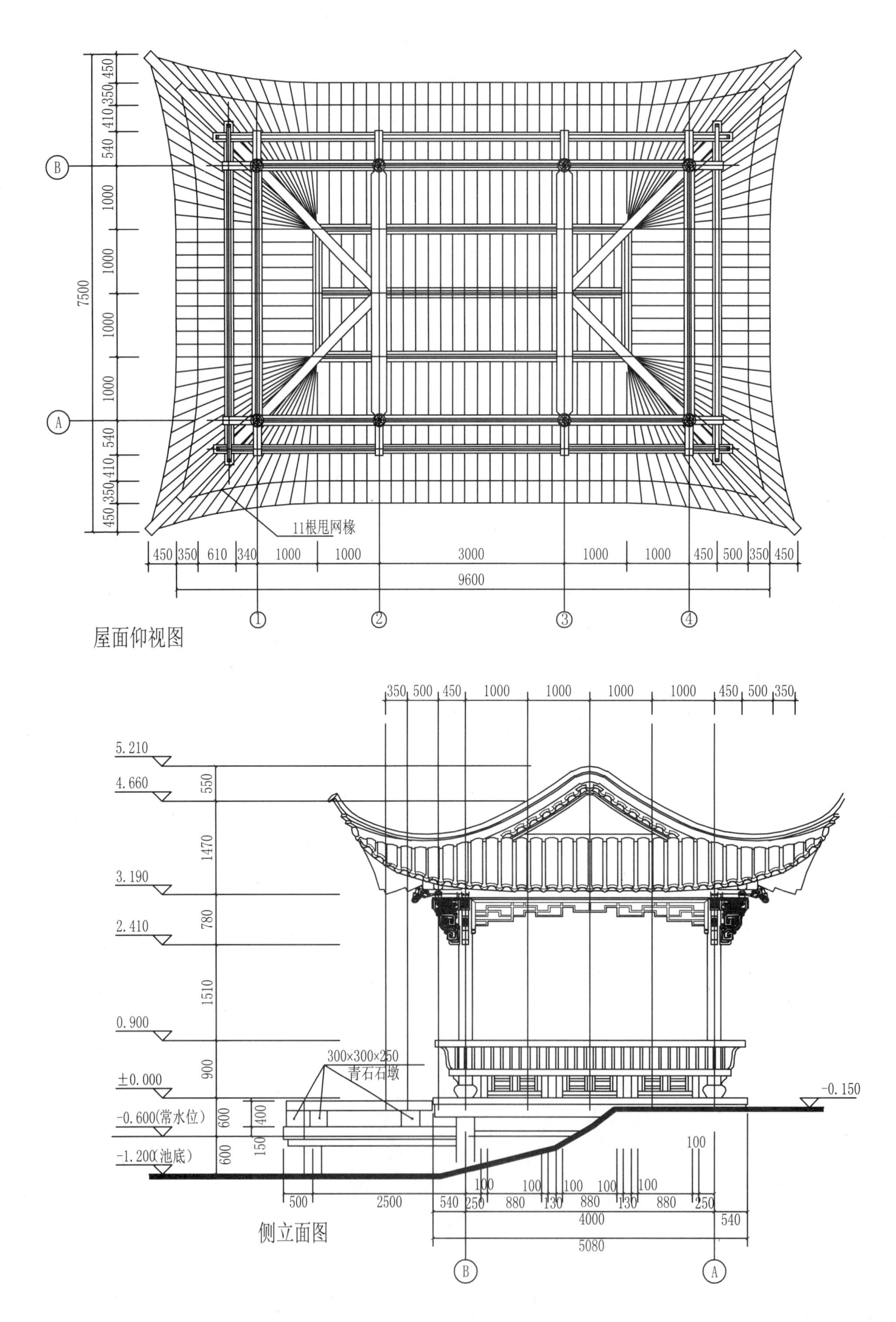

11根甩网椽
450 350 610 340 1000 1000 3000 1000 1000 450 500 350 450
9600
7500
450 350 410 540 1000 1000 1000 1000 540 410 350 450
A
B
①
②
③
④
屋面仰视图
350 500 450 1000 1000 1000 1000 450 500 350
5.210
4.660
3.190
2.410
0.900
±0.000
-0.600(常水位)
-1.200(池底)
550
1470
780
1510
900
600
600
400
150
300×300×250
青石石墩
-0.150
100
500 2500 540 250 880 130 880 130 880 250
4000
540
5080
B
A
侧立面图

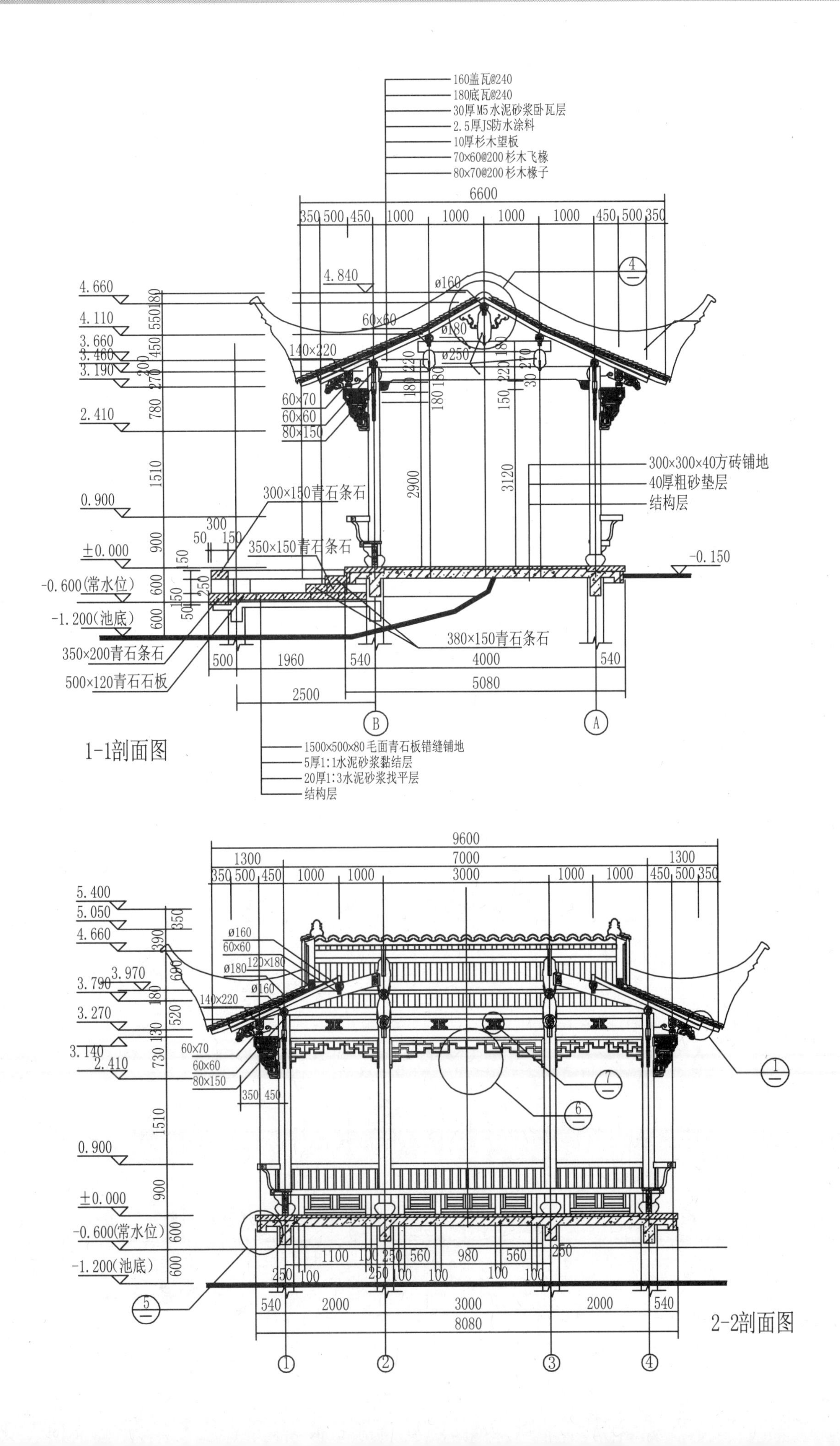

160盖瓦@240
180底瓦@240
30厚M5水泥砂浆卧瓦层
2.5厚JS防水涂料
10厚杉木望板
70×60@200杉木飞椽
80×70@200杉木椽子
6600
300×300×40方砖铺地
40厚粗砂垫层
结构层
300×150青石条石
350×150青石条石
380×150青石条石
350×200青石条石
500×120青石石板
-0.600(常水位)
-1.200(池底)
1500×500×80毛面青石板错缝铺地
5厚1:1水泥砂浆黏结层
20厚1:3水泥砂浆找平层
结构层
1-1剖面图
9600
7000
8080
2-2剖面图

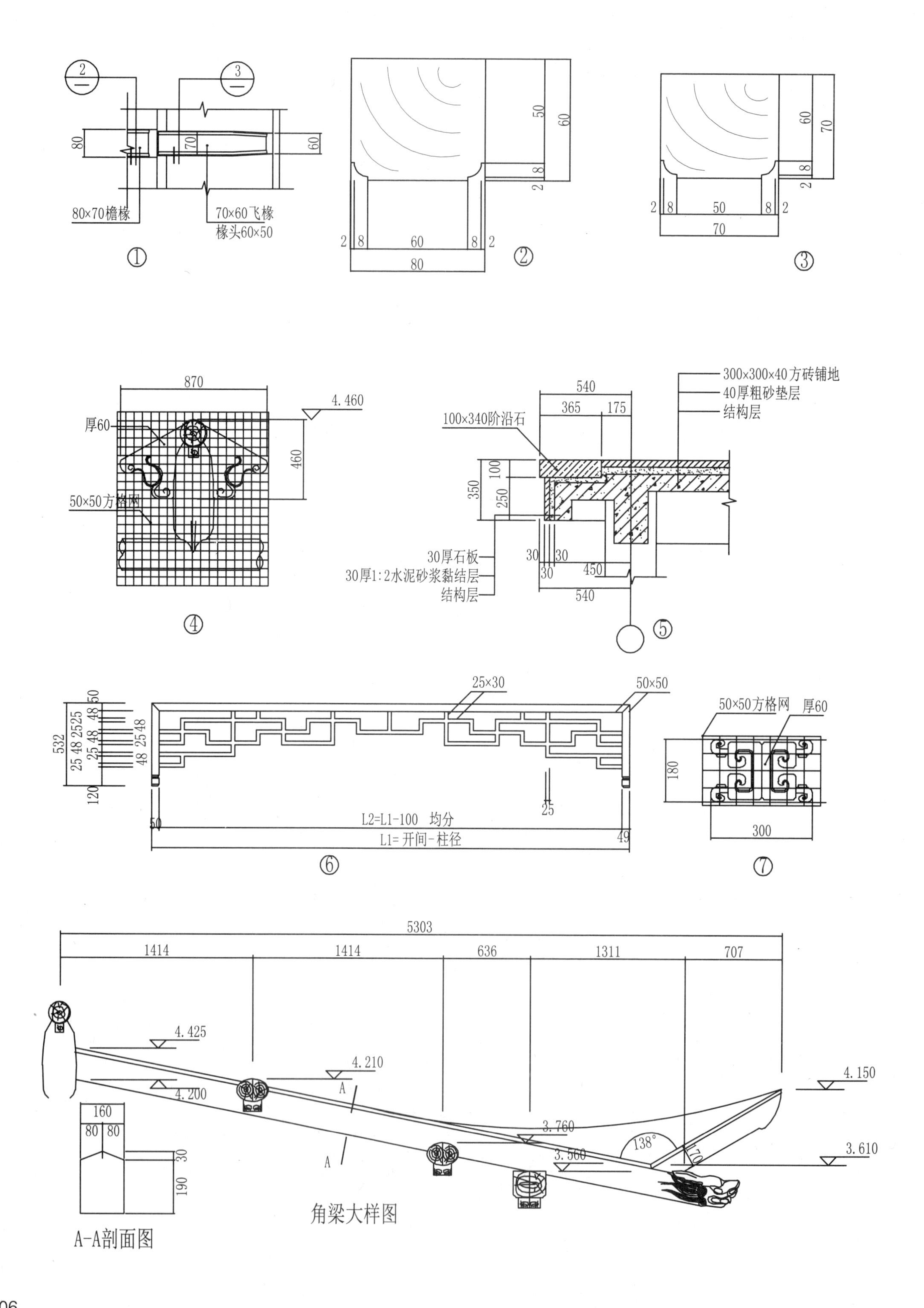

80×70檐椽
70×60飞椽
椽头60×50
①
②
③
870
4.460
厚60
50×50方格网
460
④
540
365
175
300×300×40方砖铺地
40厚粗砂垫层
结构层
100×340阶沿石
350
100
250
30厚石板
30厚1:2水泥砂浆黏结层
结构层
450
⑤
25×30
50×50
532
L2=L1-100 均分
L1= 开间-柱径
⑥
50×50方格网
厚60
180
300
⑦
5303
1414
1414
636
1311
707
4.425
4.200
4.210
3.760
3.560
4.150
3.610
138°
160
80
80
30
190
A-A剖面图
角梁大样图

水榭方案二

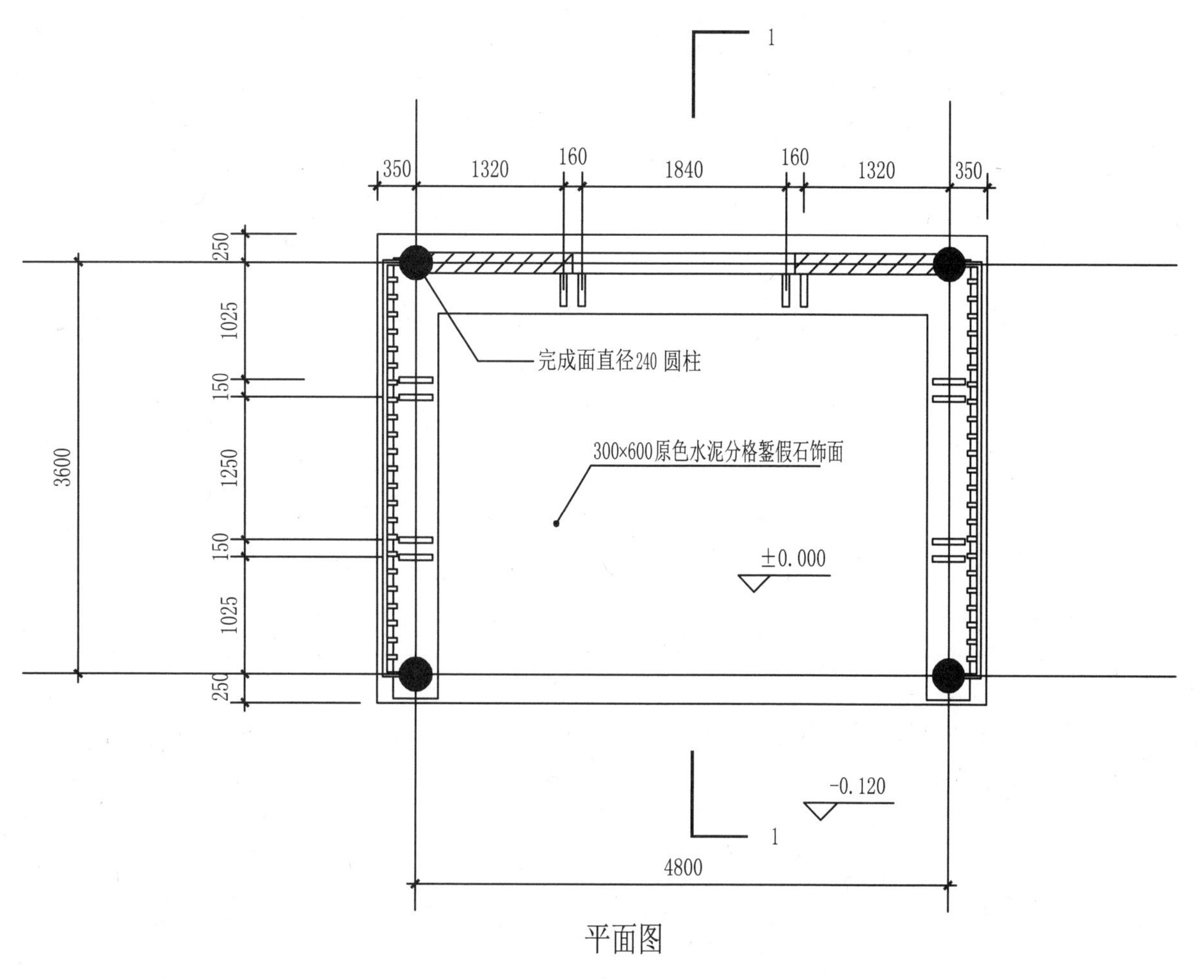

平面图

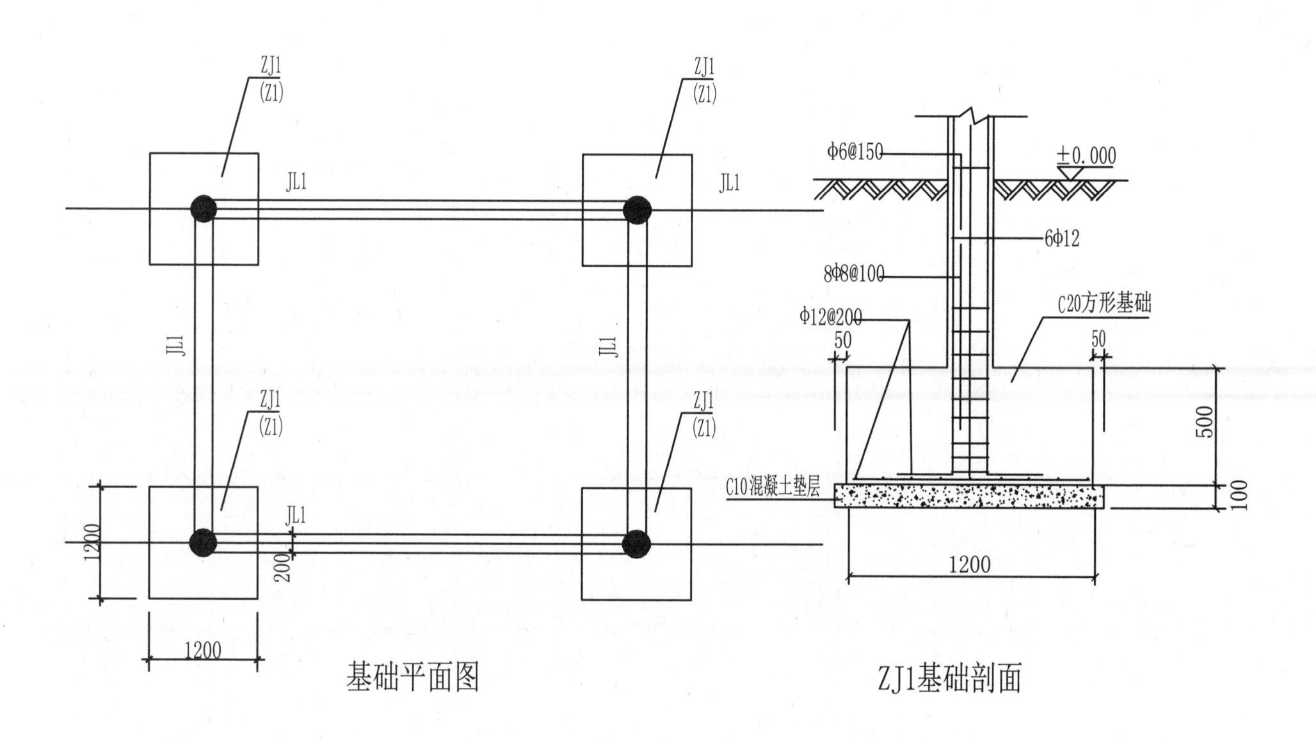

基础平面图

ZJ1基础剖面

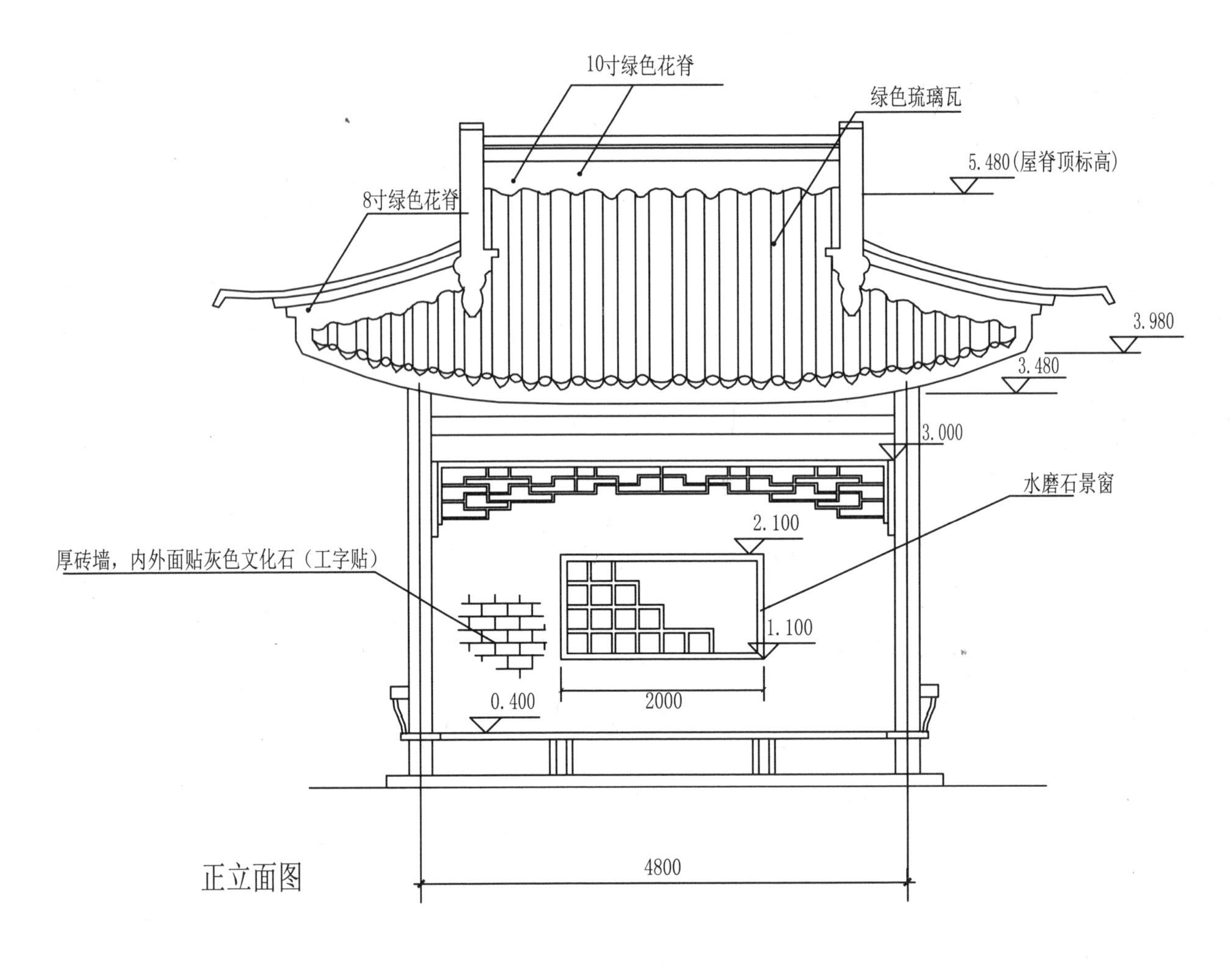
10寸绿色花脊
绿色琉璃瓦
5.480(屋脊顶标高)
8寸绿色花脊
3.980
3.480
3.000
水磨石景窗
2.100
厚砖墙，内外面贴灰色文化石（工字贴）
1.100
0.400
2000
4800

正立面图

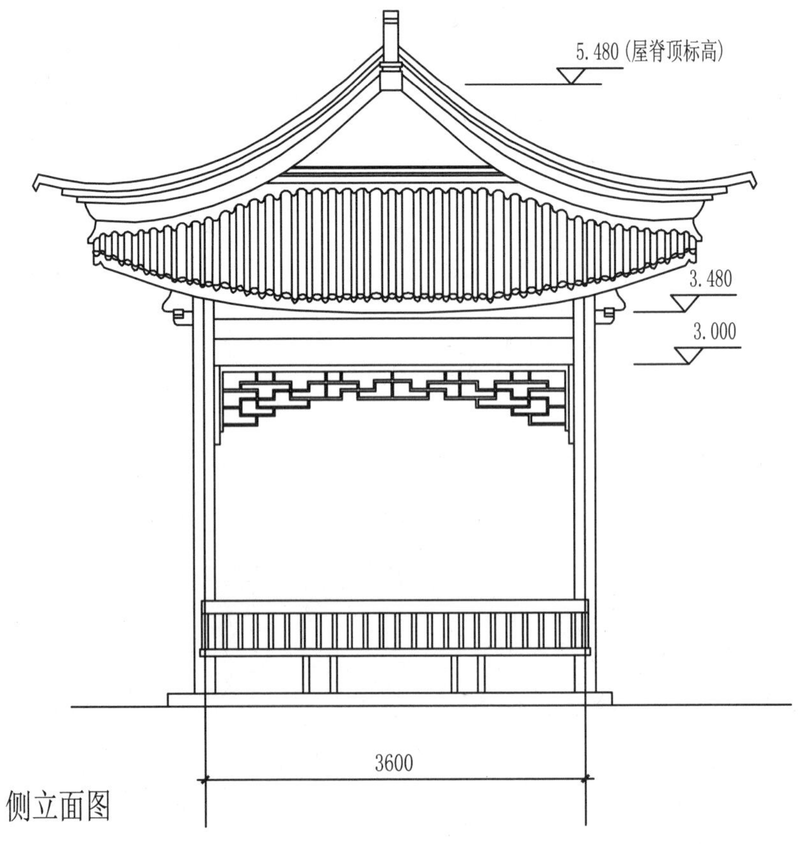
5.480(屋脊顶标高)
3.480
3.000
3600

侧立面图

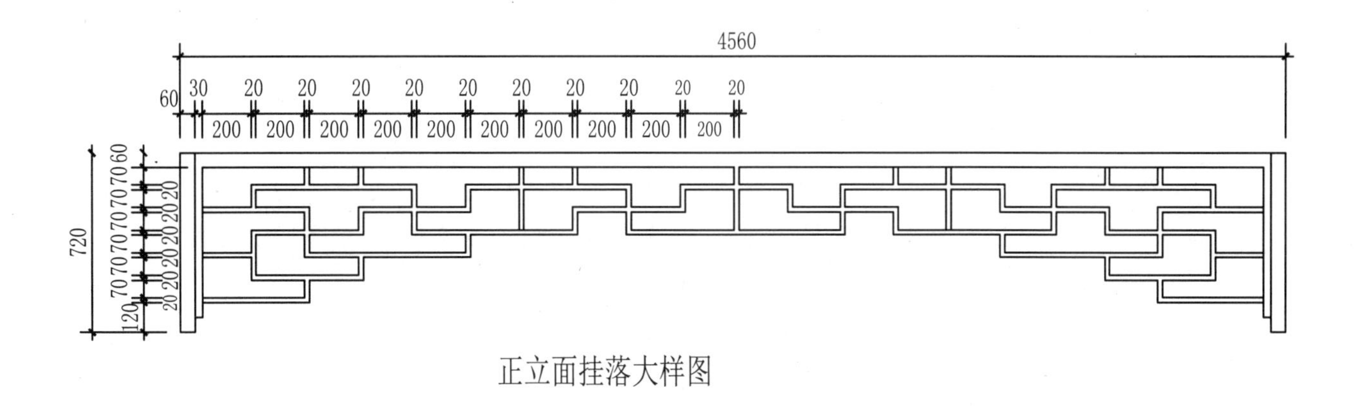

正立面挂落大样图

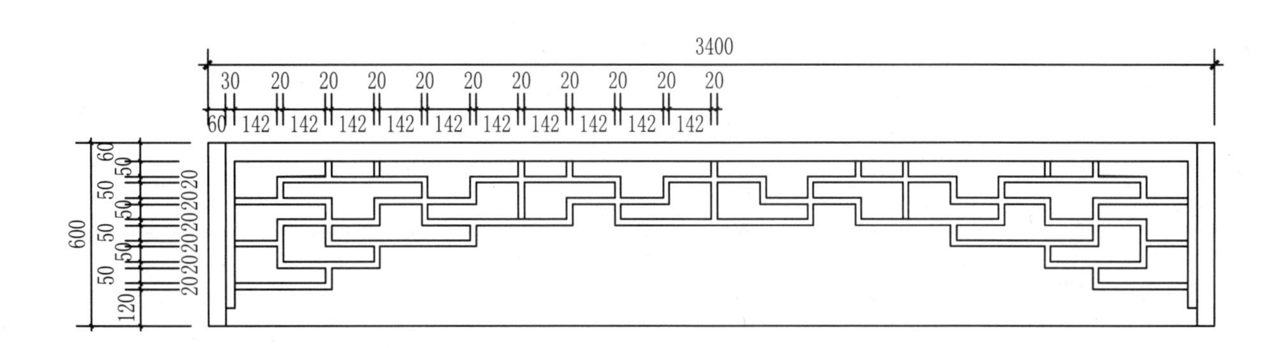

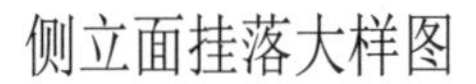
侧立面挂落大样图

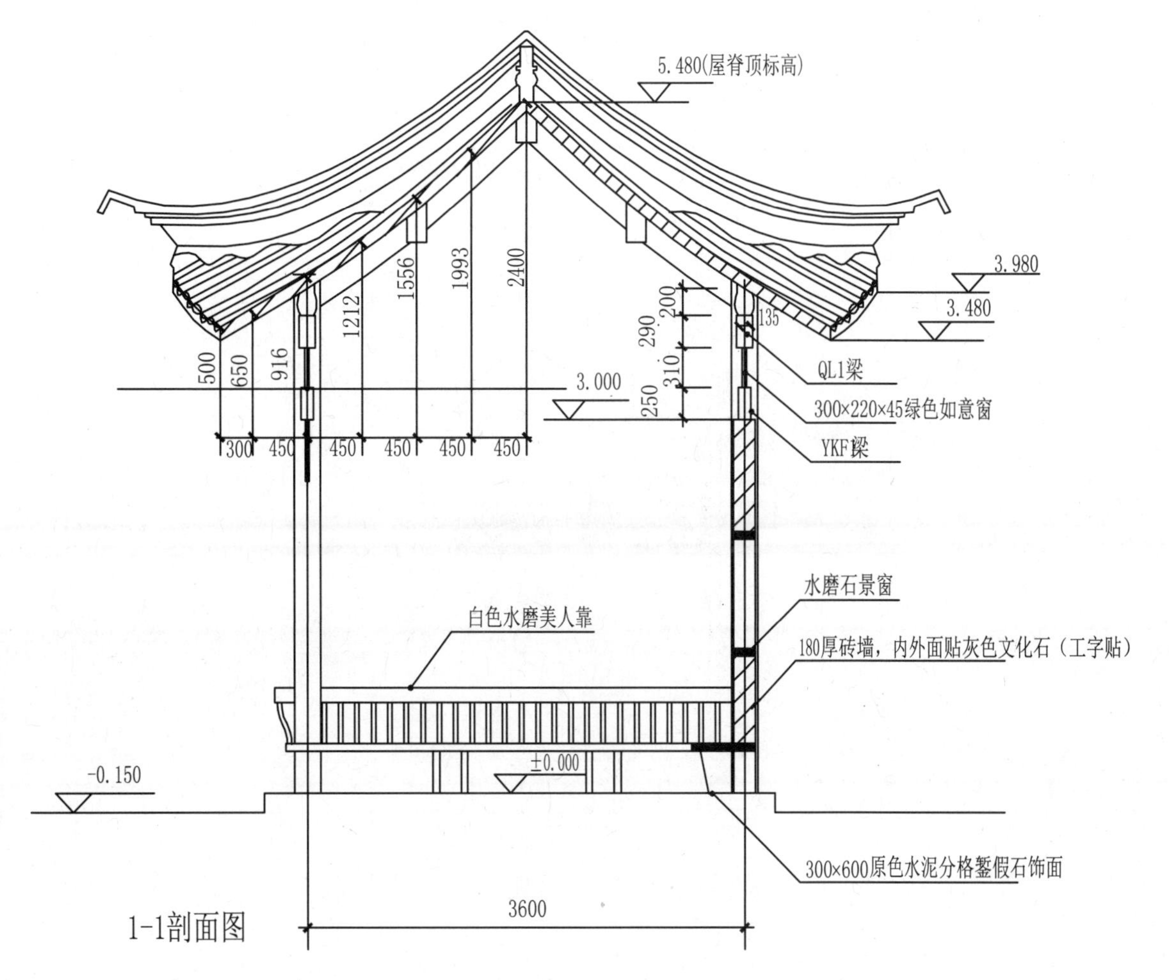

1-1剖面图

廊与水榭

廊与水榭方案一

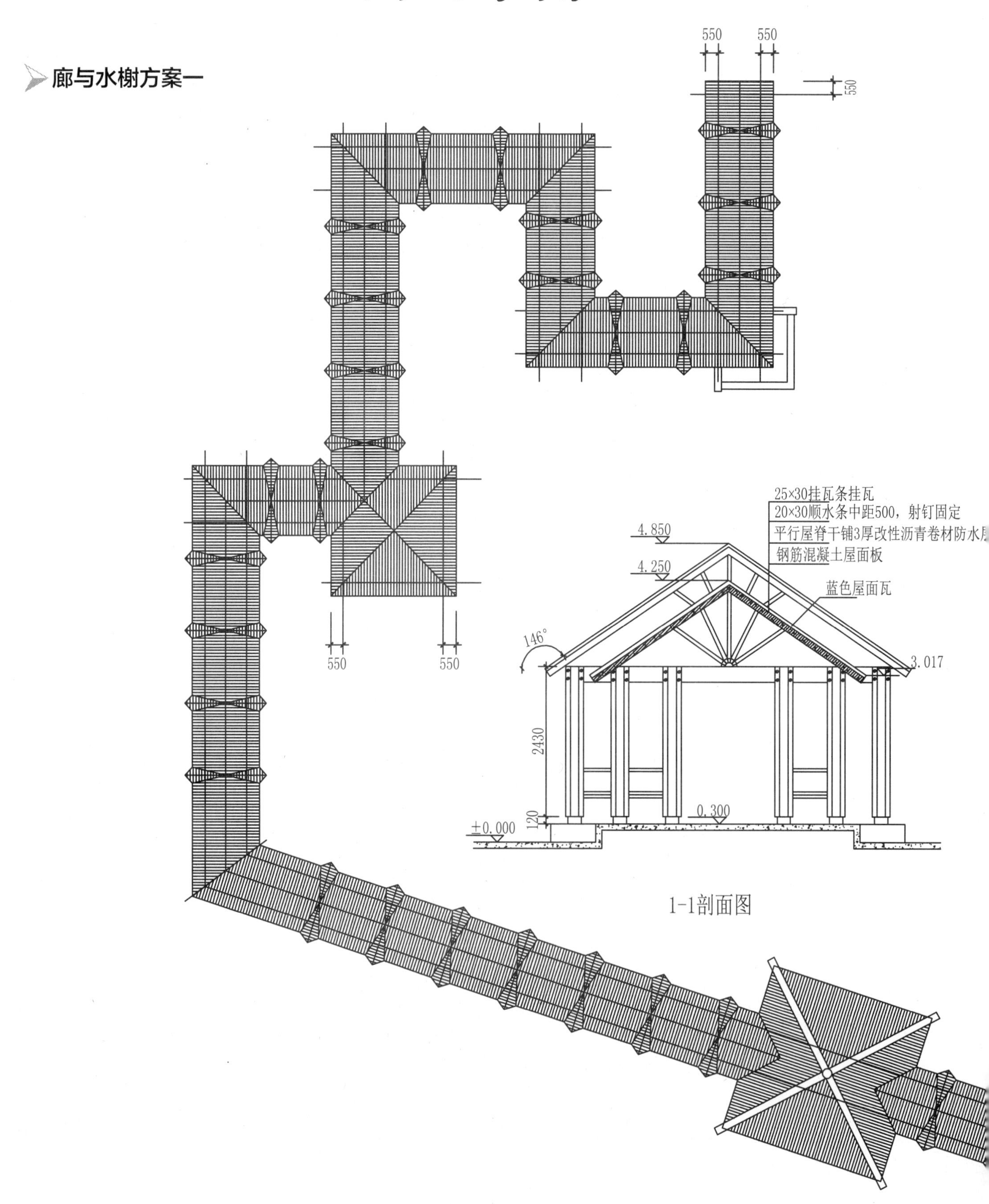

1-1剖面图

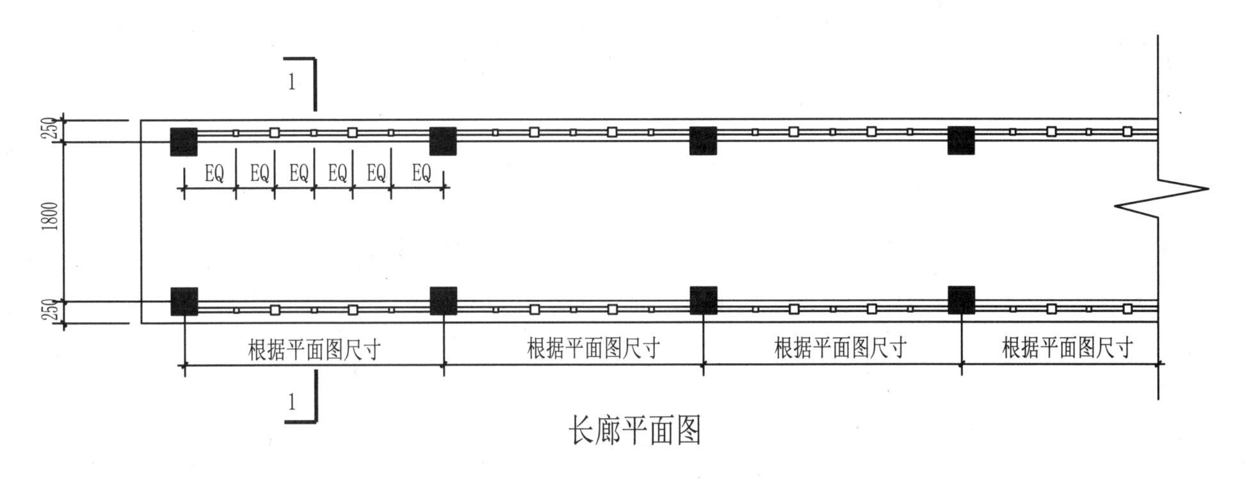
1
250
1800
250
EQ
EQ
EQ
EQ
EQ
EQ
根据平面图尺寸
根据平面图尺寸
根据平面图尺寸
根据平面图尺寸
1

长廊平面图

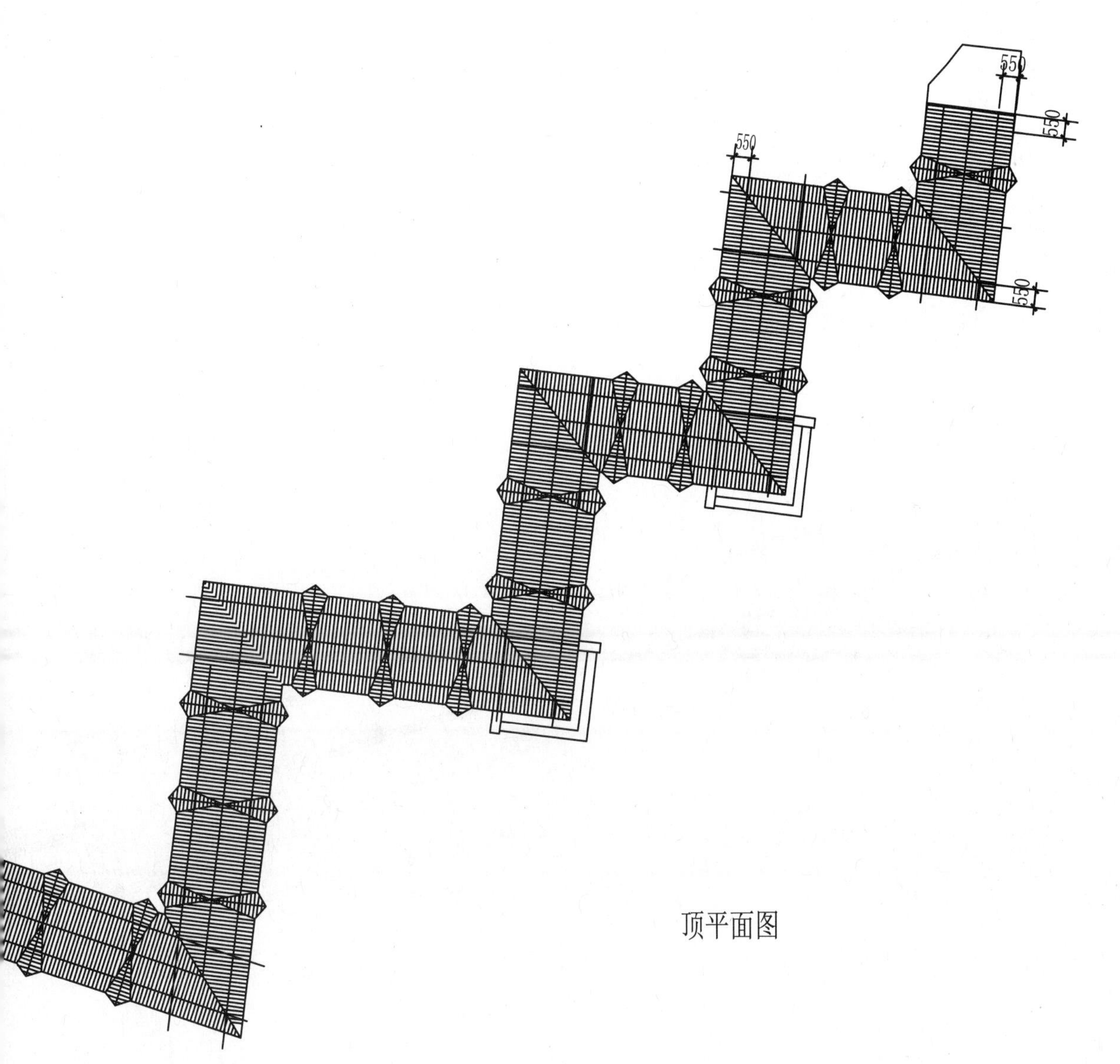
550
550
550
550

顶平面图

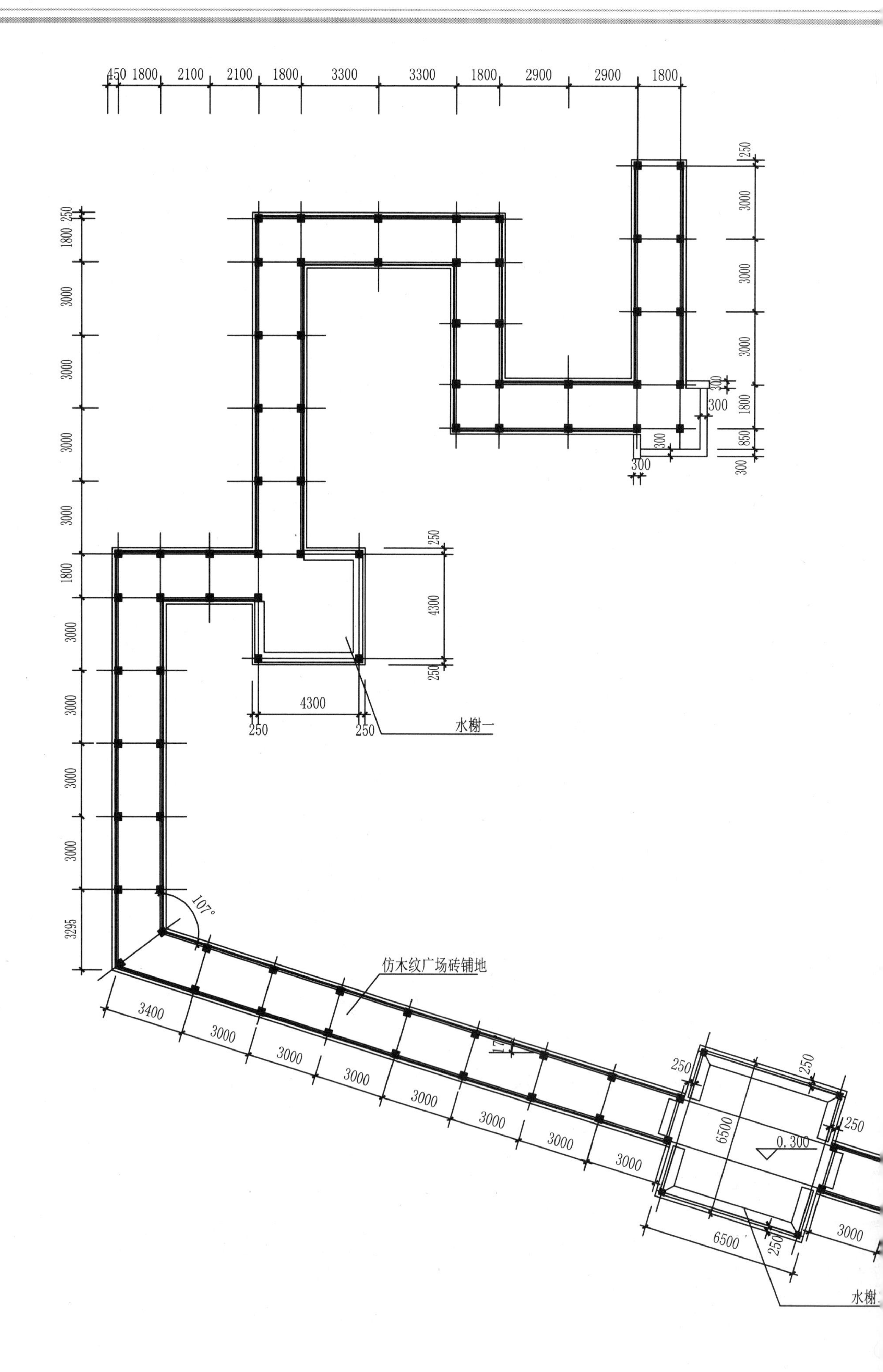

水榭一
仿木纹广场砖铺地
水榭
107°
0.300

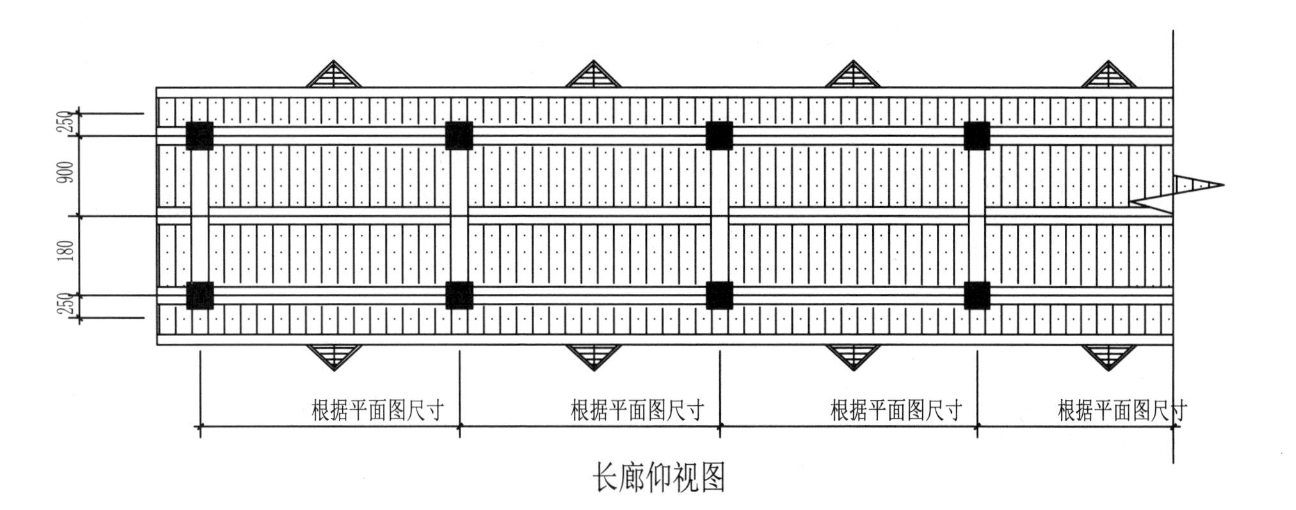
250
900
180
250
根据平面图尺寸
根据平面图尺寸
根据平面图尺寸
根据平面图尺寸

长廊仰视图

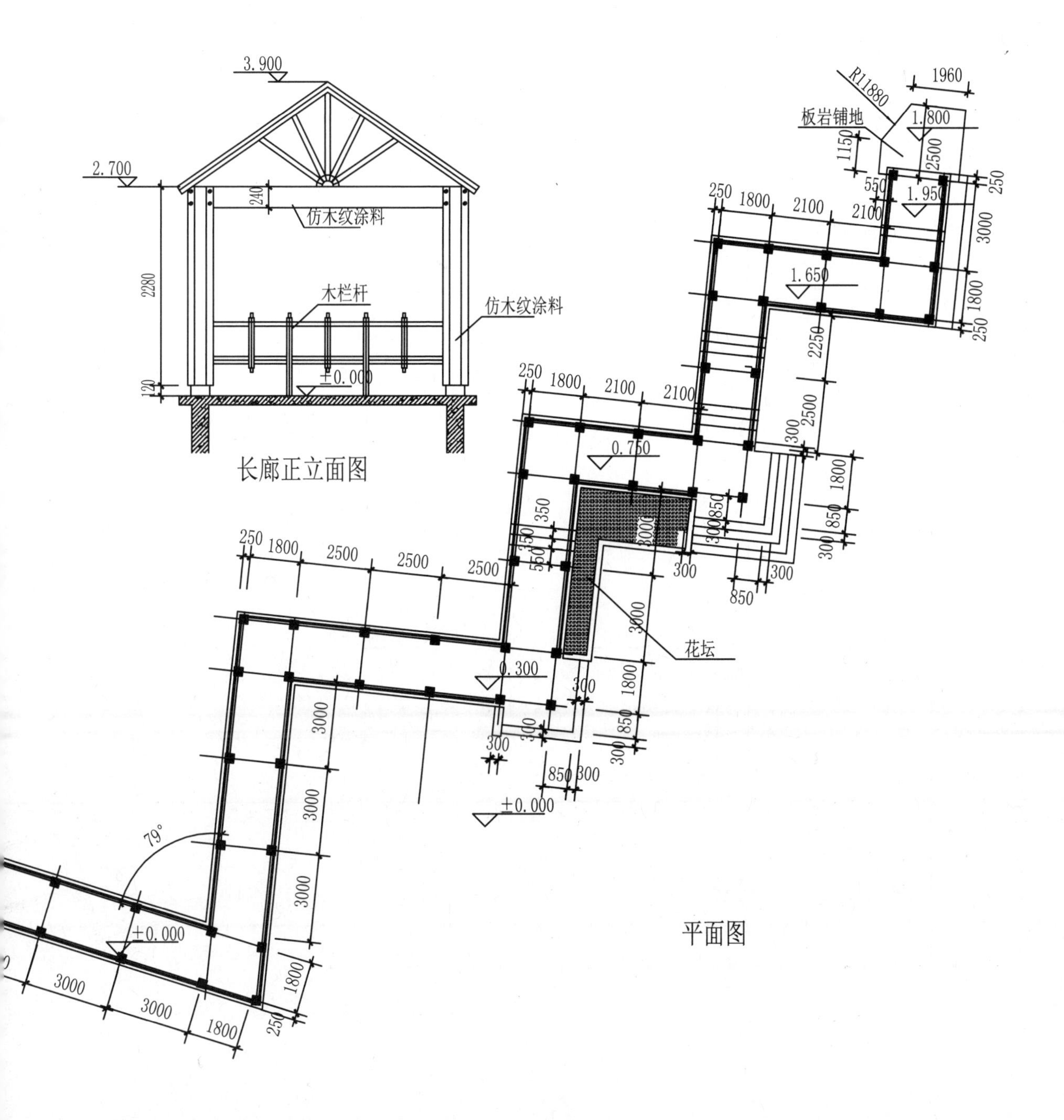
3.900
2.700
240
仿木纹涂料
2280
木栏杆
仿木纹涂料
±0.000
120
长廊正立面图
R11880
1960
板岩铺地
1.800
1150
2500
550
1.950
250
3000
1800
250
2100
2100
1800
250
1.650
2250
2500
300
250
1800
2100
2100
0.750
1800
850
300
350
150
550
3000
300
300
850
花坛
250
1800
2500
2500
2500
0.300
300
1800
850
300
3000
3000
3000
300
850
300
±0.000
79°
±0.000
3000
3000
1800
250
1800

平面图

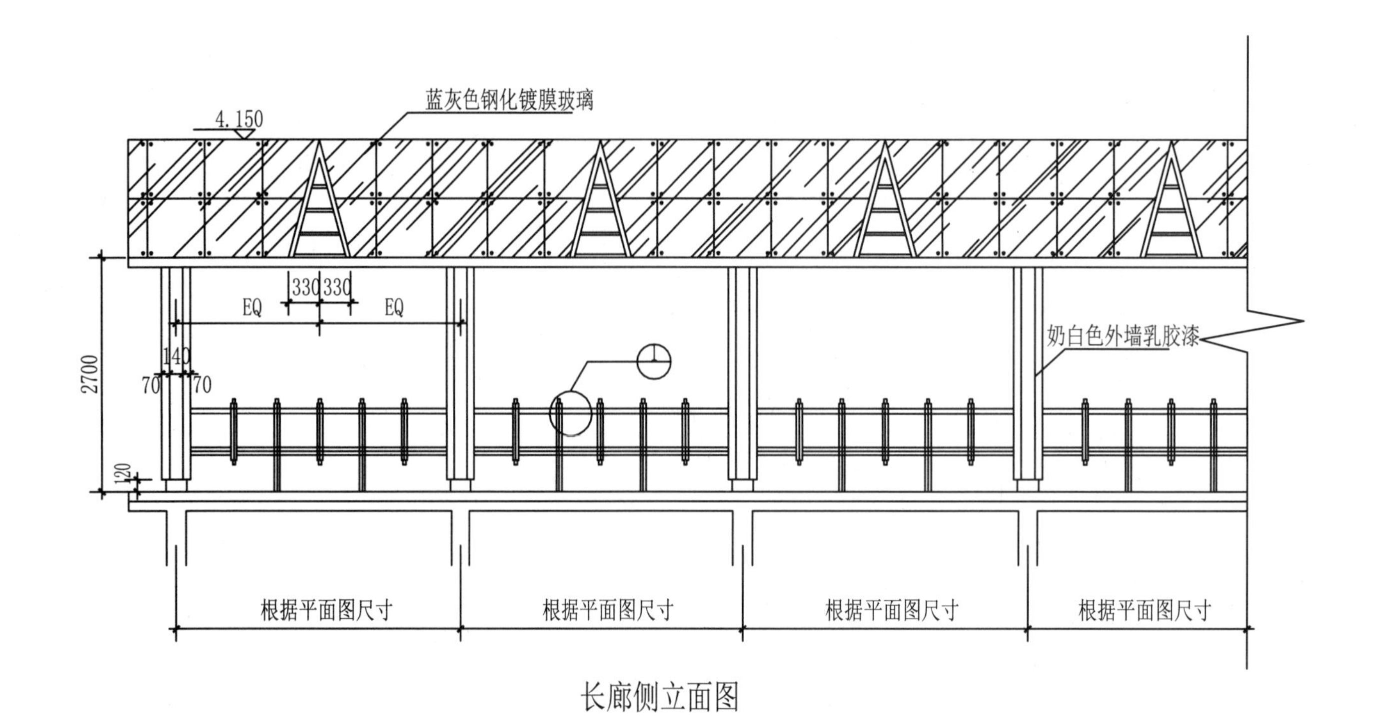

4.150
蓝灰色钢化镀膜玻璃
330 330
EQ
EQ
2700
140
70
70
120
奶白色外墙乳胶漆
1
根据平面图尺寸
根据平面图尺寸
根据平面图尺寸
根据平面图尺寸

长廊侧立面图

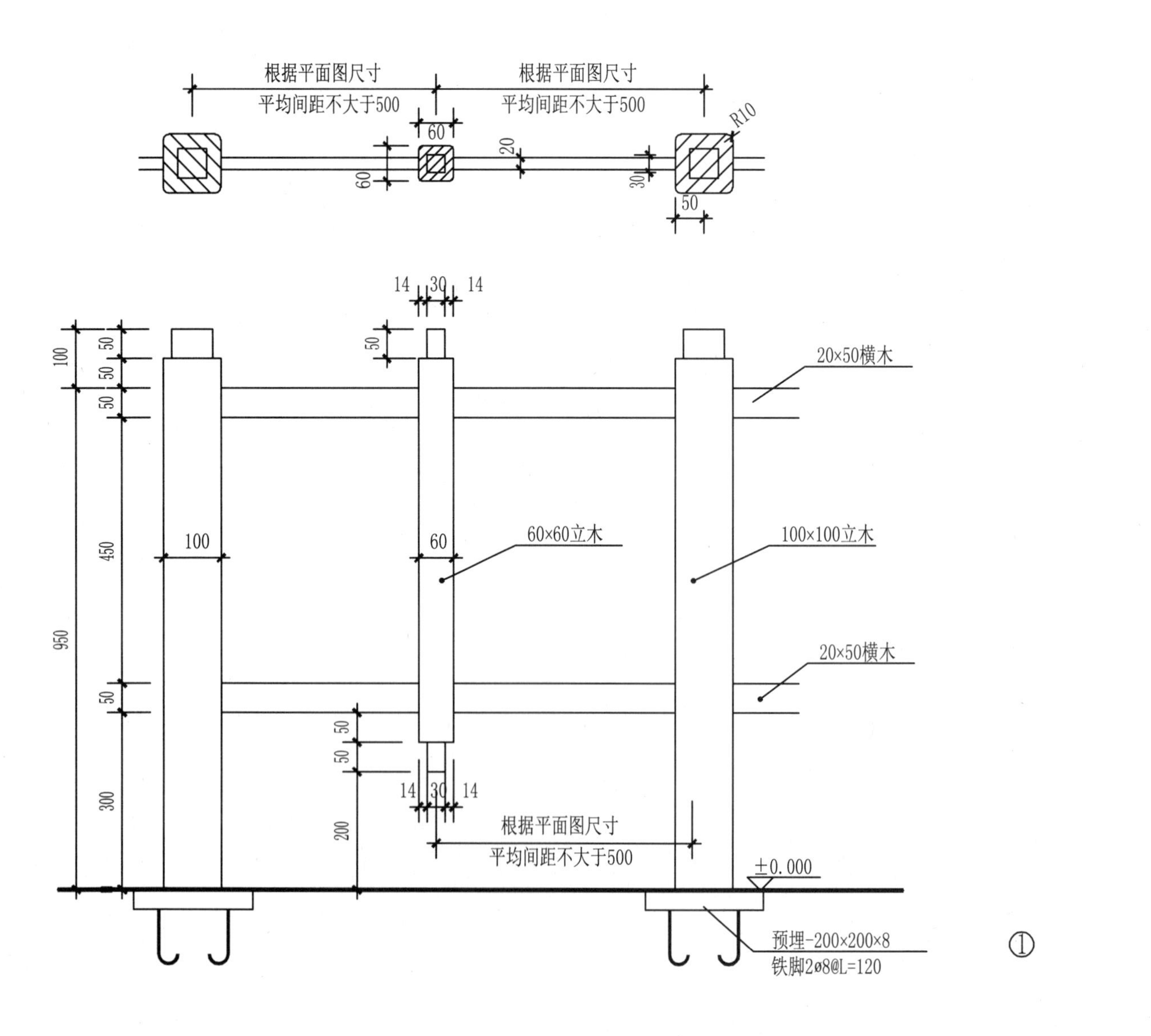

根据平面图尺寸
平均间距不大于500
根据平面图尺寸
平均间距不大于500
60
R10
20
60
30
50
14 30 14
100
50
50
50
20×50横木
100
60
60×60立木
100×100立木
450
950
20×50横木
50
50
50
300
14 30 14
200
根据平面图尺寸
平均间距不大于500
±0.000
预埋-200×200×8
铁脚2ø8@L=120
1

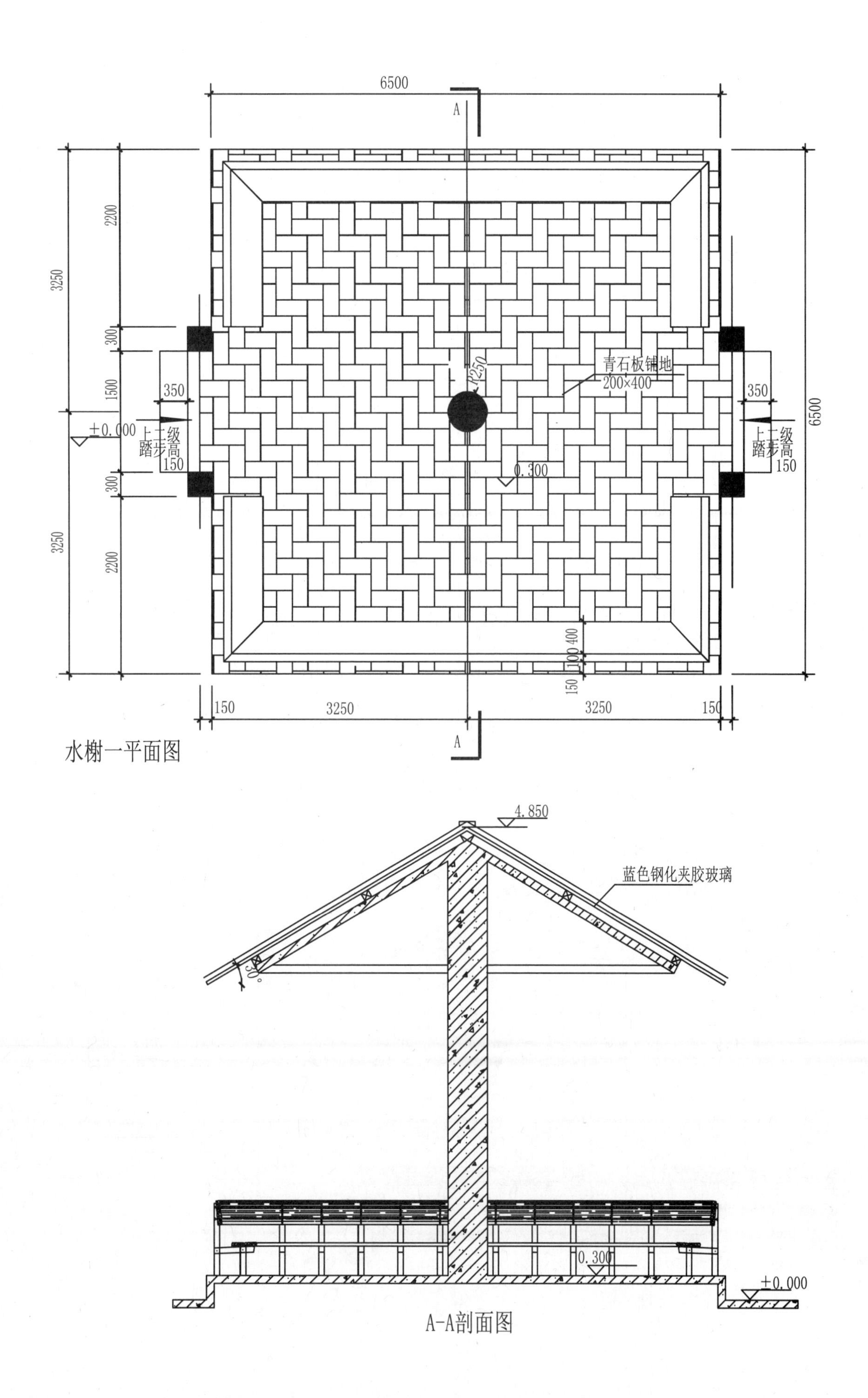

水榭一平面图

A-A剖面图

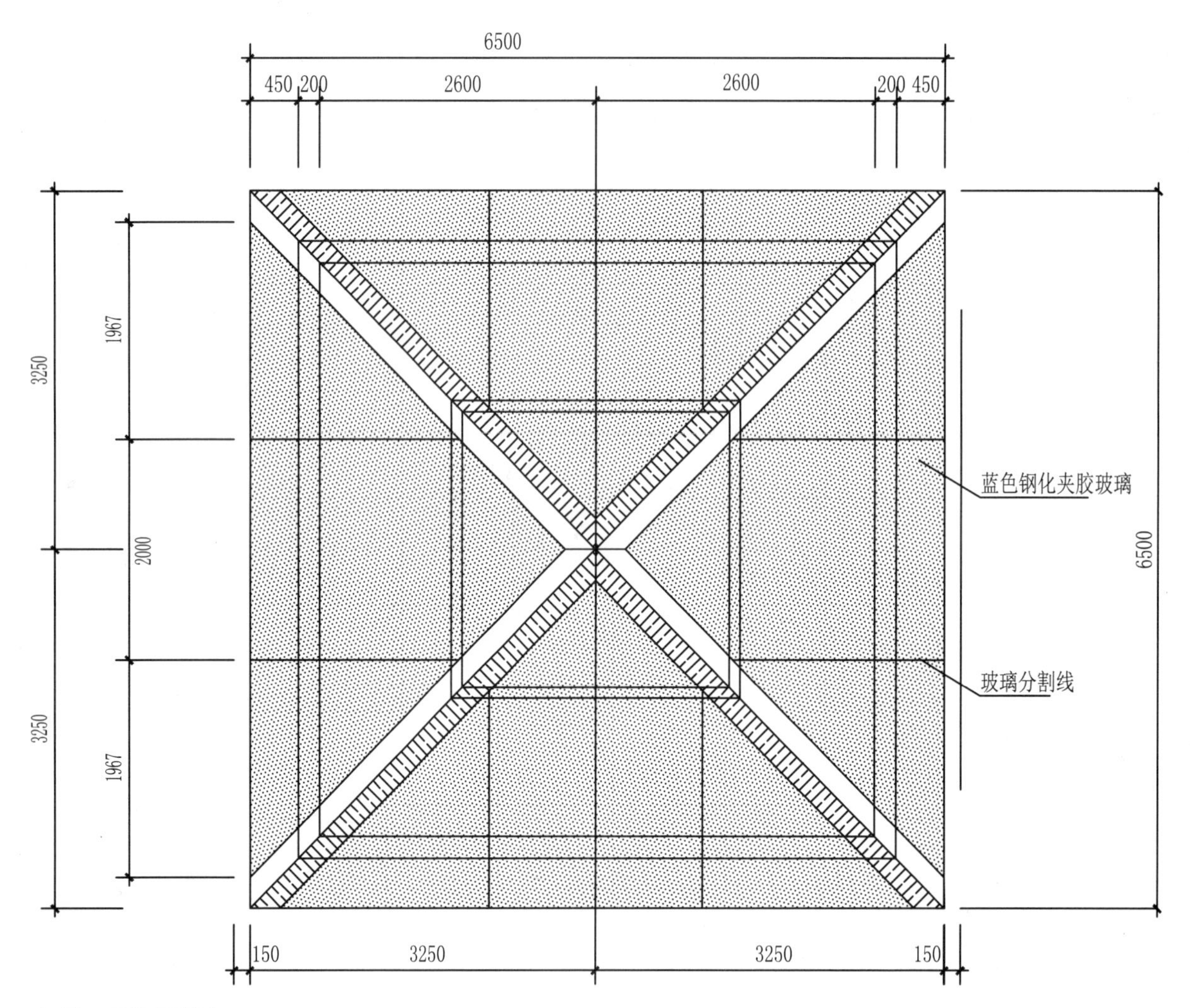

水榭一顶平面图

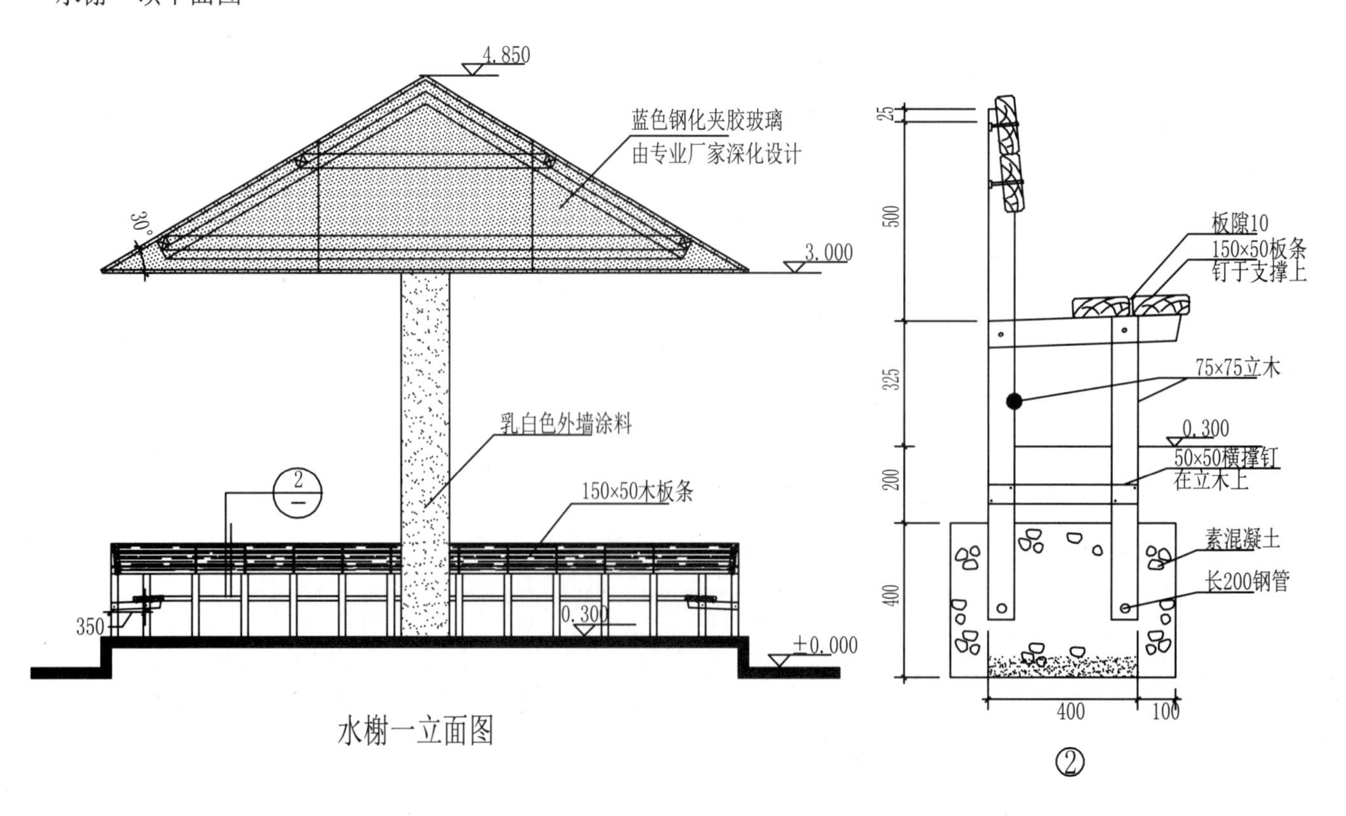

水榭一立面图

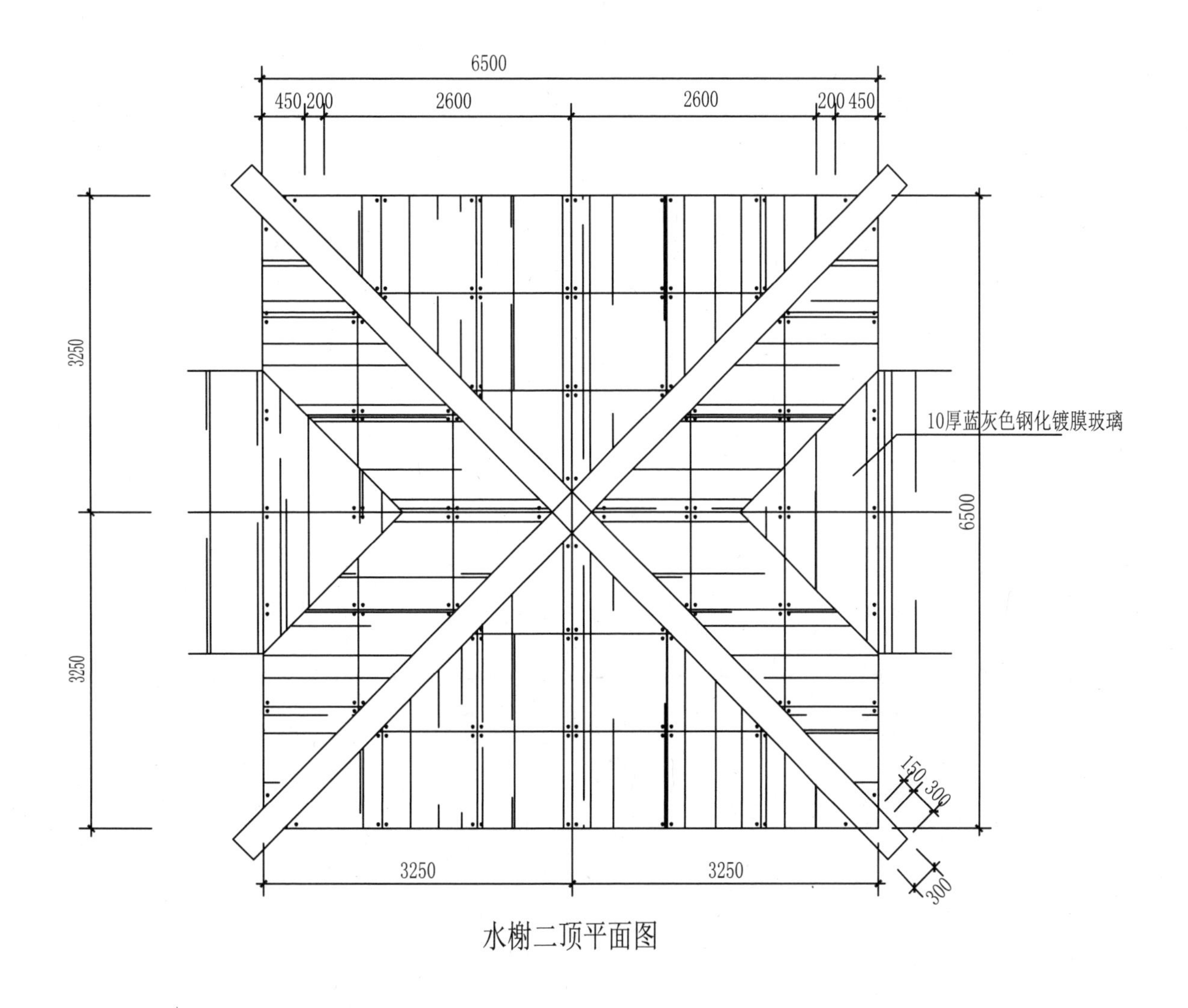

水榭二顶平面图

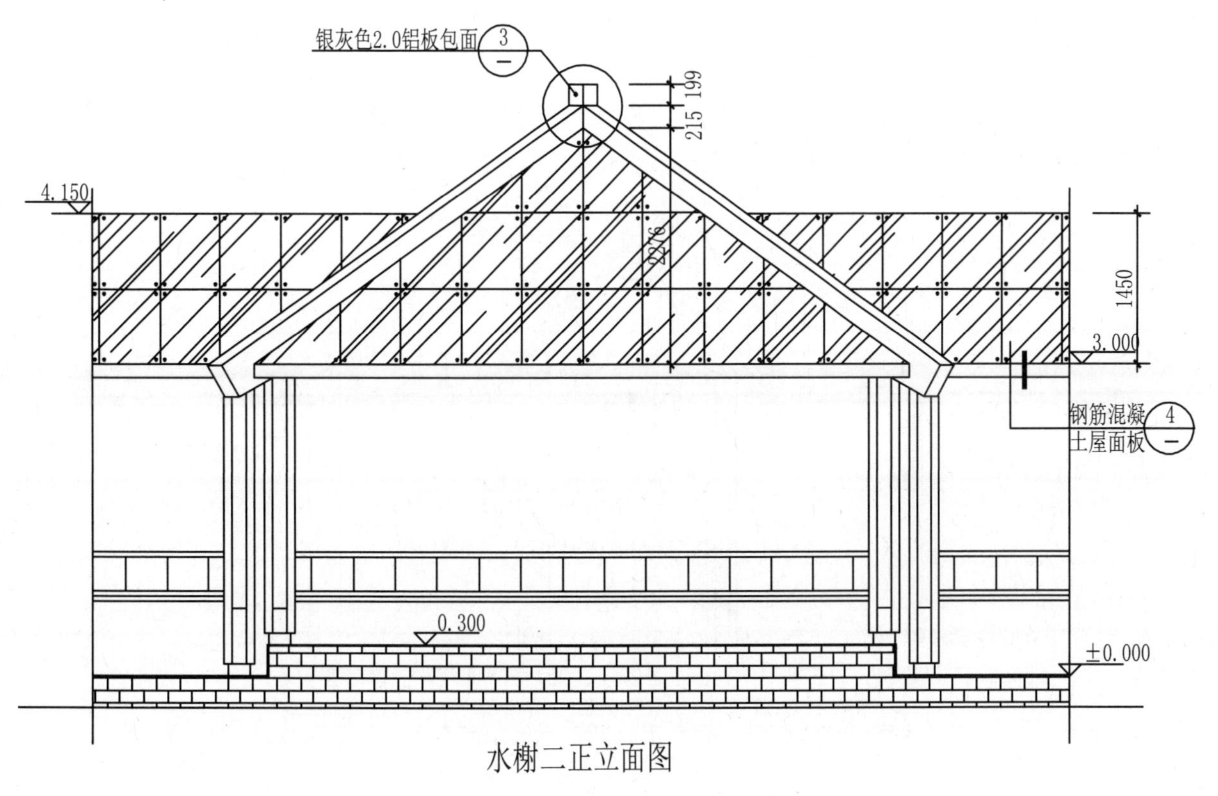

水榭二正立面图

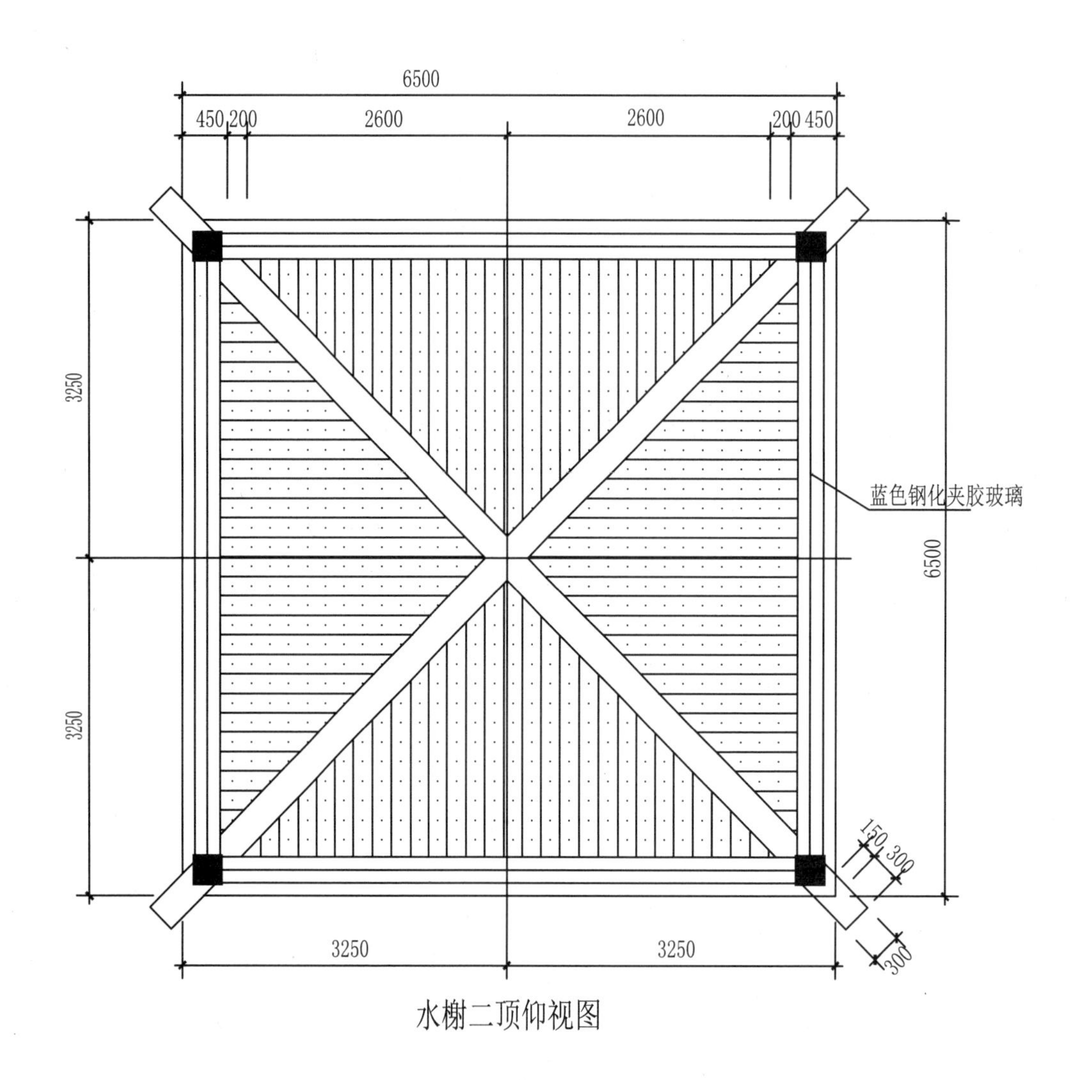

水榭二顶仰视图

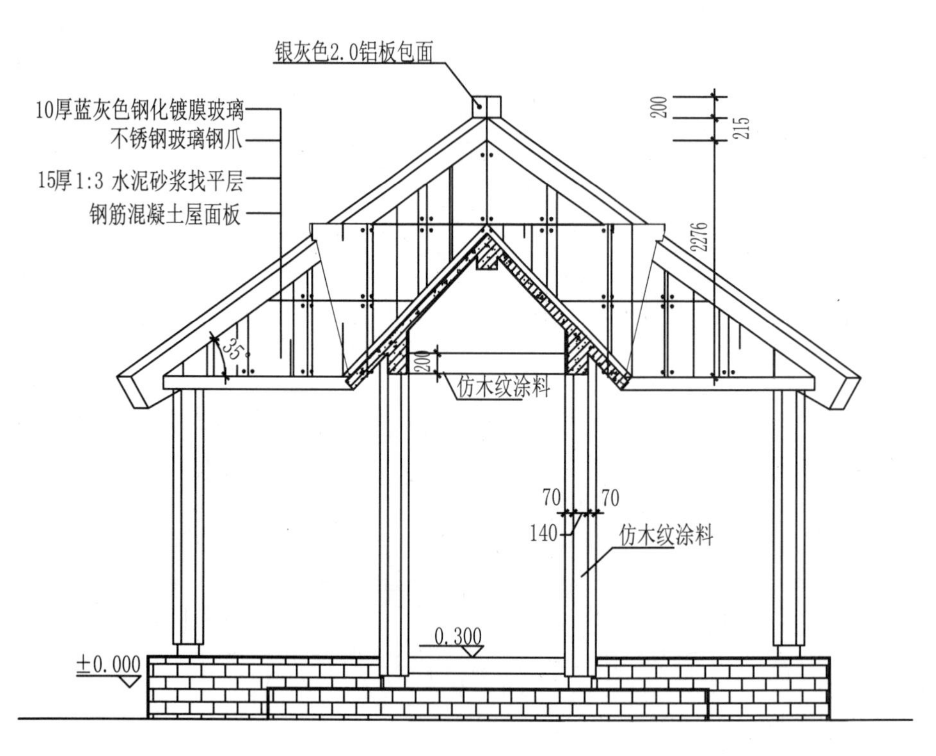

水榭二侧立面图

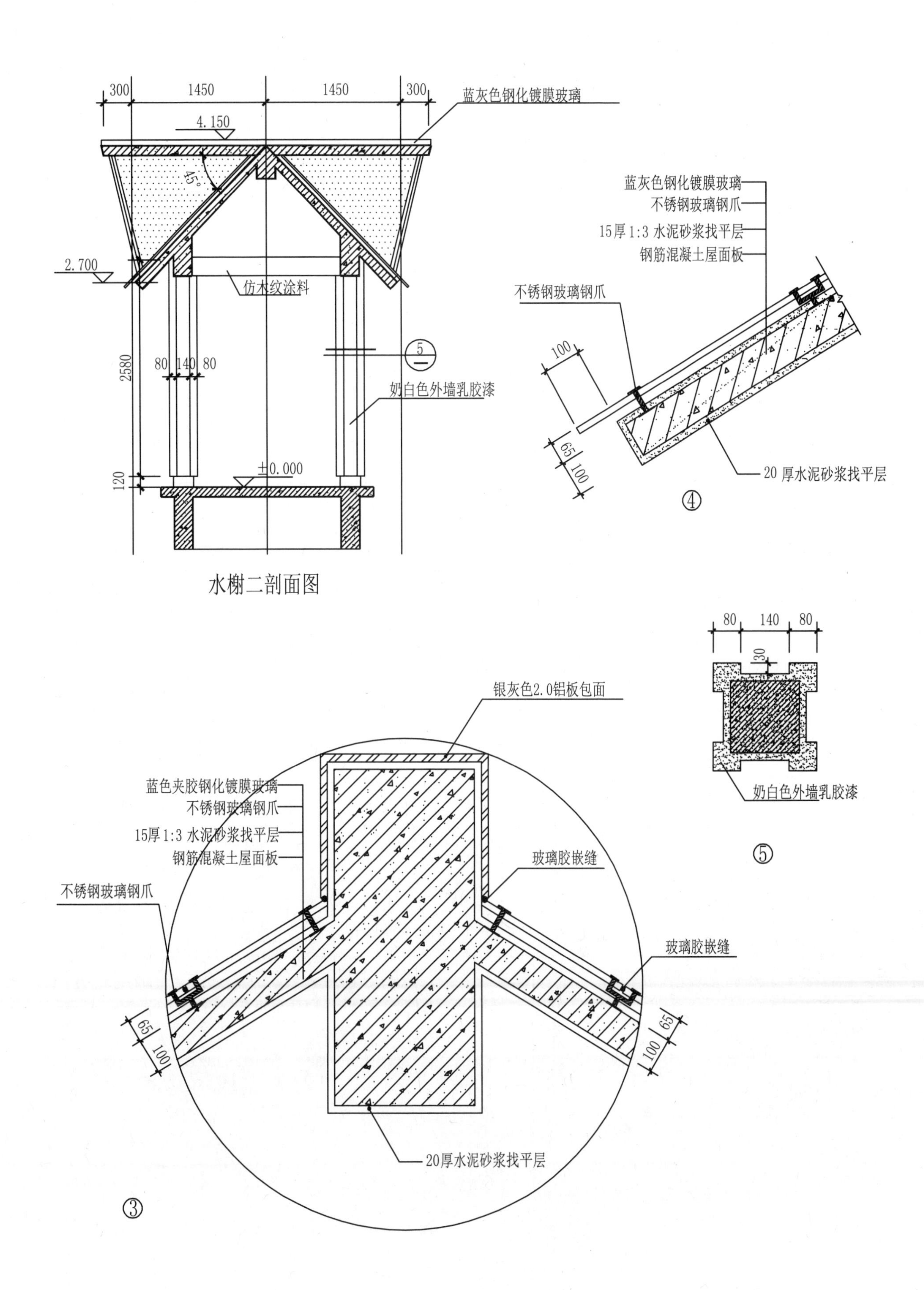
300
1450
1450
300
蓝灰色钢化镀膜玻璃
4.150
45°
2.700
仿木纹涂料
5
2580
80 140 80
奶白色外墙乳胶漆
120
±0.000
蓝灰色钢化镀膜玻璃
不锈钢玻璃钢爪
15厚1:3 水泥砂浆找平层
钢筋混凝土屋面板
不锈钢玻璃钢爪
100
65
100
20 厚水泥砂浆找平层
④
80 140 80
30
奶白色外墙乳胶漆
⑤
银灰色2.0铝板包面
蓝色夹胶钢化镀膜玻璃
不锈钢玻璃钢爪
15厚1:3 水泥砂浆找平层
钢筋混凝土屋面板
不锈钢玻璃钢爪
玻璃胶嵌缝
玻璃胶嵌缝
65
100
100
65
20厚水泥砂浆找平层
③

水榭二剖面图

第三篇　牌坊

牌坊方案一

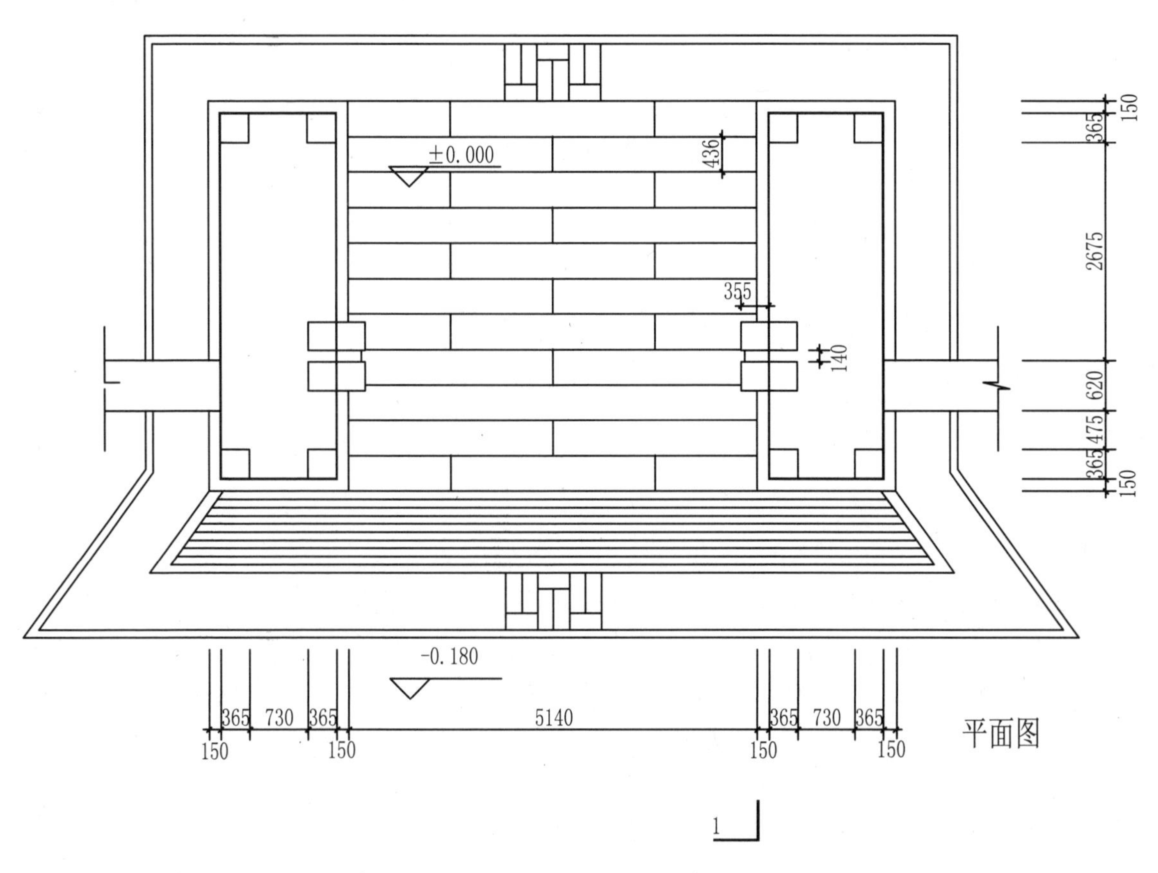

平面图

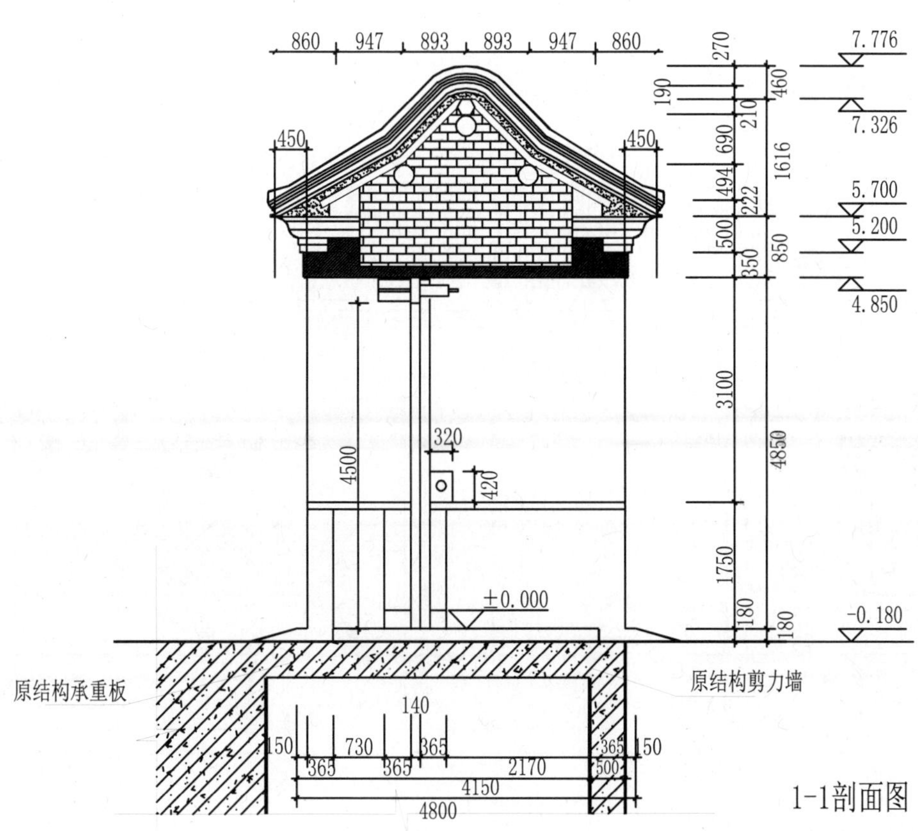

1-1剖面图

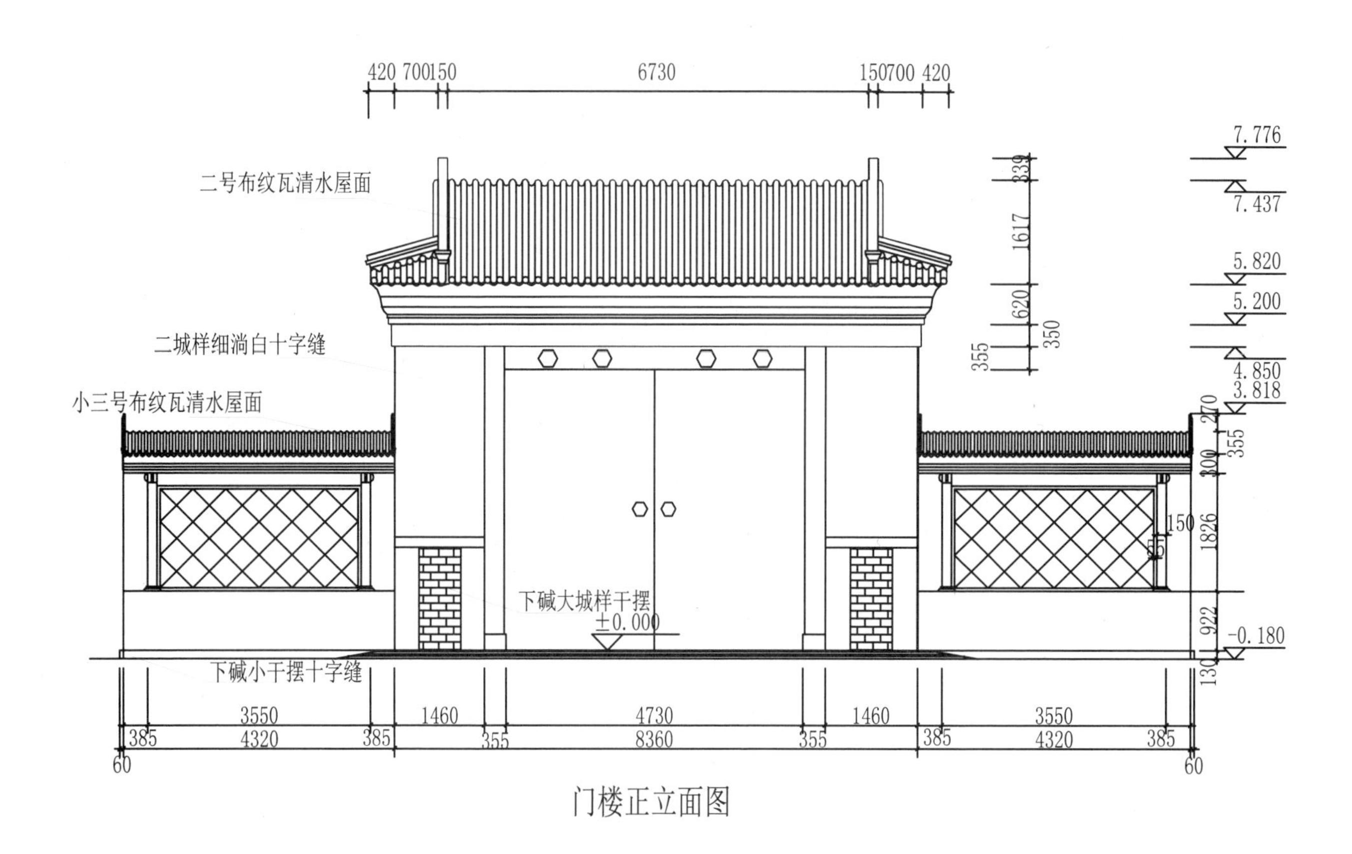

门楼正立面图

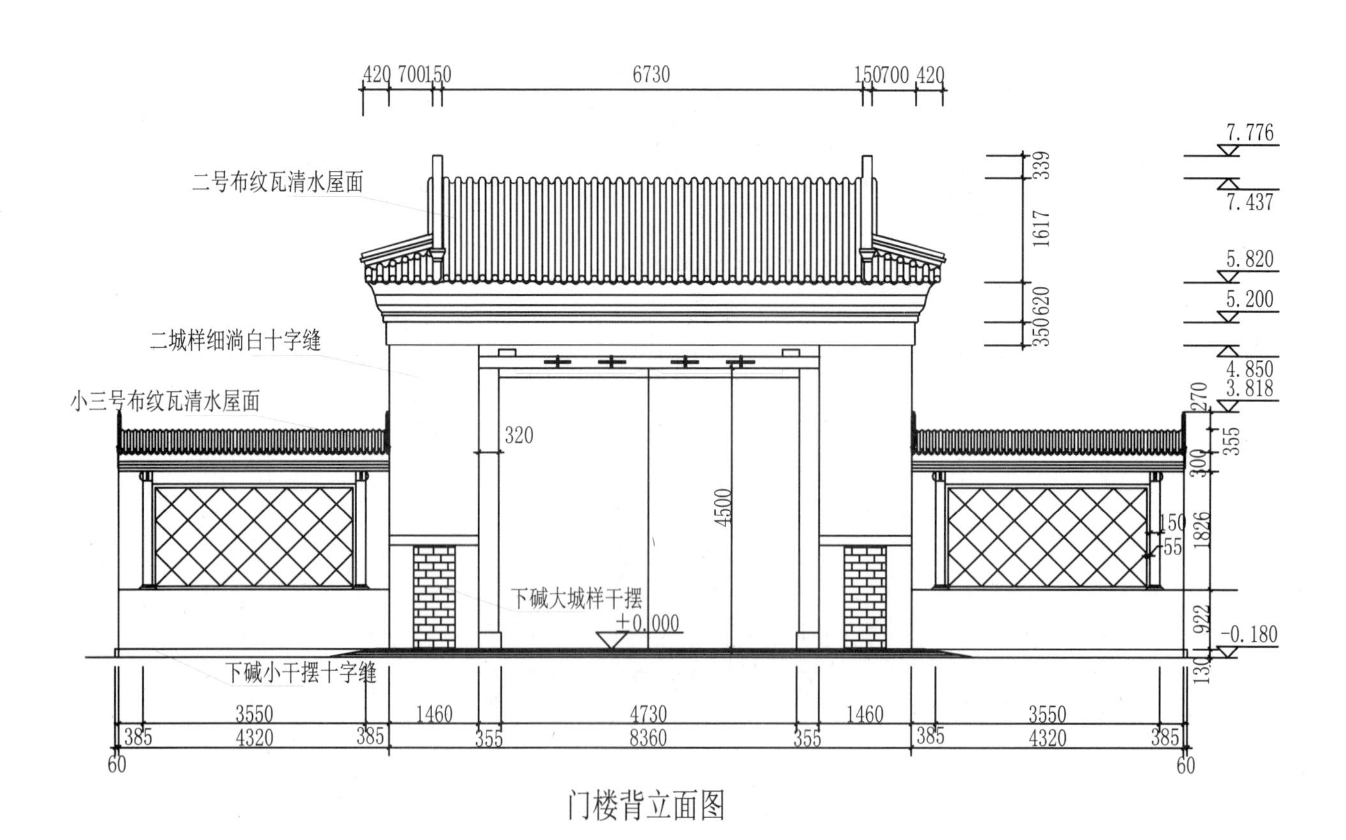

门楼背立面图

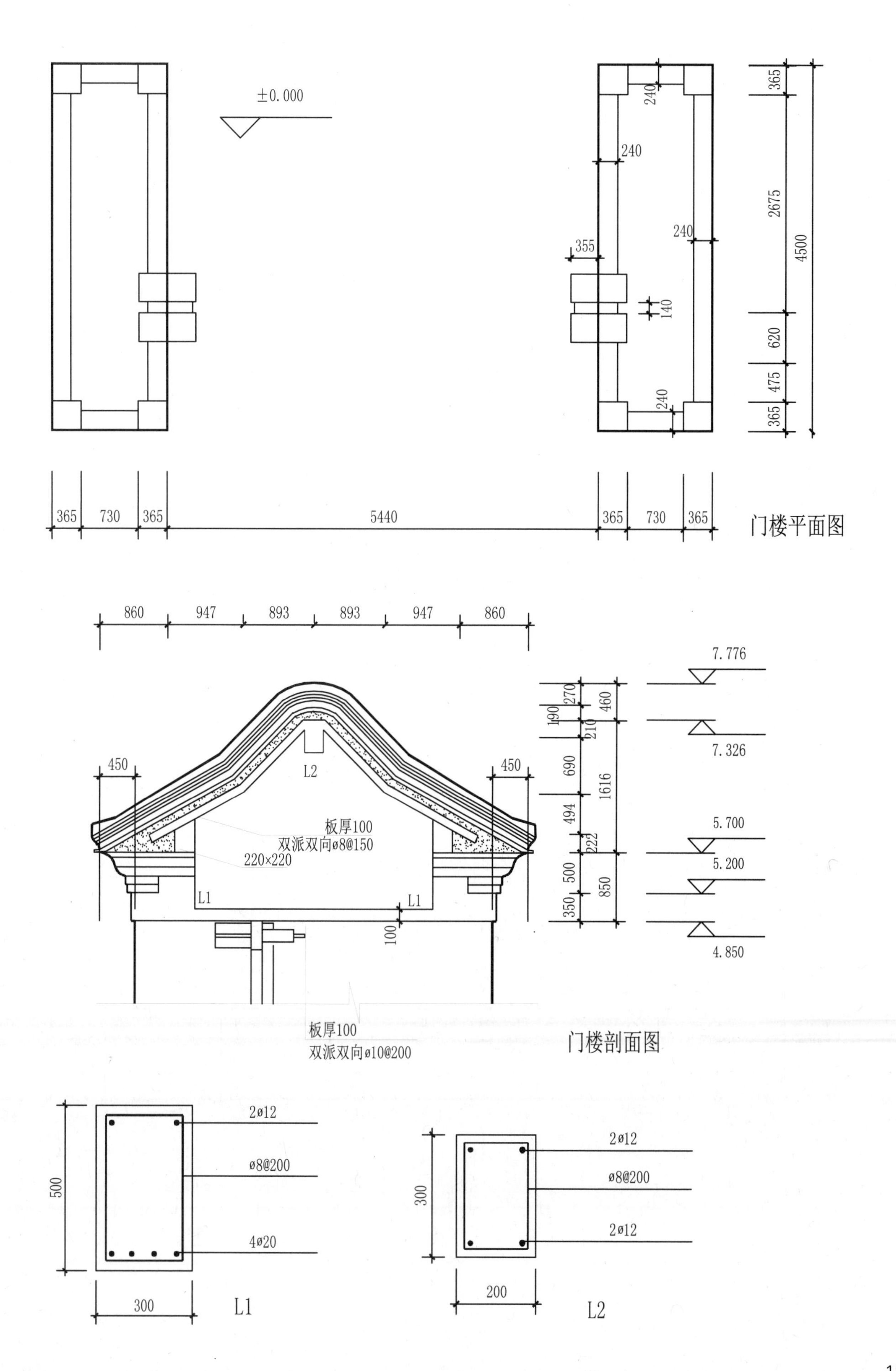
±0.000
240
240
240
355
140
240
365
2675
4500
620
475
365
365
730
365
5440
365
730
365
门楼平面图
860
947
893
893
947
860
7.776
7.326
5.700
5.200
4.850
270
460
190
210
690
1616
494
222
500
850
350
450
450
L2
板厚100
双派双向ø8@150
220×220
L1
L1
100
板厚100
双派双向ø10@200
门楼剖面图
2ø12
ø8@200
4ø20
500
300
L1
2ø12
ø8@200
2ø12
300
200
L2

牌坊方案二

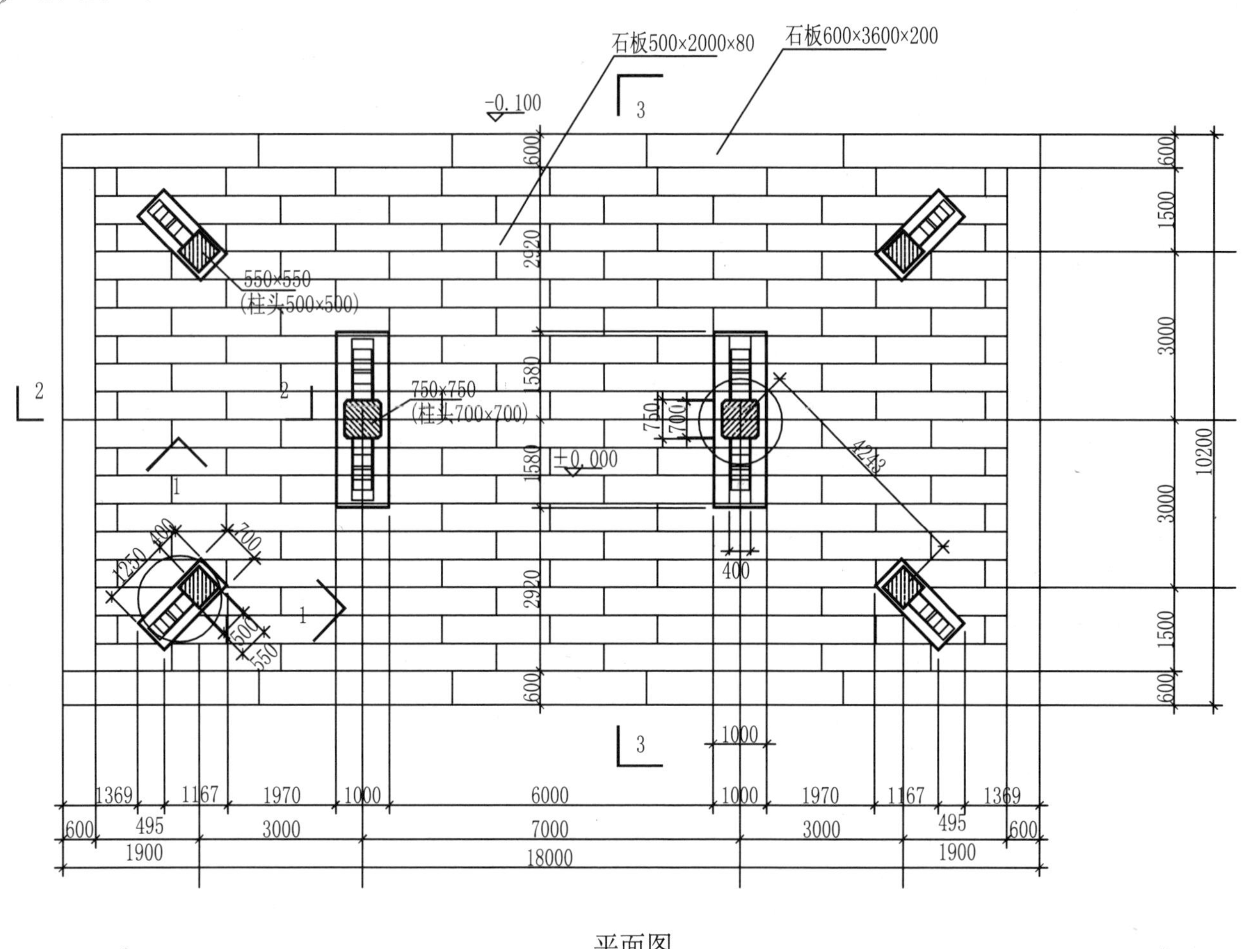

平面图

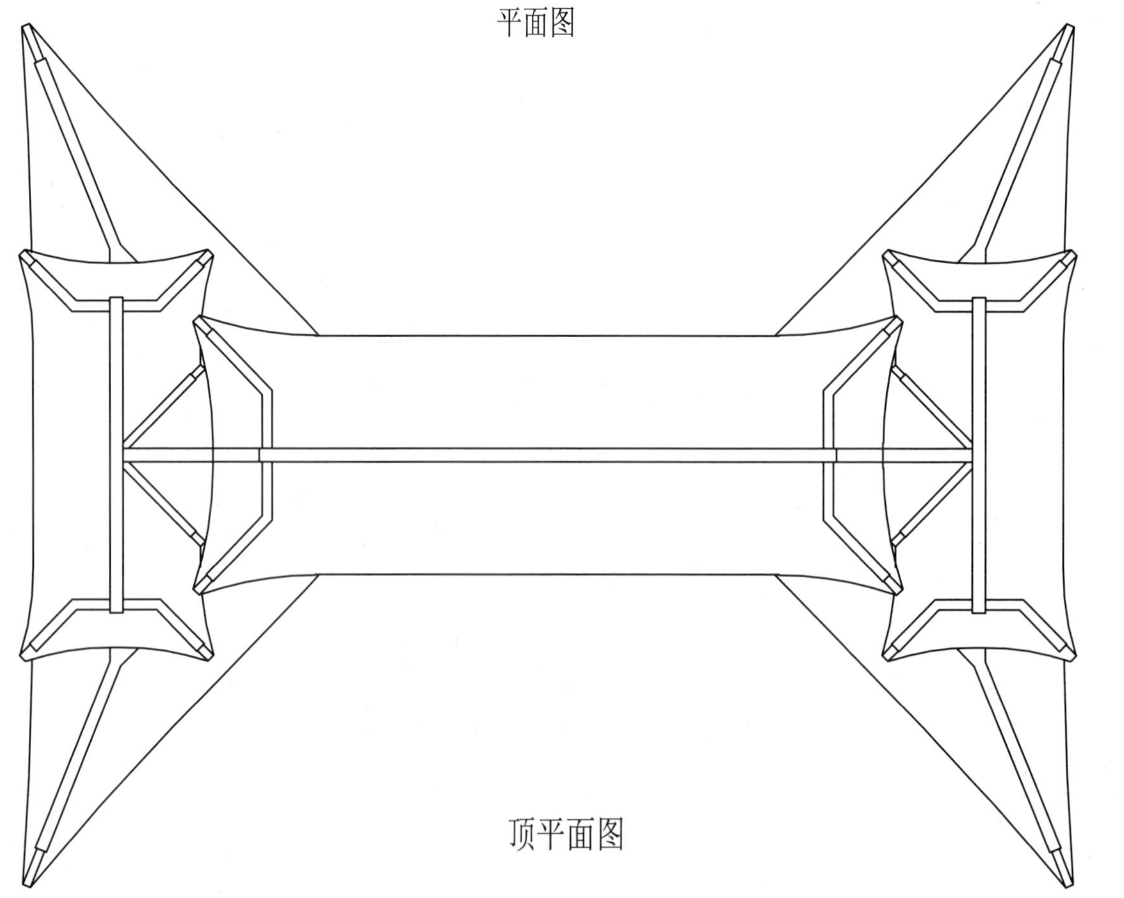

顶平面图

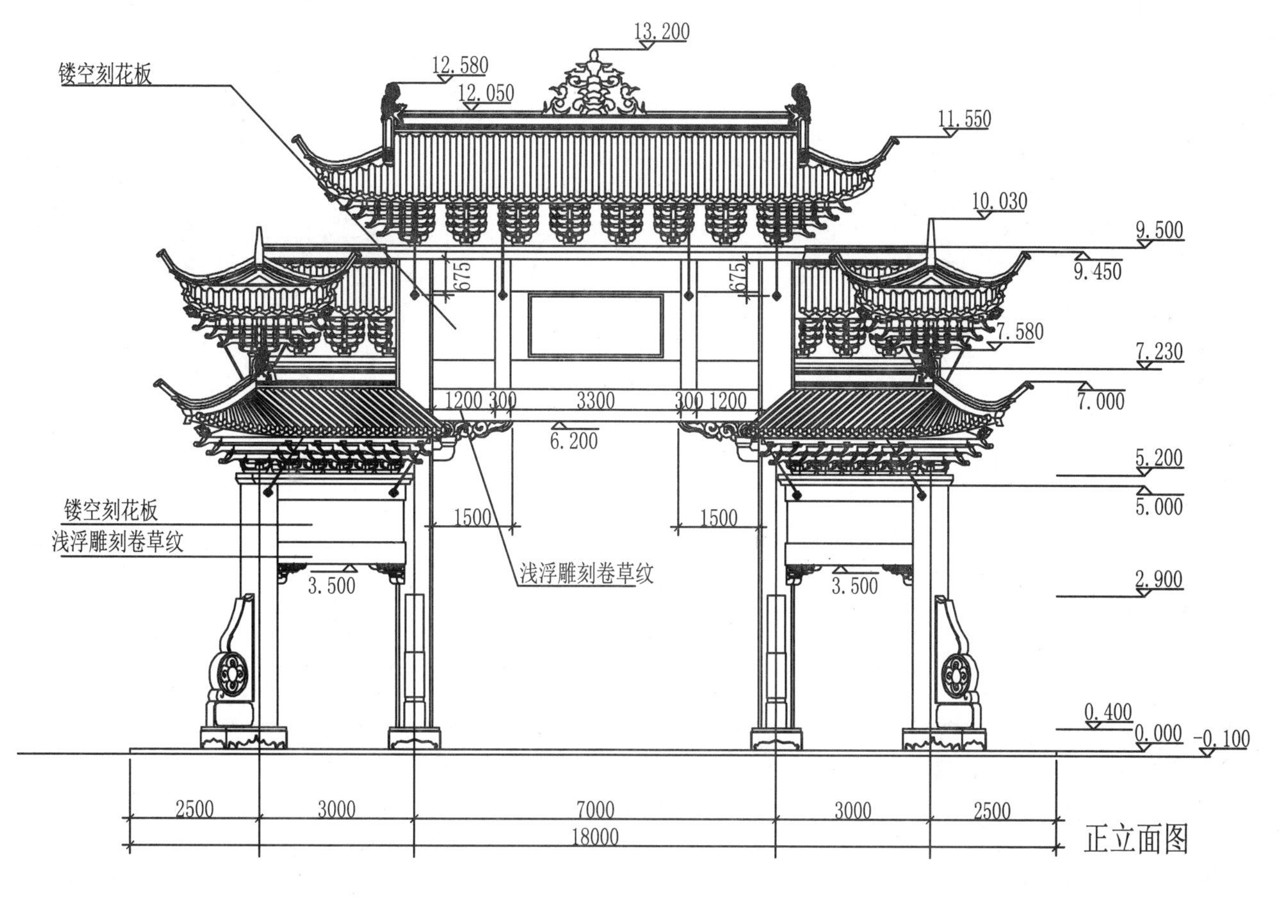
13.200
12.580
12.050
镂空刻花板
11.550
10.030
9.500
9.450
675
675
7.580
7.230
1200 300
3300
300 1200
7.000
6.200
5.200
5.000
镂空刻花板
浅浮雕刻卷草纹
1500
1500
浅浮雕刻卷草纹
3.500
3.500
2.900
0.400
0.000
-0.100
2500
3000
7000
3000
2500
18000

正立面图

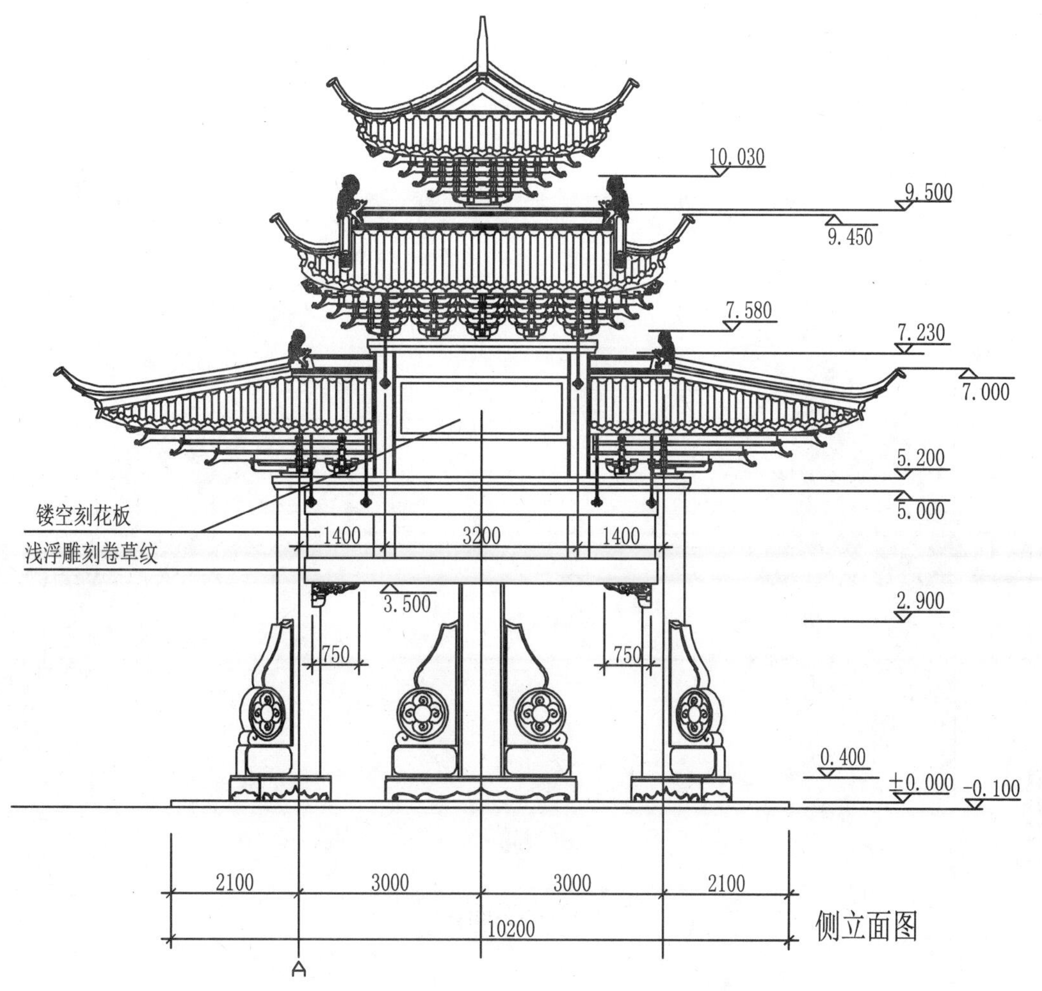
10.030
9.500
9.450
7.580
7.230
7.000
5.200
5.000
镂空刻花板
1400
3200
1400
浅浮雕刻卷草纹
3.500
2.900
750
750
0.400
±0.000
-0.100
2100
3000
3000
2100
10200
A

侧立面图

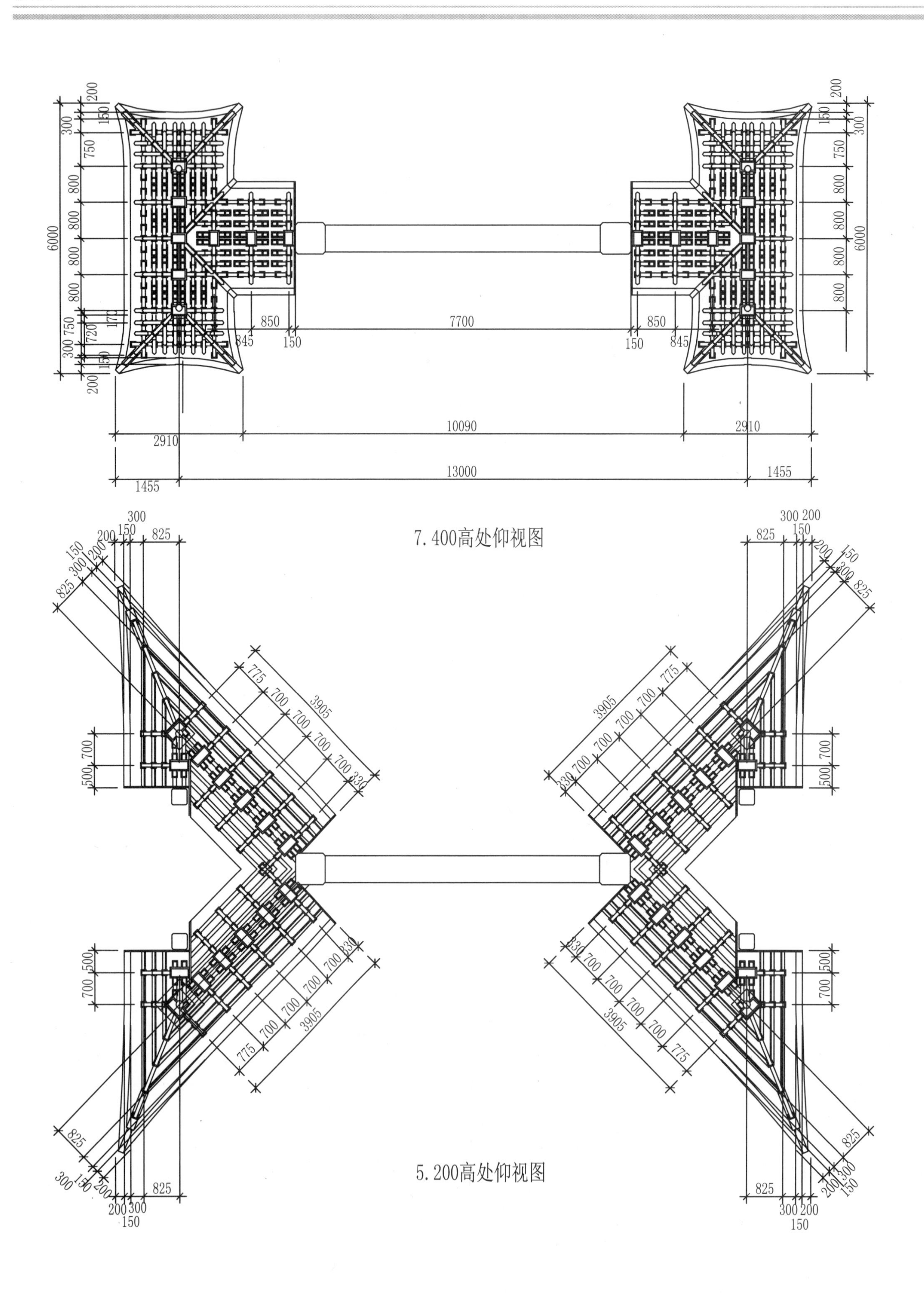

7.400高处仰视图

5.200高处仰视图

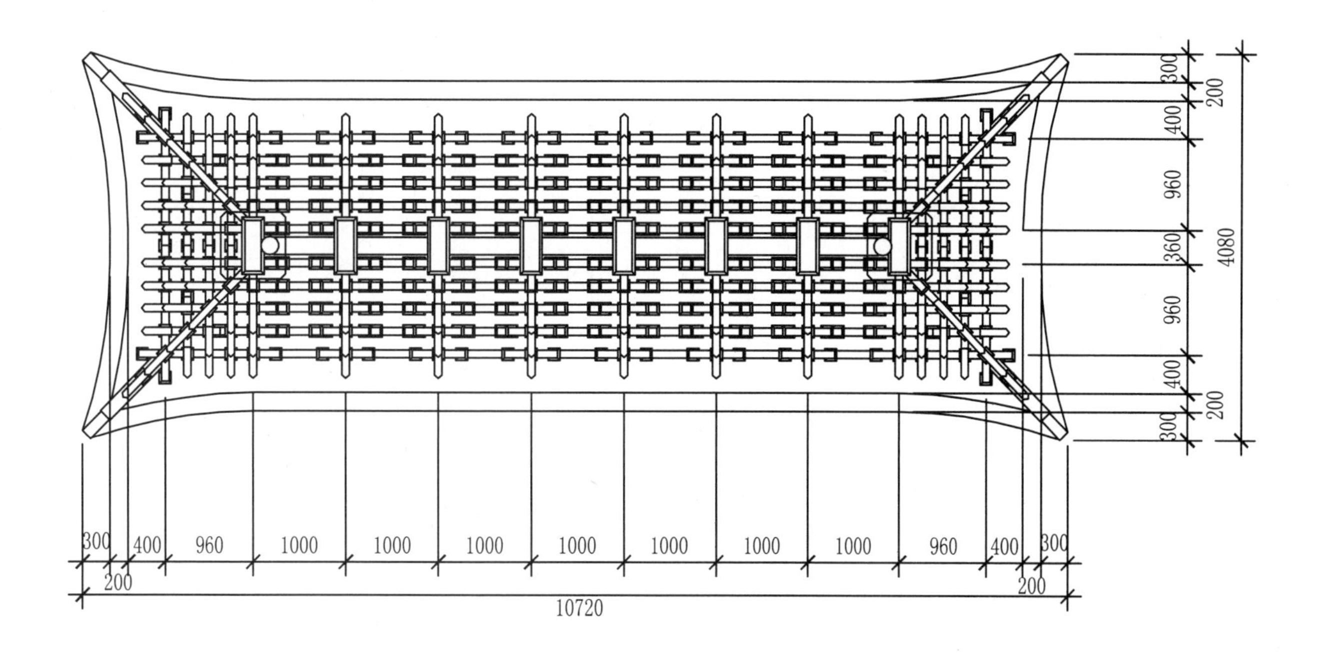

9.500高处仰视图

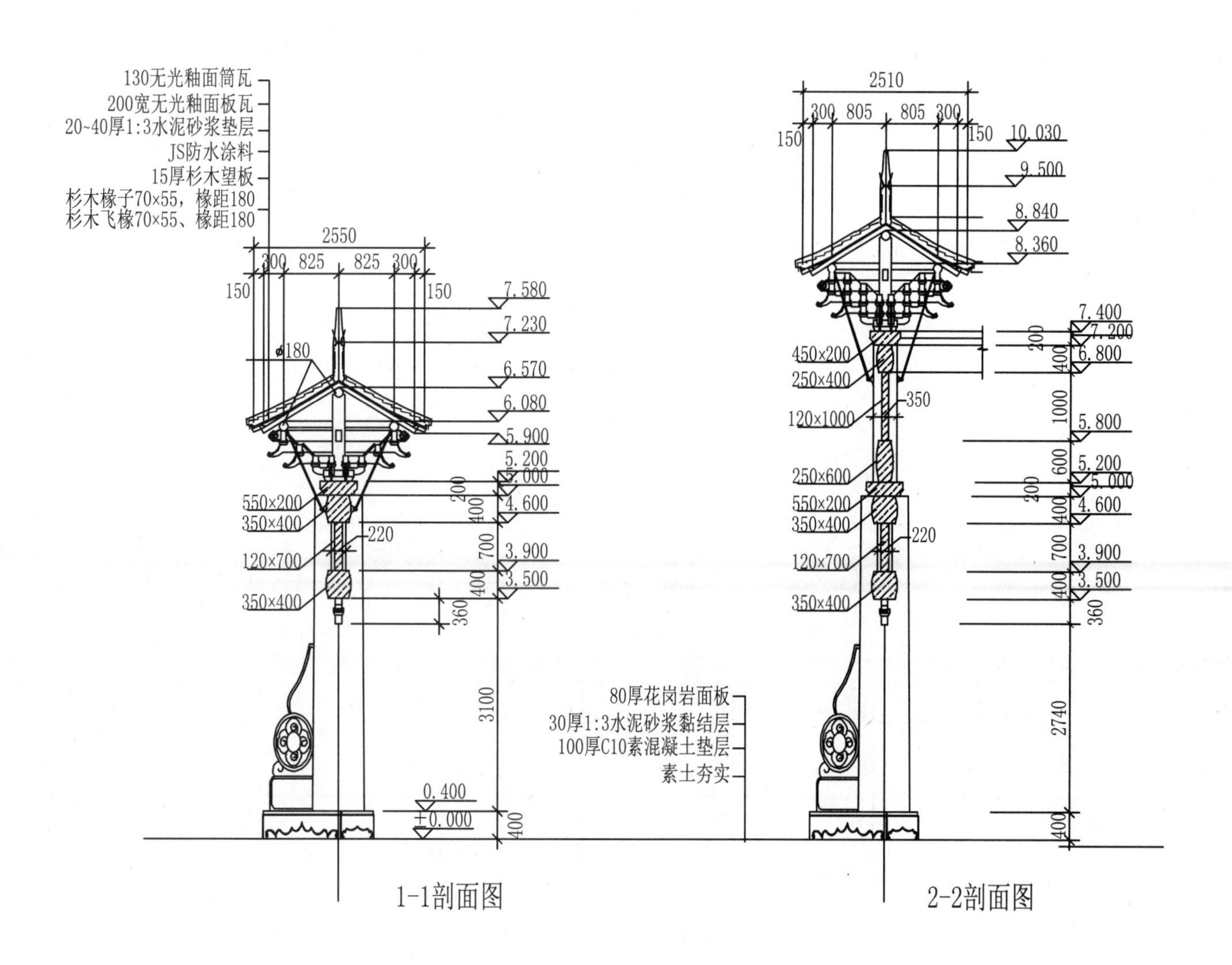

1-1剖面图

2-2剖面图

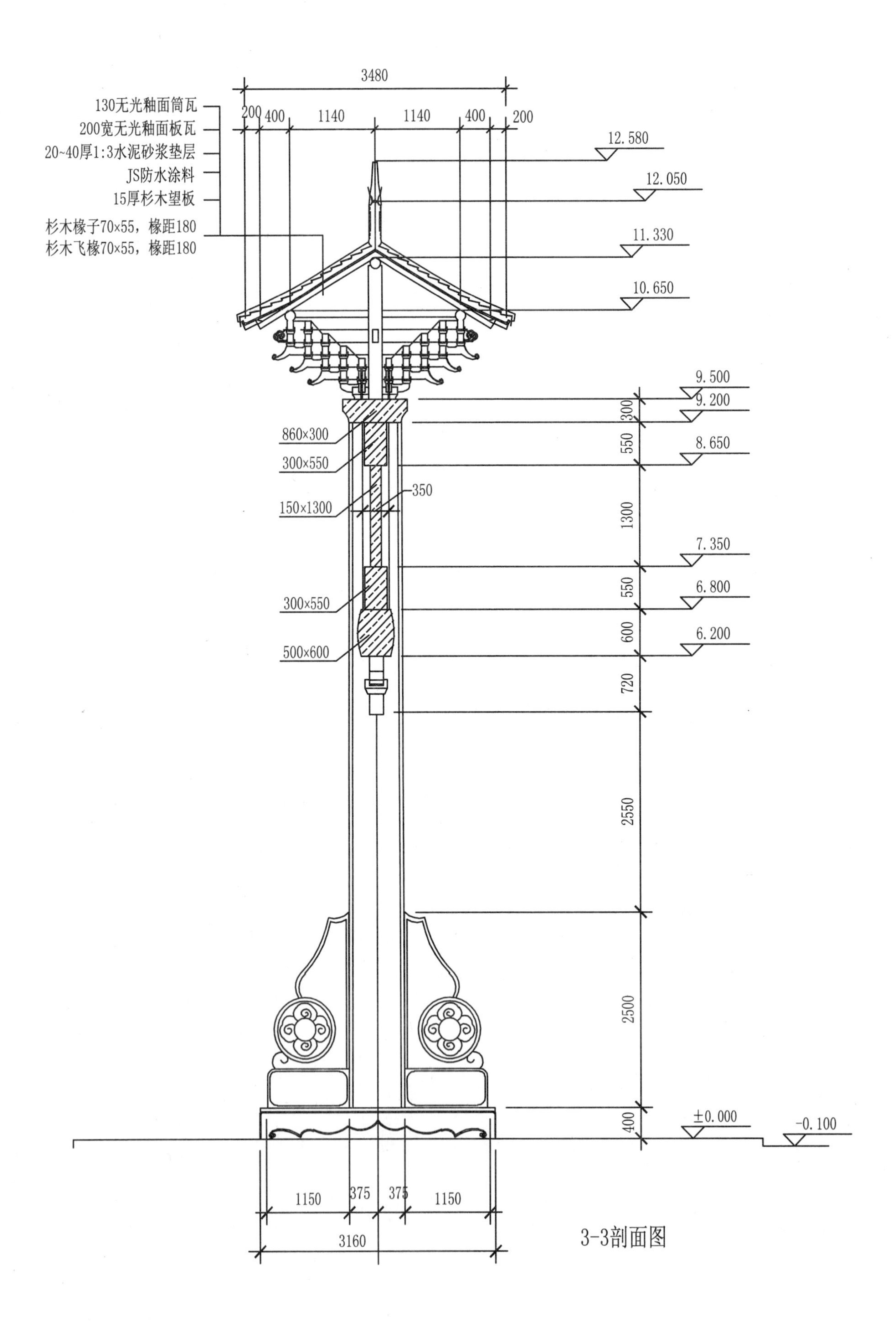
3480
200
400
1140
1140
400
200
130无光釉面筒瓦
200宽无光釉面板瓦
20~40厚1:3水泥砂浆垫层
JS防水涂料
15厚杉木望板
杉木椽子70×55，椽距180
杉木飞椽70×55，椽距180
12.580
12.050
11.330
10.650
9.500
9.200
8.650
7.350
6.800
6.200
±0.000
-0.100
300
550
1300
550
600
720
2550
2500
400
860×300
300×550
150×1300
350
300×550
500×600
1150
375
375
1150
3160

3-3剖面图

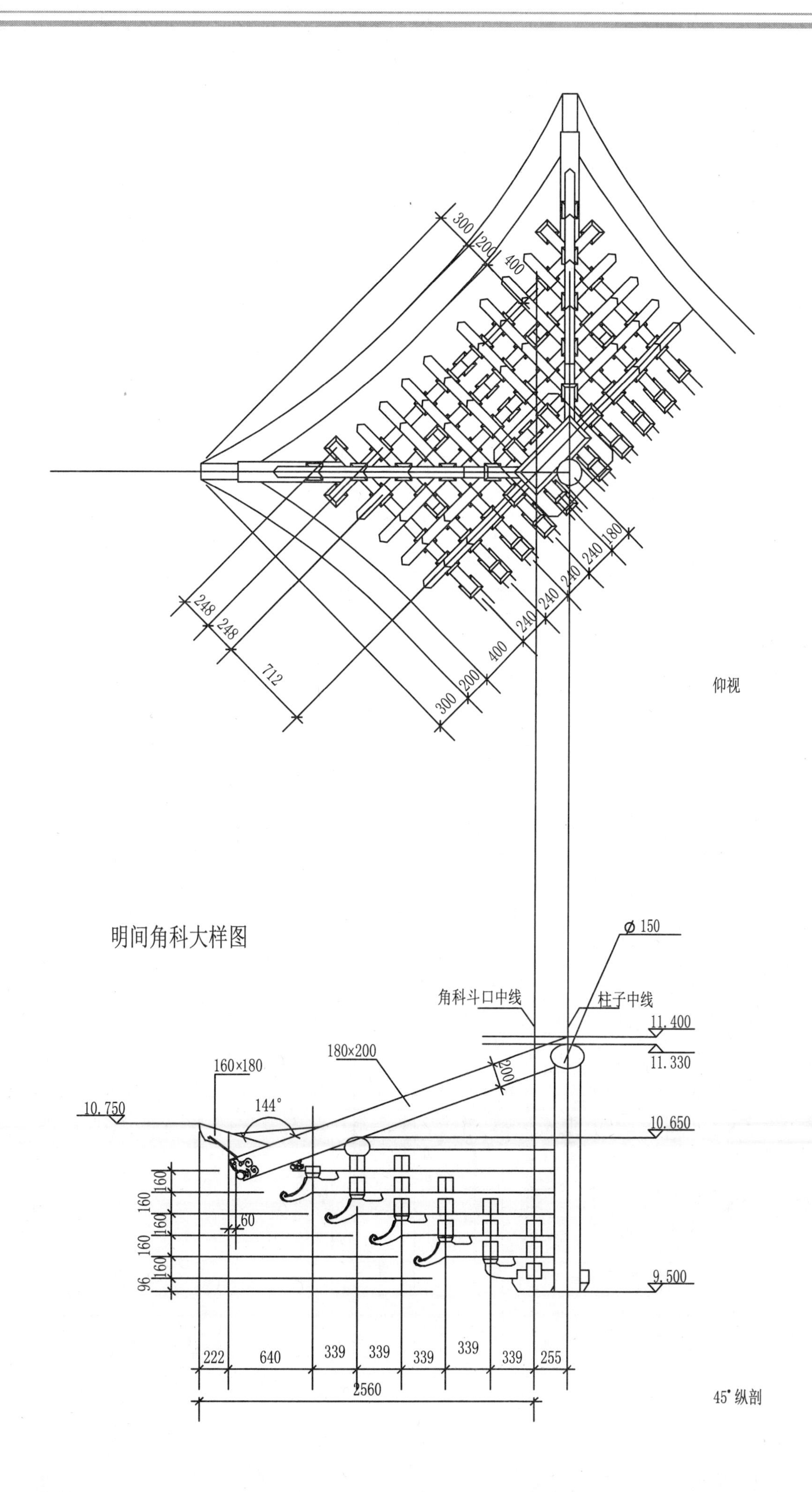
300
200
400
248
248
712
400
200
300
240
240
240
240
180
仰视
明间角科大样图
Ø 150
角科斗口中线
柱子中线
11.400
11.330
180×200
160×180
200
144°
10.750
10.650
160
160
160
160
160
160
96
60
9.500
222
640
339
339
339
339
339
255
2560
45°纵剖

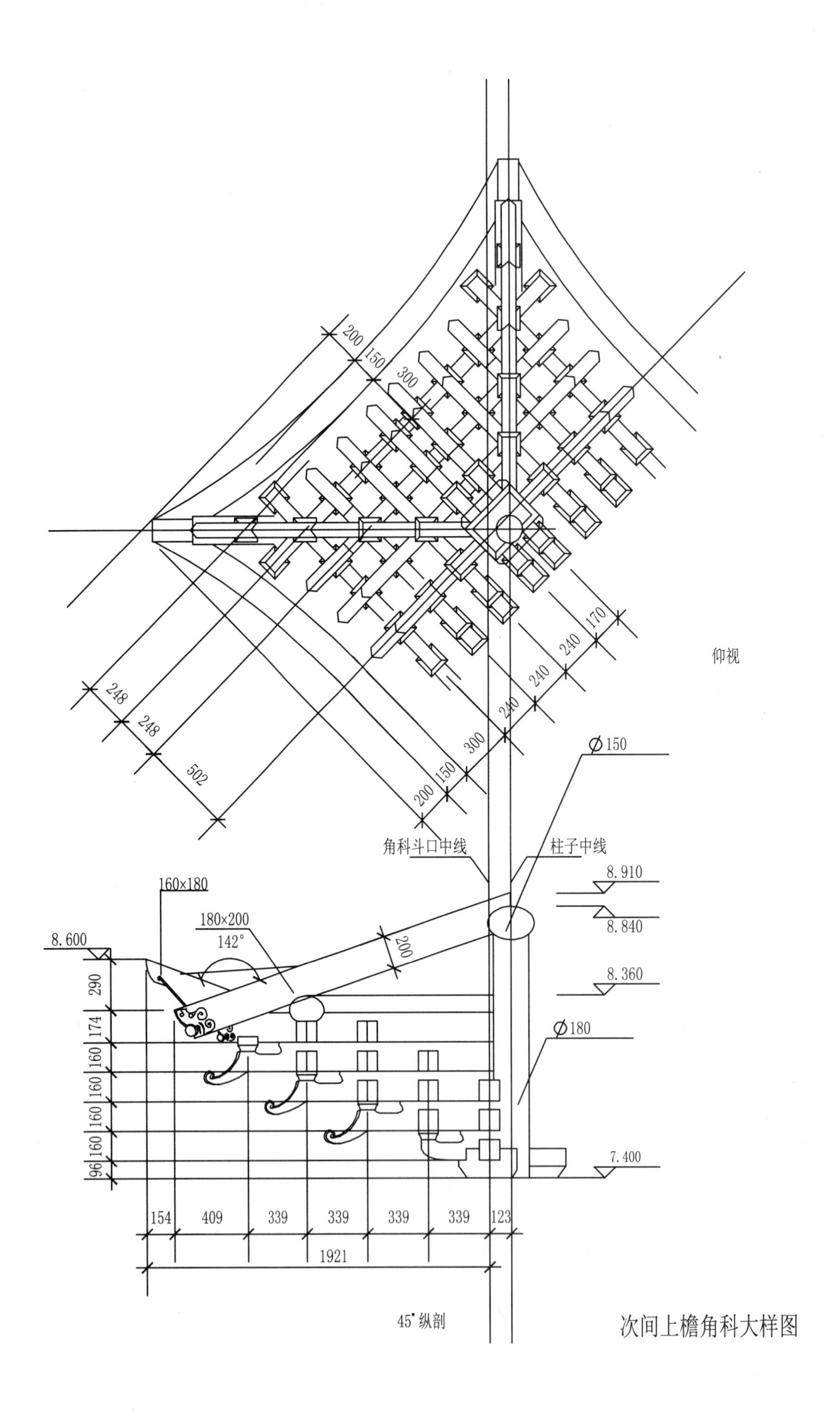

200
150
300
248
248
502
240
240
240
170
300
150
200
仰视
Ø150
角科斗口中线
柱子中线
8.910
8.840
8.360
Ø180
7.400
160×180
180×200
142°
200
8.600
290
174
160
160
160
160
96
154
409
339
339
339
339
123
1921
45°纵剖

次间上檐角科大样图

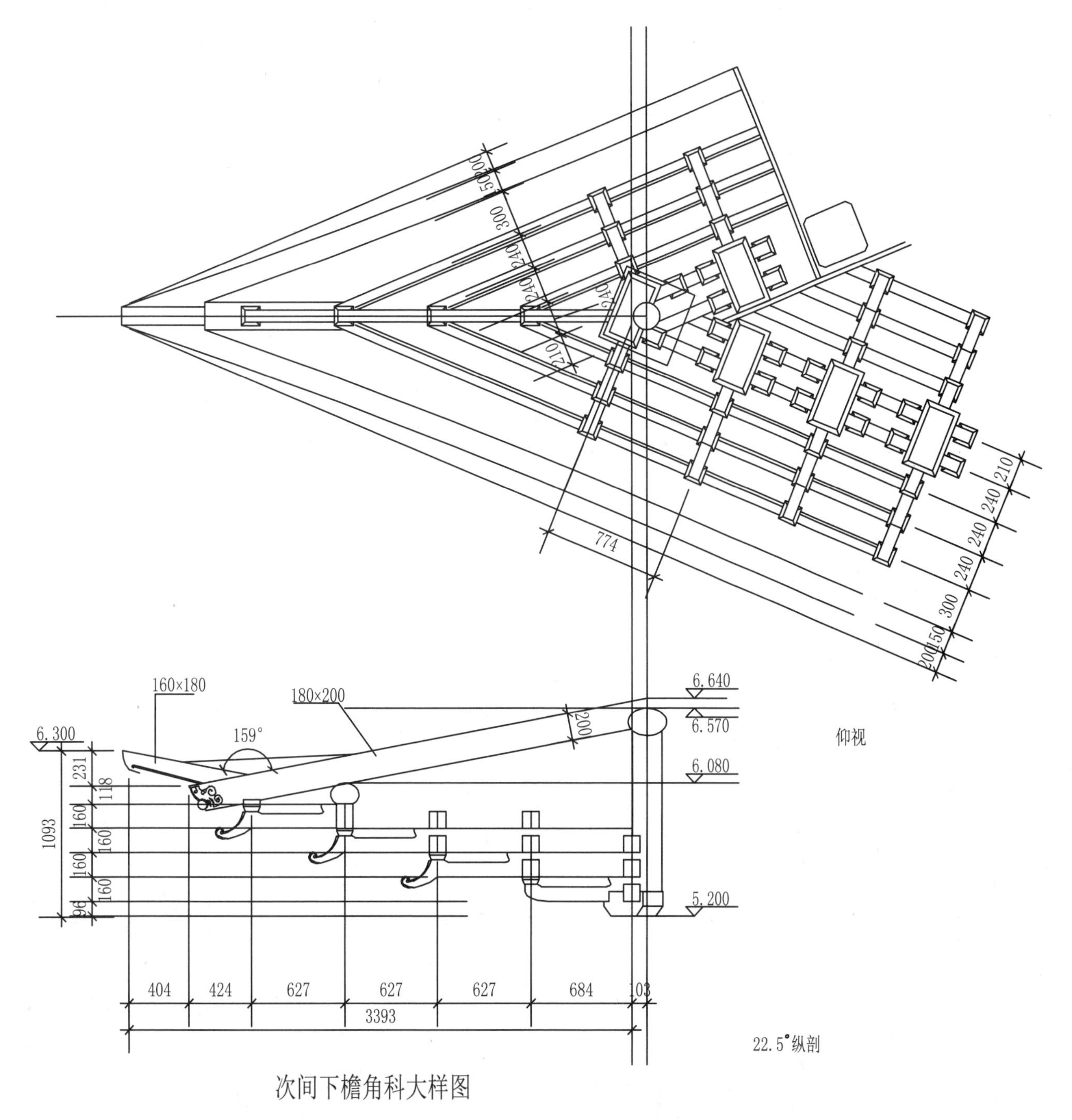

次间下檐角科大样图

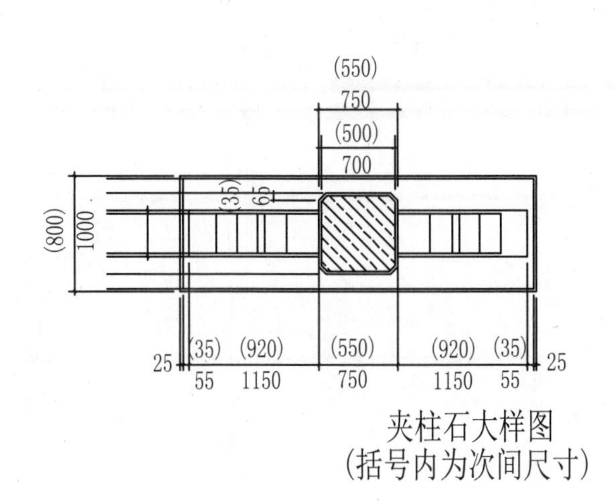

夹柱石大样图
(括号内为次间尺寸)

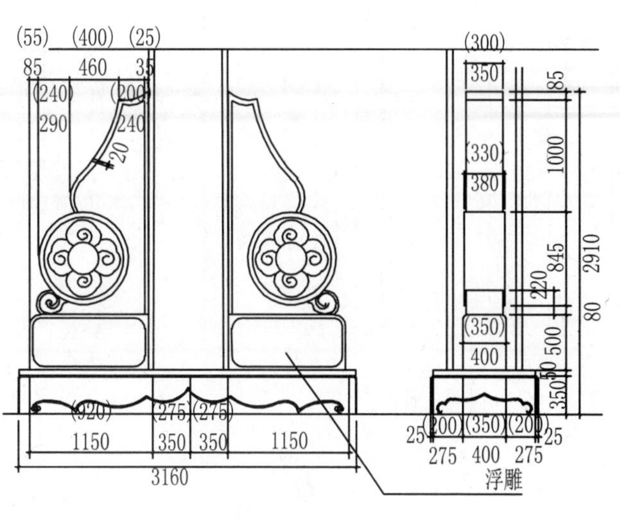

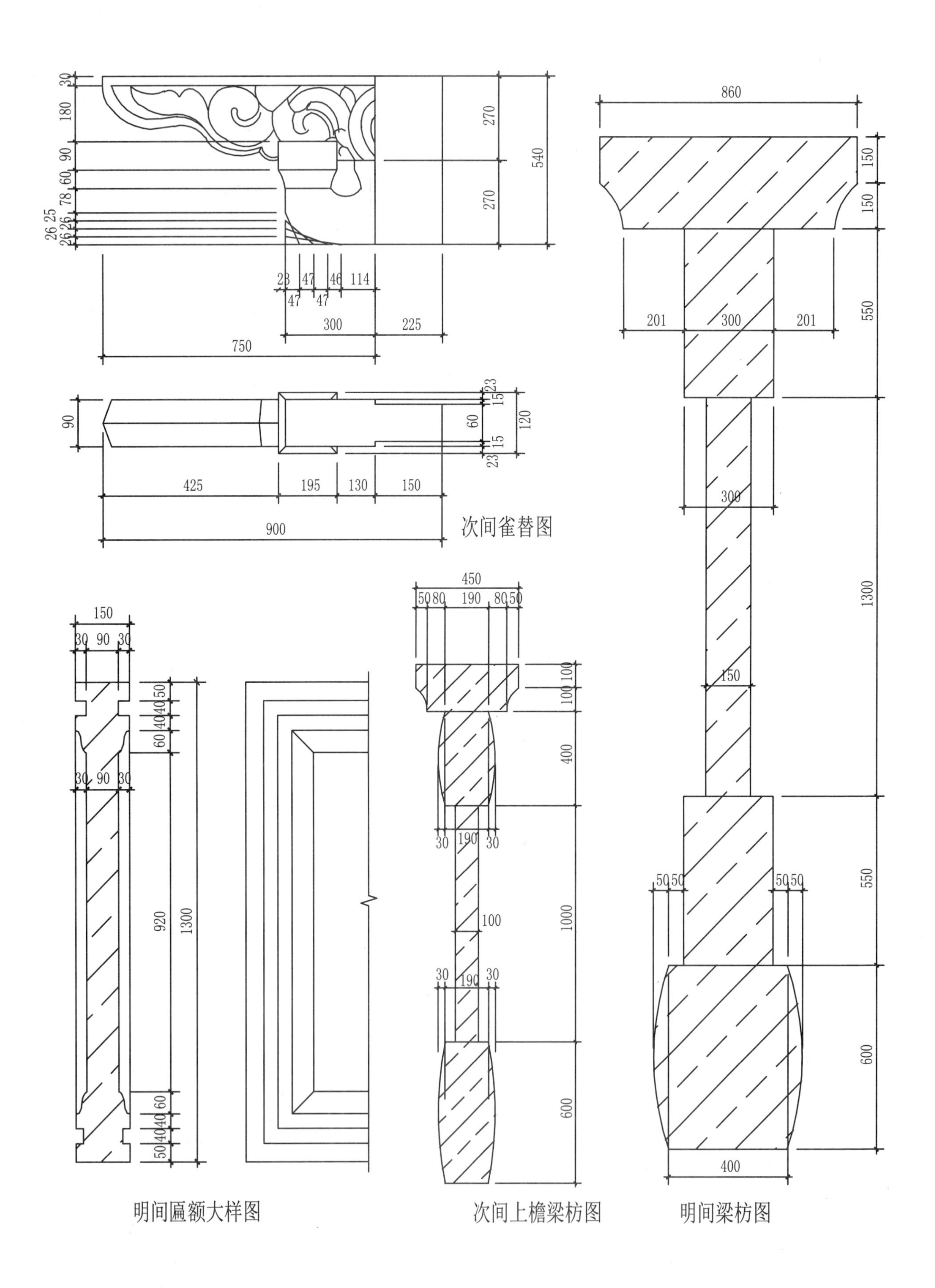

次间雀替图

明间匾额大样图

次间上檐梁枋图

明间梁枋图

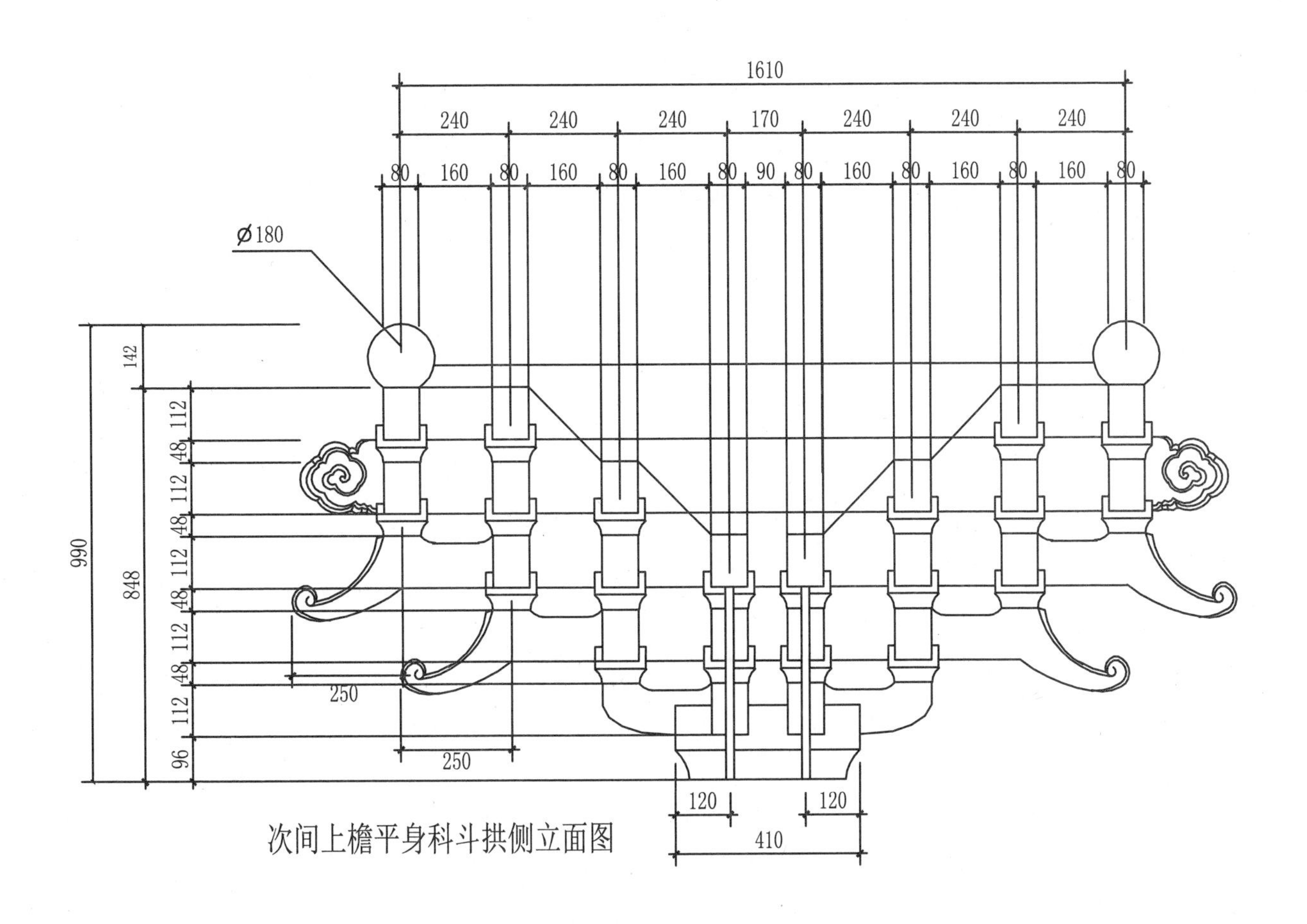

次间上檐平身科斗拱侧立面图

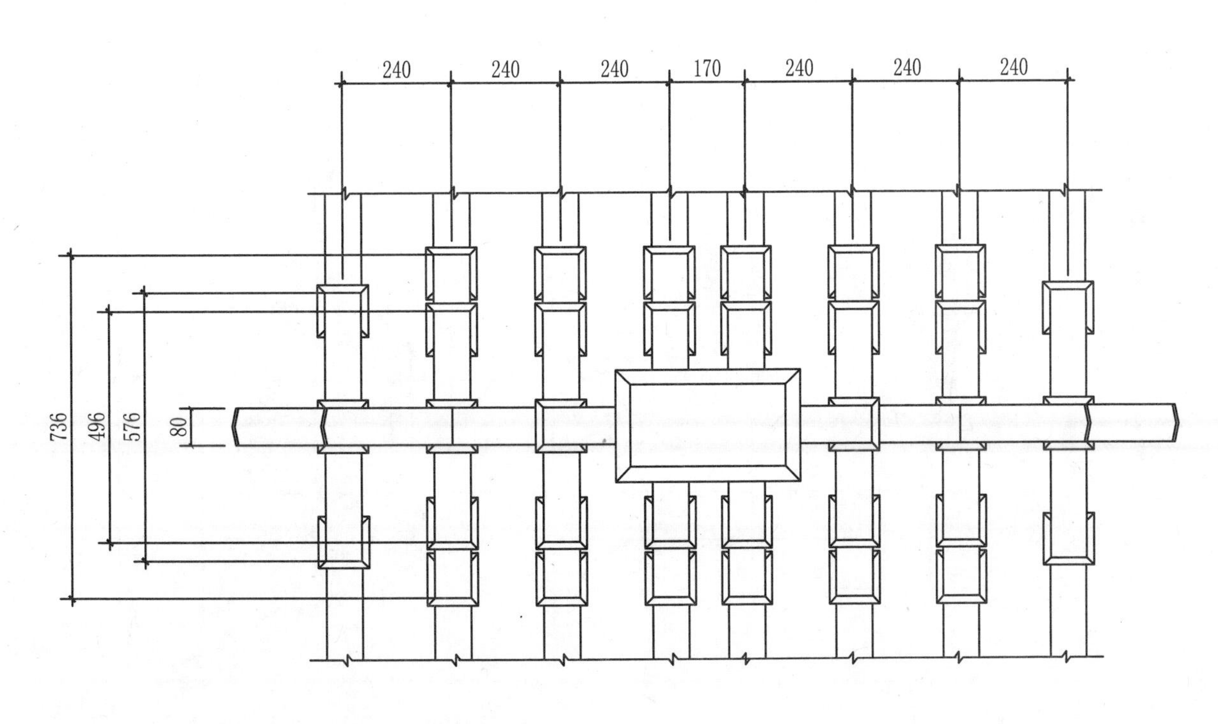

次间上檐平身科斗拱仰视图

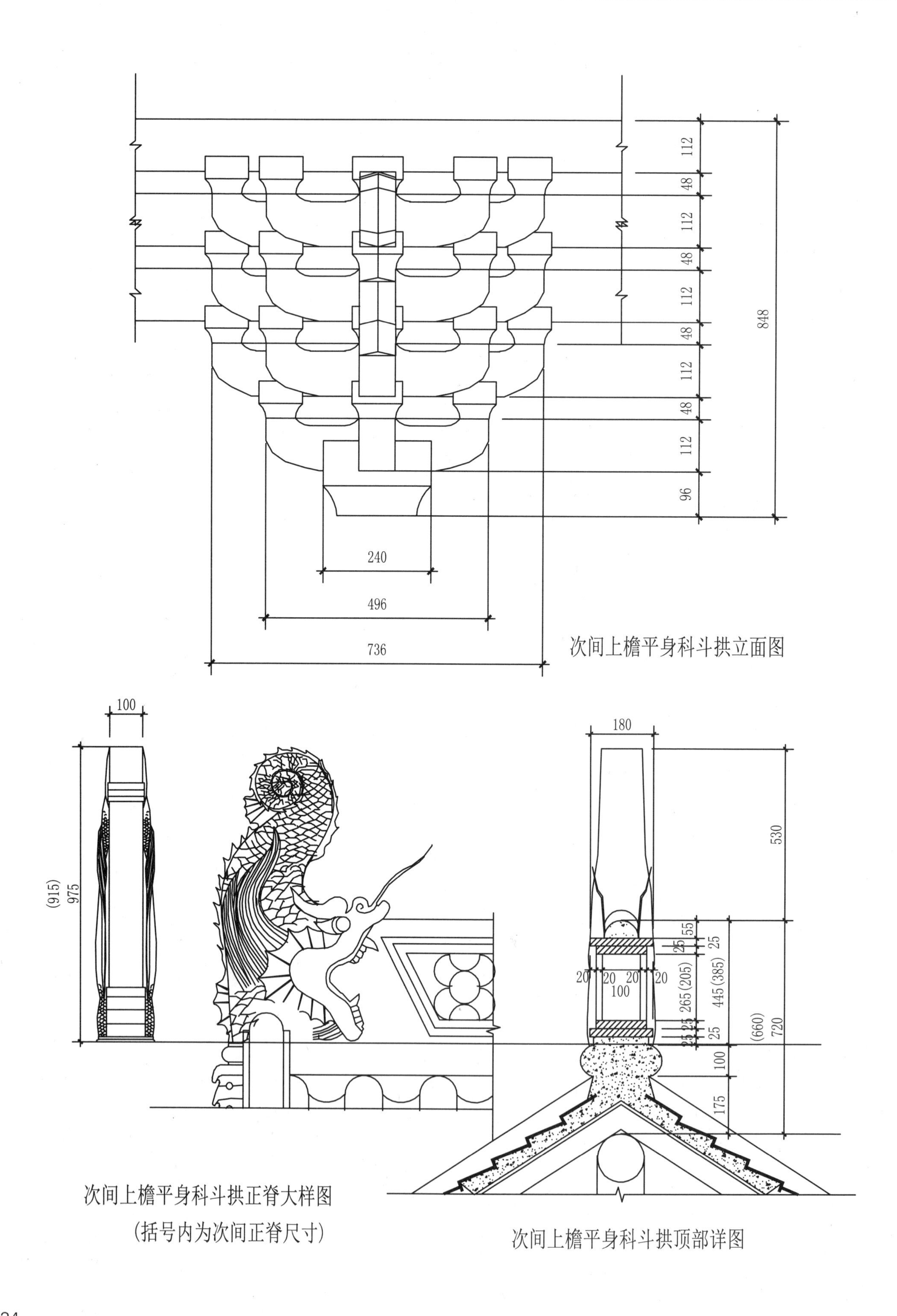

次间上檐平身科斗拱立面图

次间上檐平身科斗拱正脊大样图
（括号内为次间正脊尺寸）

次间上檐平身科斗拱顶部详图

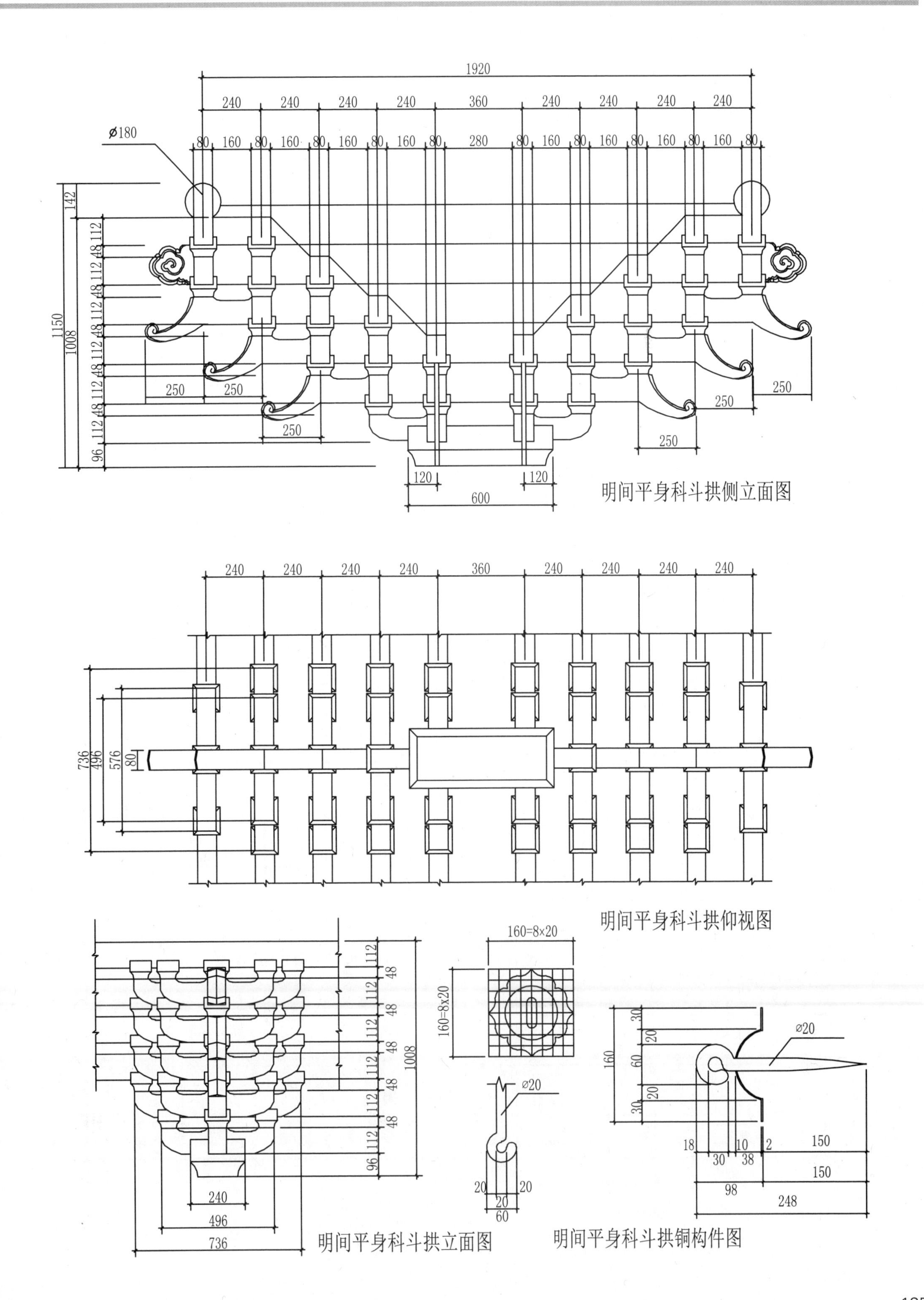

明间平身科斗拱侧立面图

明间平身科斗拱仰视图

明间平身科斗拱立面图

明间平身科斗拱铜构件图

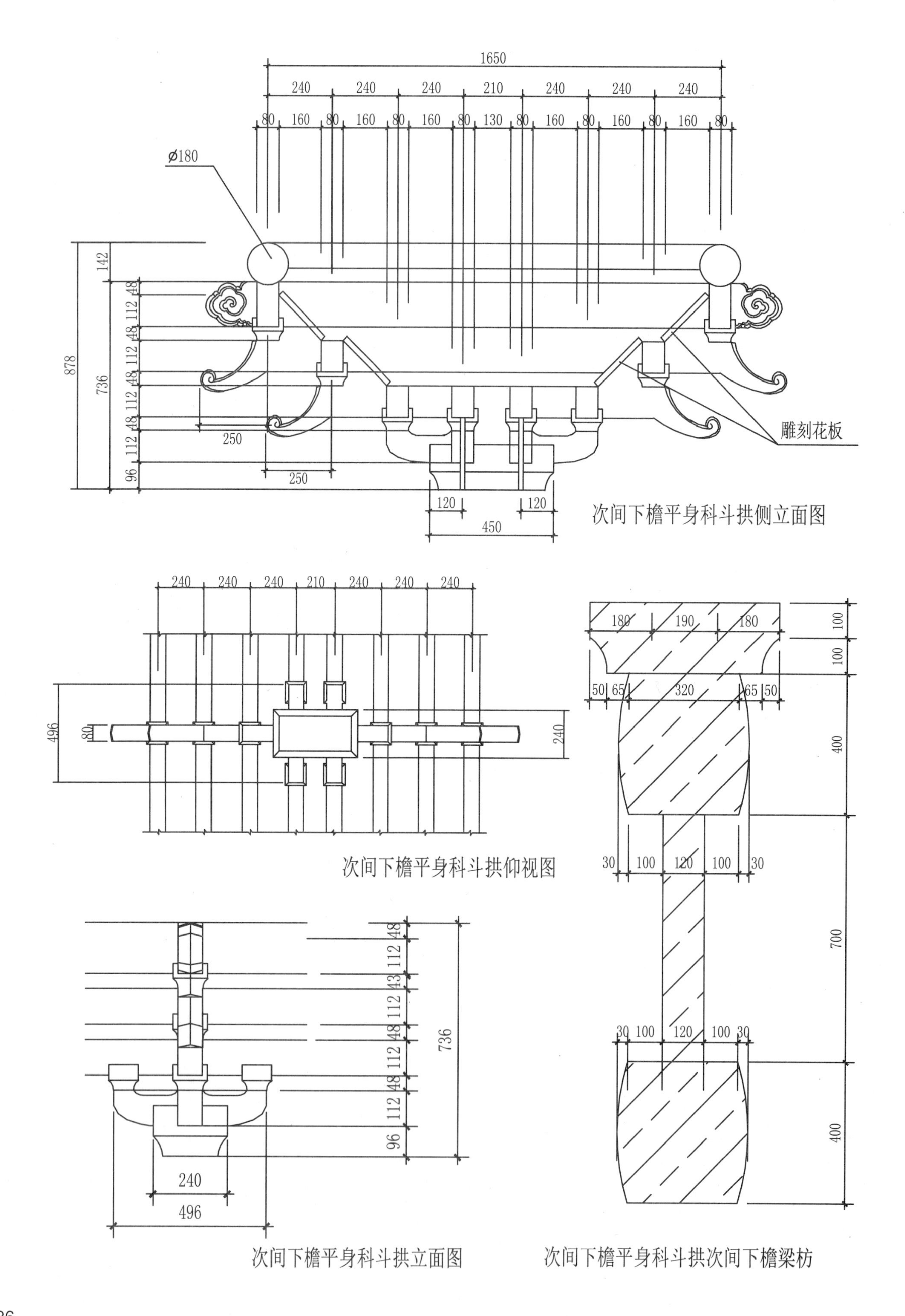

次间下檐平身科斗拱侧立面图

次间下檐平身科斗拱仰视图

次间下檐平身科斗拱立面图

次间下檐平身科斗拱次间下檐梁枋

牌坊方案三

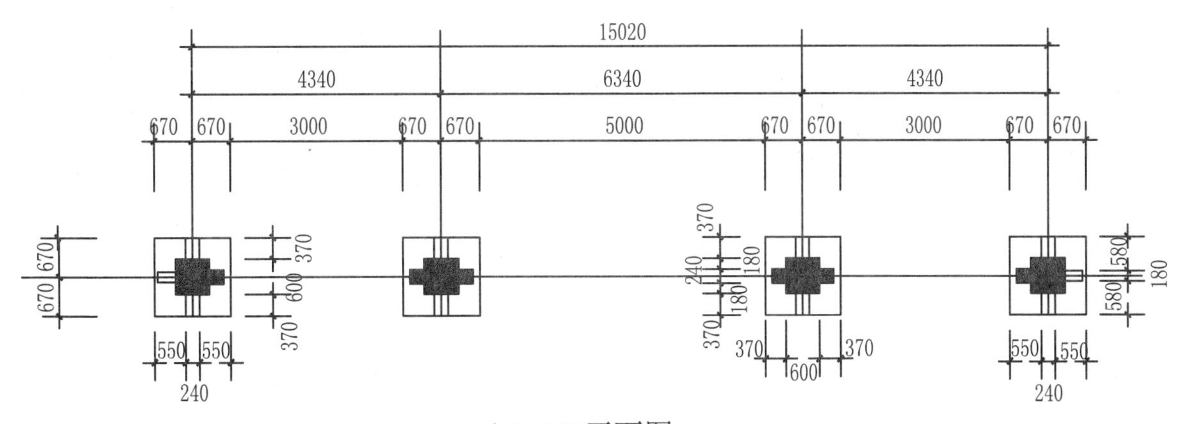

±0.000平面图

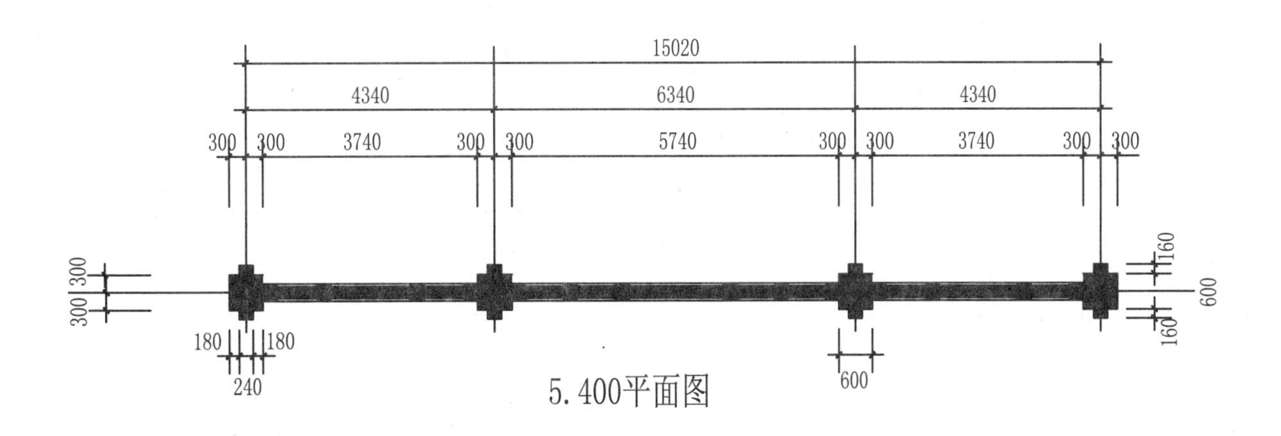

5.400平面图

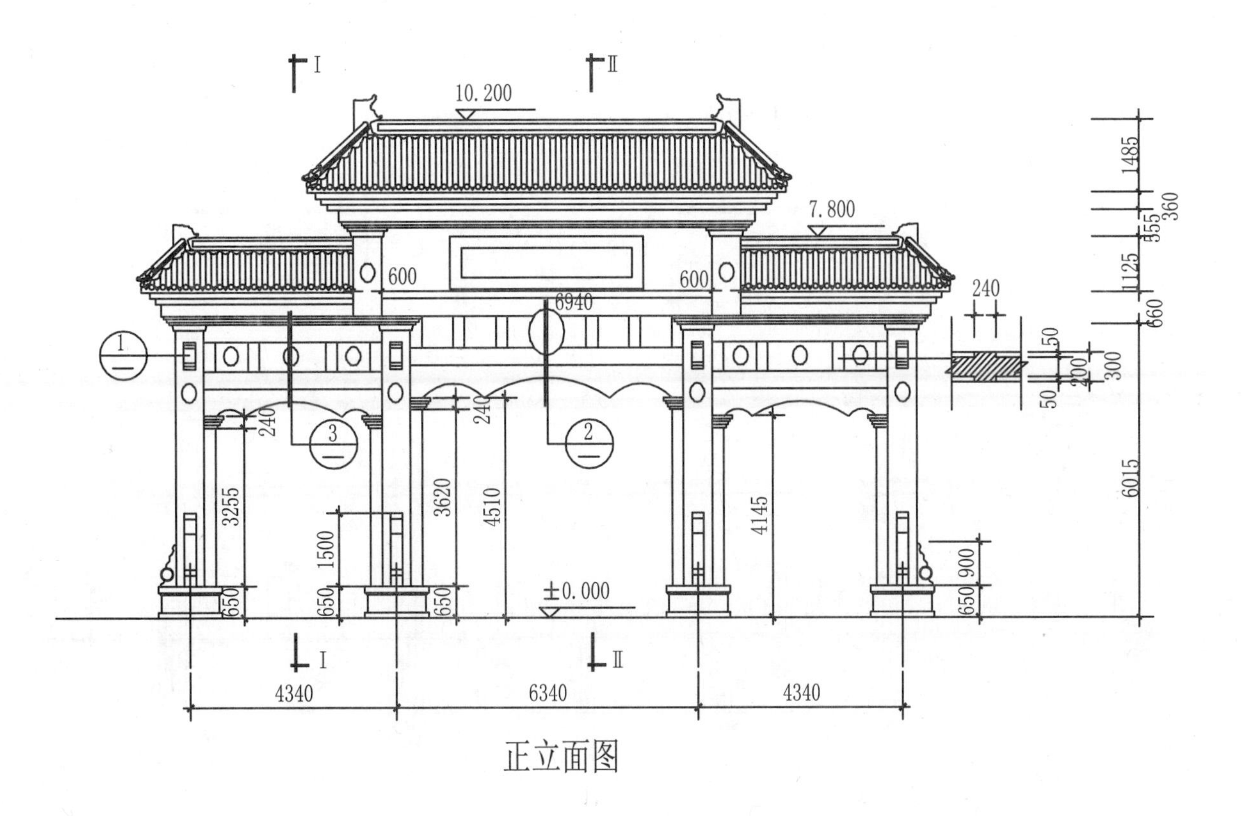

正立面图

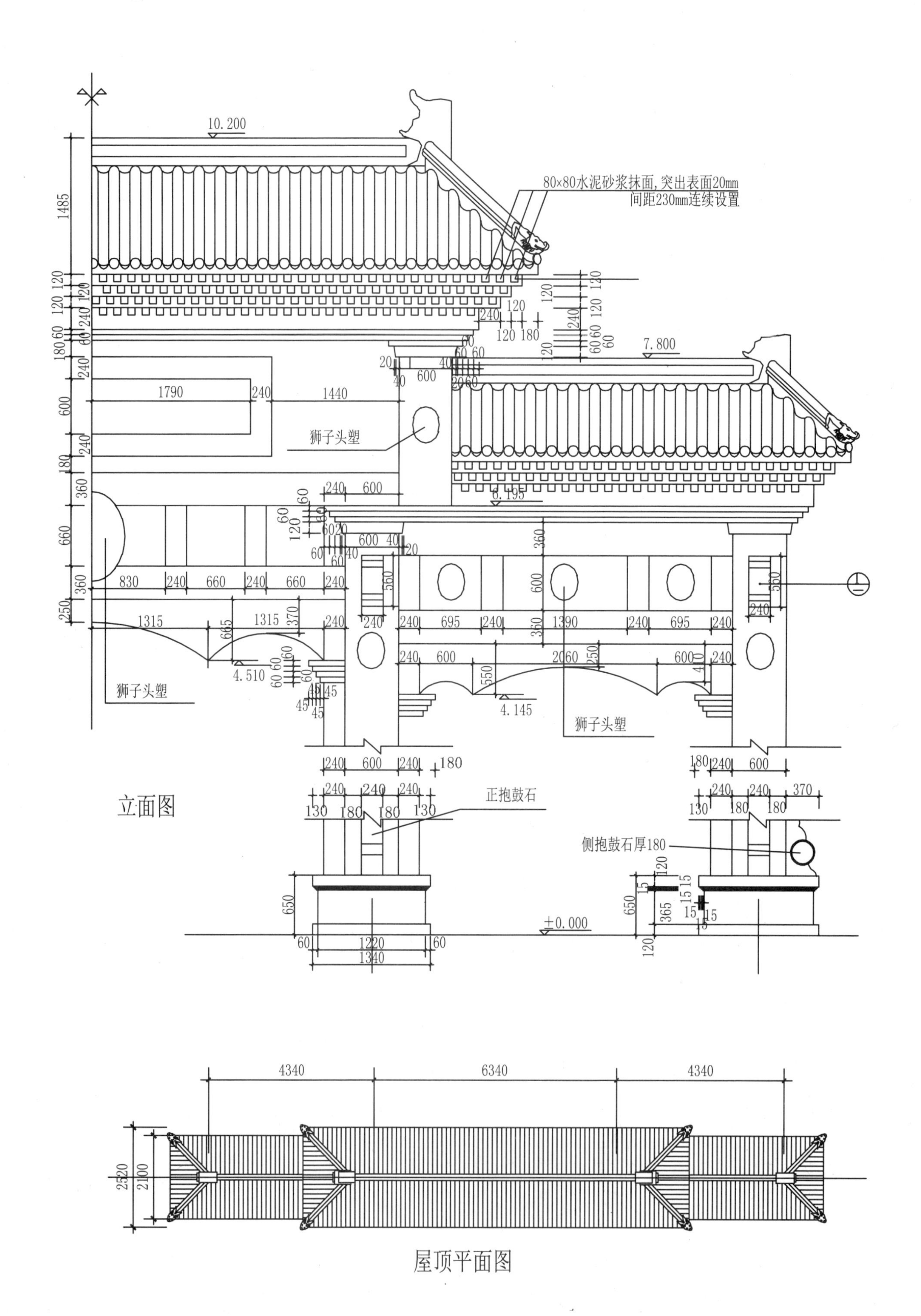

10.200
80×80水泥砂浆抹面，突出表面20mm
间距230mm连续设置
7.800
6.195
狮子头塑
正抱鼓石
侧抱鼓石厚180
4.510
4.145
±0.000
4340
6340
4340
2520
2100

立面图

屋顶平面图

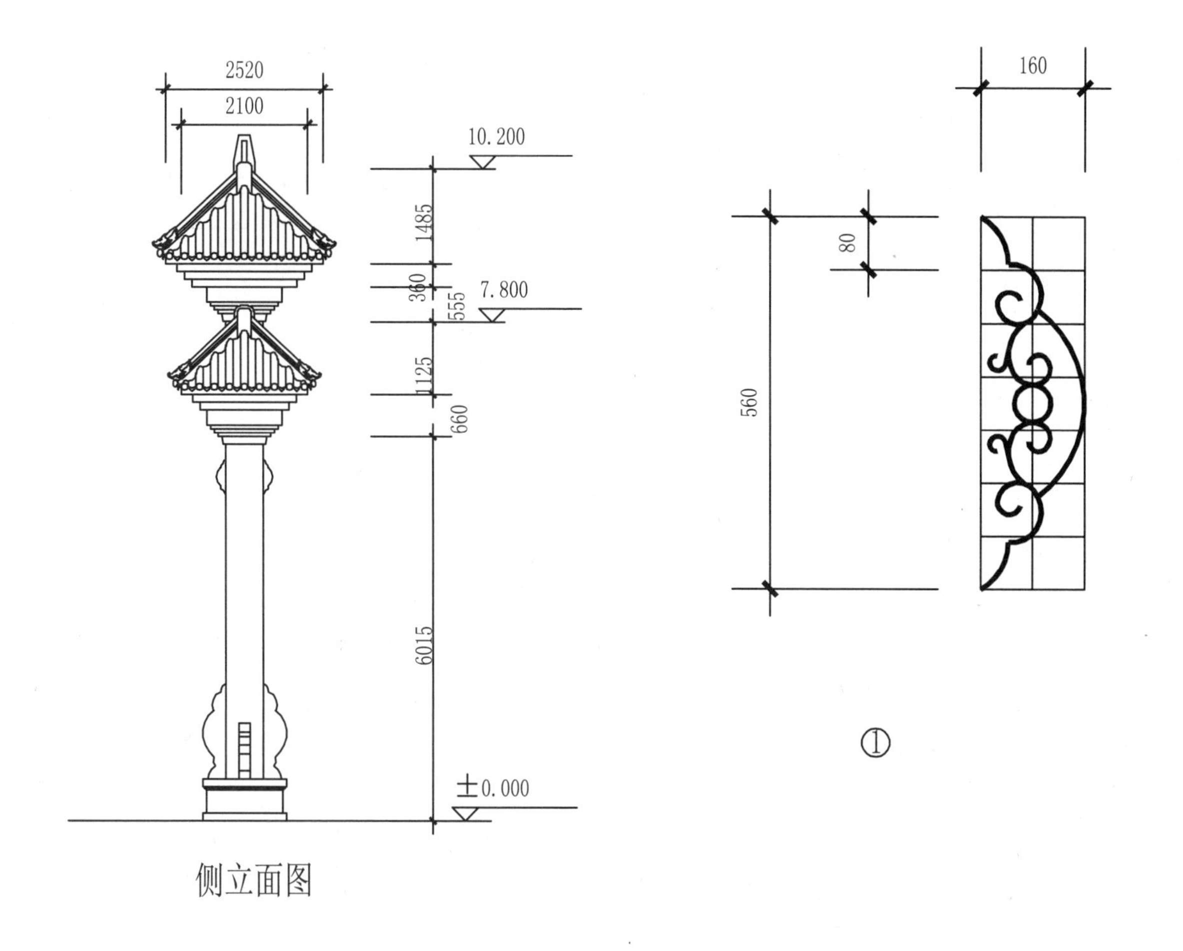

侧立面图

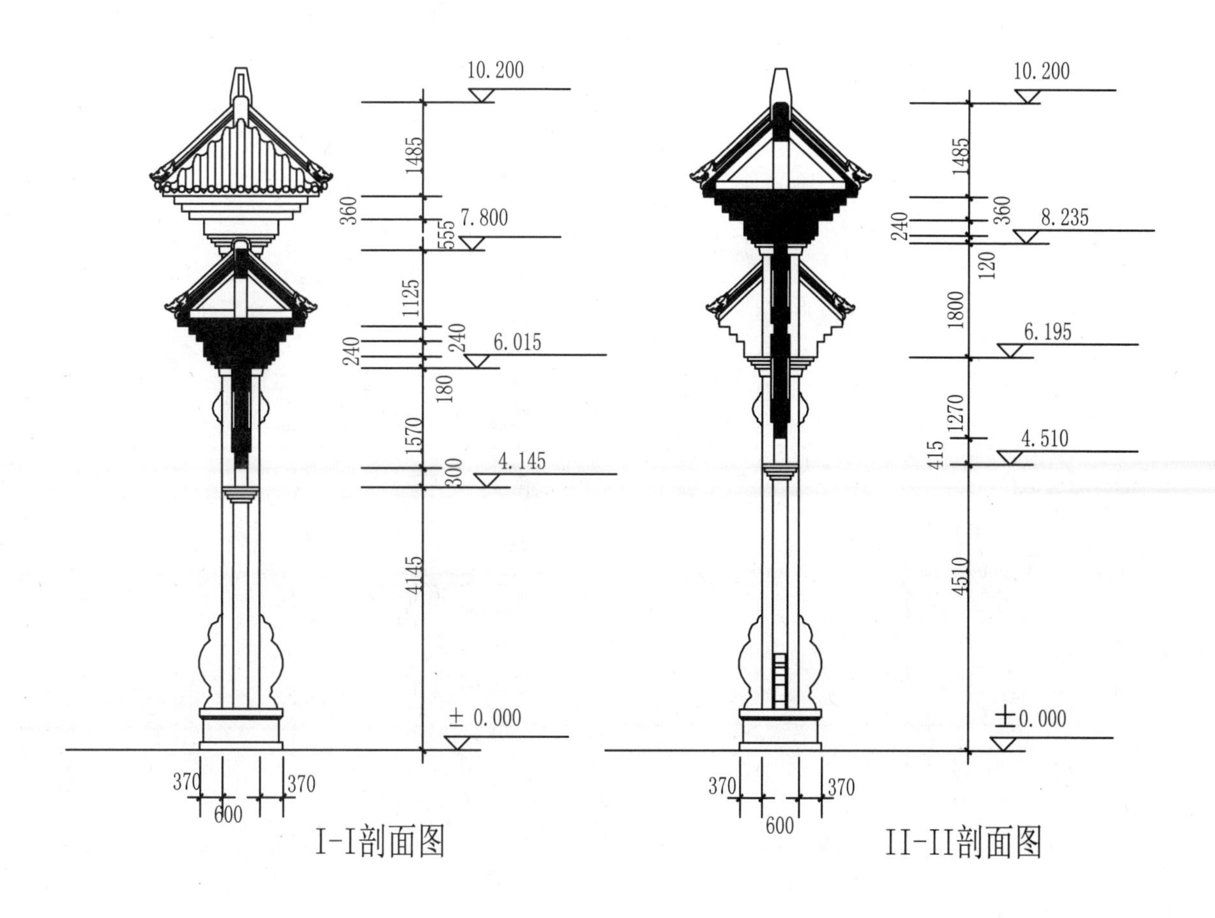

I-I剖面图

II-II剖面图

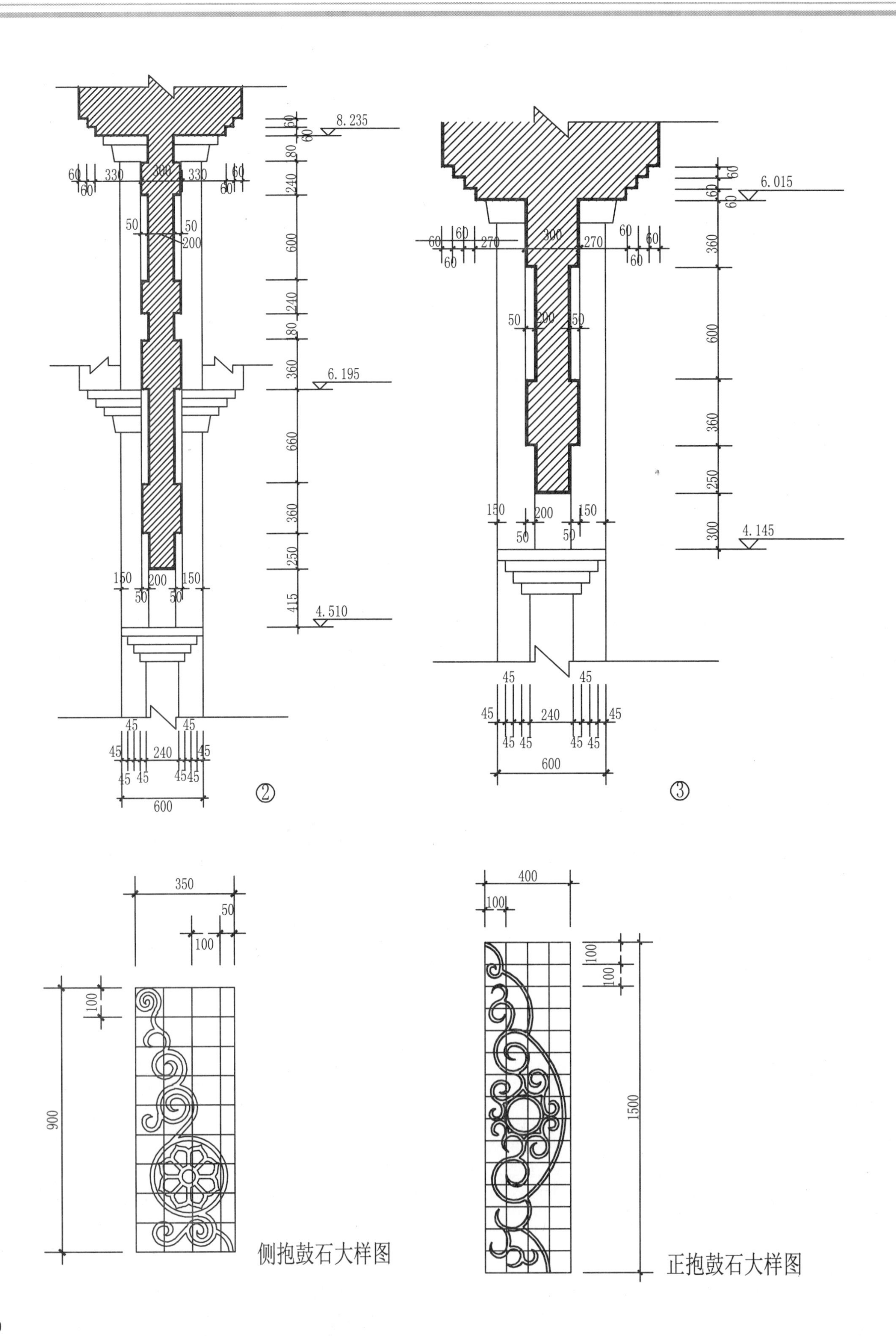
8.235
6.195
4.510
6.015
4.145
②
③
350
400
900
1500
侧抱鼓石大样图
正抱鼓石大样图

第四篇　大门围栏

大 门

大门方案一

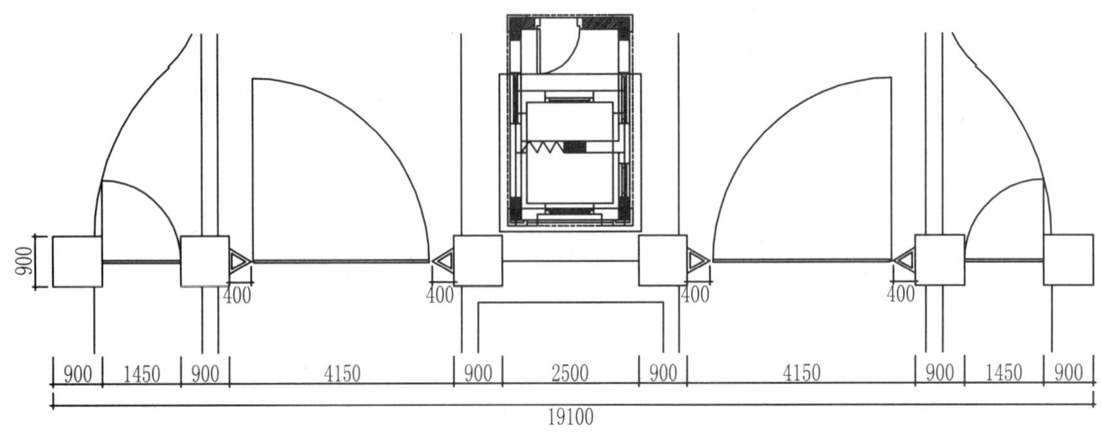

平面图

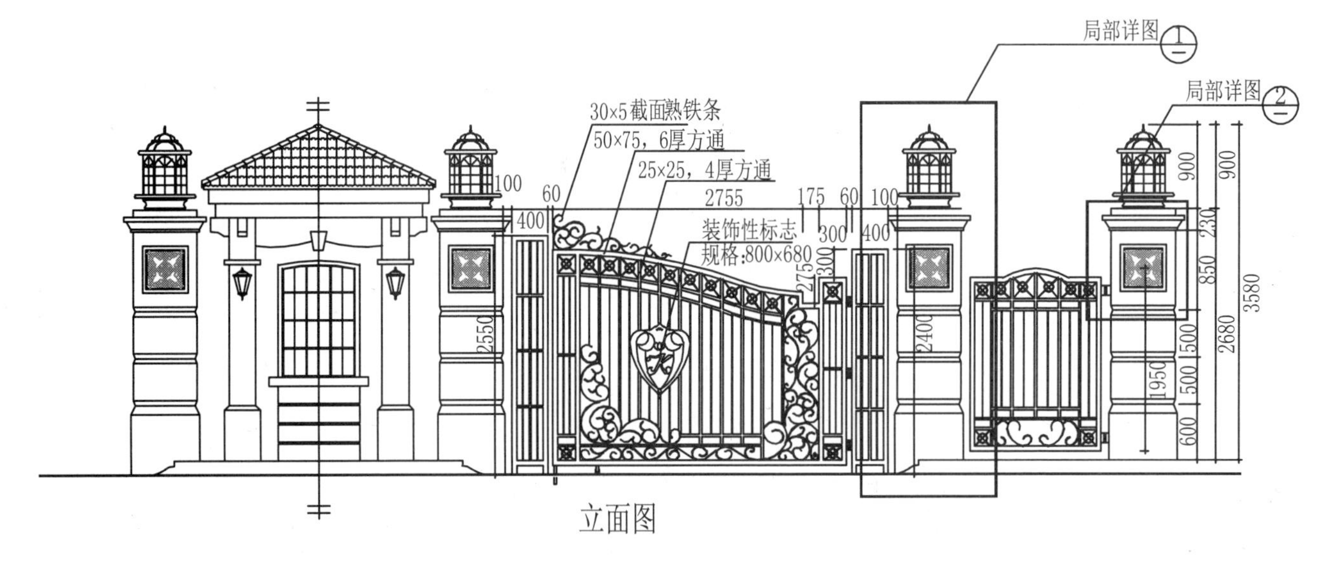

立面图

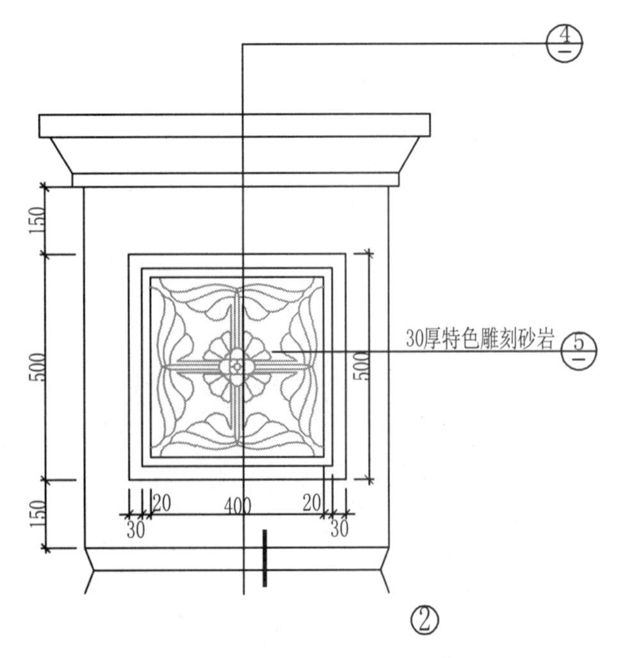

②

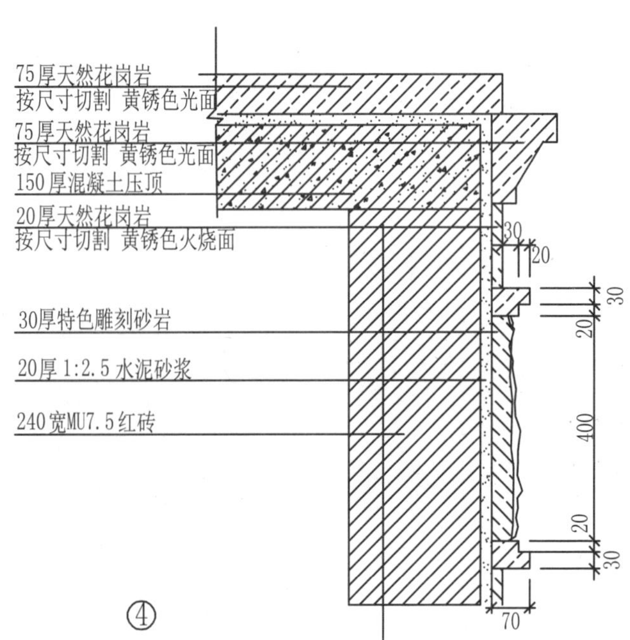

④

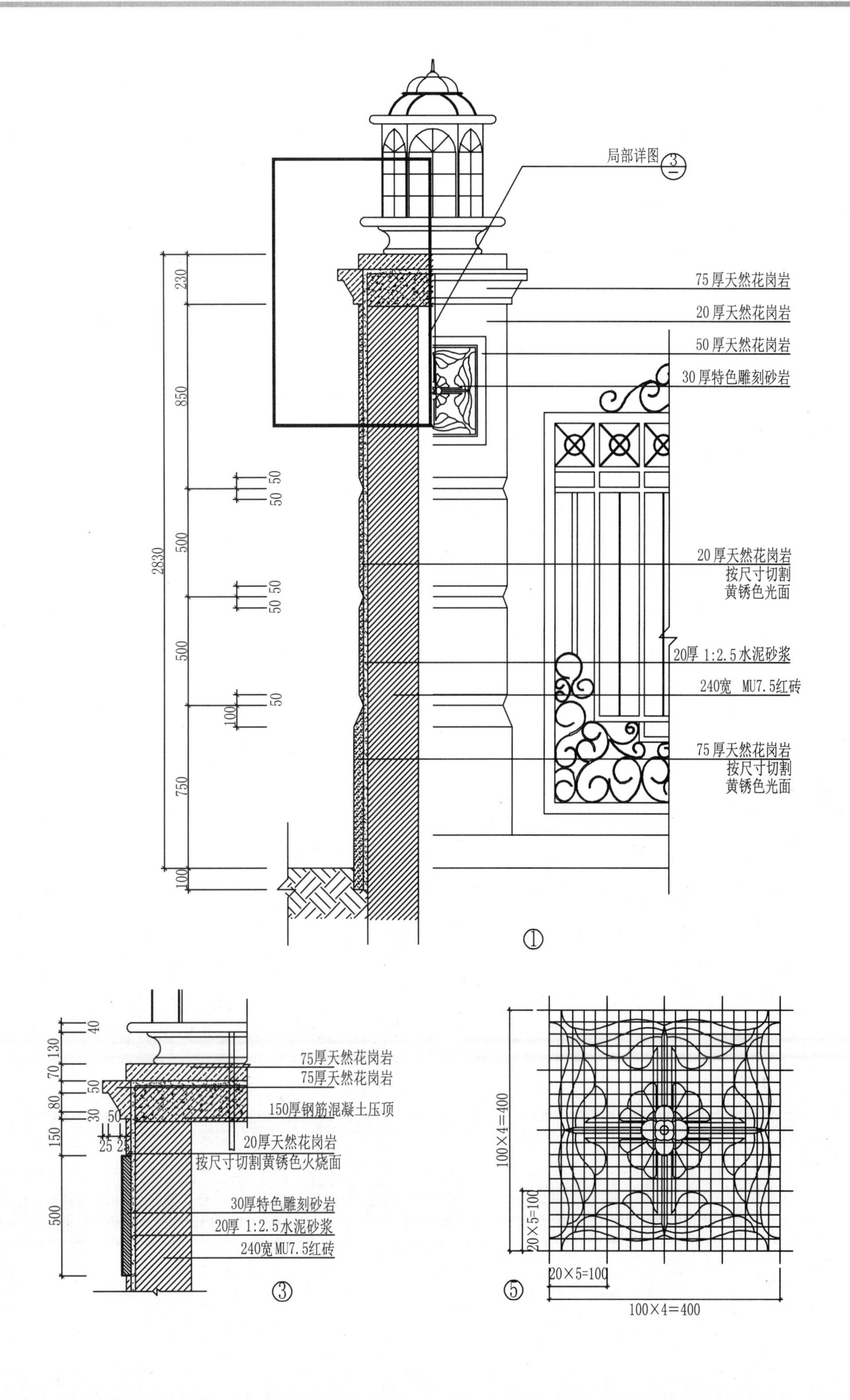
局部详图 3/—
75厚天然花岗岩
20厚天然花岗岩
50厚天然花岗岩
30厚特色雕刻砂岩
20厚天然花岗岩
按尺寸切割
黄锈色光面
20厚 1:2.5水泥砂浆
240宽 MU7.5红砖
75厚天然花岗岩
按尺寸切割
黄锈色光面
2830
230
850
500
500
750
100
50 50
50 50
50
100
①
75厚天然花岗岩
75厚天然花岗岩
150厚钢筋混凝土压顶
20厚天然花岗岩
按尺寸切割黄锈色火烧面
30厚特色雕刻砂岩
20厚 1:2.5水泥砂浆
240宽MU7.5红砖
40
130
70
50
80
30
50
150
25
25
500
③
100×4=400
20×5=100
20×5=100
100×4=400
⑤

大门方案二

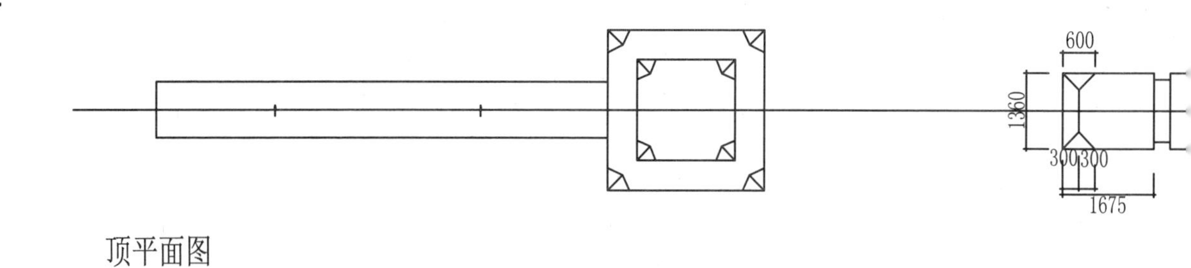

顶平面图

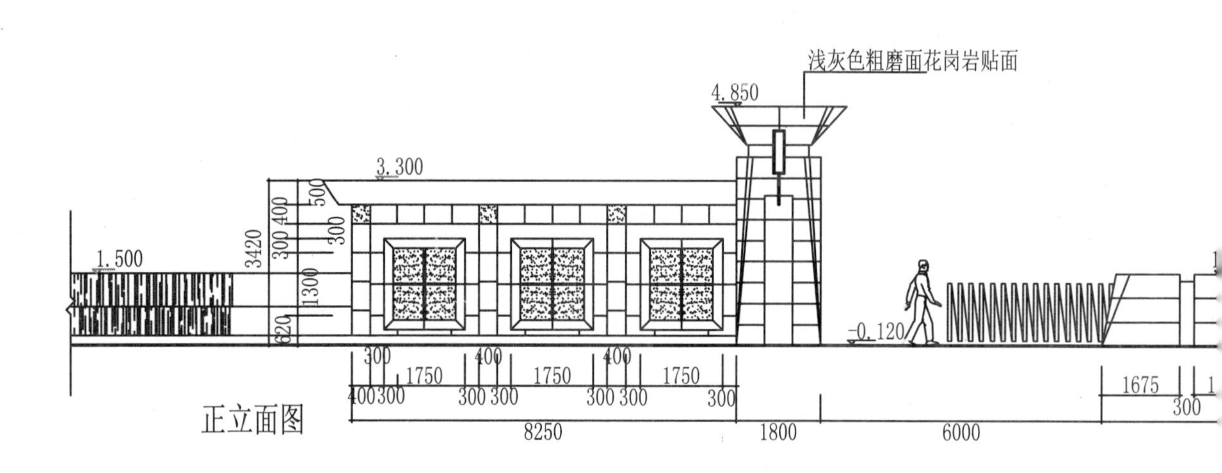

正立面图

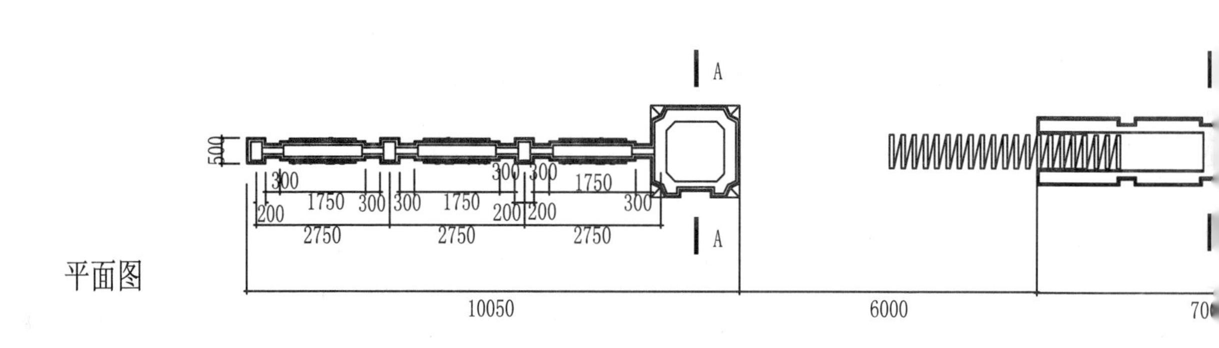

平面图

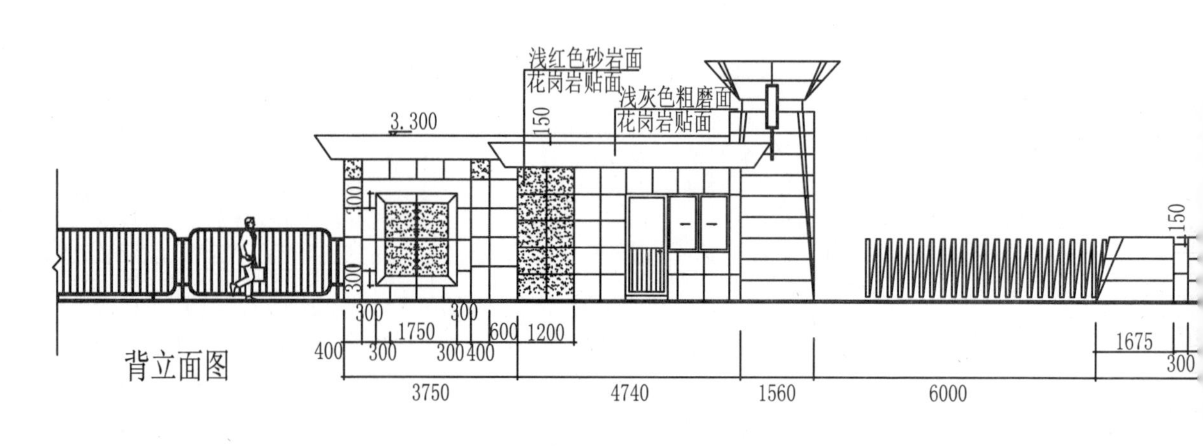

背立面图

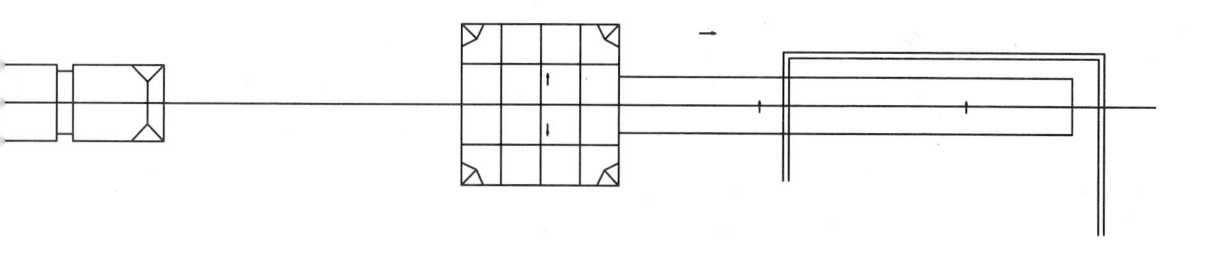

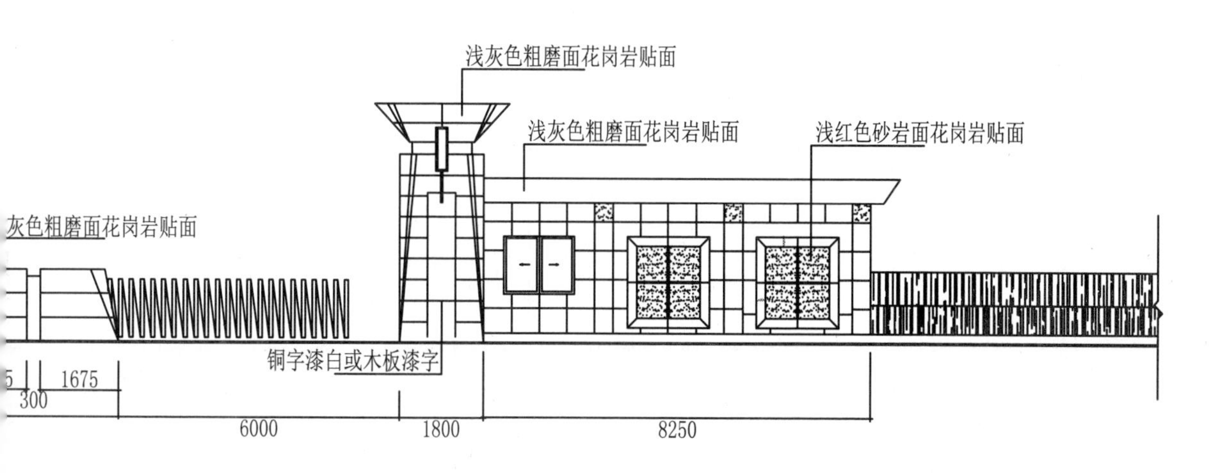
浅灰色粗磨面花岗岩贴面
浅灰色粗磨面花岗岩贴面
浅红色砂岩面花岗岩贴面
灰色粗磨面花岗岩贴面
铜字漆白或木板漆字
1675
300
6000
1800
8250

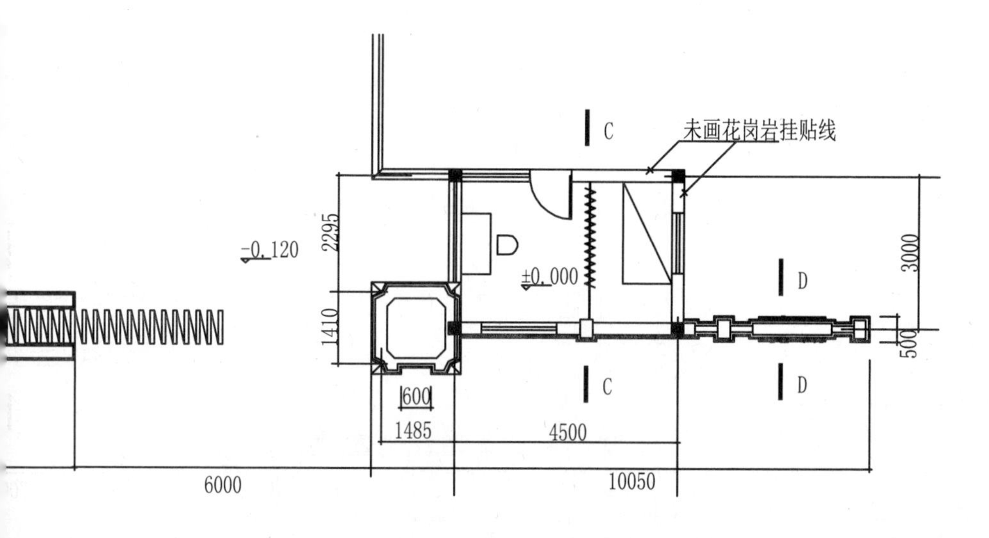
C
未画花岗岩挂贴线
-0.120
2295
±0.000
3000
D
1410
500
C
D
600
1485
4500
6000
10050

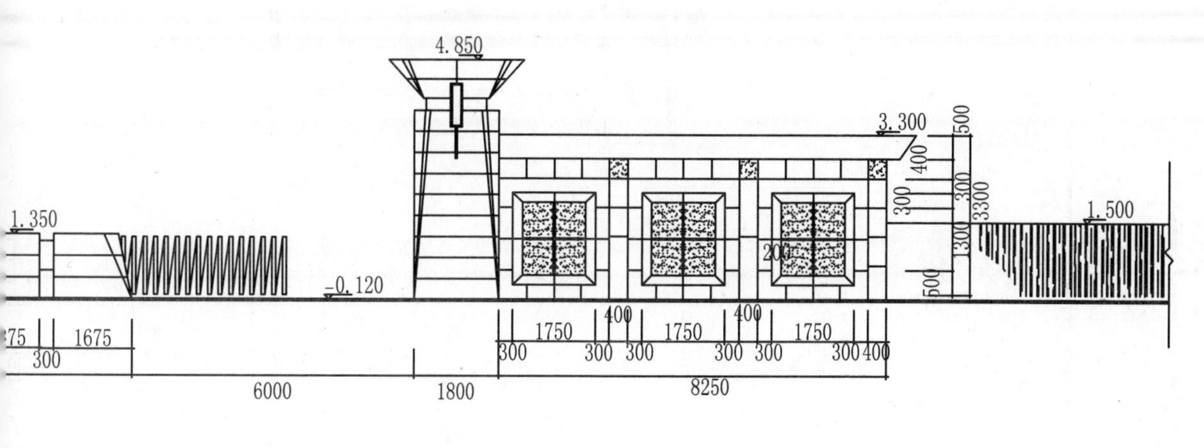
4.850
3.300
500
400
300
300
3300
1.350
1.500
300
200
500
-0.120
1675
300
1750
400
1750
400
1750
300
300
300
300
300
300
400
6000
1800
8250

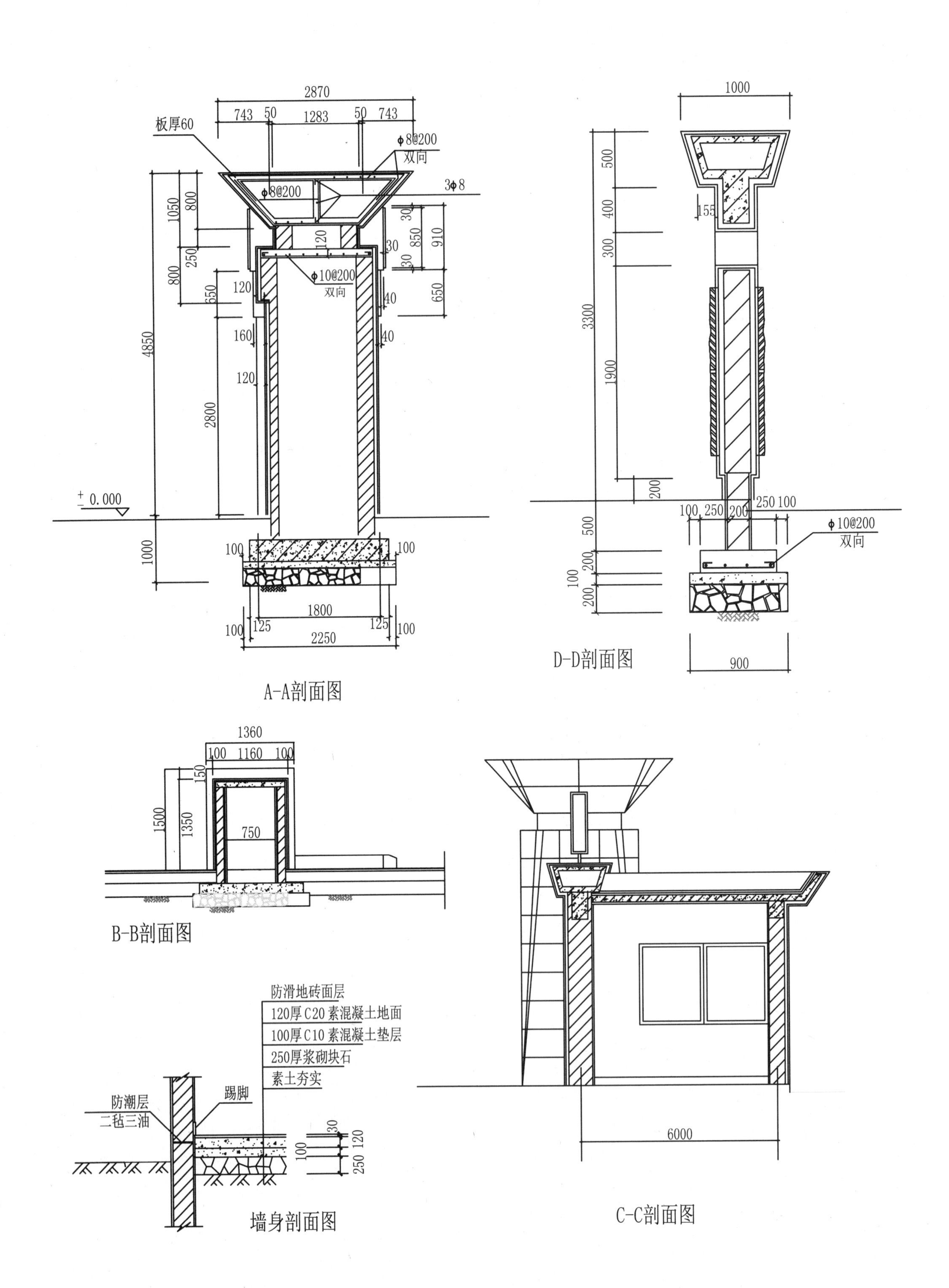

A-A剖面图

D-D剖面图

B-B剖面图

墙身剖面图

C-C剖面图

围　栏

围栏方案一

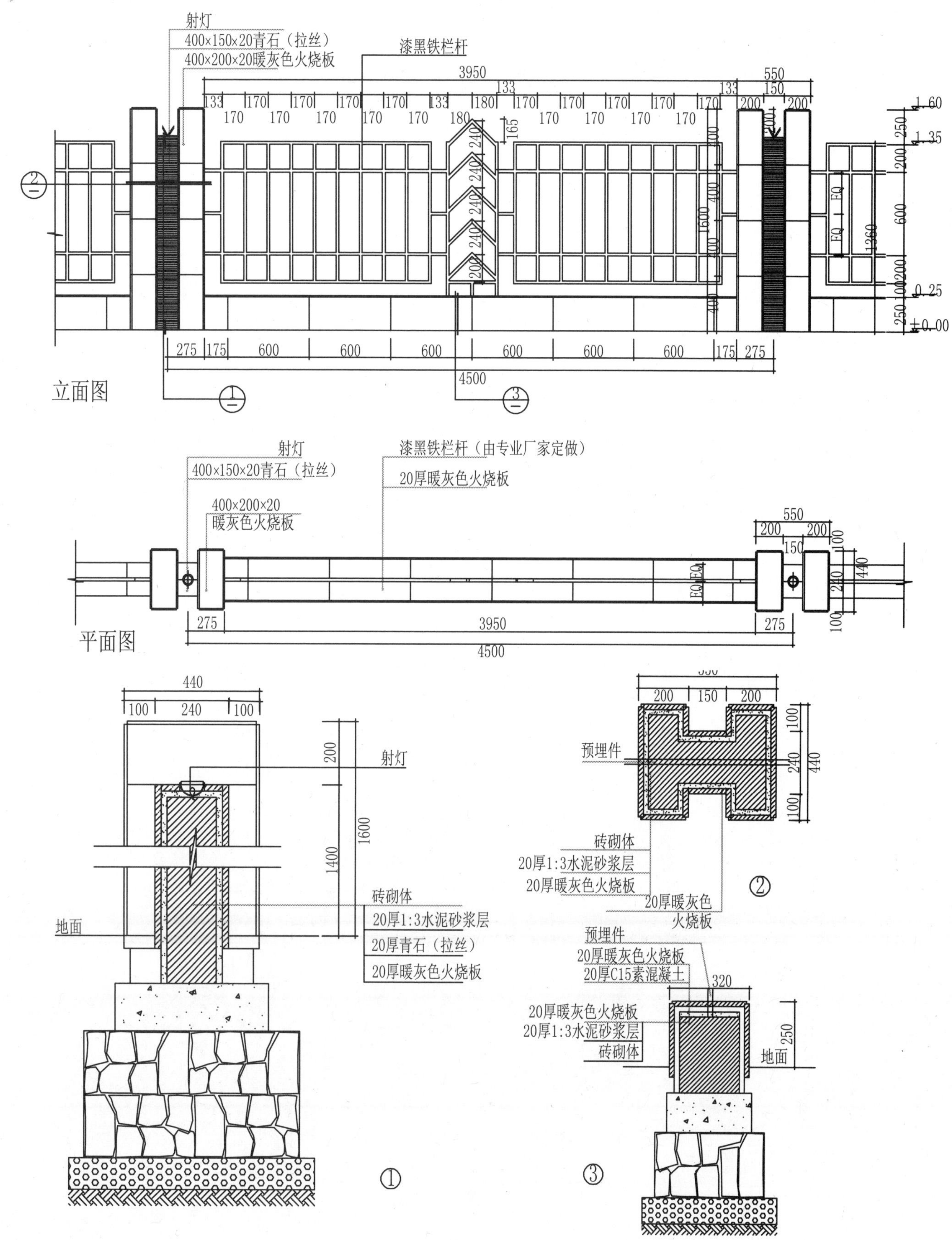
射灯
400×150×20青石（拉丝）
400×200×20暖灰色火烧板
漆黑铁栏杆
立面图
射灯
400×150×20青石（拉丝）
漆黑铁栏杆（由专业厂家定做）
20厚暖灰色火烧板
400×200×20
暖灰色火烧板
平面图
射灯
砖砌体
20厚1:3水泥砂浆层
20厚青石（拉丝）
20厚暖灰色火烧板
地面
预埋件
砖砌体
20厚1:3水泥砂浆层
20厚暖灰色火烧板
20厚暖灰色
火烧板
预埋件
20厚暖灰色火烧板
20厚C15素混凝土
20厚暖灰色火烧板
20厚1:3水泥砂浆层
砖砌体
地面

围栏方案二

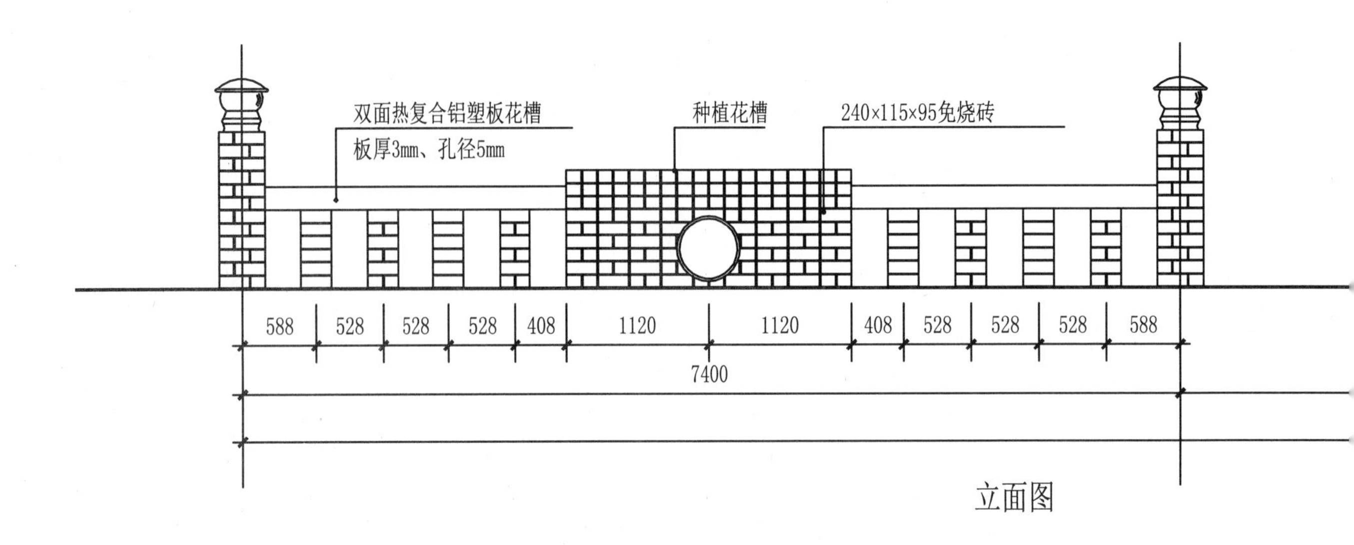
双面热复合铝塑板花槽
板厚3mm、孔径5mm
种植花槽
240×115×95免烧砖
588
528
528
528
408
1120
1120
408
528
528
528
588
7400
立面图

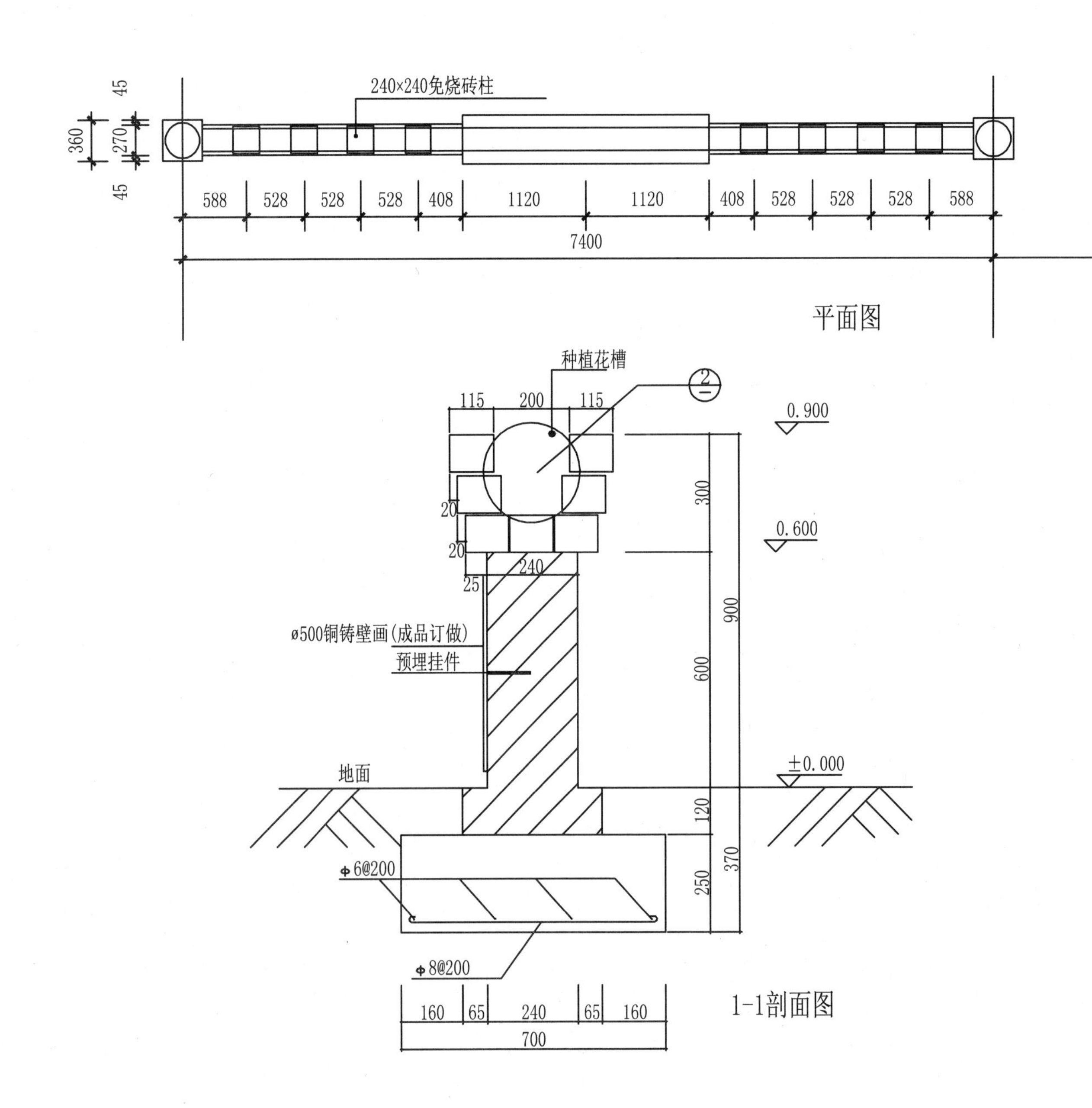
240×240免烧砖柱
45
360
270
45
588
528
528
528
408
1120
1120
408
528
528
528
588
7400
平面图
种植花槽
115
200
115
0.900
0.600
20
20
240
25
300
900
600
ø500铜铸壁画(成品订做)
预埋挂件
地面
±0.000
120
370
250
φ6@200
φ8@200
160
65
240
65
160
700
1-1剖面图

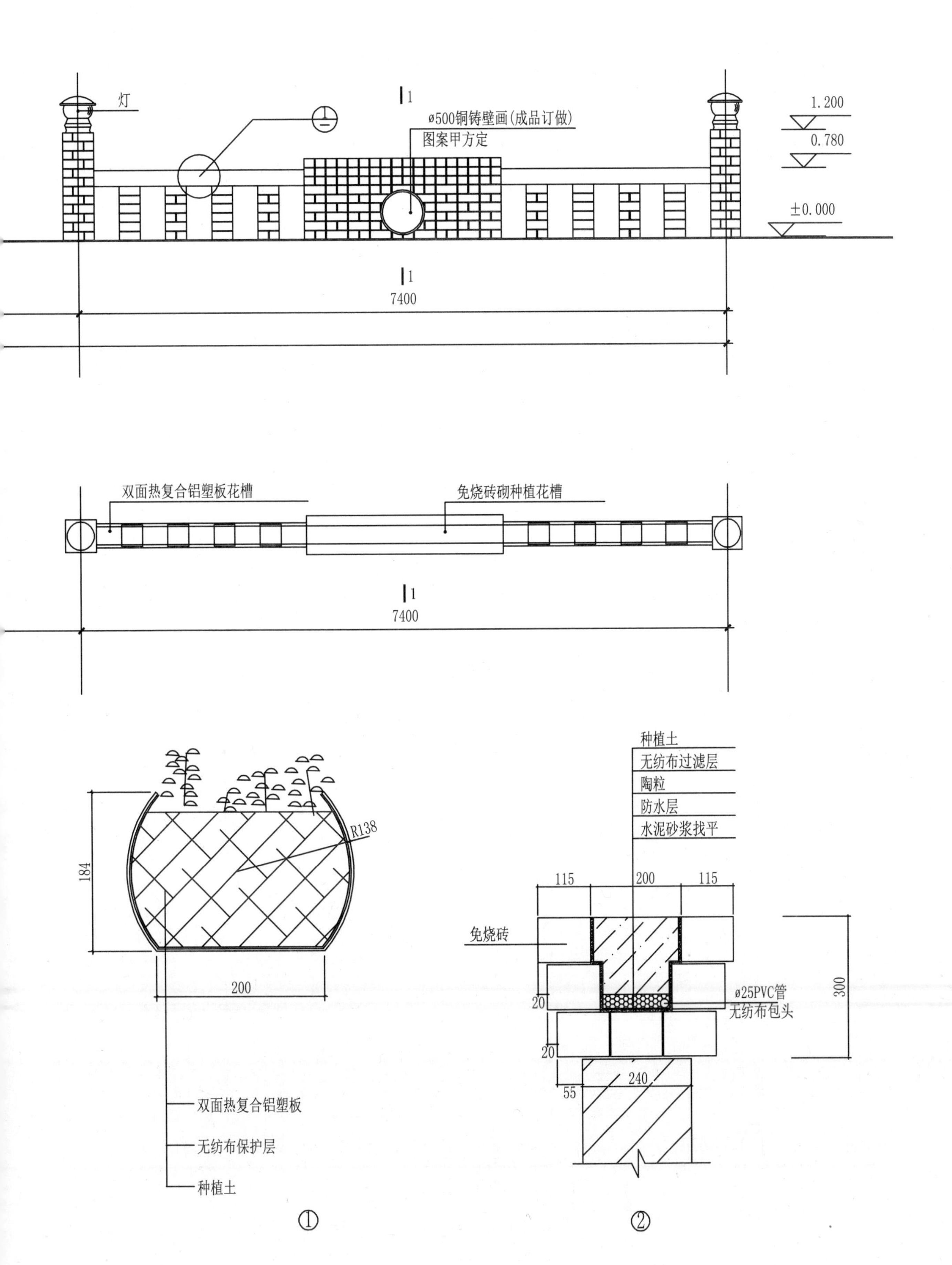
灯
ø500铜铸壁画(成品订做)
图案甲方定
1
1.200
0.780
±0.000
7400
双面热复合铝塑板花槽
免烧砖砌种植花槽
7400
184
R138
200
双面热复合铝塑板
无纺布保护层
种植土
①
种植土
无纺布过滤层
陶粒
防水层
水泥砂浆找平
115
200
115
免烧砖
ø25PVC管
无纺布包头
20
20
240
55
300
②

围栏方案三

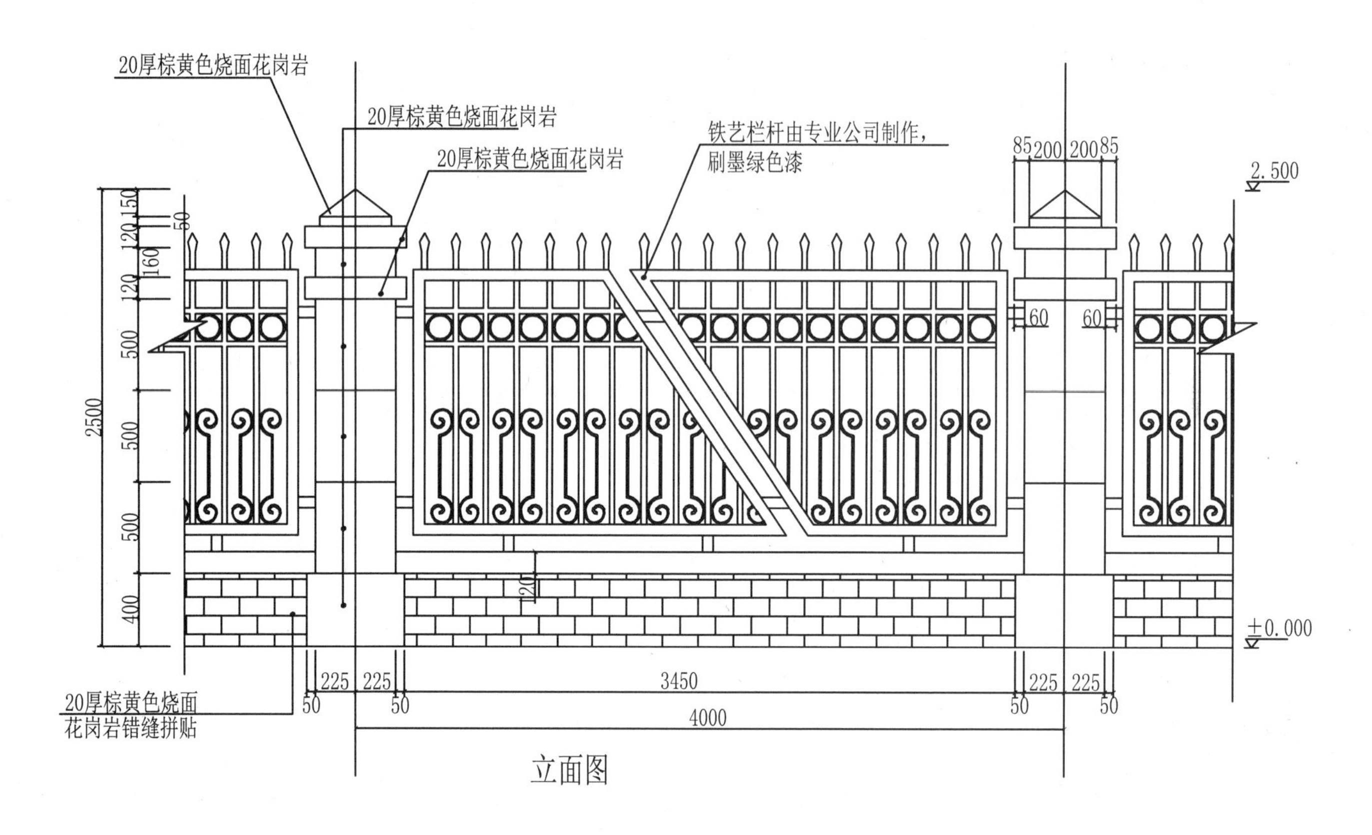

立面图

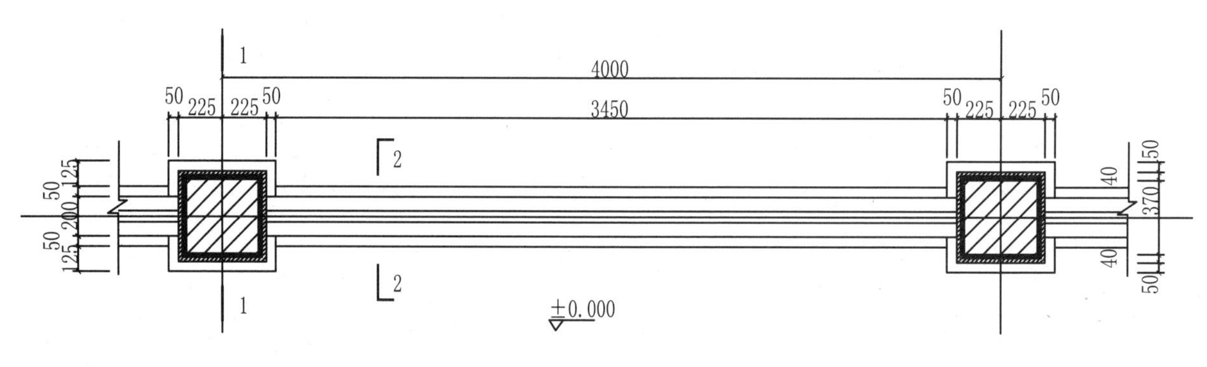

底层平面图

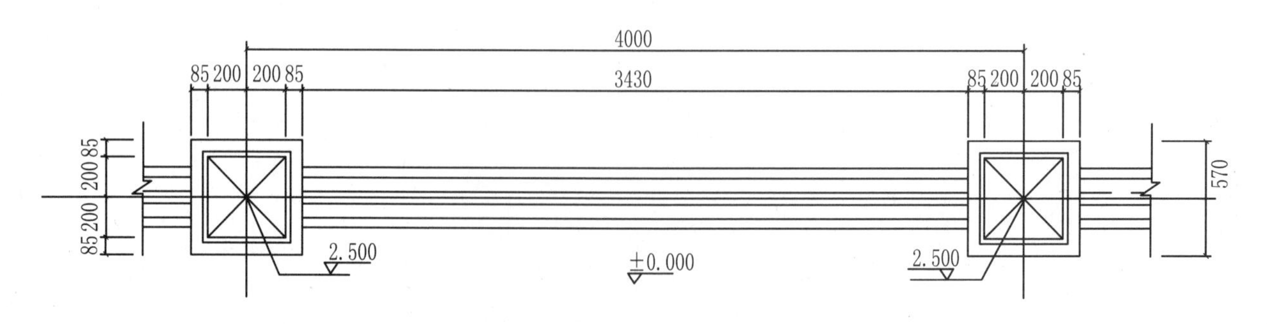

顶层平面图

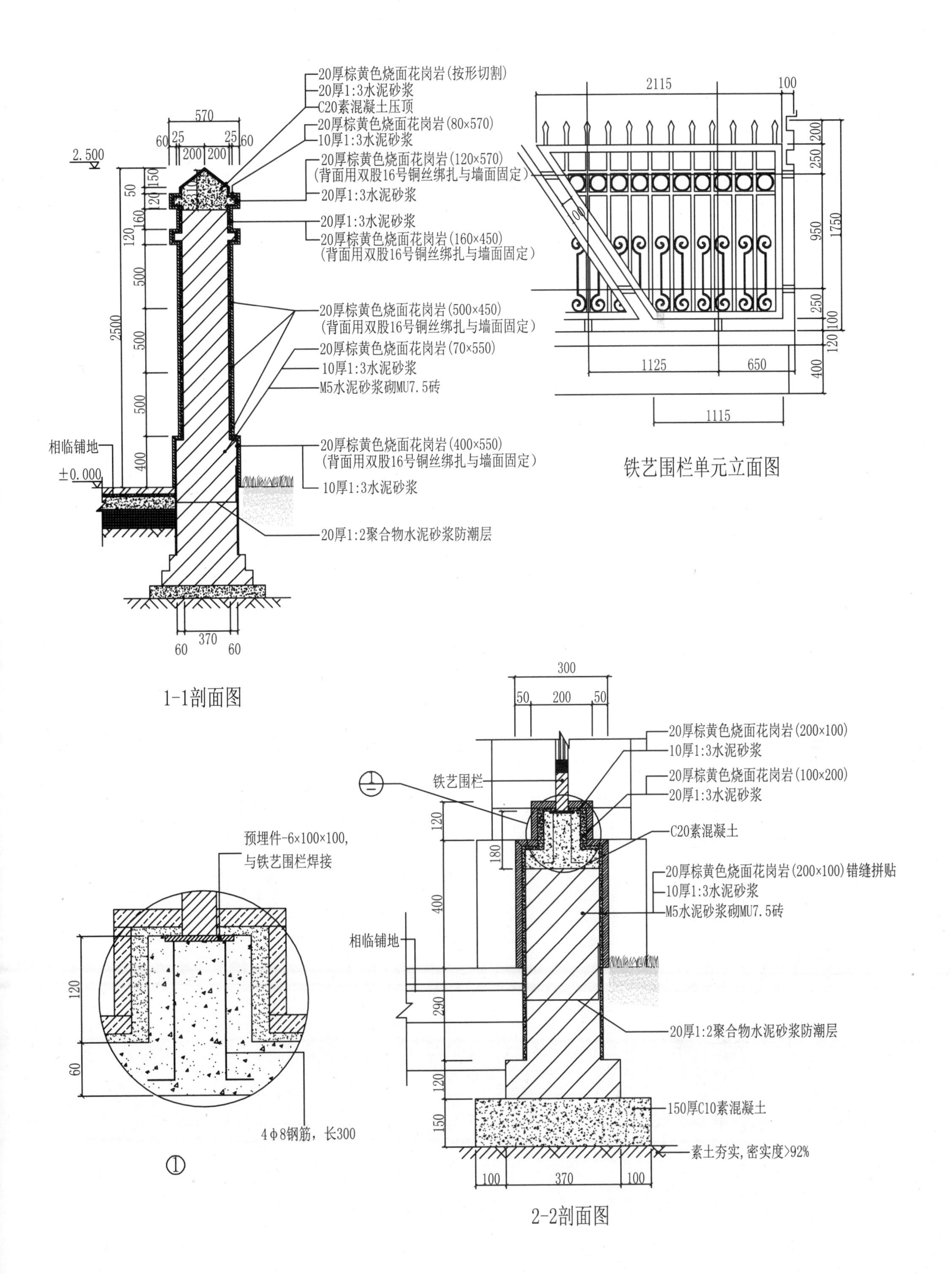
20厚棕黄色烧面花岗岩(按形切割)
20厚1:3水泥砂浆
C20素混凝土压顶
20厚棕黄色烧面花岗岩(80×570)
10厚1:3水泥砂浆
20厚棕黄色烧面花岗岩(120×570)
(背面用双股16号铜丝绑扎与墙面固定)
20厚1:3水泥砂浆
20厚1:3水泥砂浆
20厚棕黄色烧面花岗岩(160×450)
(背面用双股16号铜丝绑扎与墙面固定)
20厚棕黄色烧面花岗岩(500×450)
(背面用双股16号铜丝绑扎与墙面固定)
20厚棕黄色烧面花岗岩(70×550)
10厚1:3水泥砂浆
M5水泥砂浆砌MU7.5砖
20厚棕黄色烧面花岗岩(400×550)
(背面用双股16号铜丝绑扎与墙面固定)
10厚1:3水泥砂浆
20厚1:2聚合物水泥砂浆防潮层
相临铺地
2.500
±0.000
1-1剖面图
铁艺围栏单元立面图
预埋件-6×100×100,
与铁艺围栏焊接
4φ8钢筋，长300
①
铁艺围栏
20厚棕黄色烧面花岗岩(200×100)
10厚1:3水泥砂浆
20厚棕黄色烧面花岗岩(100×200)
20厚1:3水泥砂浆
C20素混凝土
20厚棕黄色烧面花岗岩(200×100)错缝拼贴
10厚1:3水泥砂浆
M5水泥砂浆砌MU7.5砖
相临铺地
20厚1:2聚合物水泥砂浆防潮层
150厚C10素混凝土
素土夯实，密实度>92%
2-2剖面图

围栏方案四

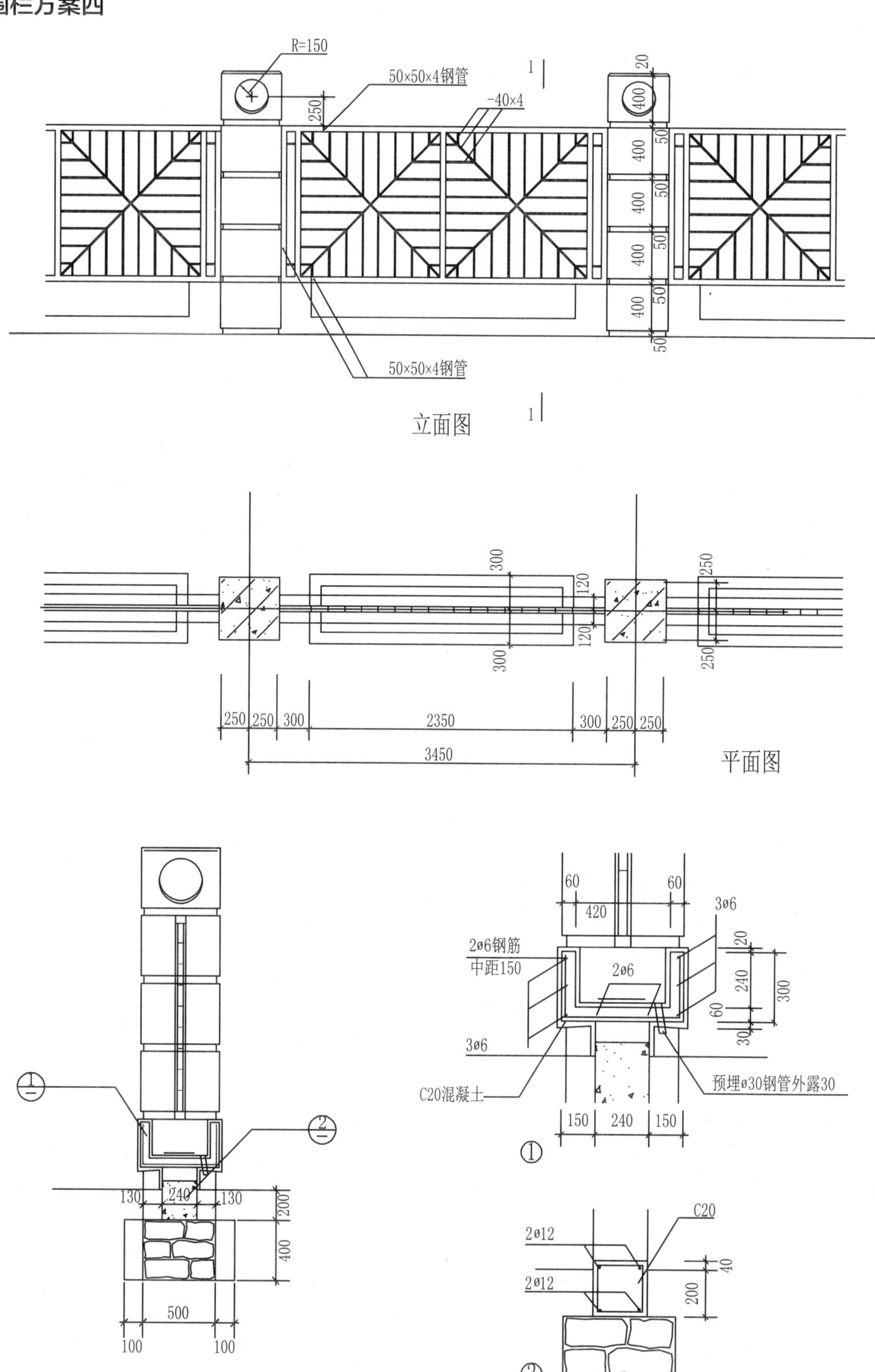

R=150
50×50×4钢管
-40×4
1
20
400
250
50
400
50
400
50
400
50
400
50
50×50×4钢管
1
立面图
300
120
120
300
250
250
250
250
300
2350
300
250
250
3450
平面图
60
60
420
3ø6
2ø6钢筋
中距150
2ø6
20
240
300
60
30
3ø6
C20混凝土
预埋ø30钢管外露30
150
240
150
①
②
130
240
130
200
400
500
100
100
1-1剖面图
C20
2ø12
2ø12
40
200
②

围栏方案五

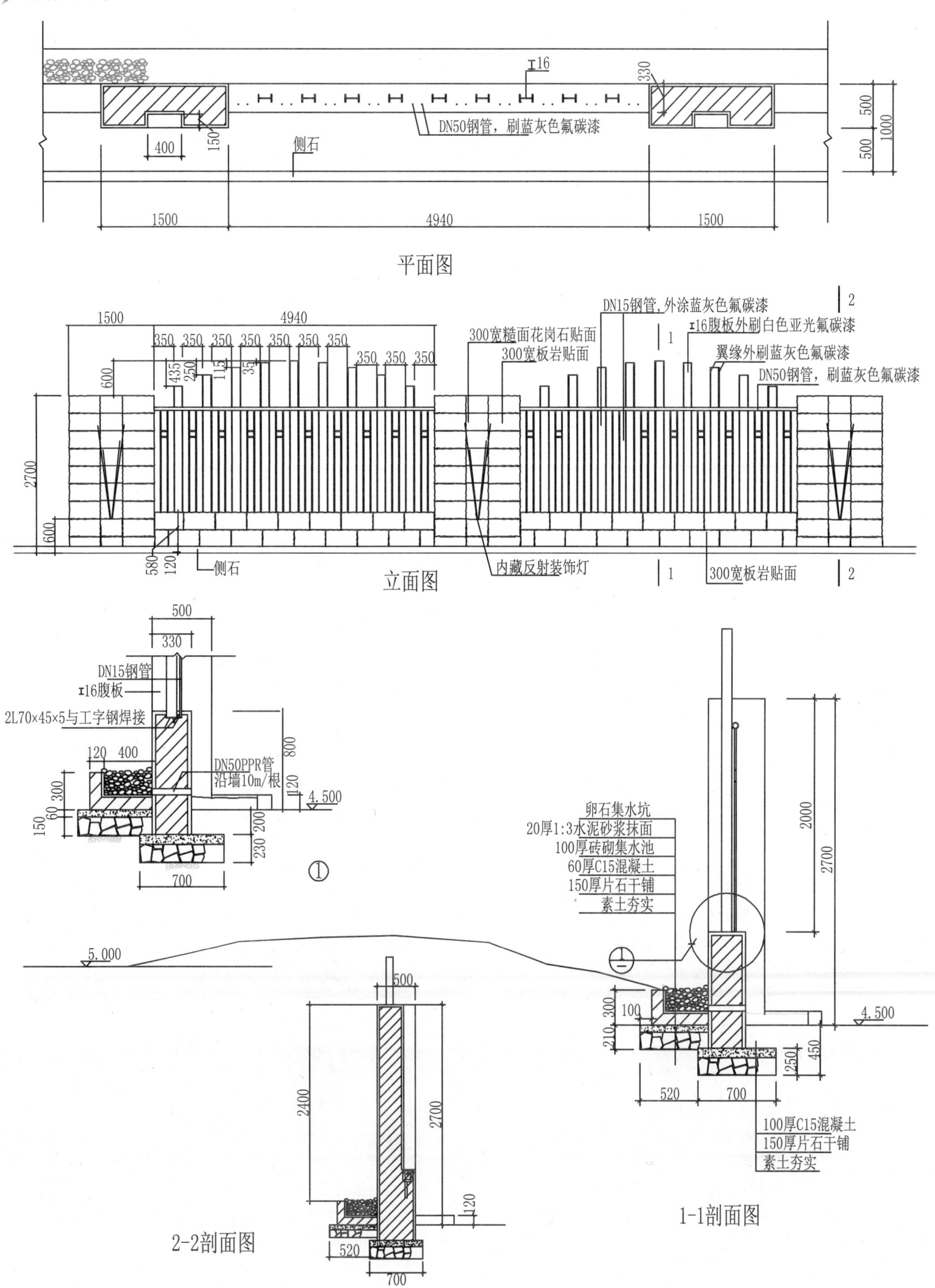

I16
330
DN50钢管，刷蓝灰色氟碳漆
400
150
侧石
500
1000
500
1500
4940
1500
平面图
1500
4940
350 350 350 350 350 350 350
350 350 350
600
435
250
115
35
2700
600
580
120
侧石
DN15钢管,外涂蓝灰色氟碳漆
300宽糙面花岗石贴面
300宽板岩贴面
I16腹板外刷白色亚光氟碳漆
翼缘外刷蓝灰色氟碳漆
DN50钢管，刷蓝灰色氟碳漆
内藏反射装饰灯
300宽板岩贴面
立面图
500
330
DN15钢管
I16腹板
2L70×45×5与工字钢焊接
120 400
DN50PPR管
沿墙10m/根
800
120
4.500
300
60
150
200
230
700
①
卵石集水坑
20厚1:3水泥砂浆抹面
100厚砖砌集水池
60厚C15混凝土
150厚片石干铺
素土夯实
2000
2700
5.000
500
2400
2700
120
520
700
2-2剖面图
100
300
210
4.500
450
250
520
700
100厚C15混凝土
150厚片石干铺
素土夯实
1-1剖面图

围栏方案六

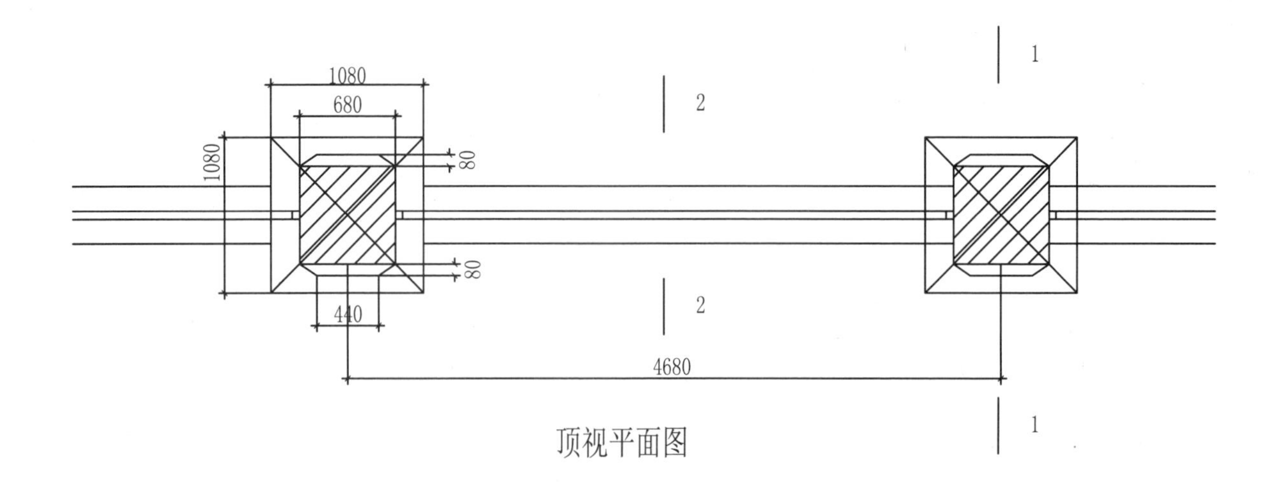

顶视平面图

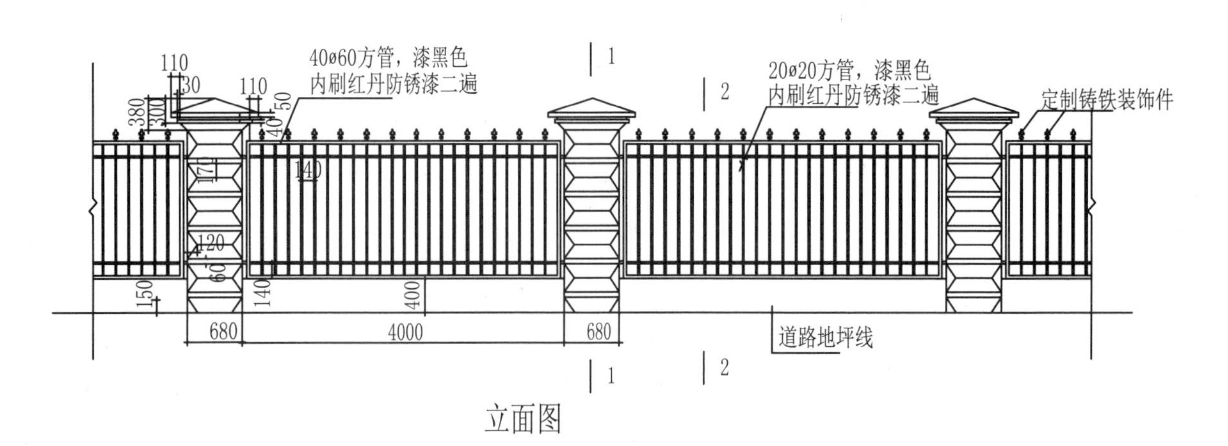

立面图

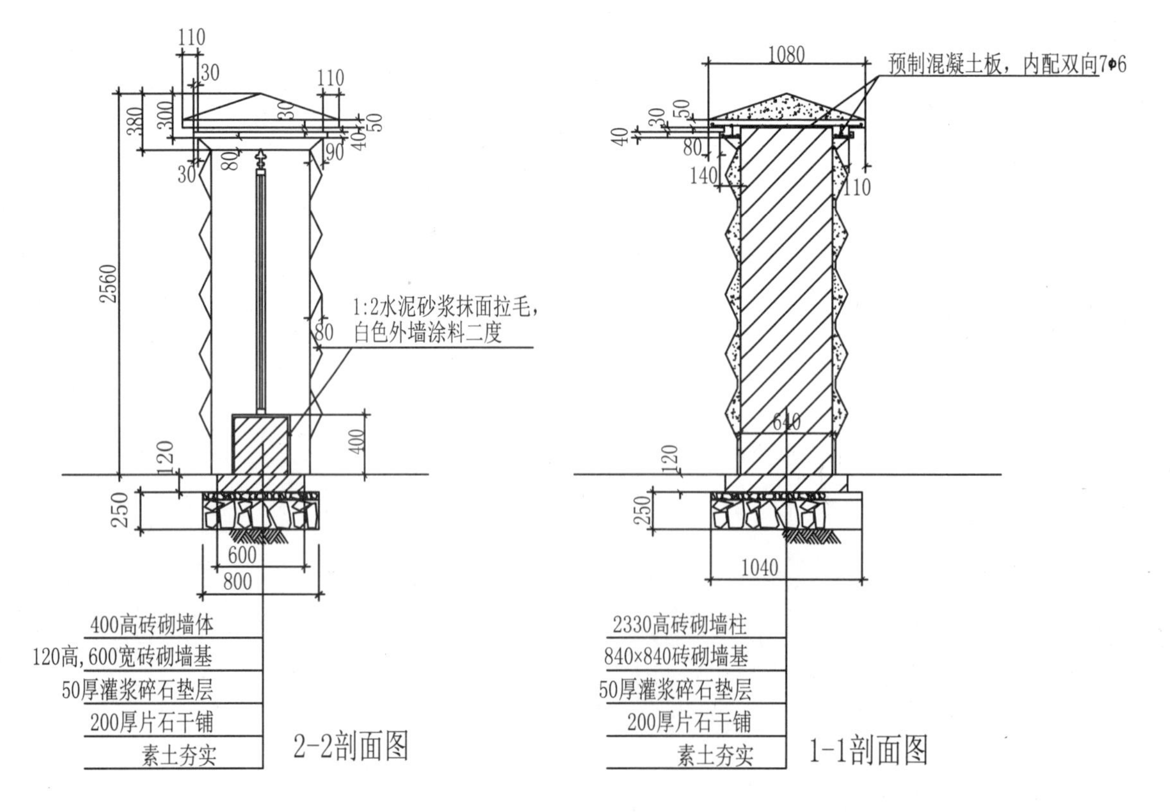

2-2剖面图

1-1剖面图

围栏方案七

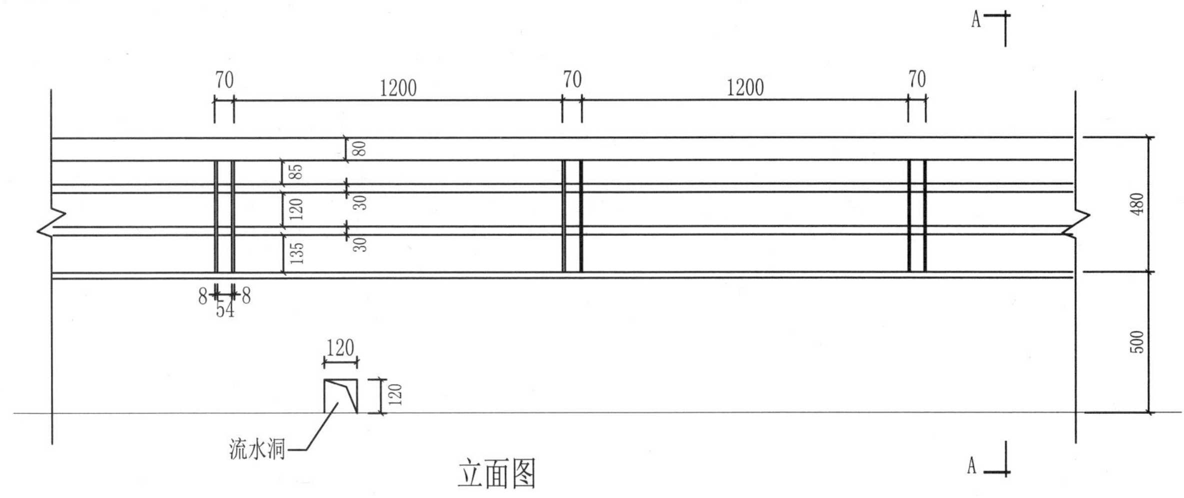

立面图

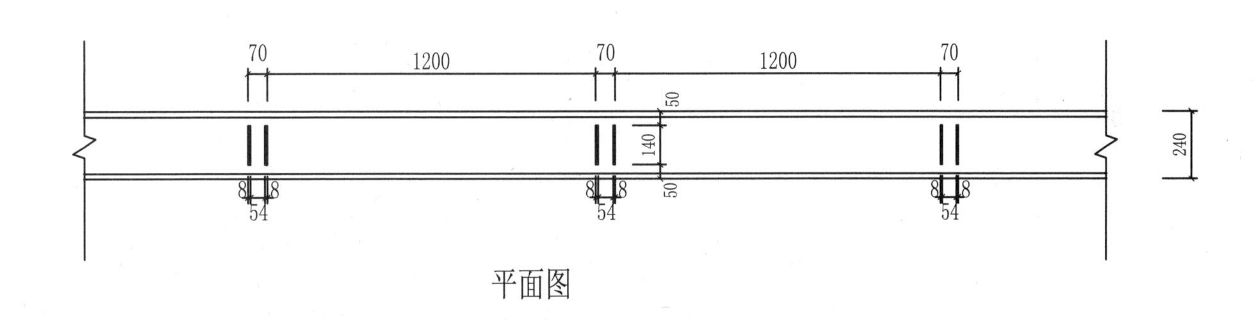

平面图

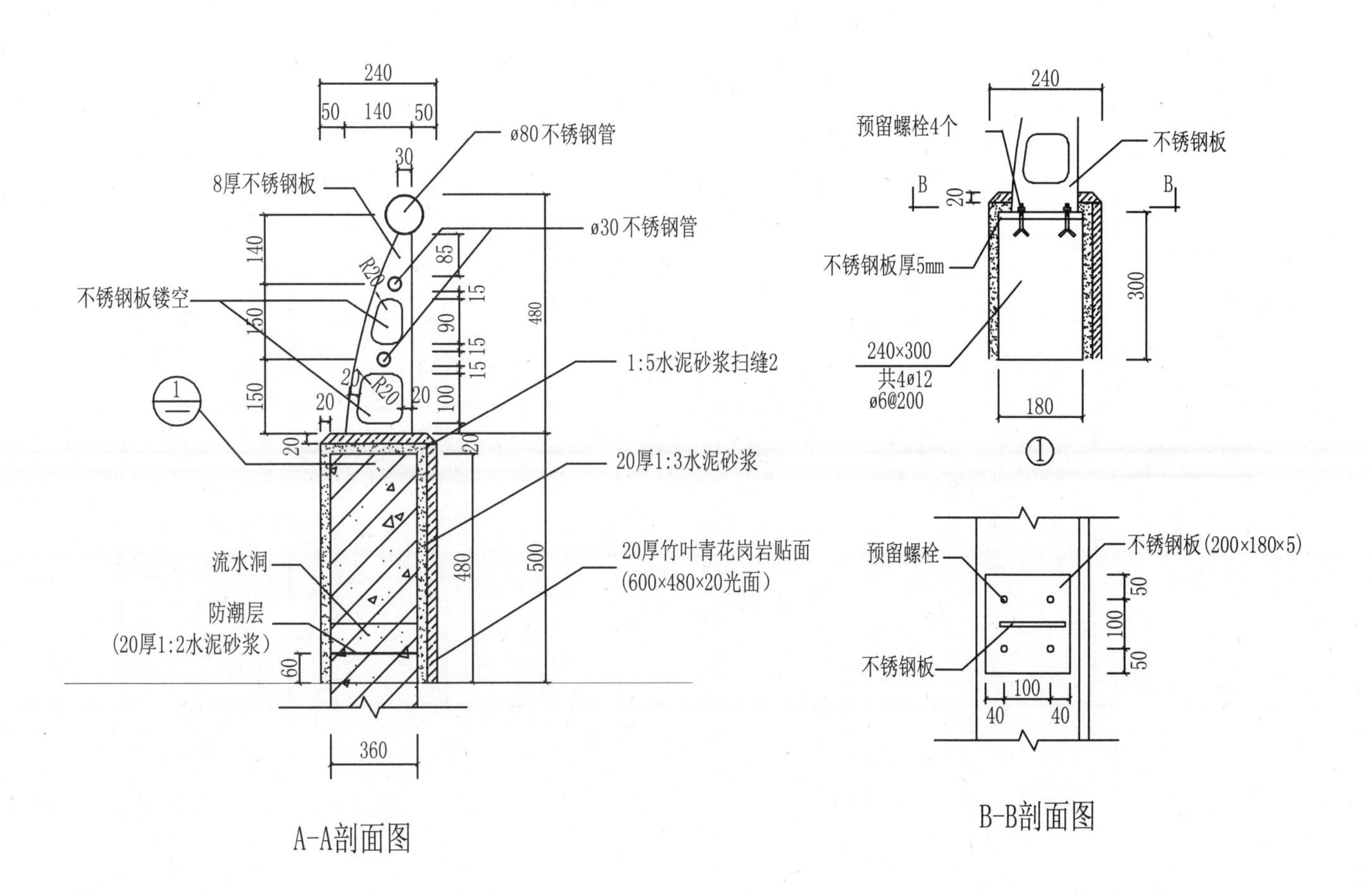

A-A剖面图

B-B剖面图

围栏方案八

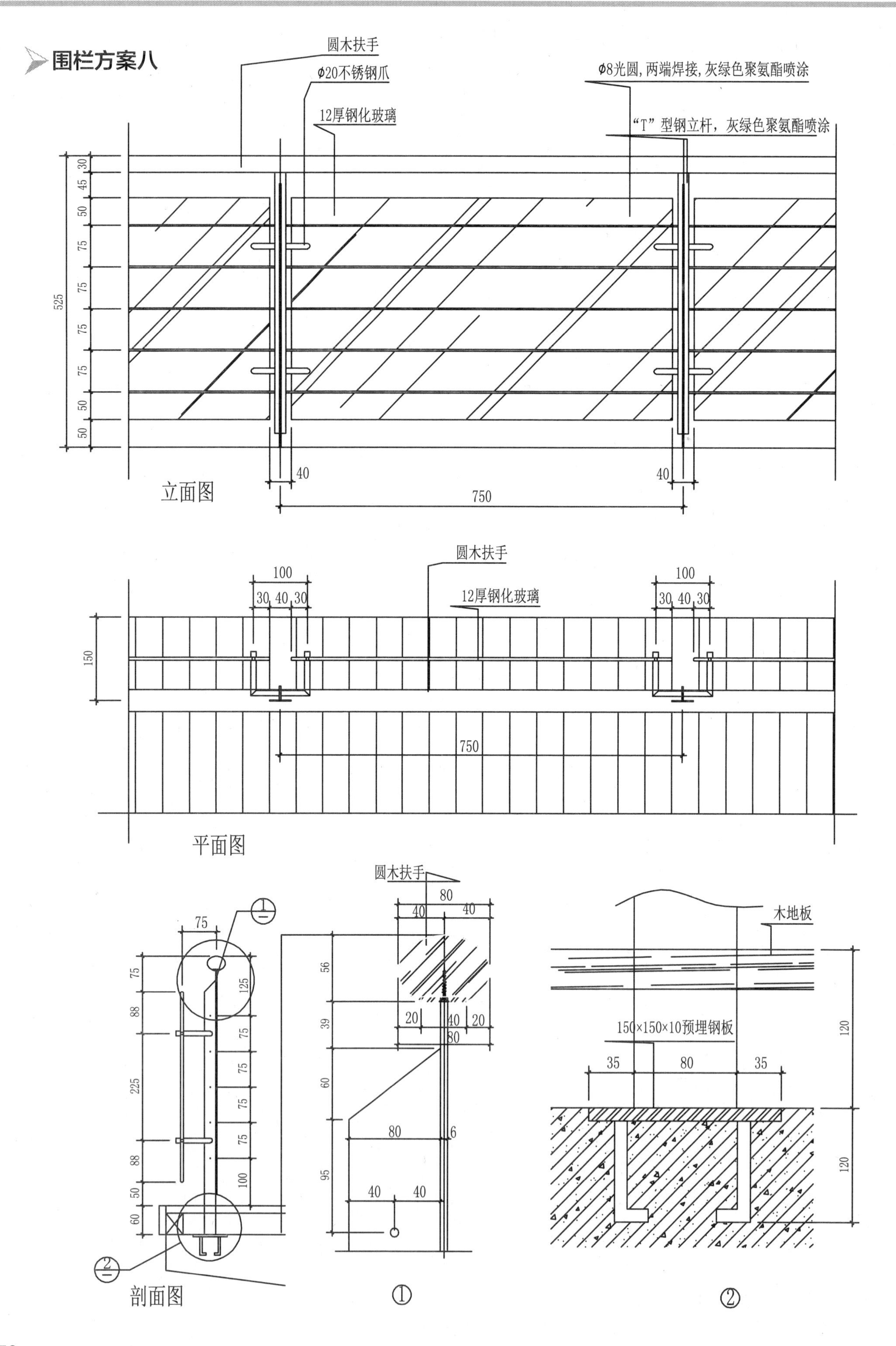
圆木扶手
ϕ20不锈钢爪
12厚钢化玻璃
ϕ8光圆，两端焊接，灰绿色聚氨酯喷涂
"T"型钢立杆，灰绿色聚氨酯喷涂
立面图
平面图
剖面图
木地板
150×150×10预埋钢板
①
②

围栏方案九

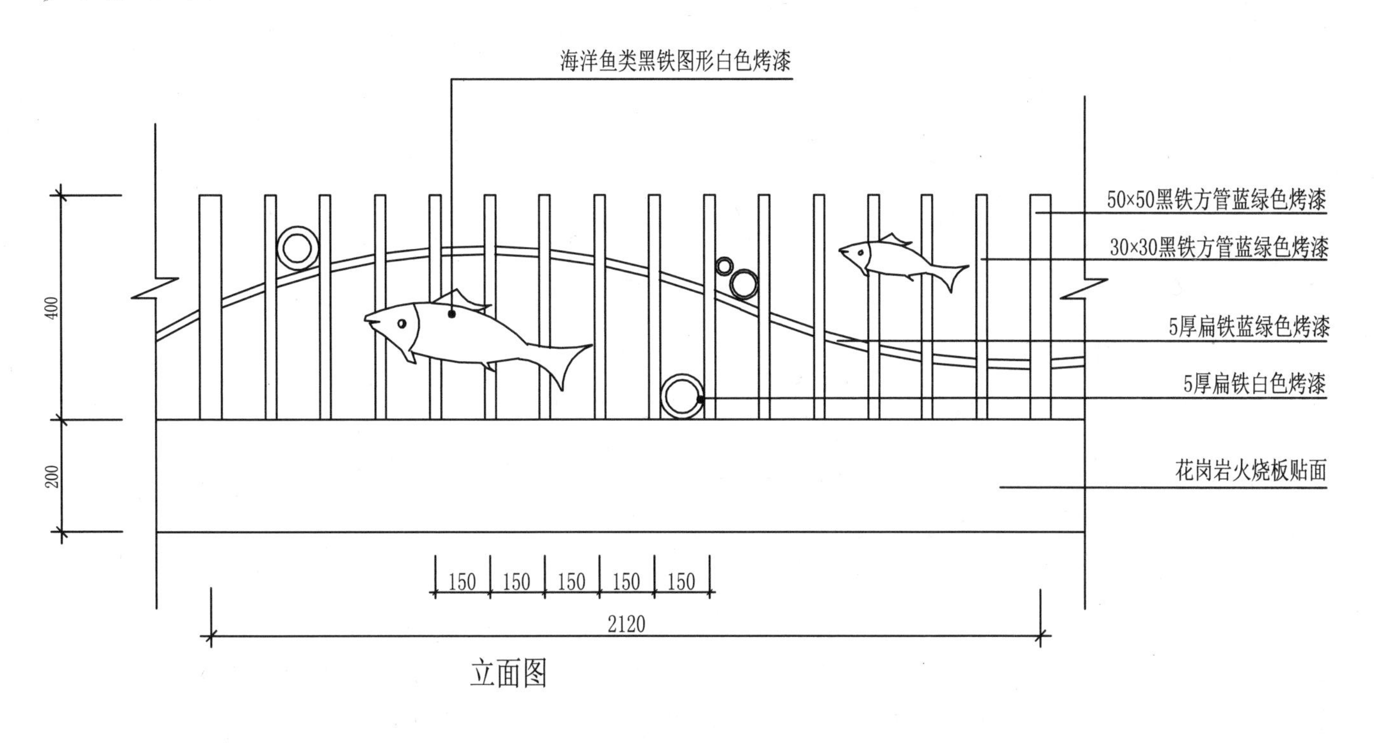

立面图

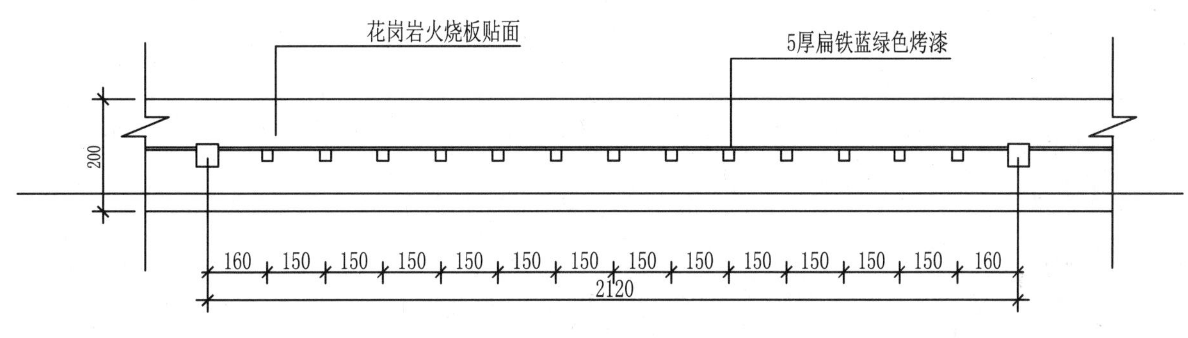

平面图

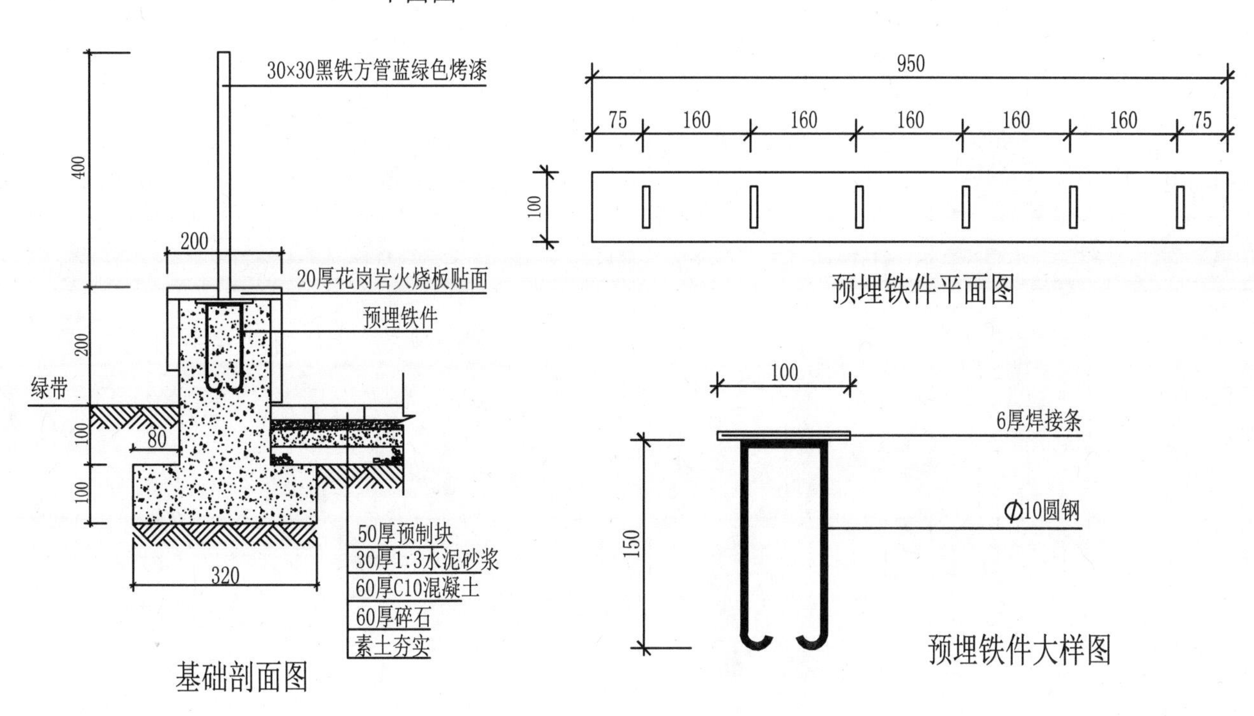

基础剖面图

预埋铁件平面图

预埋铁件大样图

第五篇　景墙挡墙

景　墙

景墙方案一

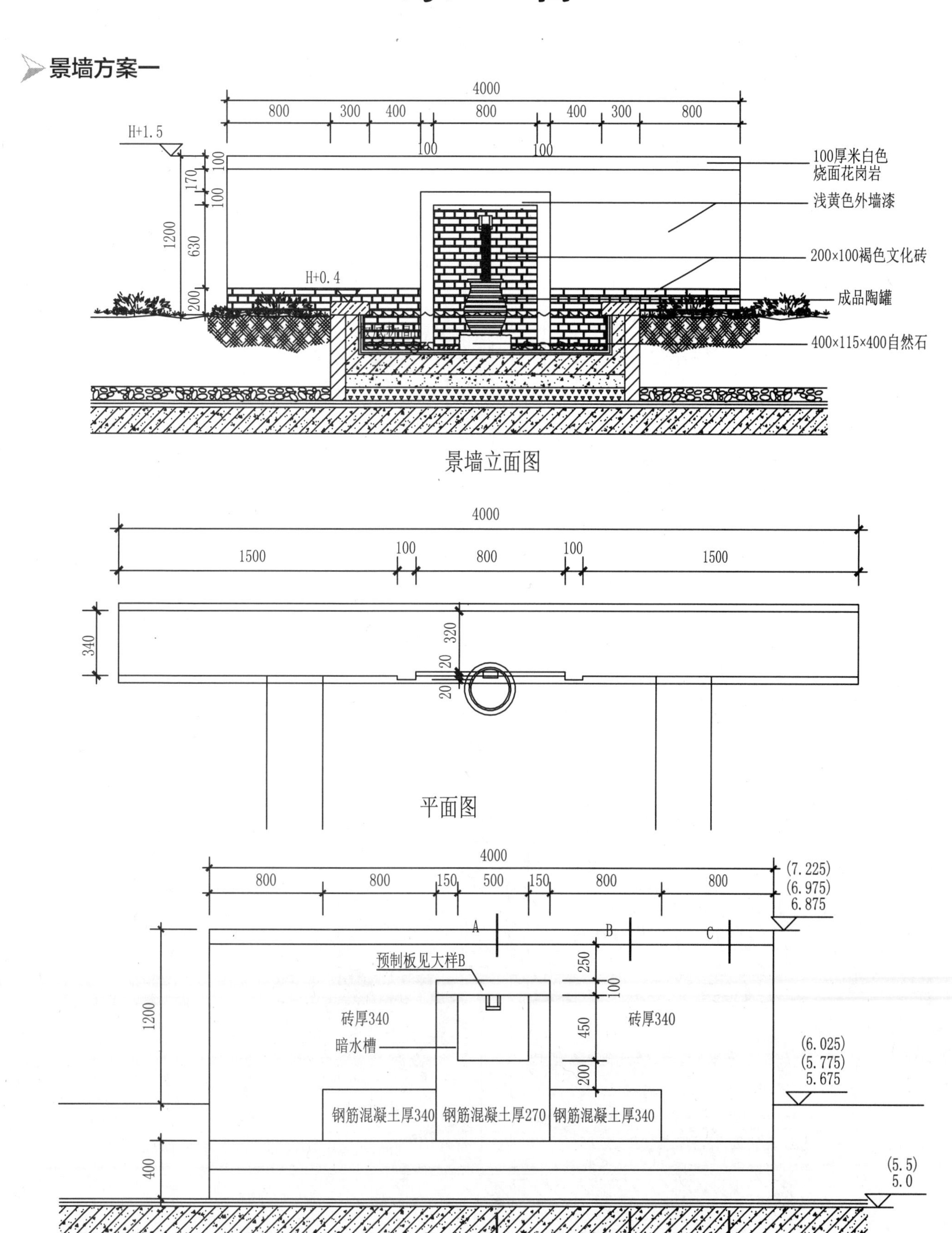

4000
800
300
400
800
400
300
800
100
100
H+1.5
H+0.4
1200
170
630
200
100
100
100厚米白色
烧面花岗岩
浅黄色外墙漆
200×100褐色文化砖
成品陶罐
400×115×400自然石
景墙立面图
1500
800
1500
340
320
20
20
平面图
150
500
(7.225)
(6.975)
6.875
A
B
C
预制板见大样B
250
450
砖厚340
暗水槽
(6.025)
(5.775)
5.675
钢筋混凝土厚340
钢筋混凝土厚270
400
(5.5)
5.0
结构示意图

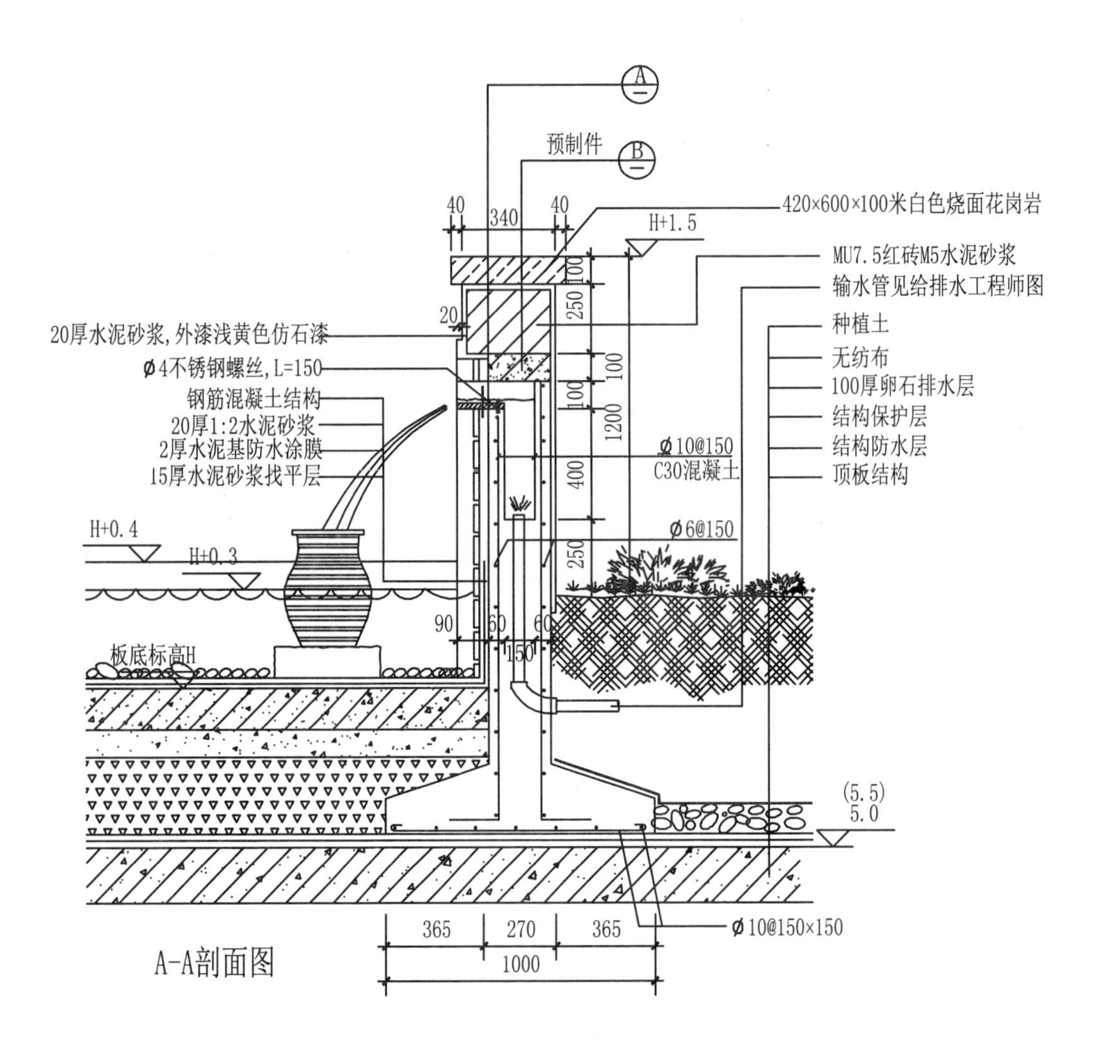

预制件
40
340
40
420×600×100米白色烧面花岗岩
H+1.5
MU7.5红砖M5水泥砂浆
输水管见给排水工程师图
种植土
无纺布
100厚卵石排水层
结构保护层
结构防水层
顶板结构
20厚水泥砂浆，外漆浅黄色仿石漆
Ø4不锈钢螺丝，L=150
钢筋混凝土结构
20厚1:2水泥砂浆
2厚水泥基防水涂膜
15厚水泥砂浆找平层
Ø10@150
C30混凝土
Ø6@150
H+0.4
H+0.3
板底标高H
(5.5)
5.0
365
270
365
1000
Ø10@150×150

A-A剖面图

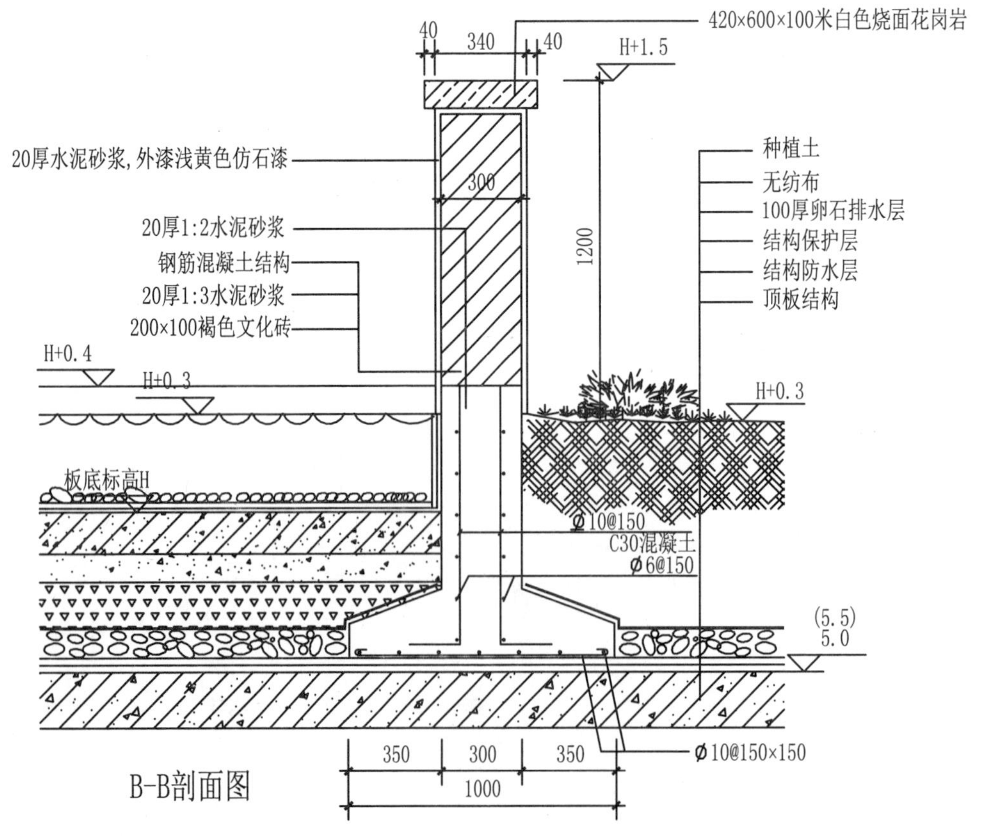

40
340
40
420×600×100米白色烧面花岗岩
H+1.5
20厚水泥砂浆，外漆浅黄色仿石漆
20厚1:2水泥砂浆
钢筋混凝土结构
20厚1:3水泥砂浆
200×100褐色文化砖
种植土
无纺布
100厚卵石排水层
结构保护层
结构防水层
顶板结构
1200
H+0.4
H+0.3
板底标高H
Ø10@150
C30混凝土
Ø6@150
(5.5)
5.0
350
300
350
1000
Ø10@150×150

B-B剖面图

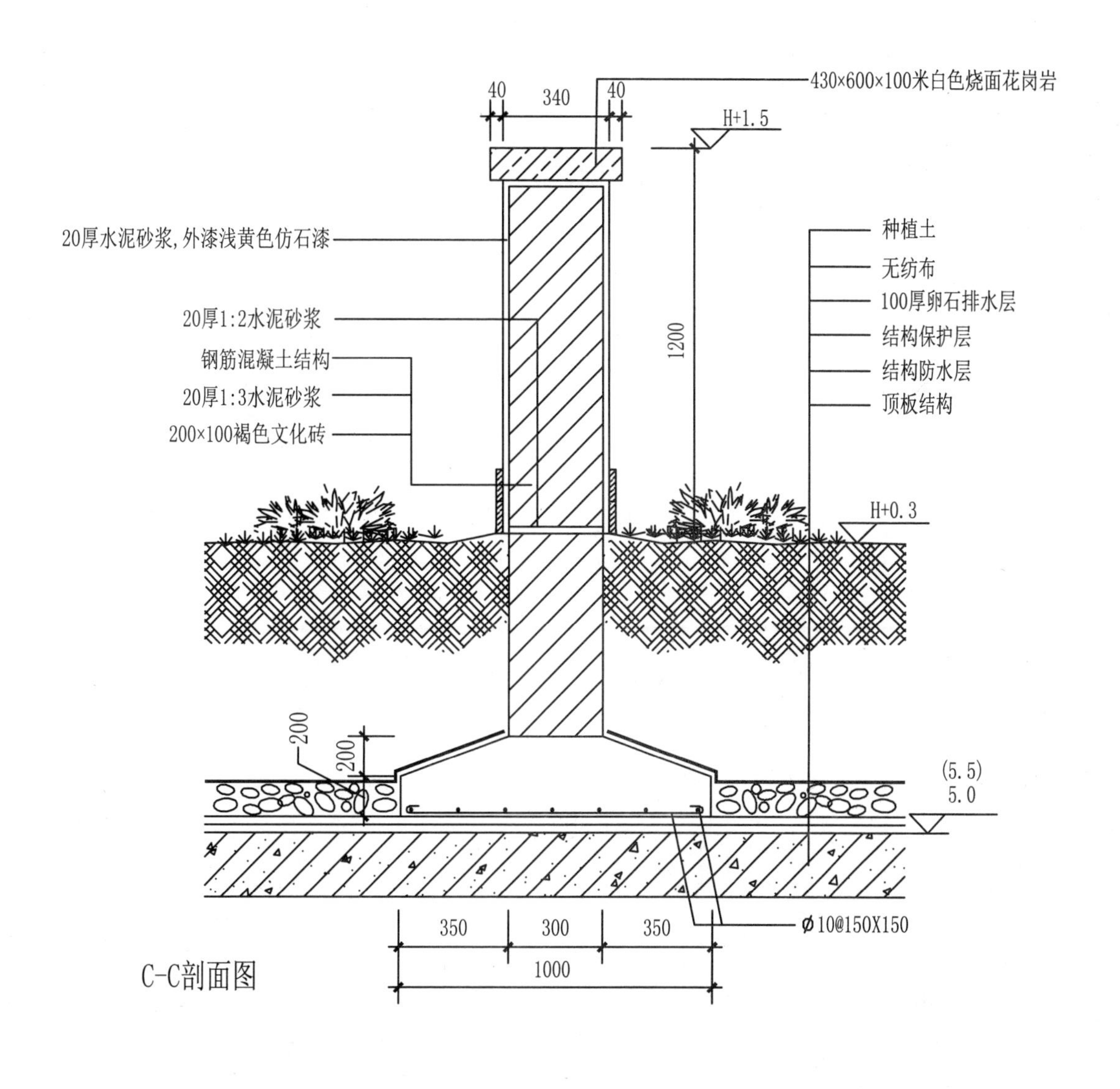

40
340
40
430×600×100米白色烧面花岗岩
H+1.5
20厚水泥砂浆,外漆浅黄色仿石漆
20厚1:2水泥砂浆
钢筋混凝土结构
20厚1:3水泥砂浆
200×100褐色文化砖
1200
种植土
无纺布
100厚卵石排水层
结构保护层
结构防水层
顶板结构
H+0.3
200
200
(5.5)
5.0
350
300
350
1000
ϕ10@150X150

C-C剖面图

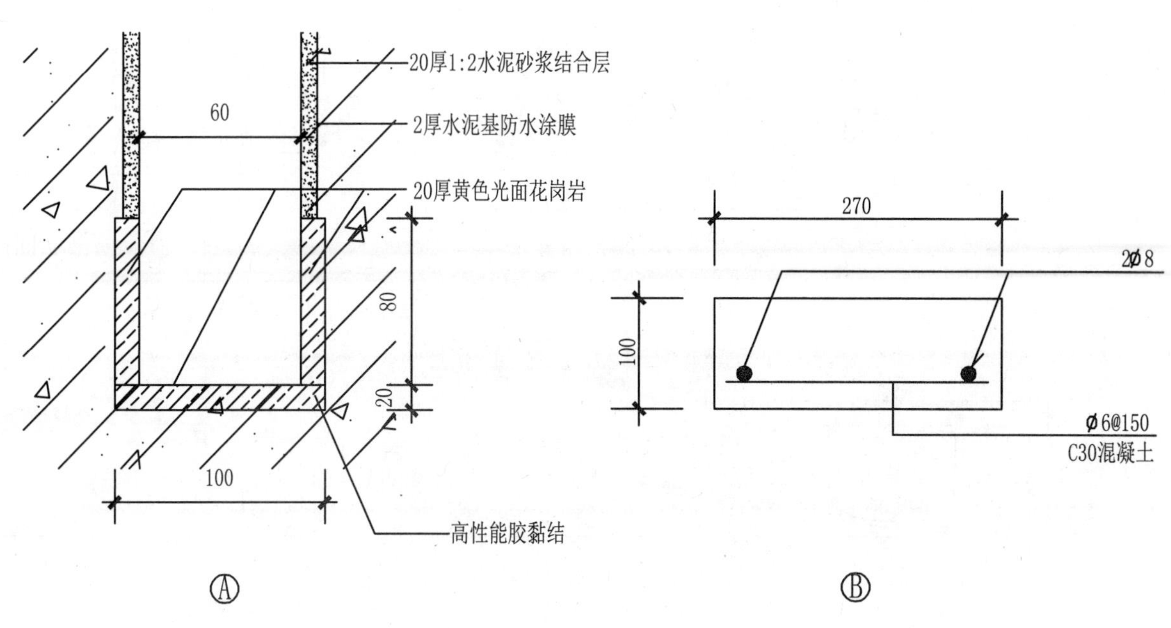

60
20厚1:2水泥砂浆结合层
2厚水泥基防水涂膜
20厚黄色光面花岗岩
80
20
100
高性能胶黏结
Ⓐ
270
2ϕ8
100
ϕ6@150
C30混凝土
Ⓑ

景墙方案二

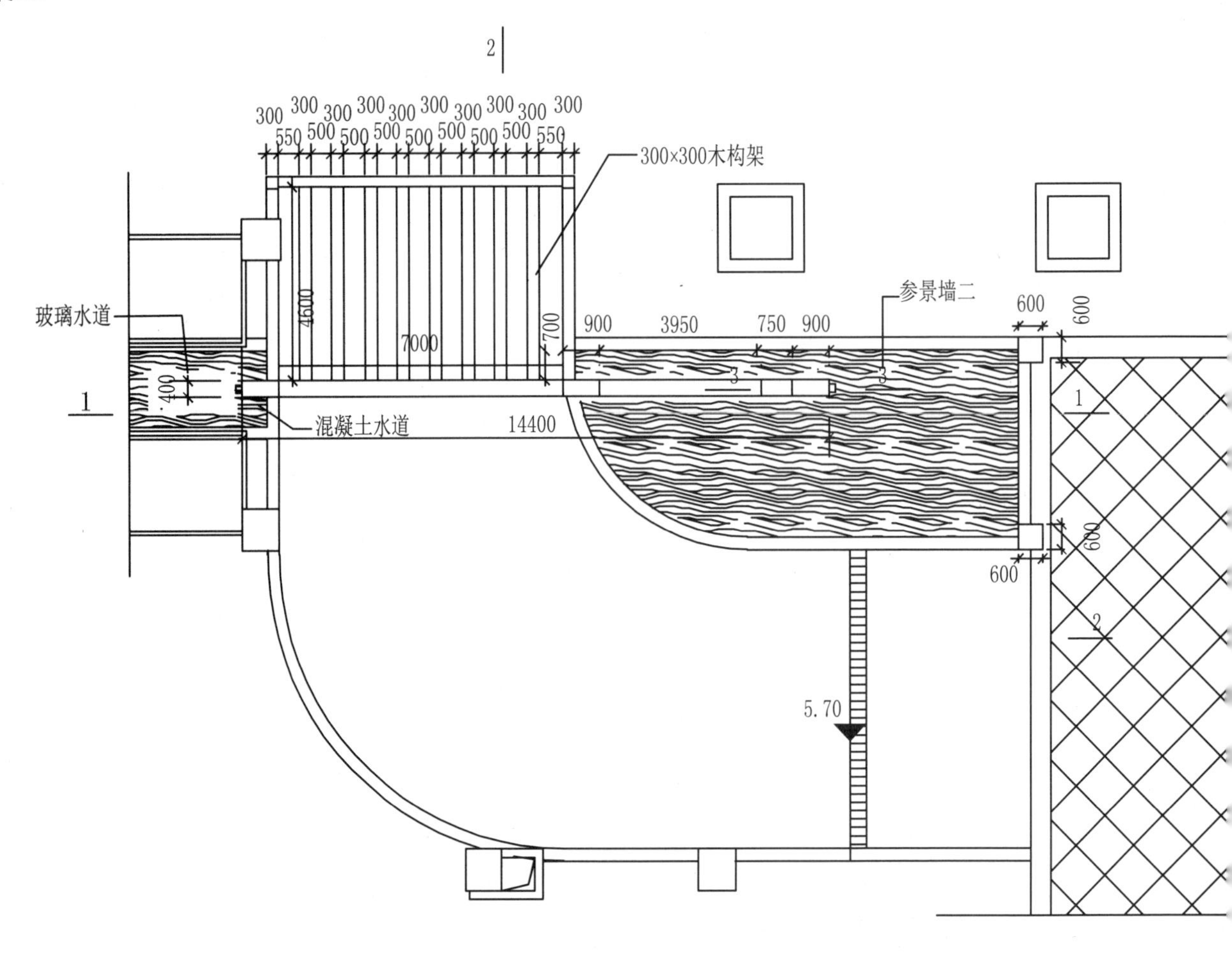

景墙一平面图

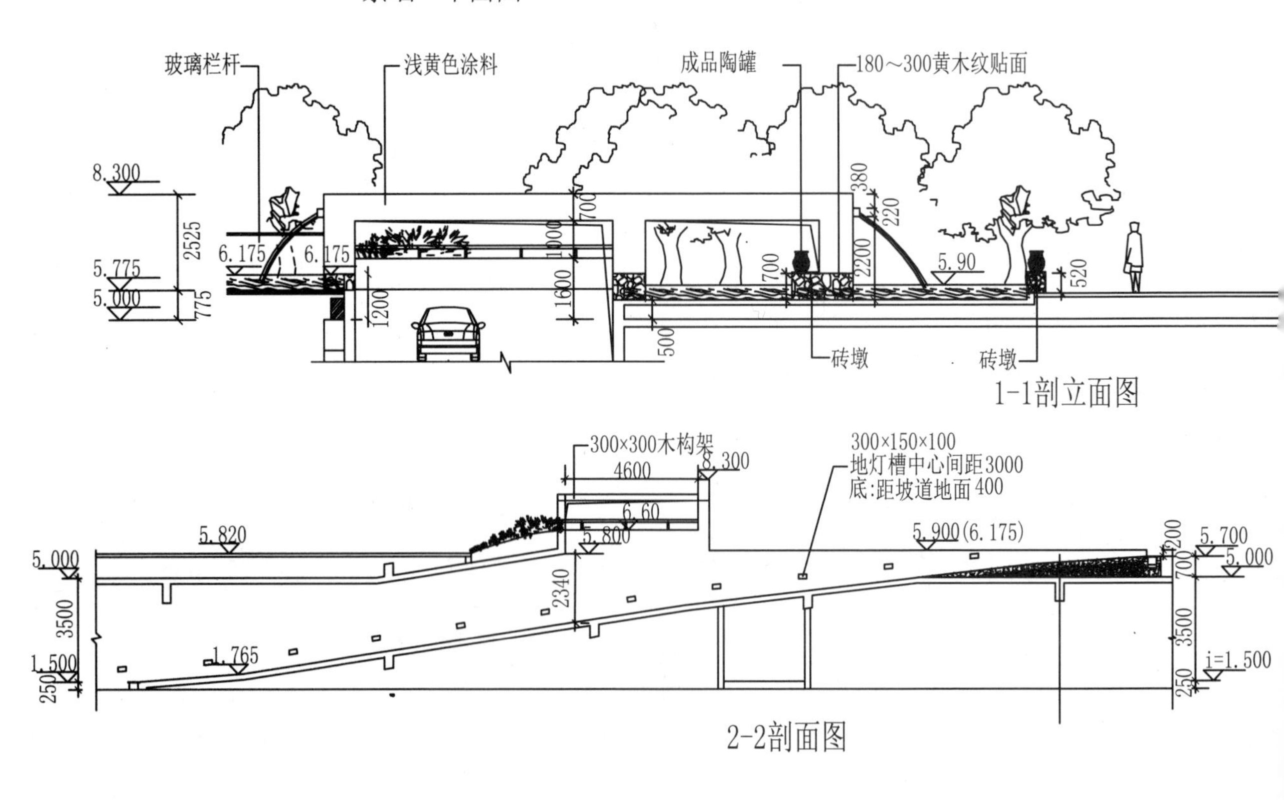

1-1剖立面图

2-2剖面图

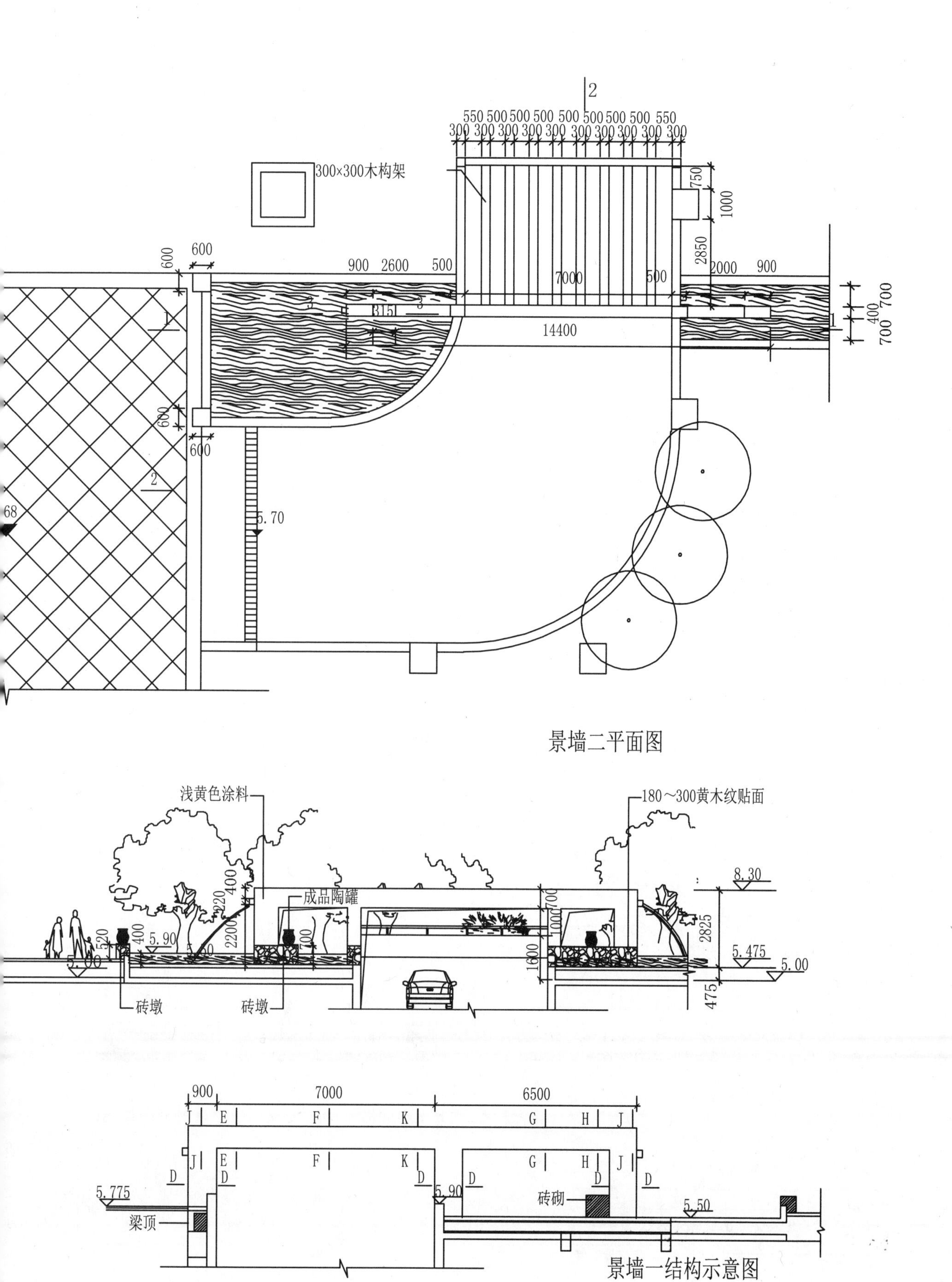

景墙二平面图

景墙一结构示意图

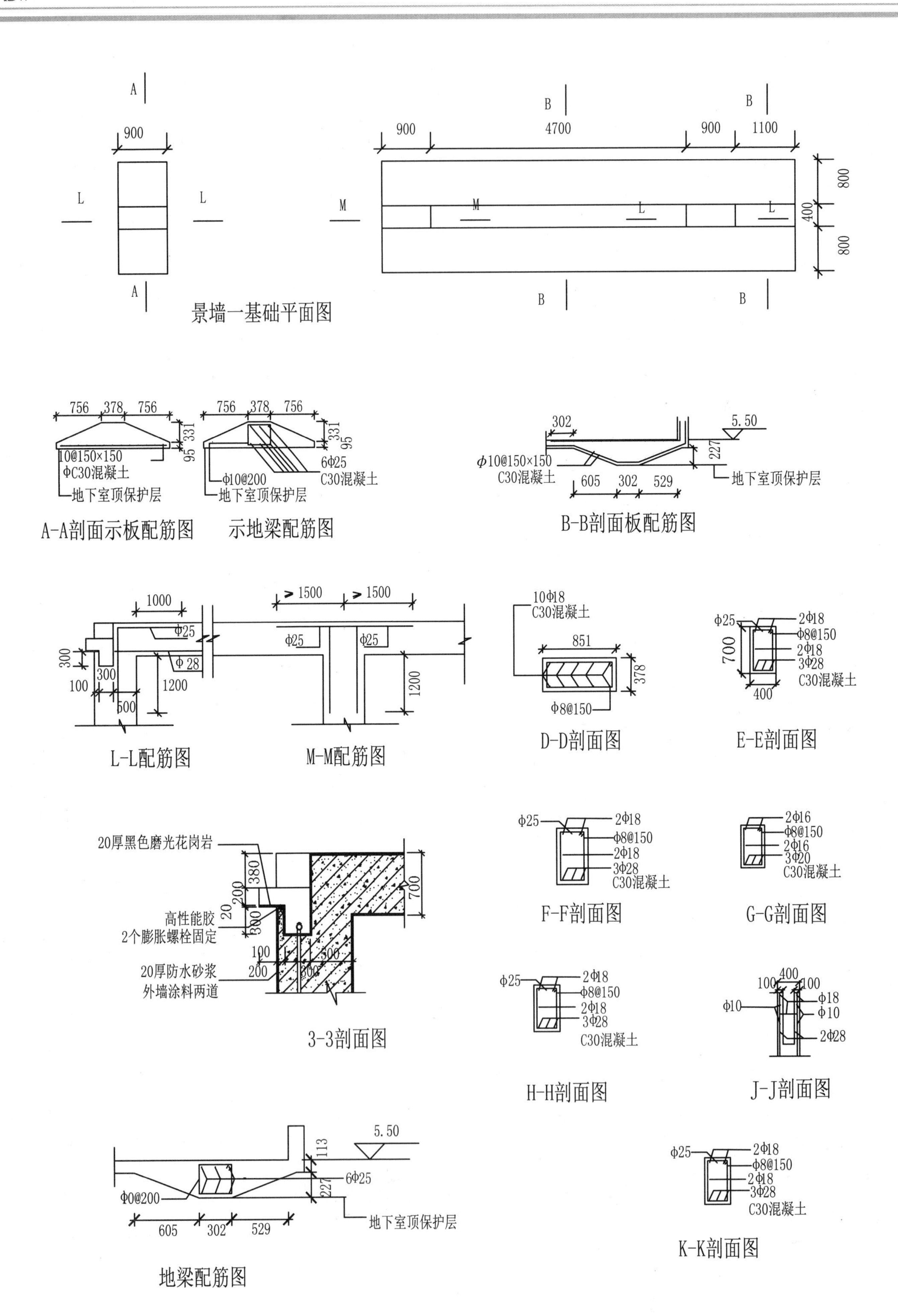
景墙一基础平面图
A-A剖面示板配筋图
示地梁配筋图
B-B剖面板配筋图
L-L配筋图
M-M配筋图
D-D剖面图
E-E剖面图
3-3剖面图
F-F剖面图
G-G剖面图
H-H剖面图
J-J剖面图
地梁配筋图
K-K剖面图
20厚黑色磨光花岗岩
高性能胶
2个膨胀螺栓固定
20厚防水砂浆
外墙涂料两道
地下室顶保护层
C30混凝土

景墙方案三

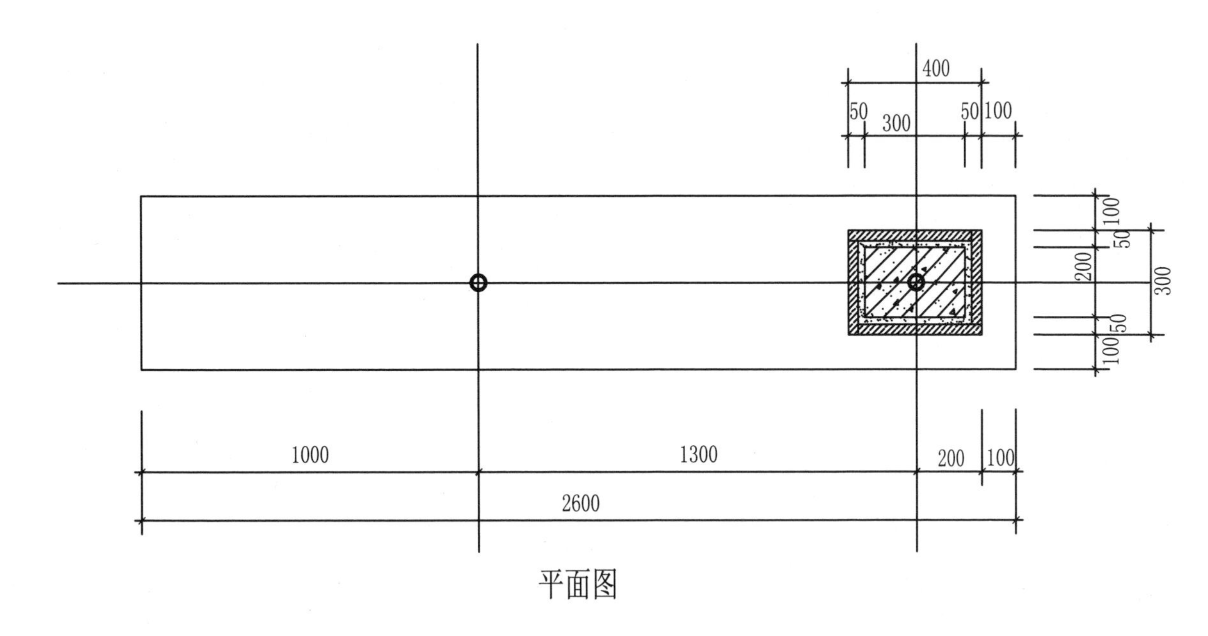

平面图

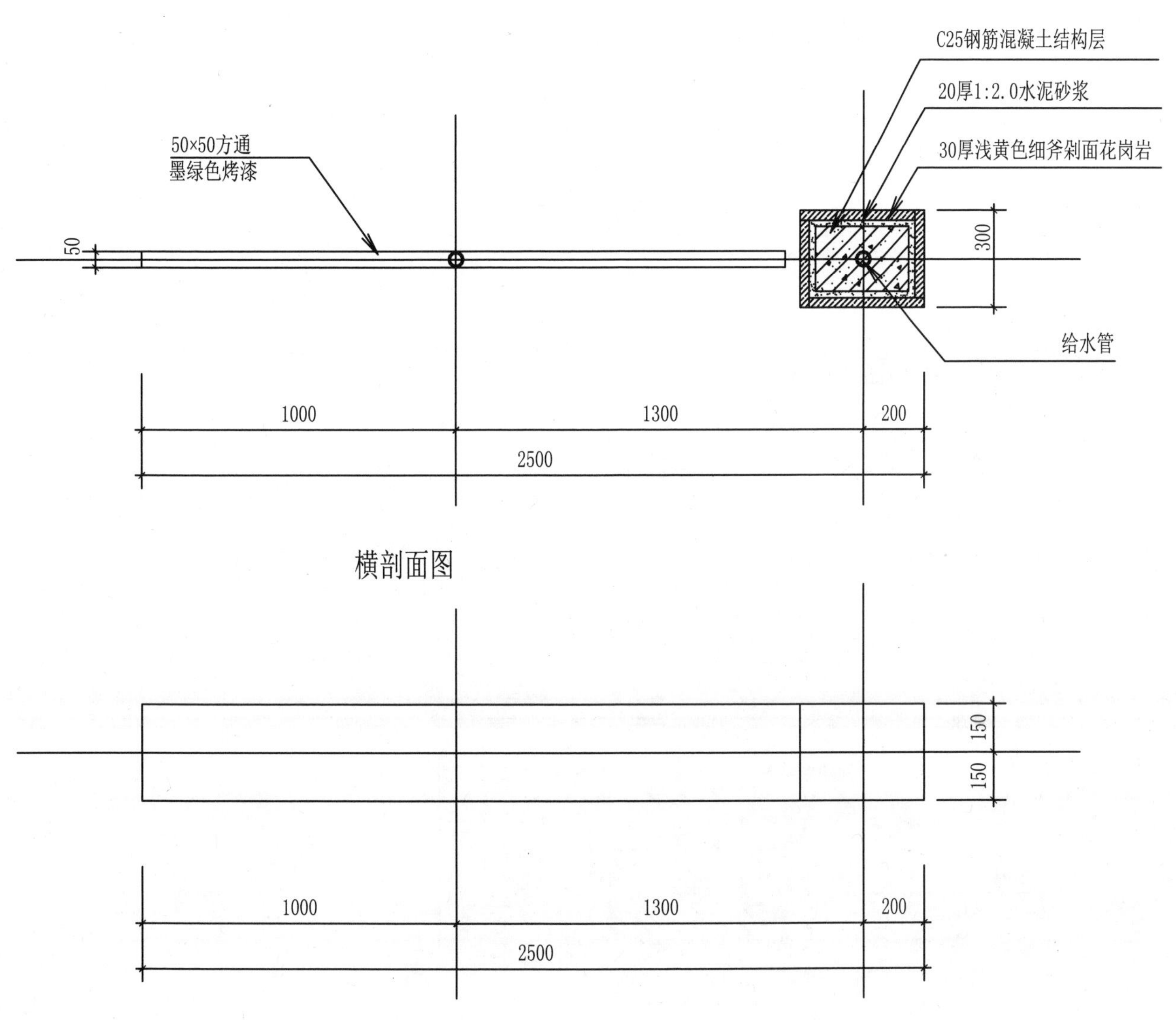

顶平面图

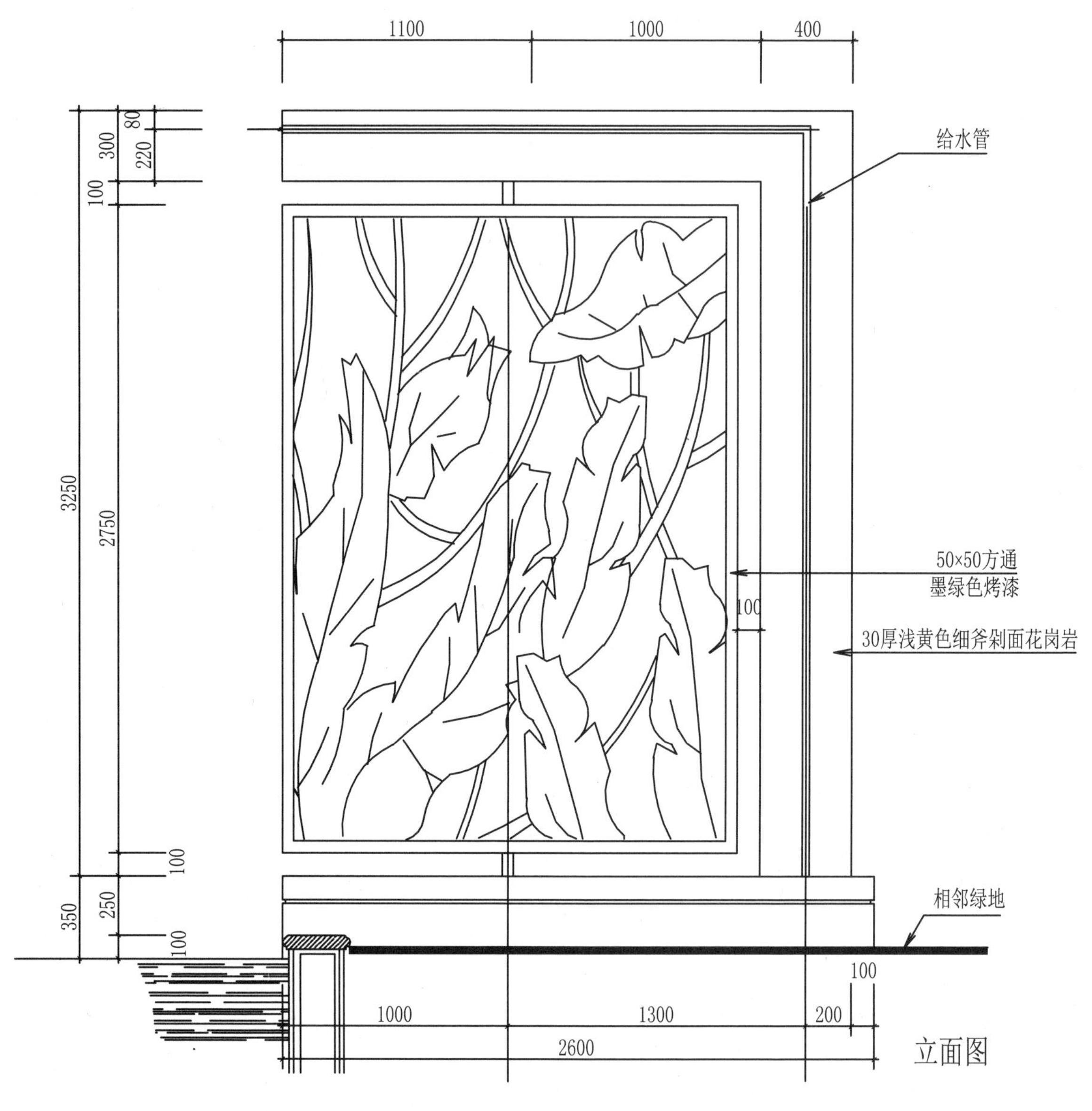
1100
1000
400
给水管
3250
2750
300
80
220
100
50×50方通
墨绿色烤漆
100
30厚浅黄色细斧剁面花岗岩
相邻绿地
350
250
100
100
1000
1300
200
2600
立面图

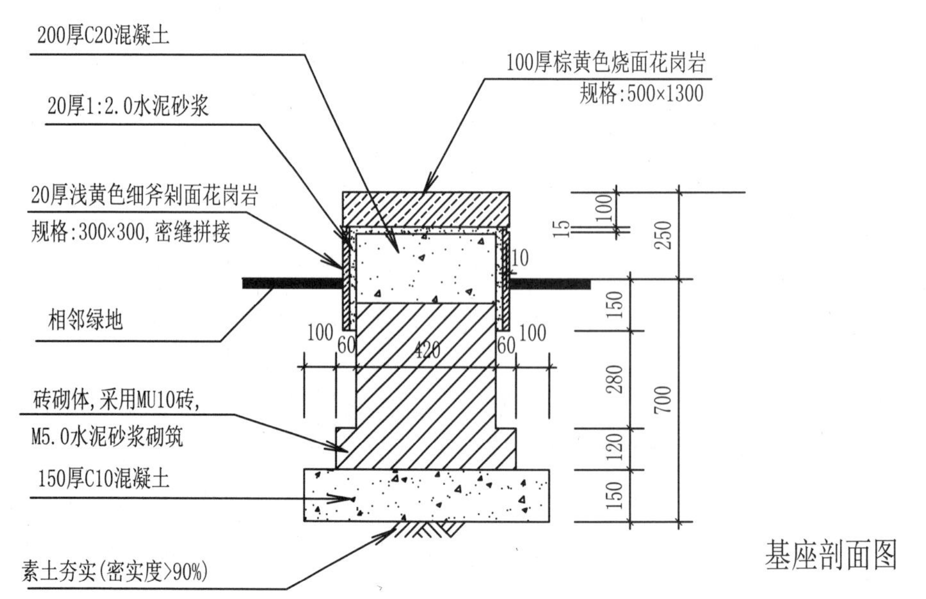
200厚C20混凝土
100厚棕黄色烧面花岗岩
规格:500×1300
20厚1:2.0水泥砂浆
20厚浅黄色细斧剁面花岗岩
规格:300×300,密缝拼接
相邻绿地
砖砌体,采用MU10砖,
M5.0水泥砂浆砌筑
150厚C10混凝土
素土夯实(密实度>90%)
15
100
250
10
150
100
60
420
60
100
280
700
120
150
基座剖面图

景墙方案四

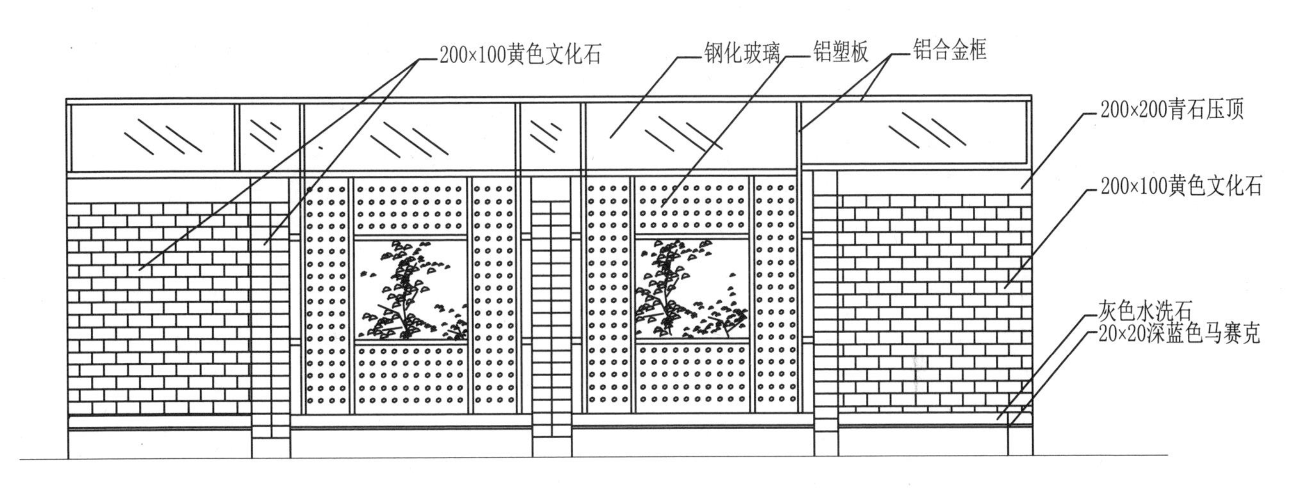

正立面图

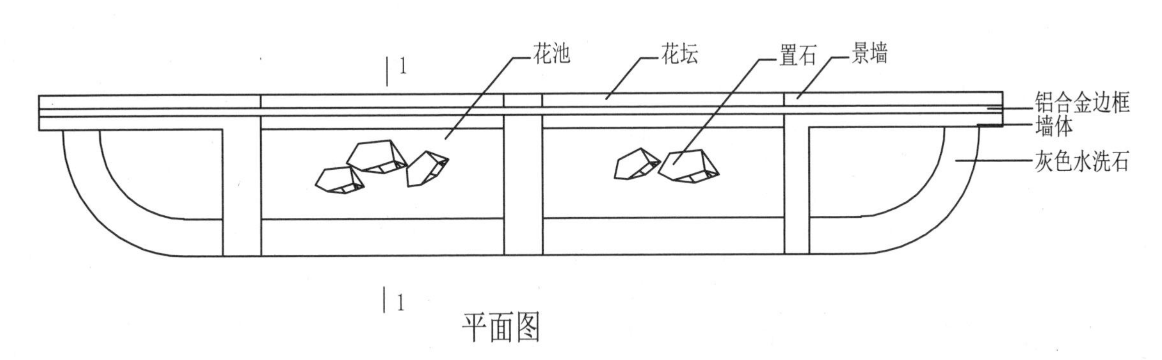

平面图

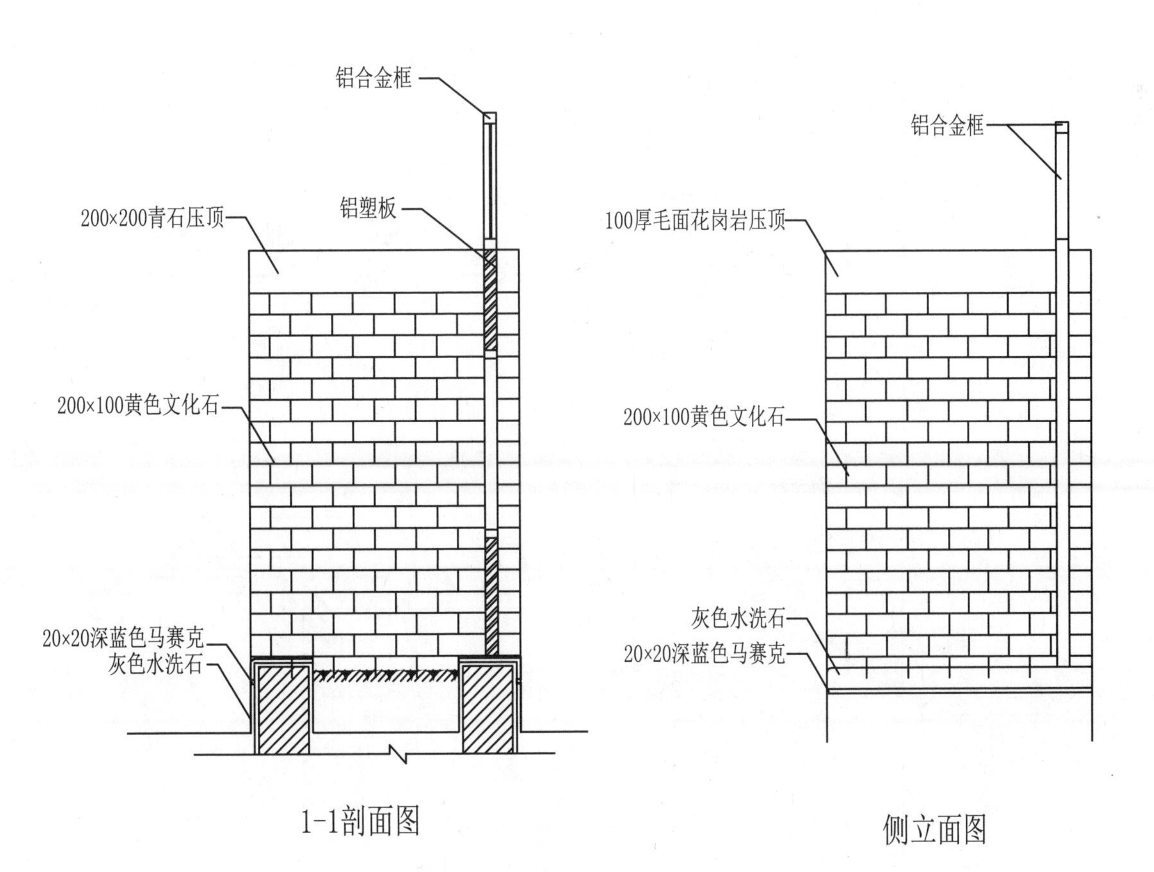

1-1剖面图

侧立面图

景墙方案五

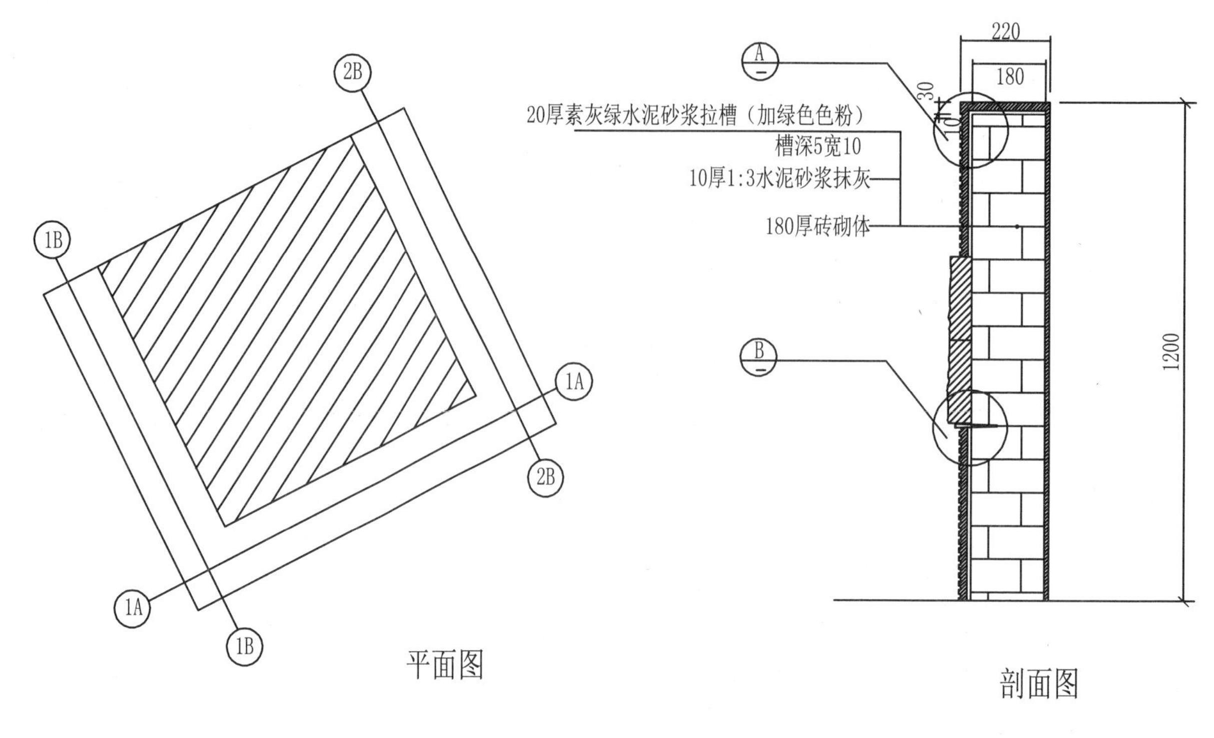
2B
1B
1A
2B
1A
1B
平面图
220
180
30
10
20厚素灰绿水泥砂浆拉槽（加绿色色粉）
槽深5宽10
10厚1:3水泥砂浆抹灰
180厚砖砌体
1200
剖面图

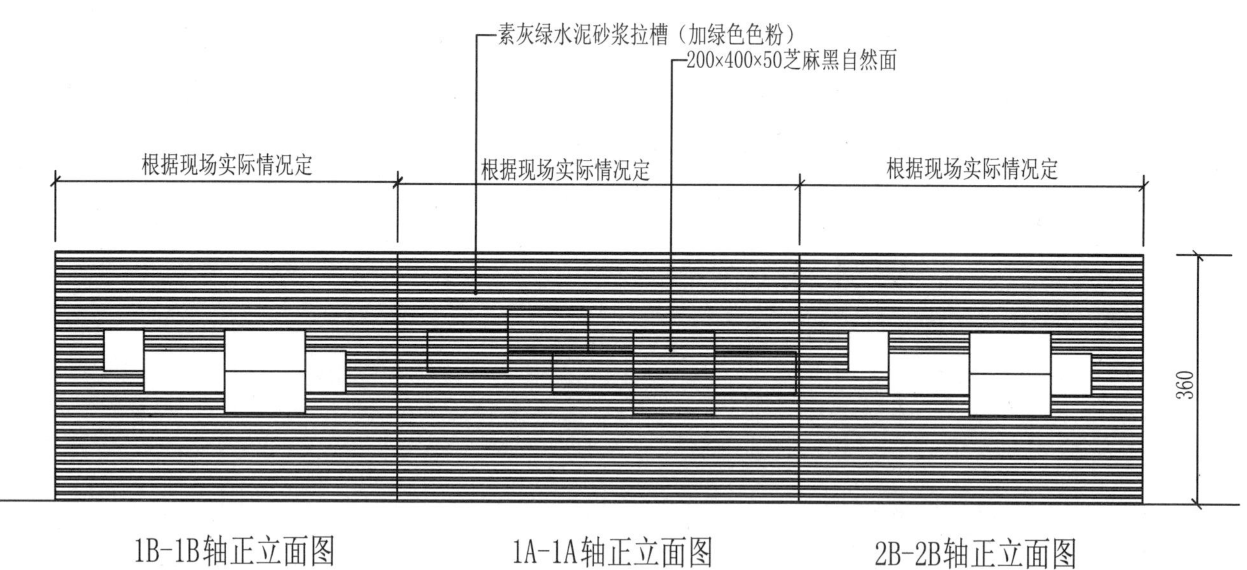
素灰绿水泥砂浆拉槽（加绿色色粉）
200×400×50芝麻黑自然面
根据现场实际情况定
根据现场实际情况定
根据现场实际情况定
360
1B-1B轴正立面图
1A-1A轴正立面图
2B-2B轴正立面图

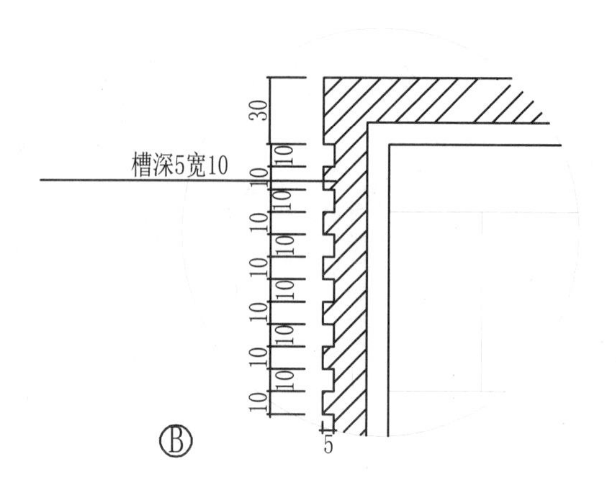
水泥钉
槽深5宽10
5
槽深5宽10
30
5

景墙方案六

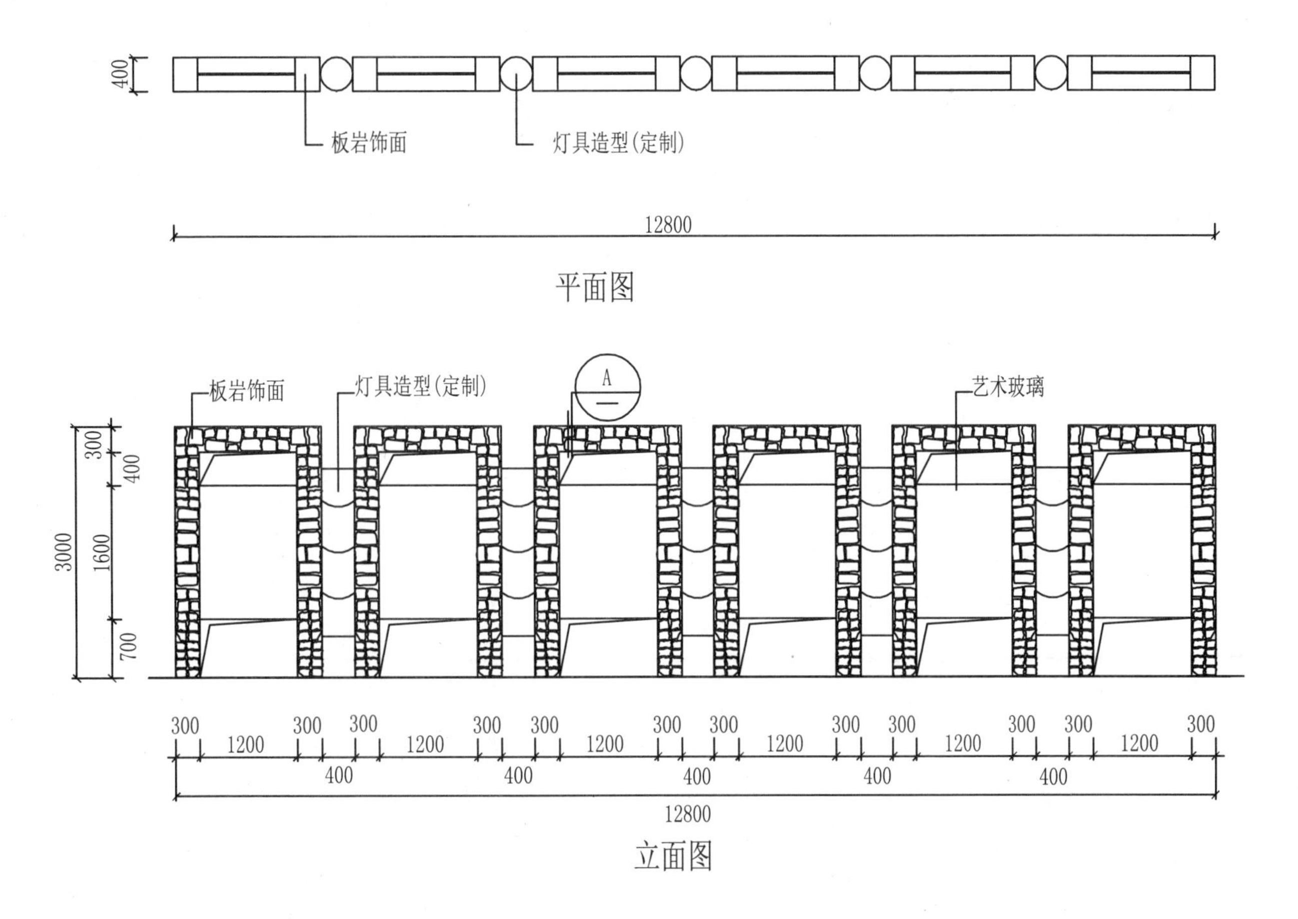
400
板岩饰面
灯具造型(定制)
12800
平面图
板岩饰面
灯具造型(定制)
A
艺术玻璃
3000
300
400
1600
700
300
1200
300
300
1200
300
300
1200
300
300
1200
300
300
1200
300
300
1200
300
400
400
400
400
400
12800
立面图

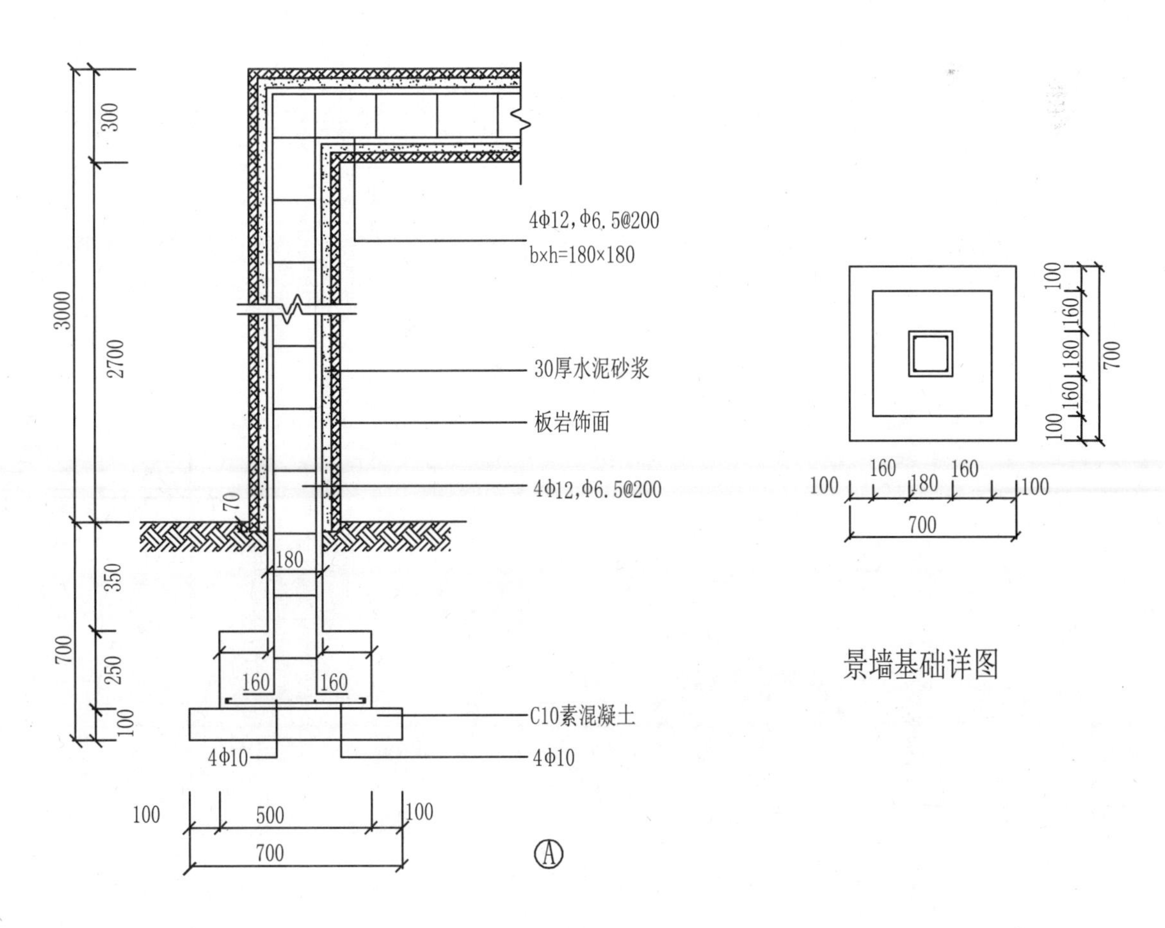
300
3000
2700
350
700
250
100
4Φ12,Φ6.5@200
b×h=180×180
30厚水泥砂浆
板岩饰面
4Φ12,Φ6.5@200
70
180
160
160
C10素混凝土
4Φ10
4Φ10
100
500
100
700
A
100
160
180
160
100
700
100
160
180
160
100
700
景墙基础详图

挡土墙

挡土墙常见做法

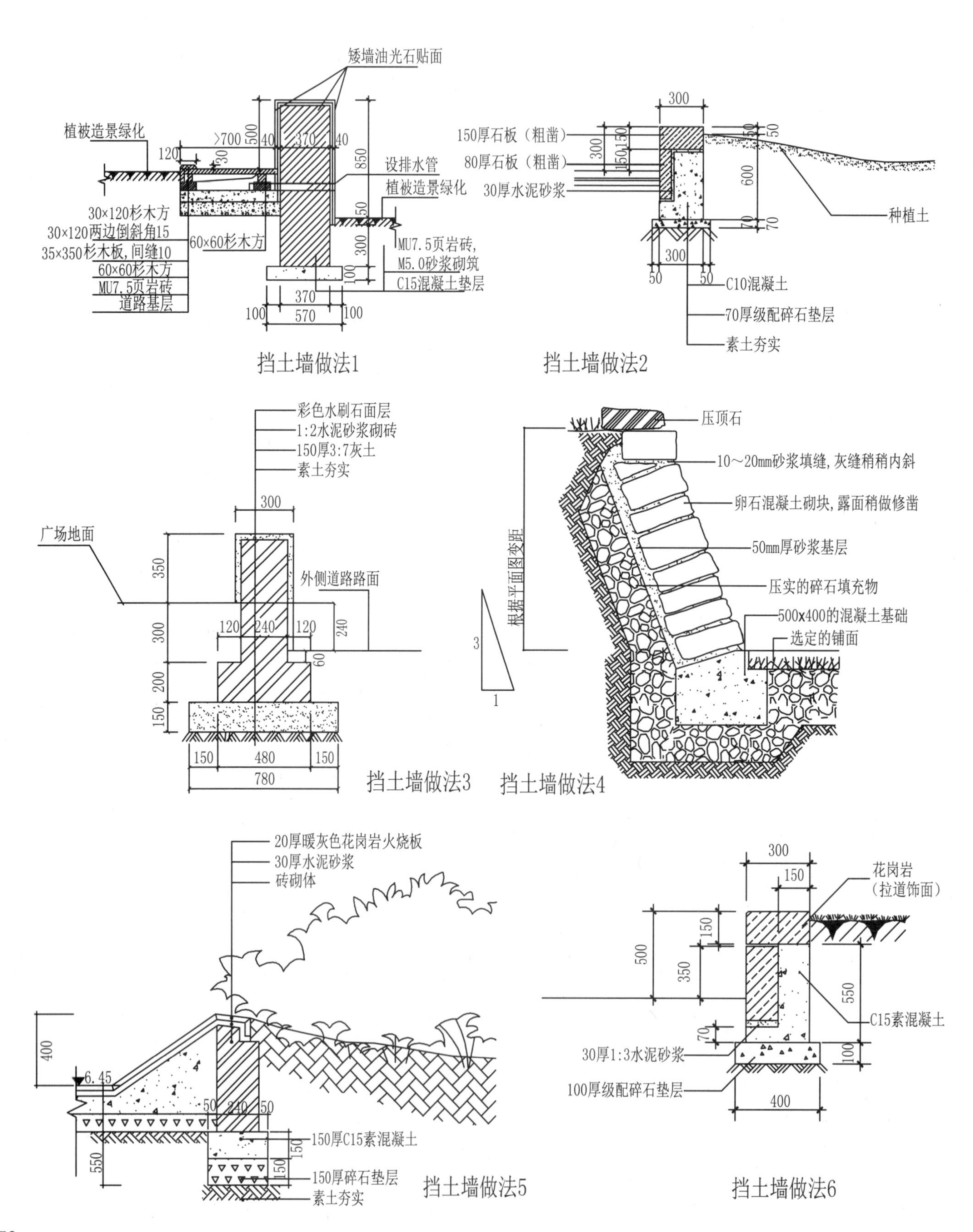

挡土墙做法1

挡土墙做法2

挡土墙做法3

挡土墙做法4

挡土墙做法5

挡土墙做法6

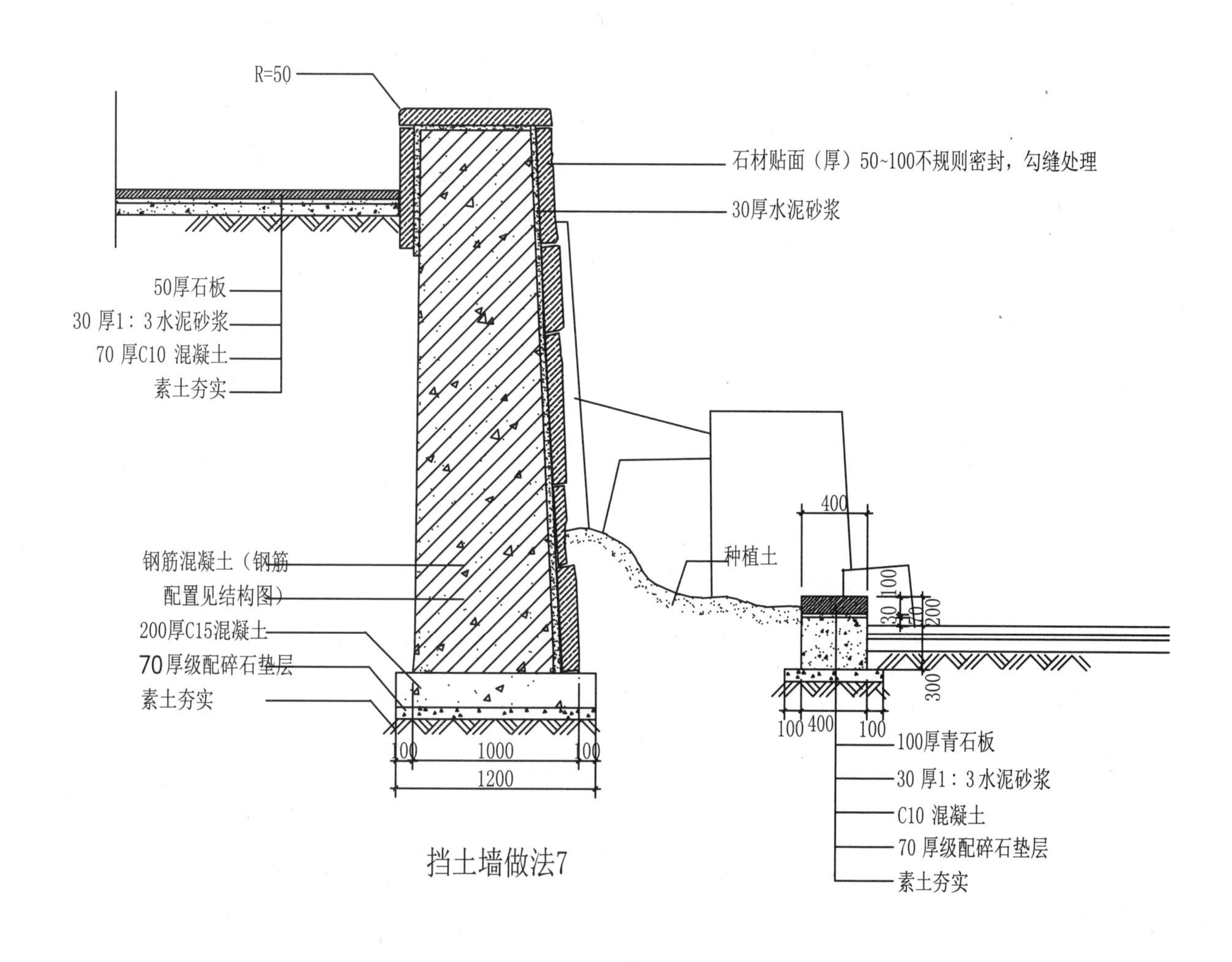

挡土墙做法7

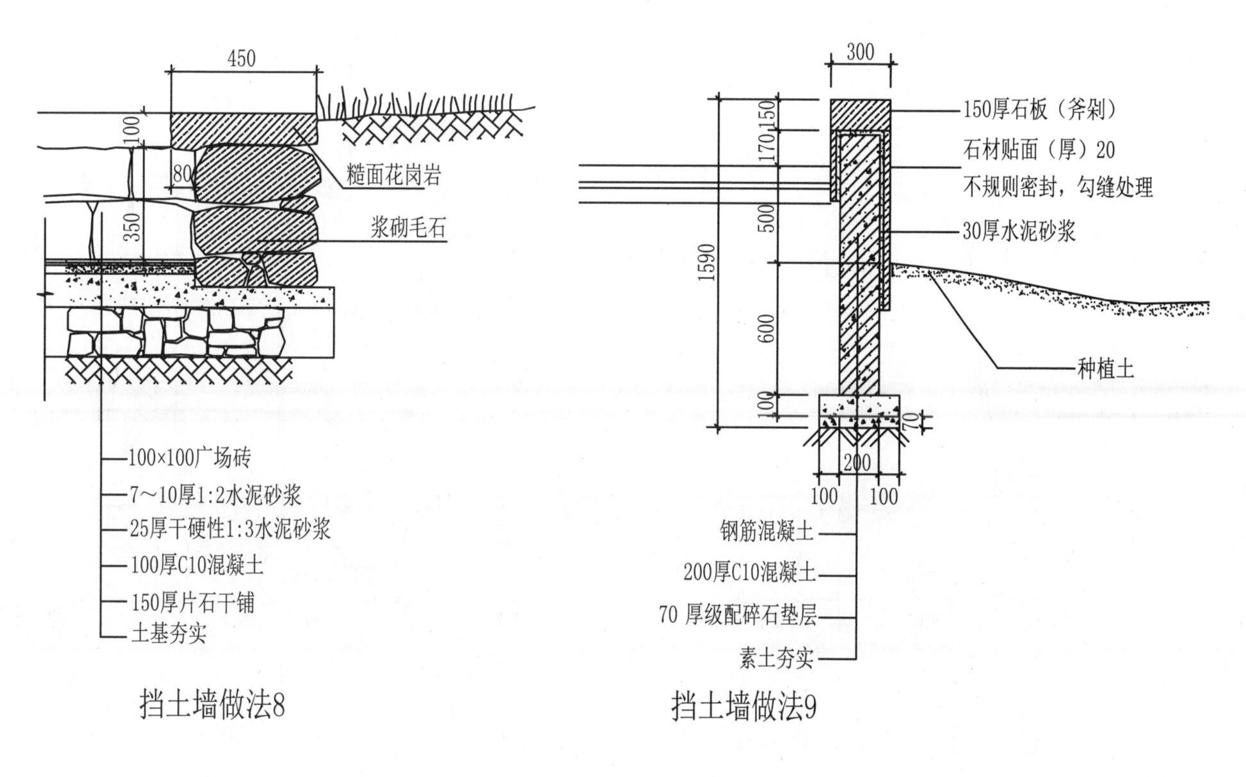

挡土墙做法8

挡土墙做法9

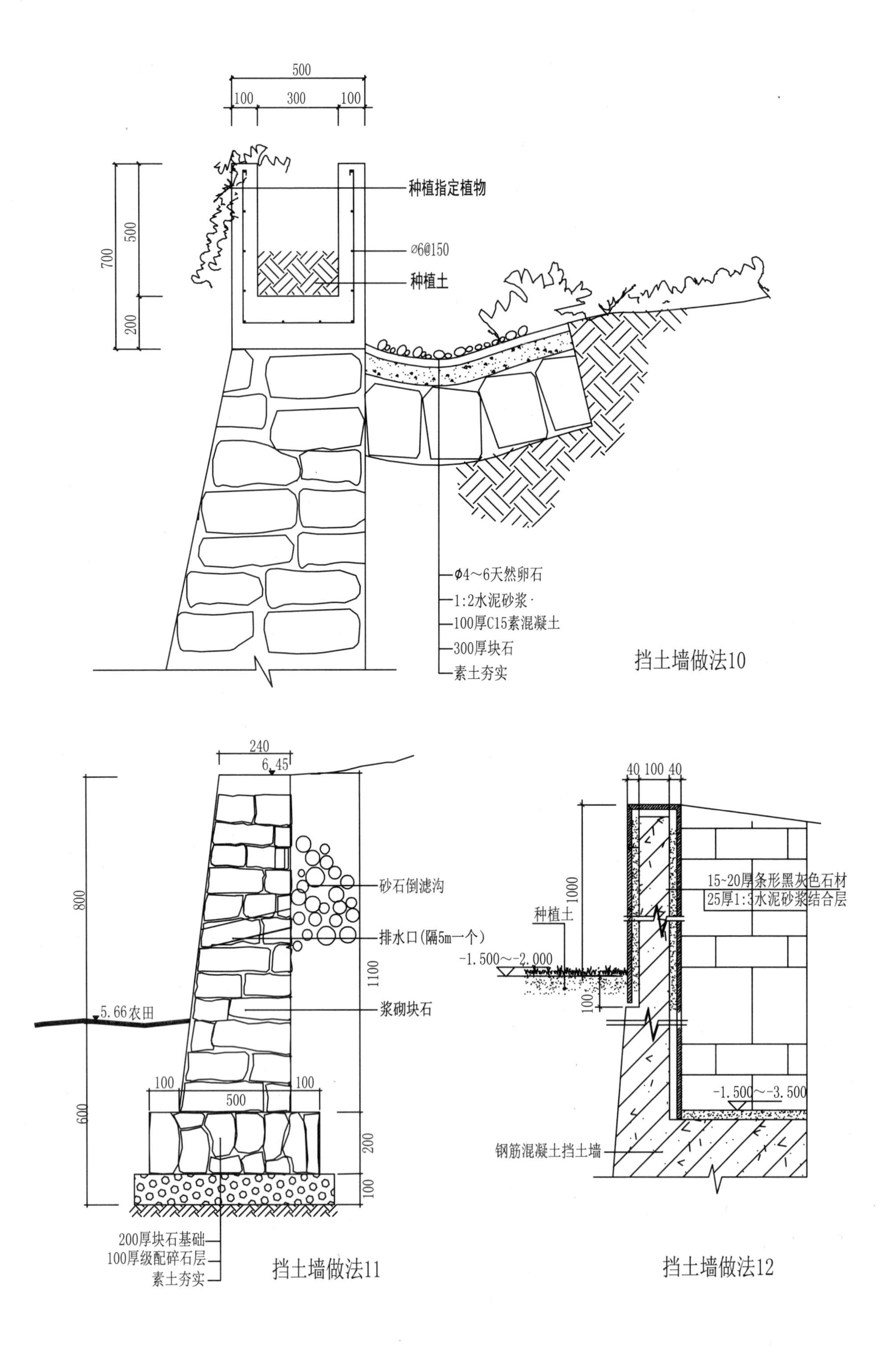
500
100
300
100
700
500
200
种植指定植物
⌀6@150
种植土
φ4~6天然卵石
1:2水泥砂浆
100厚C15素混凝土
300厚块石
素土夯实
挡土墙做法10
240
6.45
800
600
5.66农田
砂石倒滤沟
排水口(隔5m一个)
浆砌块石
1100
100
500
100
200
100
200厚块石基础
100厚级配碎石层
素土夯实
挡土墙做法11
40 100 40
1000
种植土
-1.500~-2.000
100
15~20厚条形黑灰色石材
25厚1:3水泥砂浆结合层
-1.500~-3.500
钢筋混凝土挡土墙
挡土墙做法12

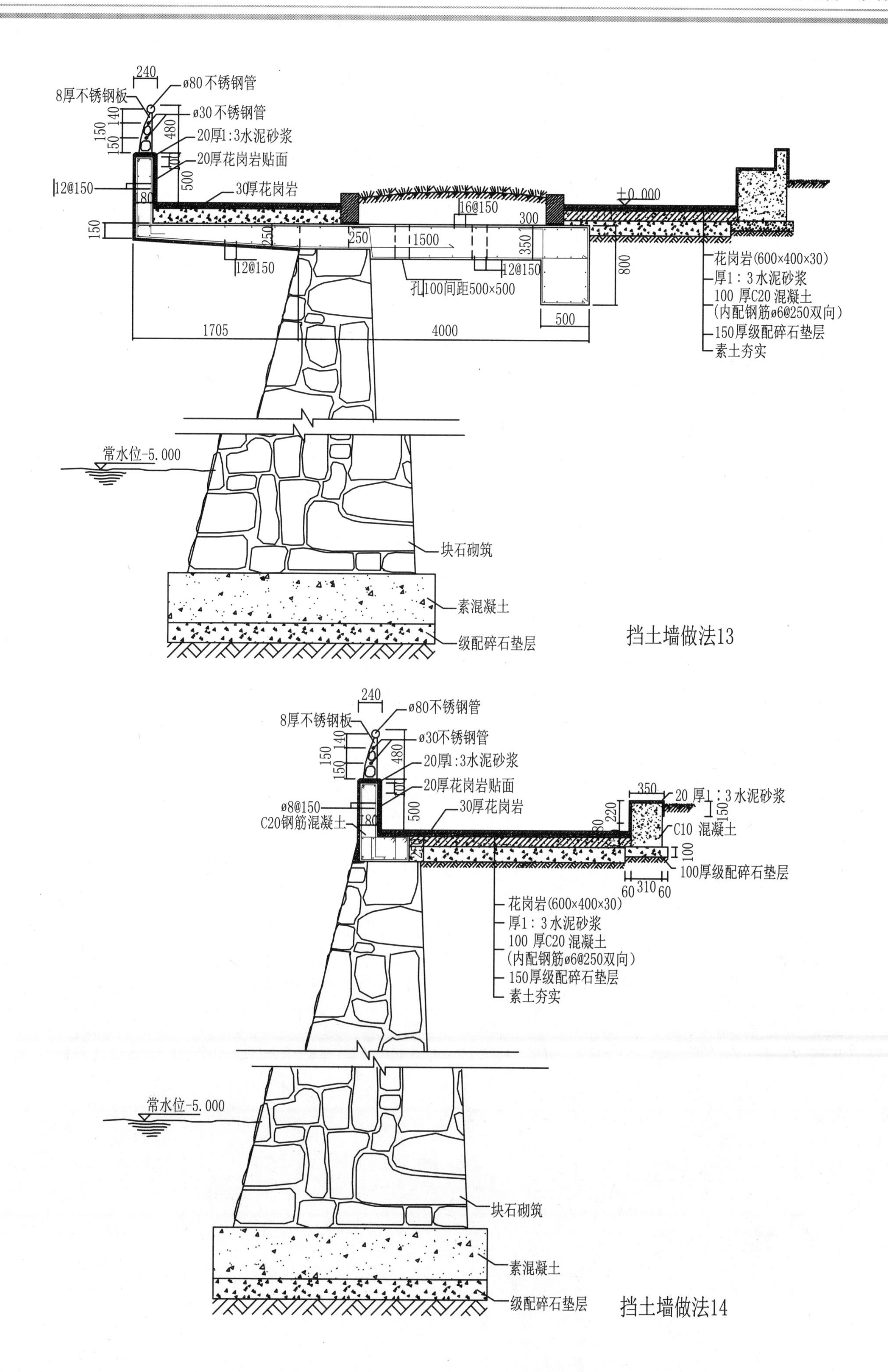

挡土墙做法13

挡土墙做法14

第六篇　园凳与园灯

园　凳

园凳方案一

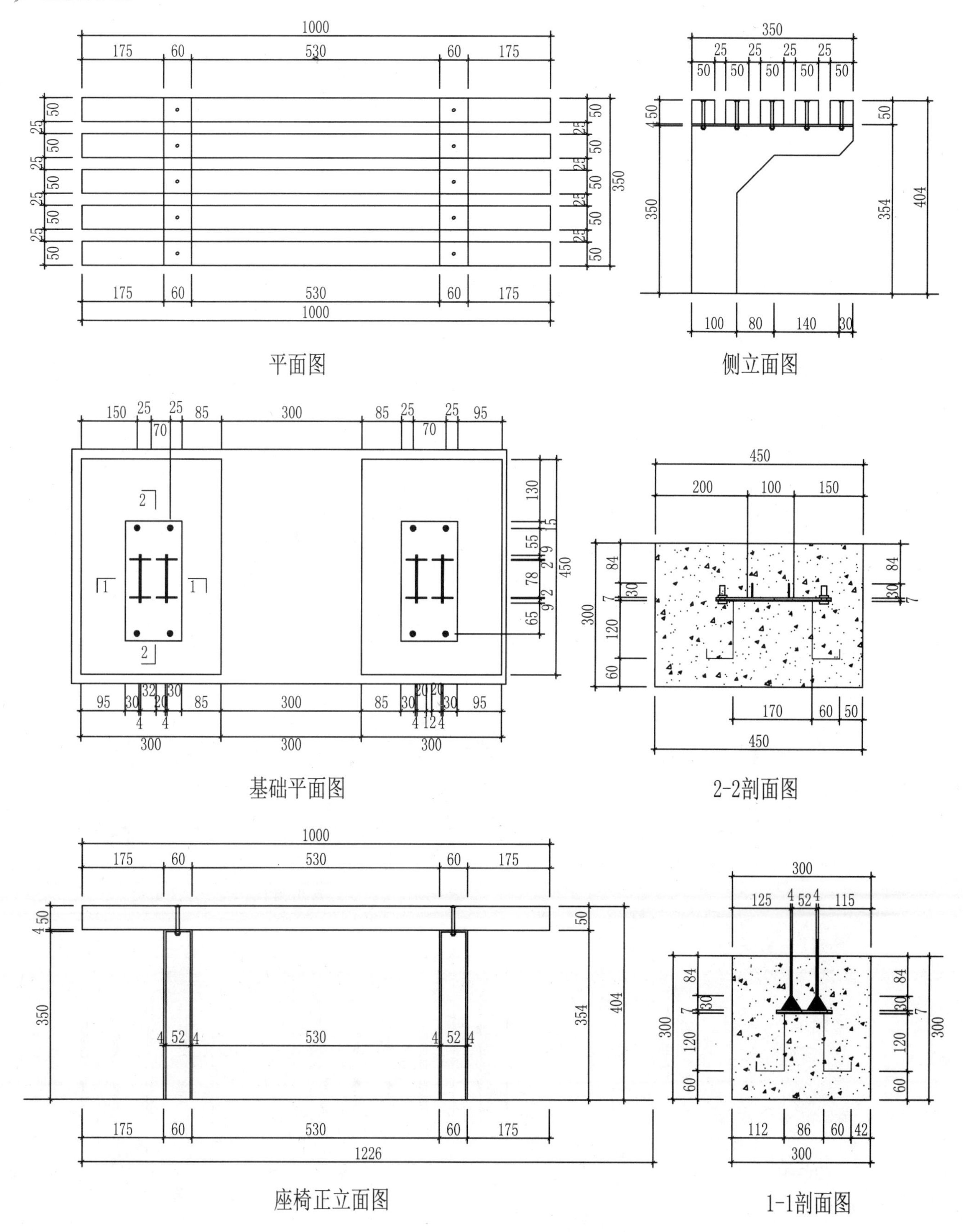
1000
175
60
530
60
175
50
25
350
450
350
354
404
100
80
140
30
平面图
侧立面图
150
85
300
95
70
130
15
55
78
65
2
1
450
200
100
150
84
7
30
120
60
300
170
32
20
4
12
基础平面图
2-2剖面图
1226
52
座椅正立面图
125
115
112
86
42
1-1剖面图

园凳方案二

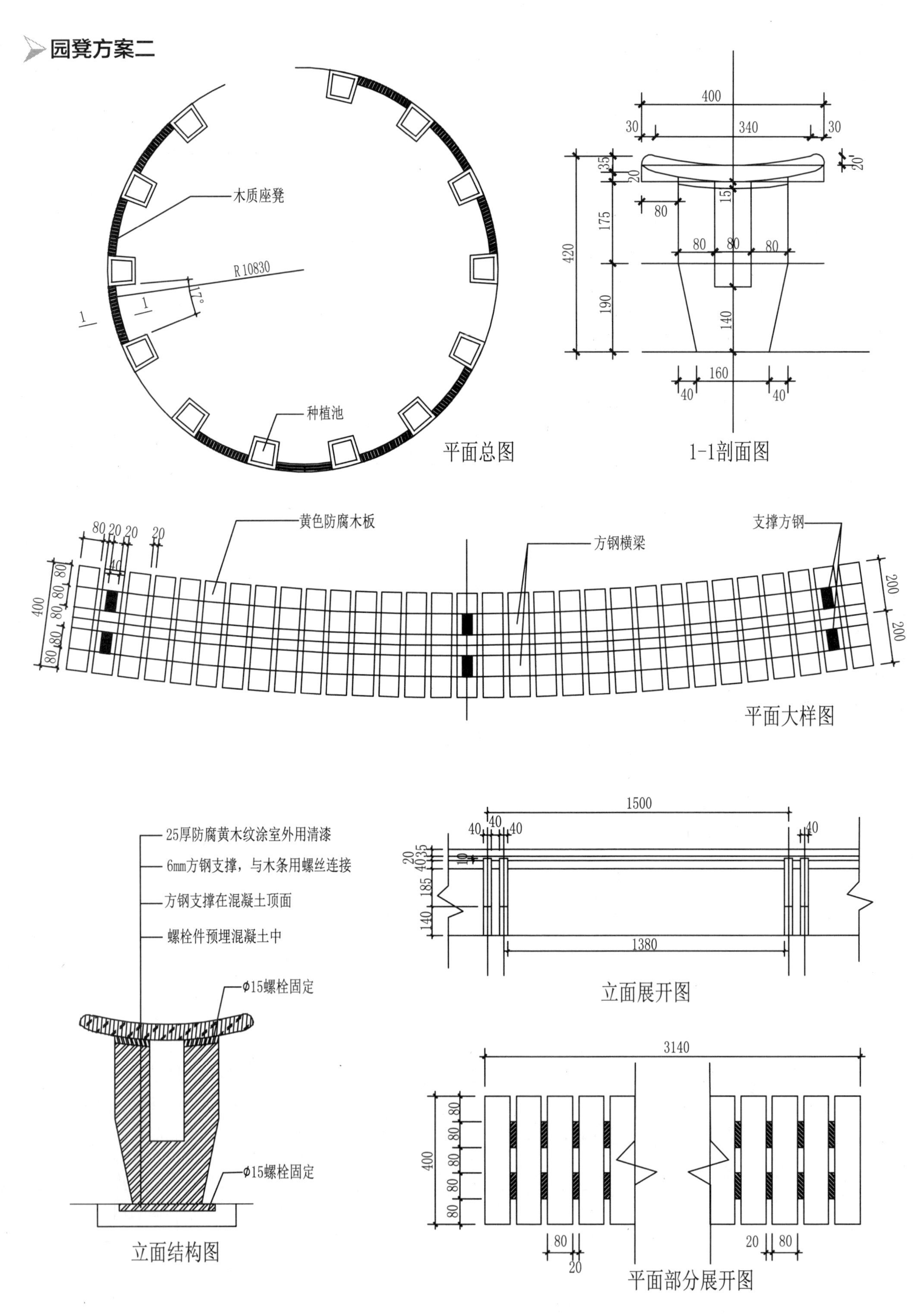

木质座凳
R 10830
17°
1
1
种植池
平面总图
400
30
340
30
35
20
20
15
80
175
80
80
80
420
190
140
160
40
40
1-1剖面图
80 20 20
20
40
黄色防腐木板
方钢横梁
支撑方钢
400
80
80
80
80
80
200
200
平面大样图
25厚防腐黄木纹涂室外用清漆
6mm方钢支撑，与木条用螺丝连接
方钢支撑在混凝土顶面
螺栓件预埋混凝土中
φ15螺栓固定
φ15螺栓固定
立面结构图
1500
40
40
40
40
20
35
40
10
185
140
1380
立面展开图
3140
400
80
80
80
80
80
80
20
20
80
平面部分展开图

园凳方案三

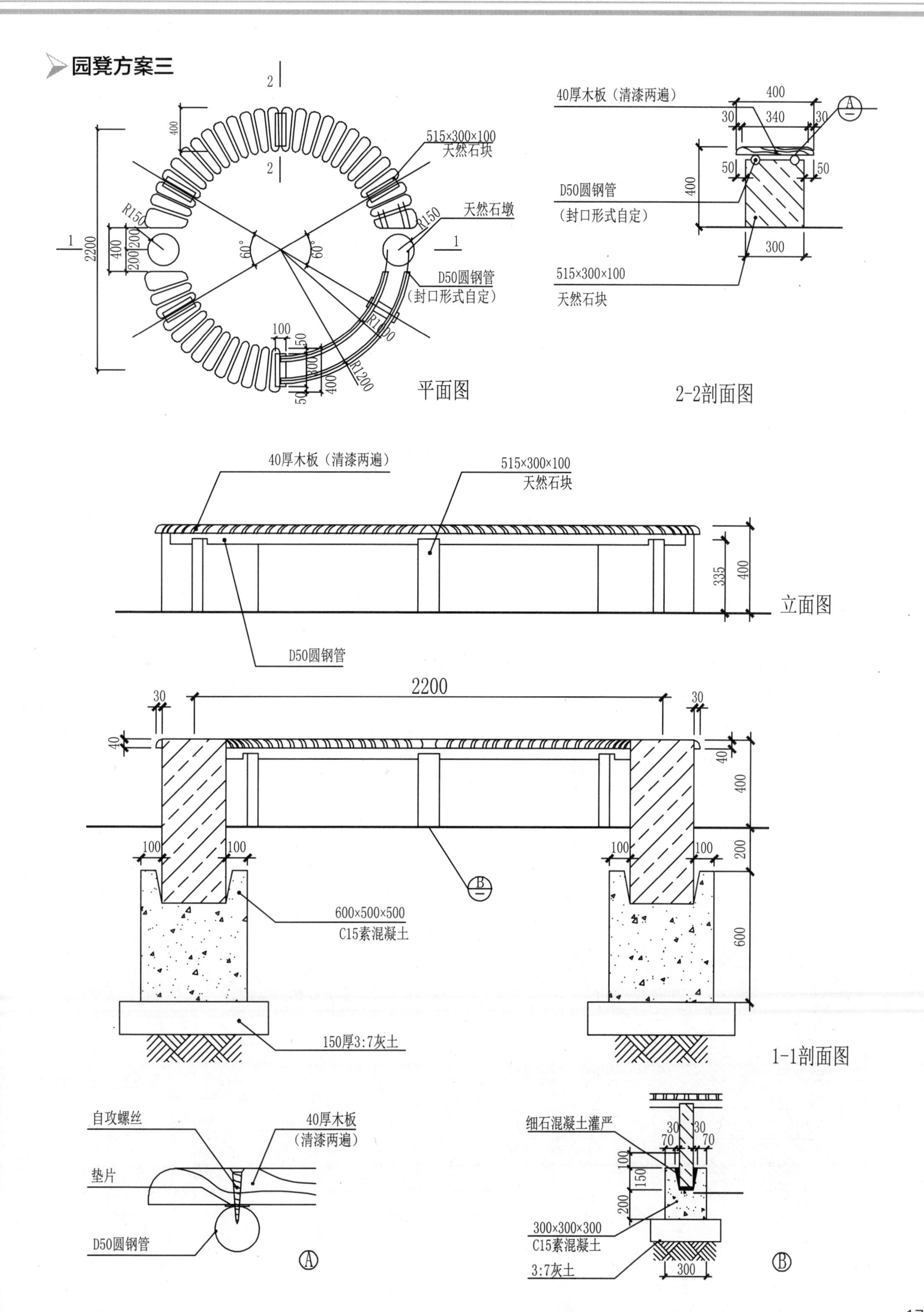

515×300×100
天然石块
天然石墩
R150
D50圆钢管
(封口形式自定)
R1000
R1200
60°
2200
平面图
40厚木板（清漆两遍）
400
340
D50圆钢管
(封口形式自定)
515×300×100
天然石块
2-2剖面图
40厚木板（清漆两遍）
515×300×100
天然石块
D50圆钢管
335
立面图
2200
600×500×500
C15素混凝土
150厚3:7灰土
1-1剖面图
自攻螺丝
40厚木板
(清漆两遍)
垫片
D50圆钢管
细石混凝土灌严
300×300×300
C15素混凝土
3:7灰土

园凳方案四

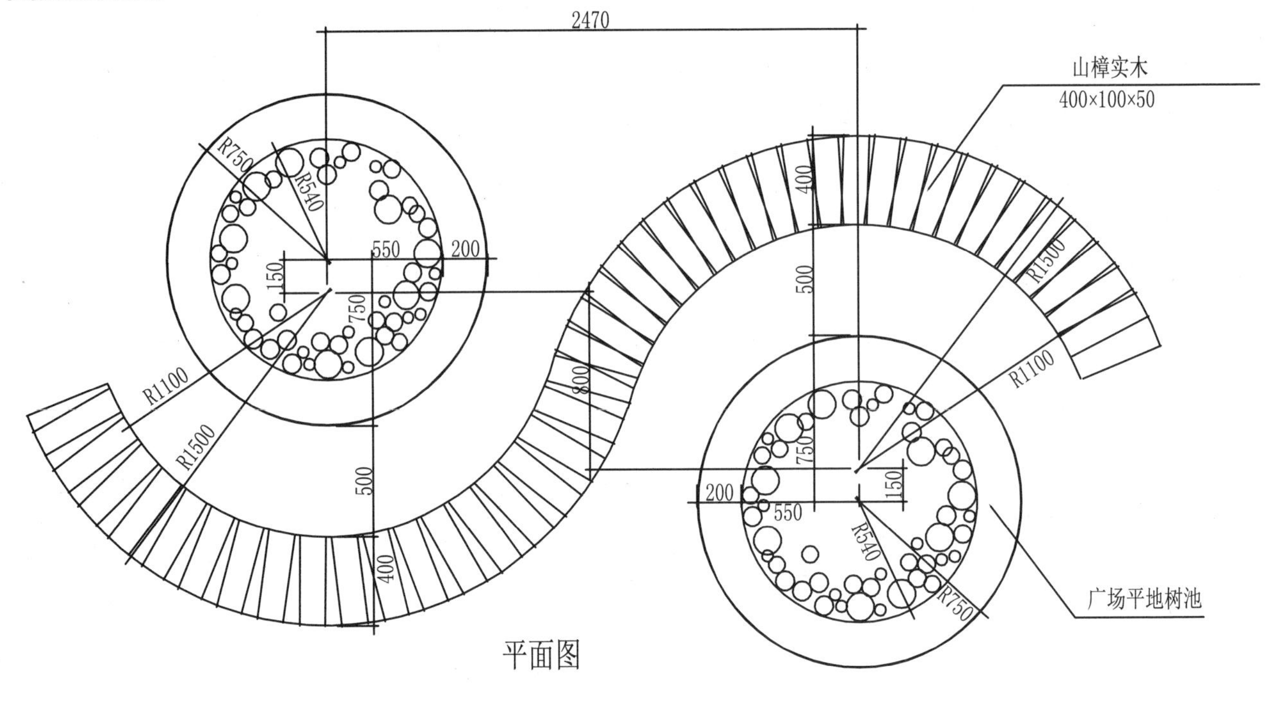

平面图

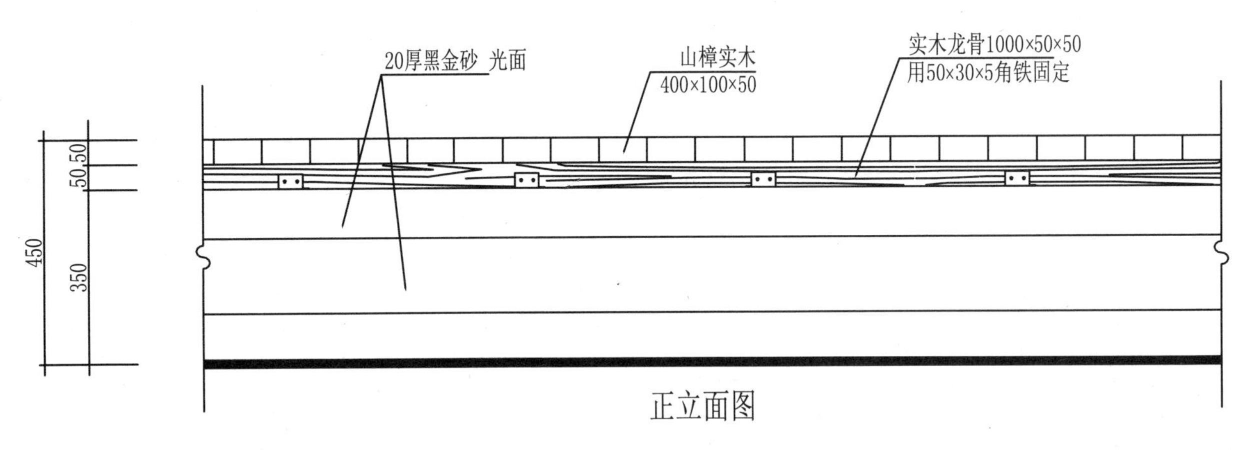

正立面图

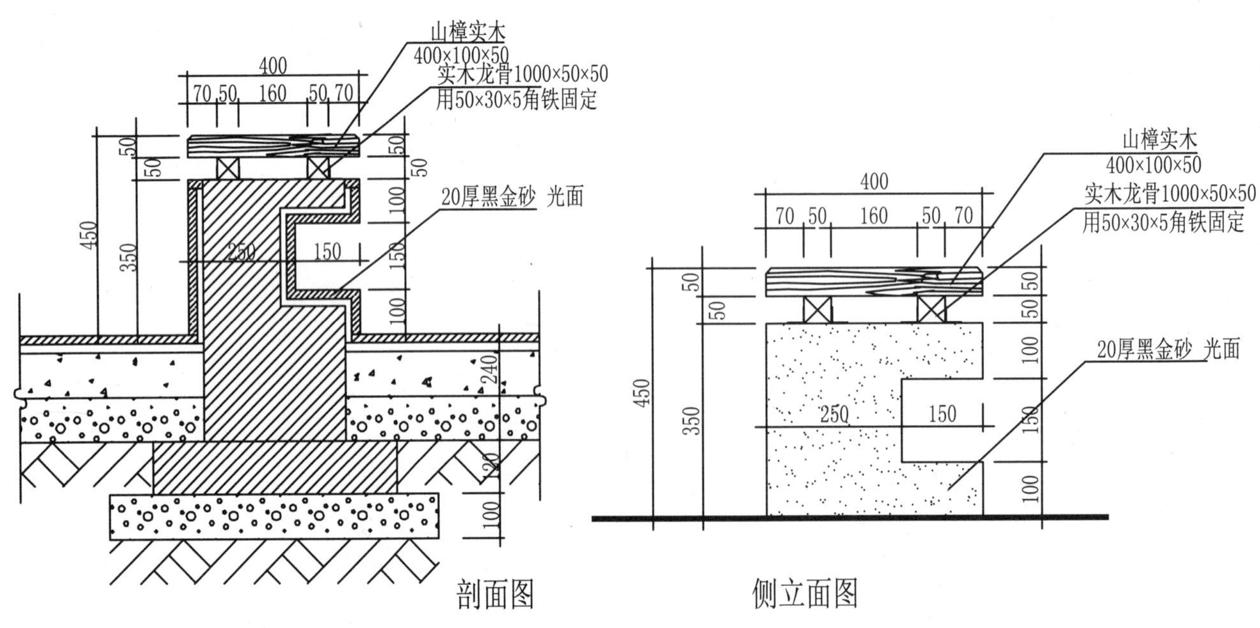

剖面图

侧立面图

园凳方案五

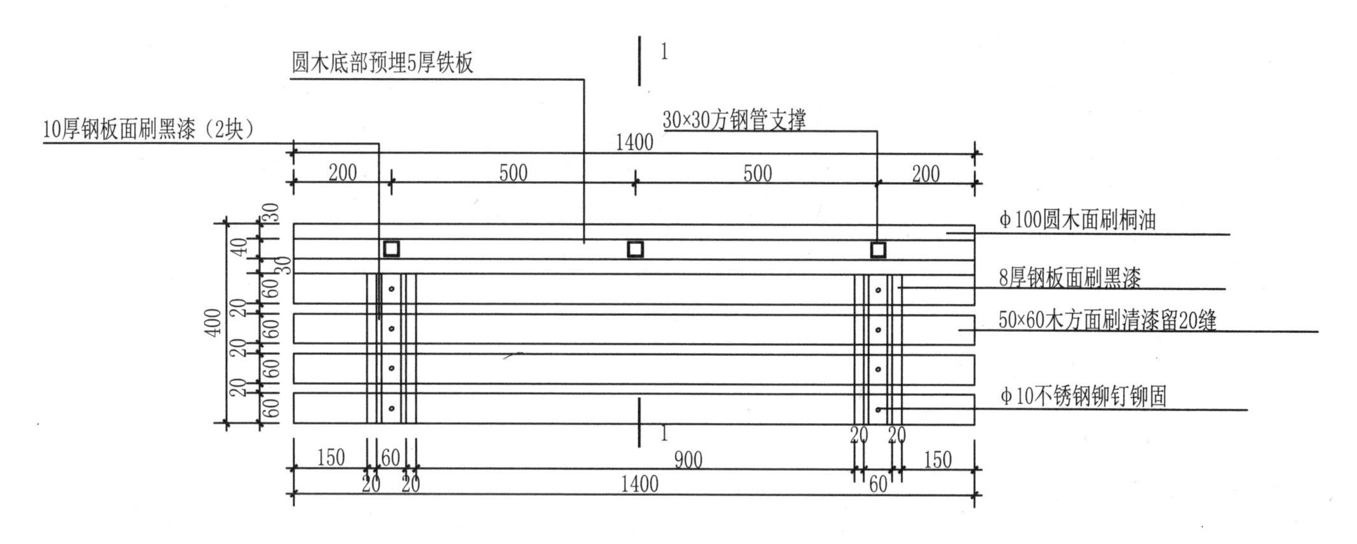

平面图

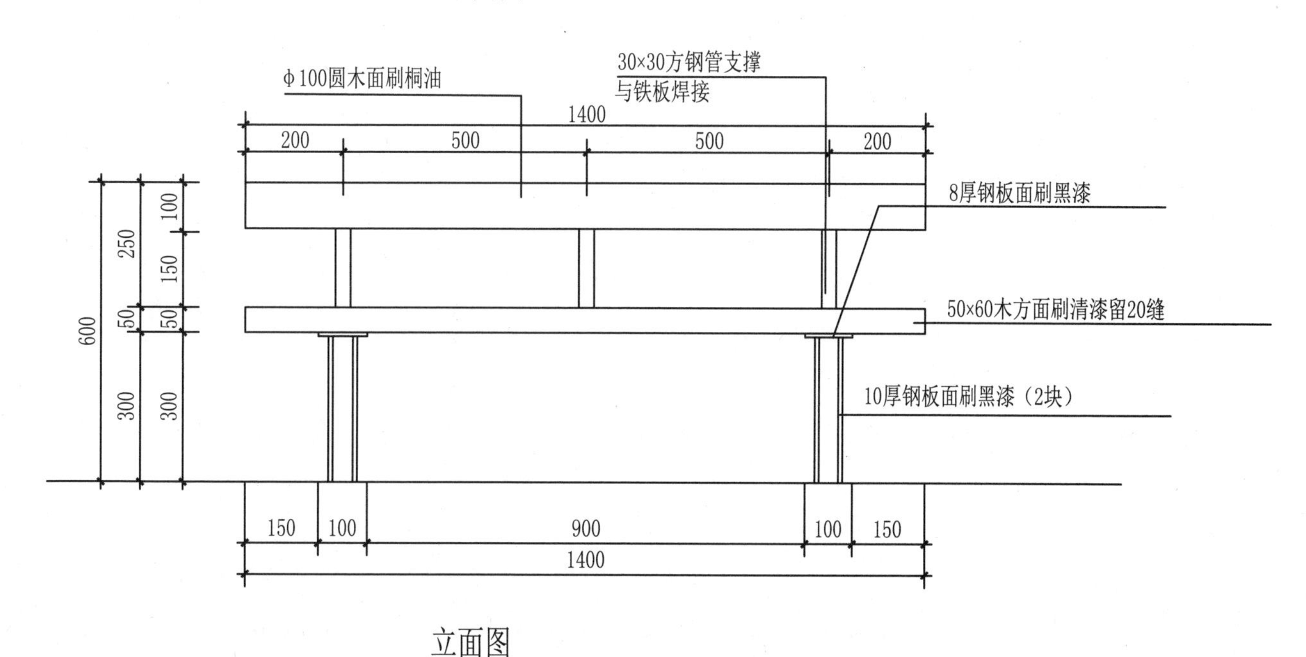

立面图

ф100圆木底部
预埋5厚铁板
ф10不锈钢铆钉锚固
30×30方钢管支撑
与铁板焊接
400
60 60 60 60
100
20 20 20
50×60木方面刷清漆留20缝
8厚钢板面刷黑漆
10厚钢板面刷黑漆（2块）
-10×160×200预埋铁板
65.00°
65.00°

1-1剖面图

ф100圆木底部预埋5厚铁板
30×30方钢管支撑
与铁板焊接
400
100 60 60 60 60
20 20 20
50×60木方面刷清漆留20缝
8厚钢板面刷黑漆
10厚钢板面刷黑漆（2块）
65.00°
65.00°

侧立面图

园凳方案六

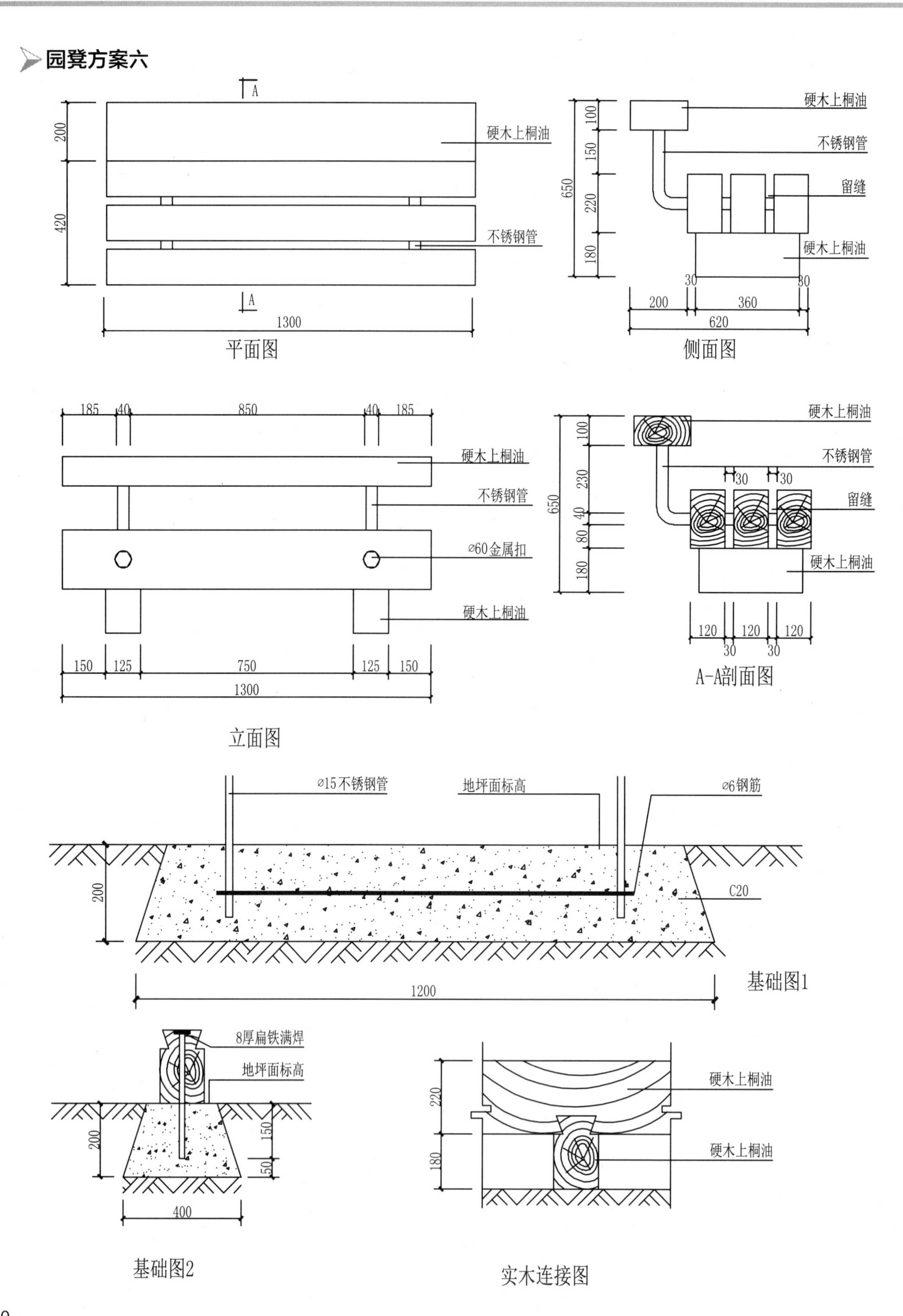

A
硬木上桐油
200
420
不锈钢管
1300
平面图
硬木上桐油
100
不锈钢管
150
650
留缝
220
180
硬木上桐油
30
30
200
360
620
侧面图
185
40
850
40
185
硬木上桐油
不锈钢管
⌀60金属扣
硬木上桐油
150
125
750
125
150
1300
立面图
硬木上桐油
100
不锈钢管
230
30
30
650
40
留缝
80
180
硬木上桐油
120
120
120
A-A剖面图
⌀15不锈钢管
地坪面标高
⌀6钢筋
200
C20
1200
基础图1
8厚扁铁满焊
地坪面标高
200
150
50
400
基础图2
220
硬木上桐油
180
硬木上桐油
实木连接图

园凳方案七

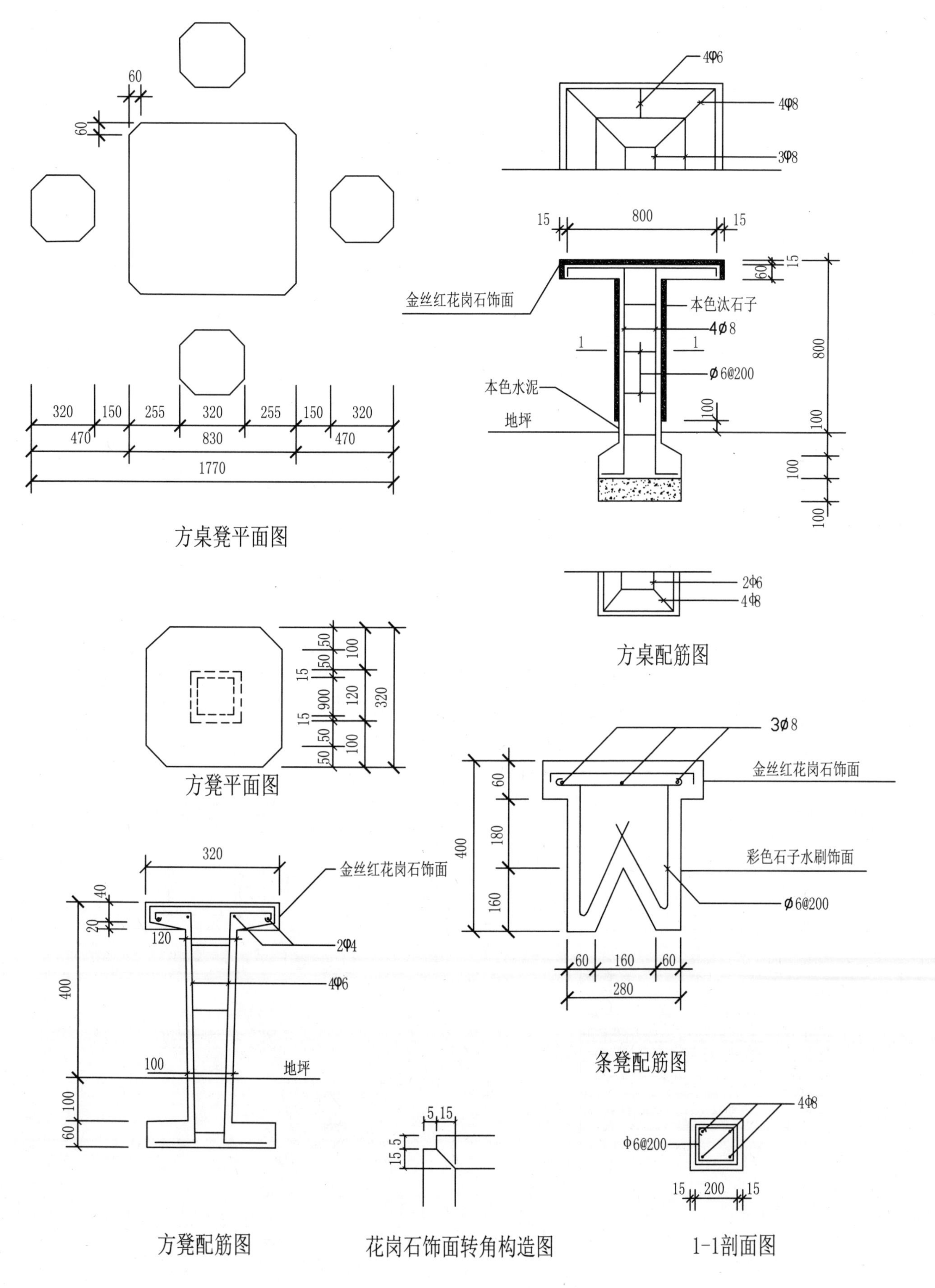
60
60
320
150
255
320
255
150
320
470
830
470
1770
方桌凳平面图
4φ6
4φ8
3φ8
15
800
15
金丝红花岗石饰面
本色汰石子
4Ø8
1
1
Ø6@200
本色水泥
地坪
100
60
15
800
100
100
100
2φ6
4φ8
方桌配筋图
50
50
15
900
15
50
50
100
120
100
320
方凳平面图
320
金丝红花岗石饰面
40
20
120
2φ4
400
4φ6
100
地坪
100
60
方凳配筋图
3Ø8
金丝红花岗石饰面
60
180
160
400
彩色石子水刷饰面
Ø6@200
60
160
60
280
条凳配筋图
5
15
15
5
花岗石饰面转角构造图
4φ8
φ6@200
15
200
15
1-1剖面图

园凳方案八

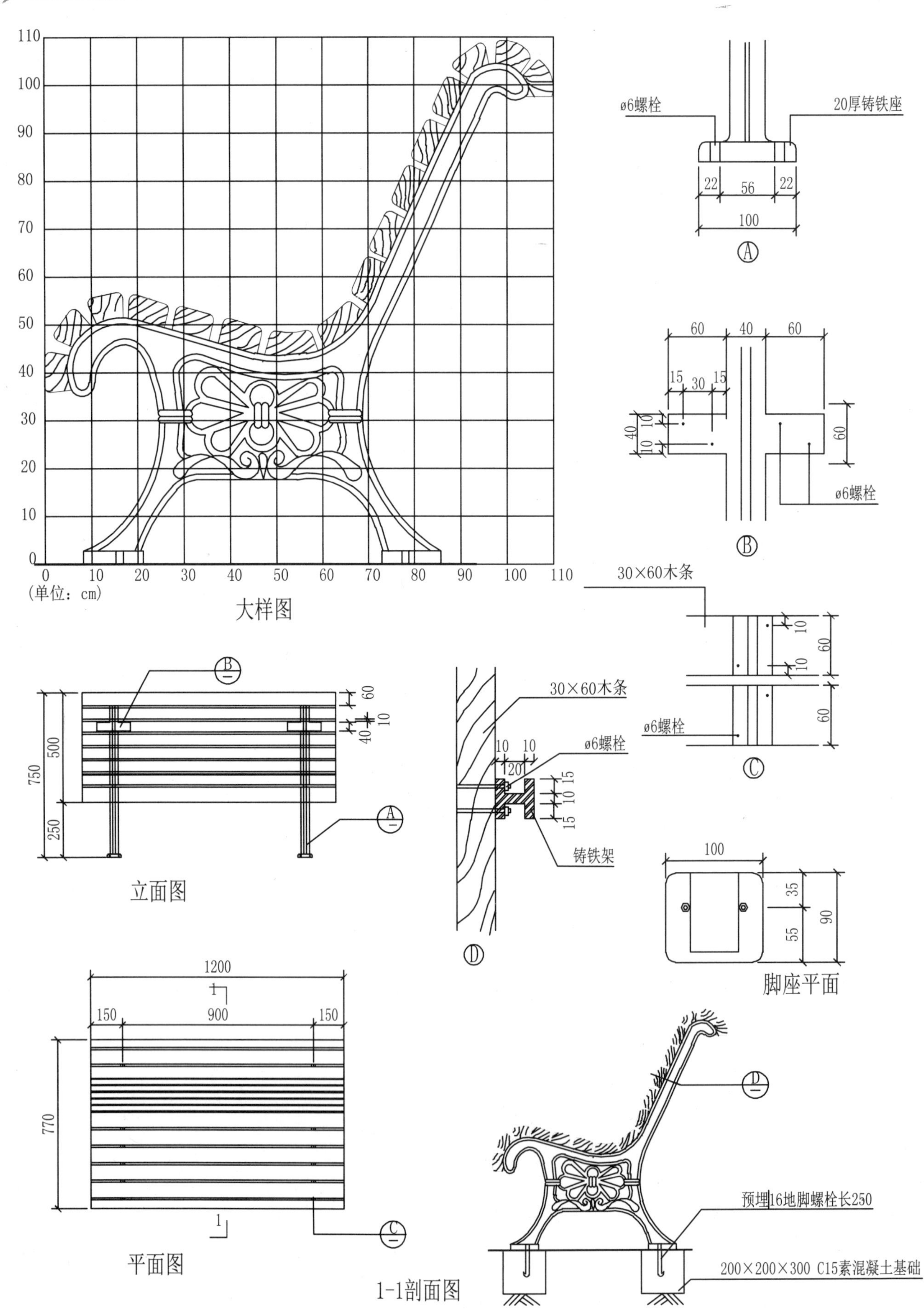

(单位：cm)
大样图
ø6螺栓
20厚铸铁座
22
56
22
100
A
60
40
60
15
30
15
40
10
10
60
ø6螺栓
B
30×60木条
10
60
10
60
ø6螺栓
C
60
10
40
10
750
500
250
立面图
30×60木条
10
10
120
ø6螺栓
15
10
15
铸铁架
D
100
35
55
90
脚座平面
1200
150
900
150
770
1
平面图
预埋16地脚螺栓长250
200×200×300 C15素混凝土基础
1-1剖面图

园凳方案九

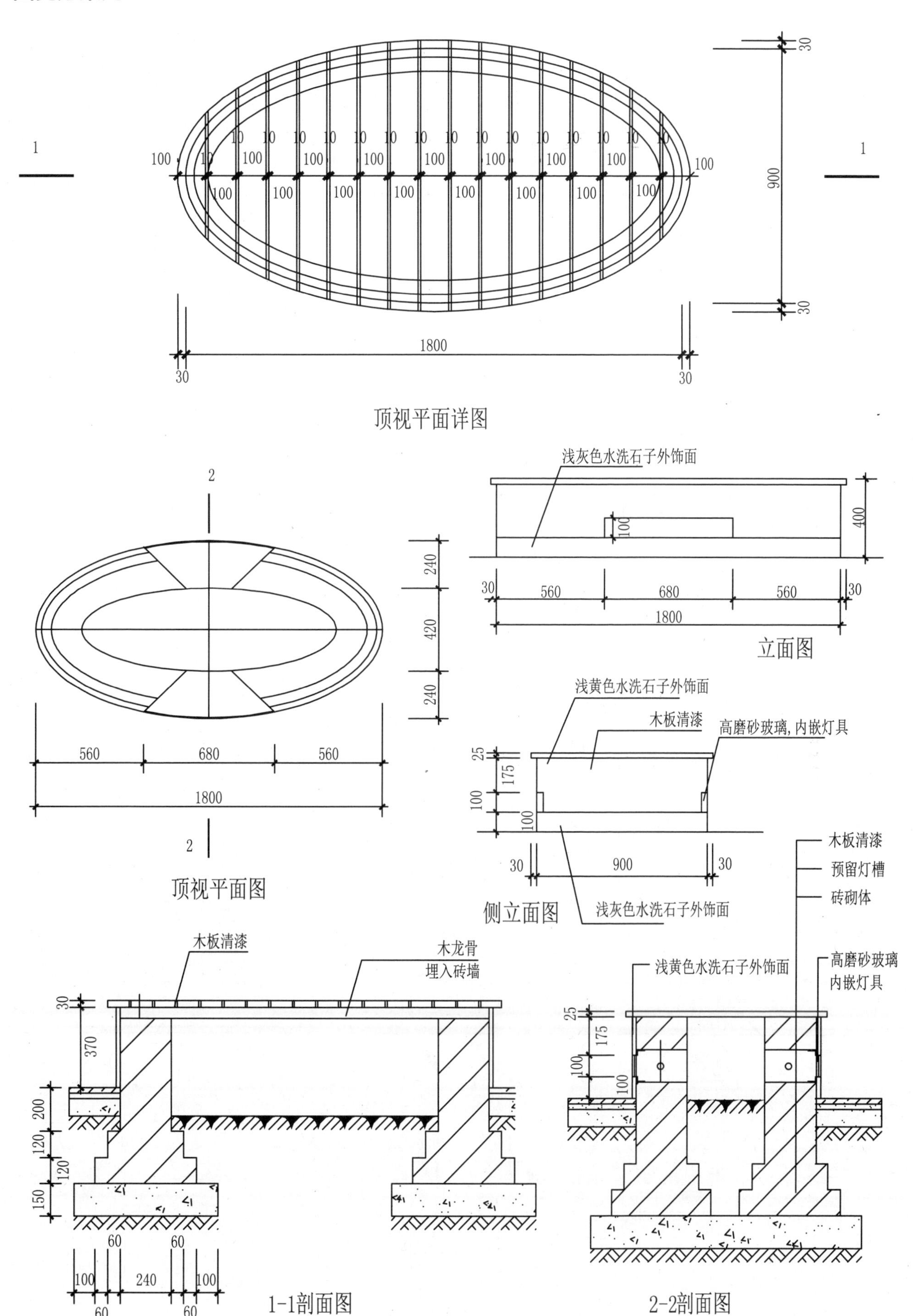

1
1
100
10
100
1800
30
30
900
顶视平面详图
2
2
560
680
560
1800
240
420
240
顶视平面图
浅灰色水洗石子外饰面
100
400
30
560
680
560
30
1800
立面图
浅黄色水洗石子外饰面
木板清漆
高磨砂玻璃,内嵌灯具
25
175
100
100
30
900
30
侧立面图
浅灰色水洗石子外饰面
木板清漆
木龙骨
埋入砖墙
30
370
200
120
120
150
60
60
100
240
100
60
60
1-1剖面图
木板清漆
预留灯槽
砖砌体
浅黄色水洗石子外饰面
高磨砂玻璃
内嵌灯具
25
175
100
100
2-2剖面图

园凳方案十

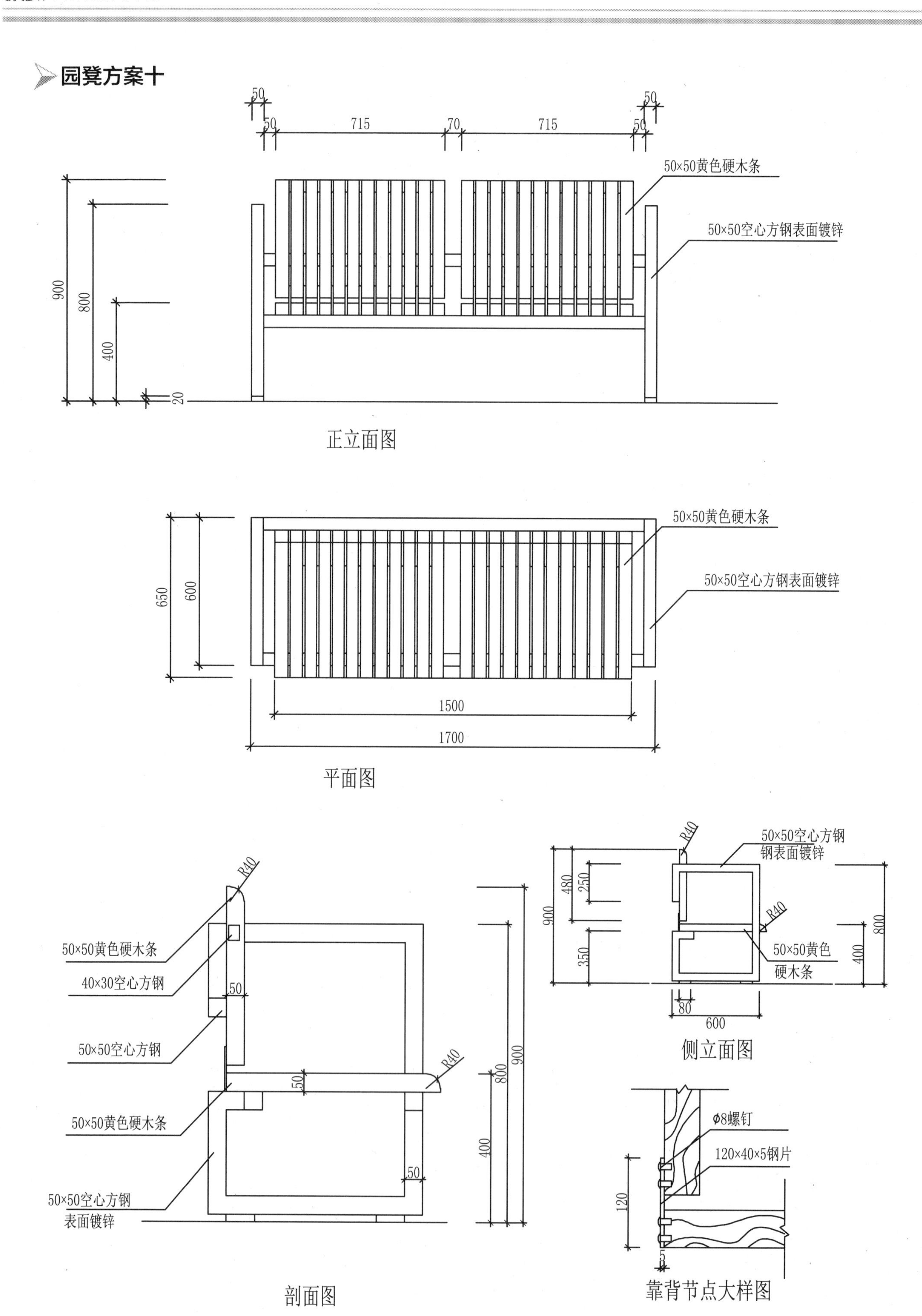
50
50
715
70
715
50
50
50×50黄色硬木条
50×50空心方钢表面镀锌
900
800
400
20
正立面图
50×50黄色硬木条
50×50空心方钢表面镀锌
650
600
1500
1700
平面图
R40
50×50黄色硬木条
40×30空心方钢
50
50×50空心方钢
R40
50
50×50黄色硬木条
50
50×50空心方钢
表面镀锌
400
800
900
剖面图
R40
50×50空心方钢
钢表面镀锌
900
480
250
350
R40
50×50黄色
硬木条
800
400
80
600
侧立面图
ϕ8螺钉
120×40×5钢片
120
5
靠背节点大样图

园凳方案十一

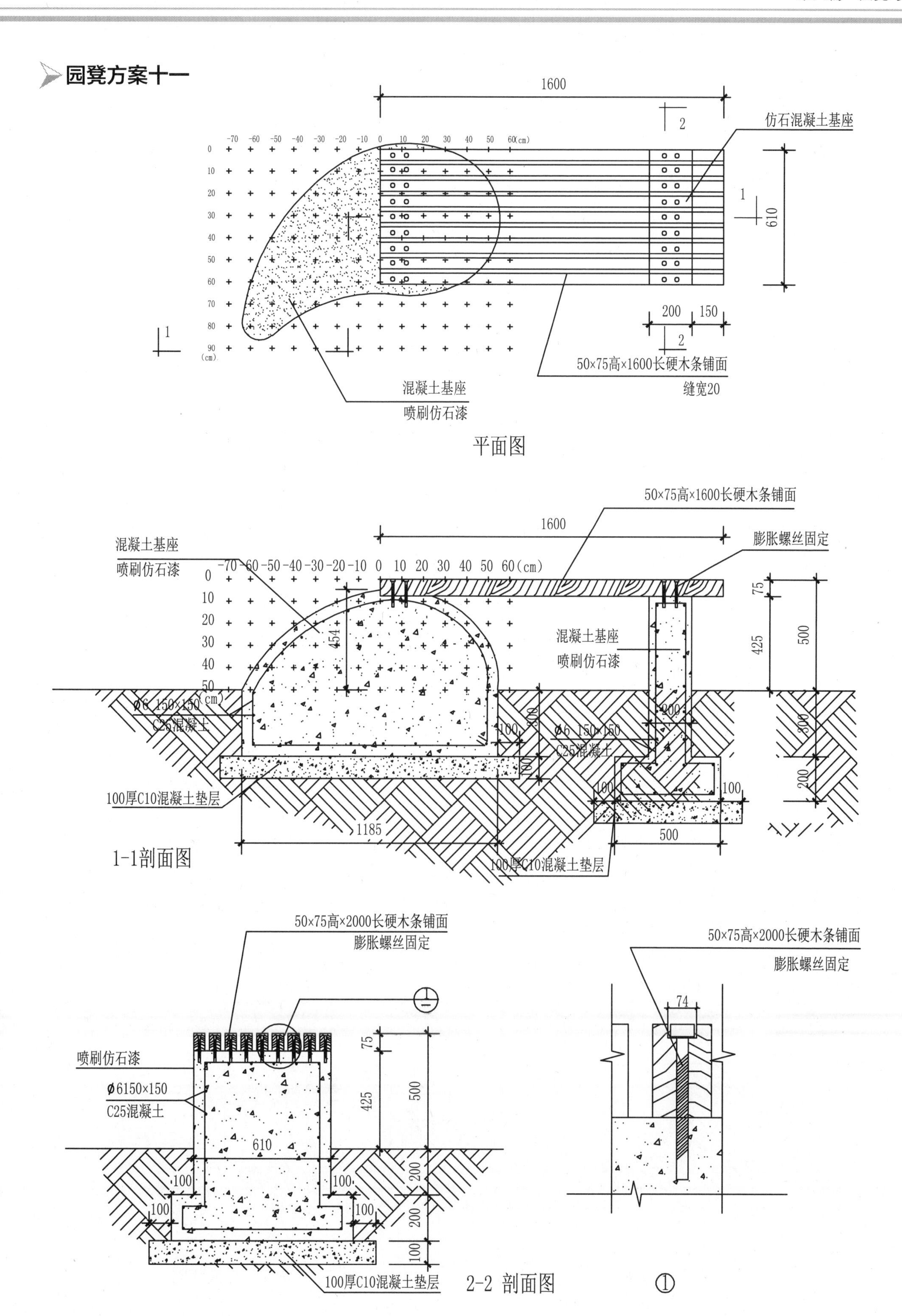
1600
仿石混凝土基座
610
200
150
50×75高×1600长硬木条铺面
缝宽20
混凝土基座
喷刷仿石漆
平面图
50×75高×1600长硬木条铺面
膨胀螺丝固定
混凝土基座
喷刷仿石漆
454
75
425
500
φ6 150×150
C25混凝土
100厚C10混凝土垫层
1185
1-1剖面图
50×75高×2000长硬木条铺面
膨胀螺丝固定
喷刷仿石漆
φ6150×150
C25混凝土
610
100厚C10混凝土垫层
2-2 剖面图
74
①

园凳方案十二

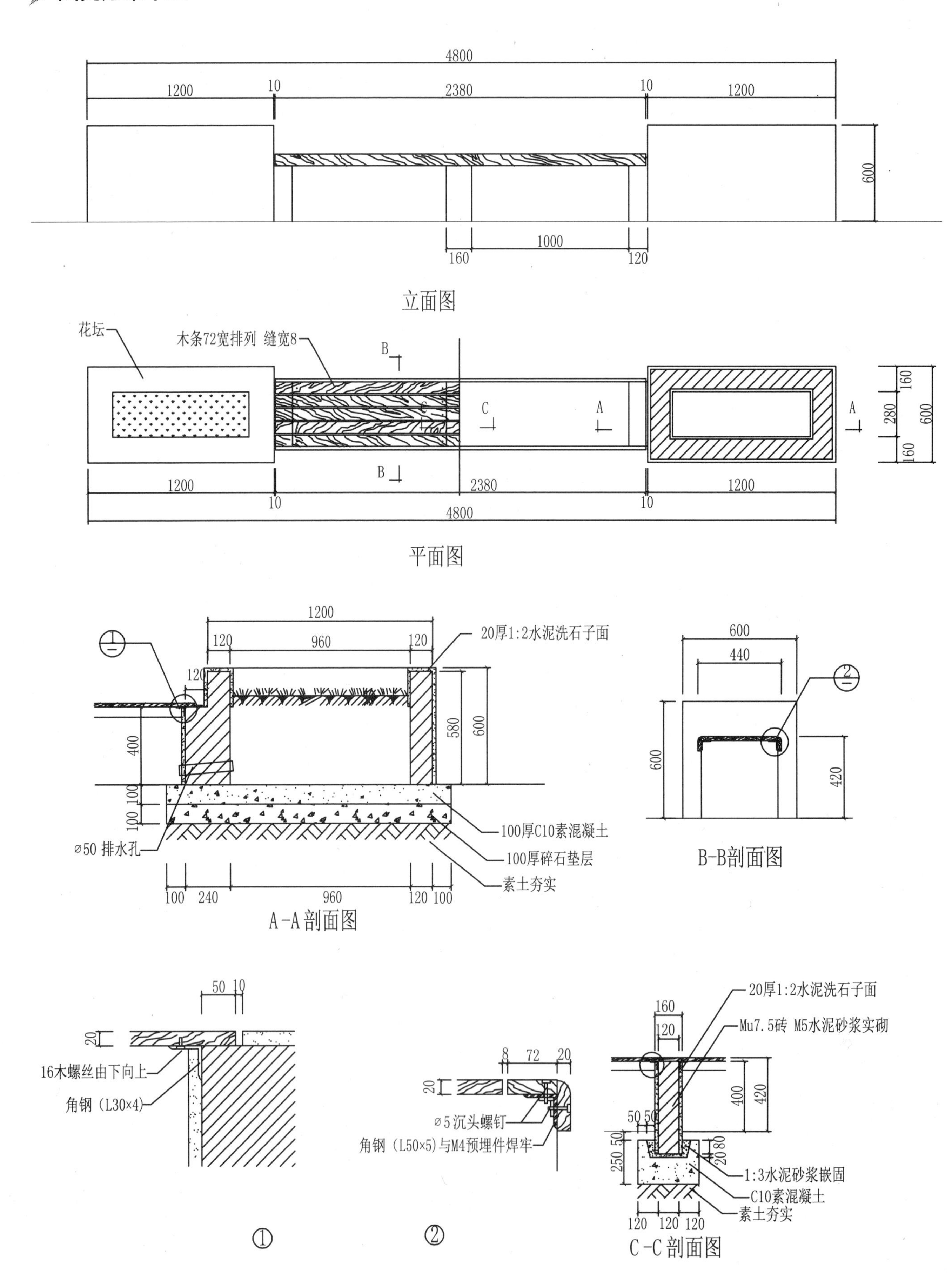
4800
1200
10
2380
10
1200
600
1000
160
120
立面图
花坛
木条72宽排列 缝宽8
B
C
A
160
280
600
160
平面图
1200
120
960
120
20厚1:2水泥洗石子面
580
600
400
100
100
100厚C10素混凝土
100厚碎石垫层
素土夯实
ø50 排水孔
100 240 960 120 100
A-A剖面图
600
440
420
B-B剖面图
50 10
20
16木螺丝由下向上
角钢（L30×4）
8 72 20
ø5沉头螺钉
角钢（L50×5)与M4预埋件焊牢
①
②
160
120
20厚1:2水泥洗石子面
Mu7.5砖 M5水泥砂浆实砌
400
420
50 50
250 50
20 80
1:3水泥砂浆嵌固
C10素混凝土
素土夯实
120 120 120
C-C剖面图

园凳方案十三

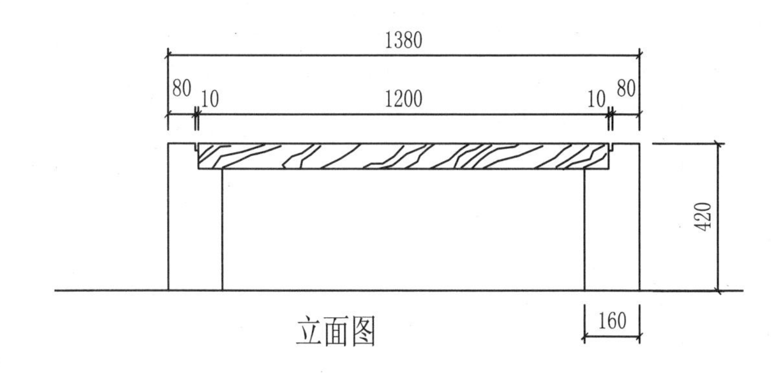
1380
80
10
1200
10
80
420
160
立面图

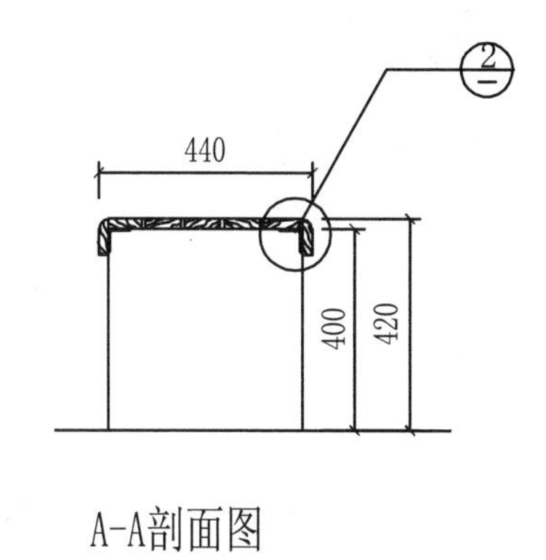
440
400
420
A-A剖面图

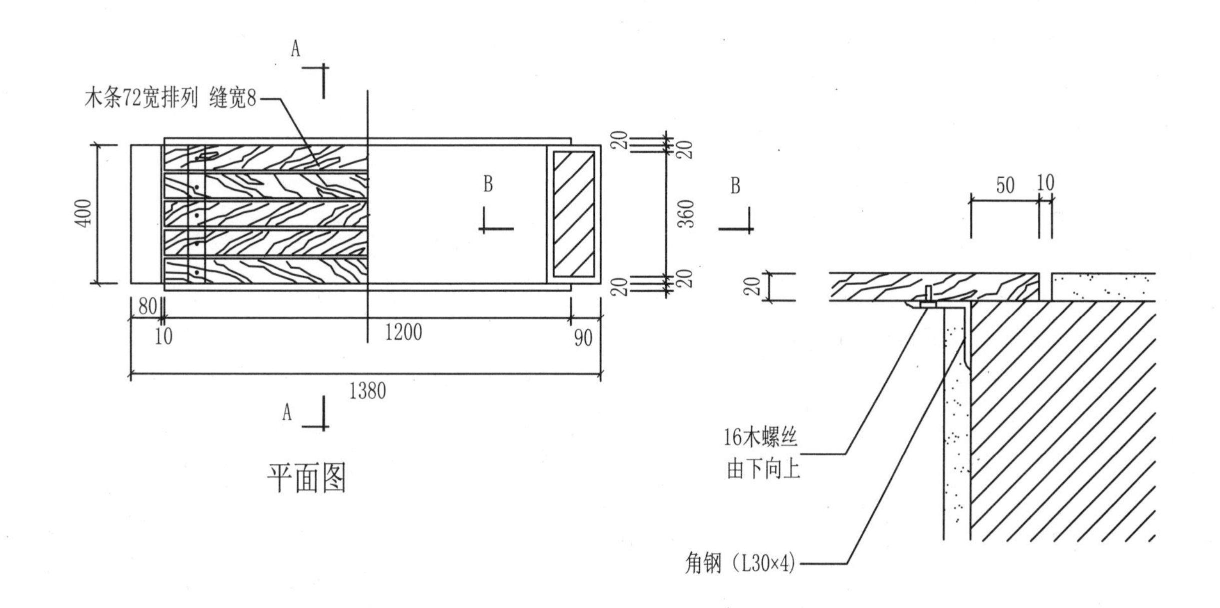
木条72宽排列 缝宽8
A
B
400
20
360
80
10
1200
90
1380
50
10
16木螺丝
由下向上
角钢（L30×4）
平面图
①

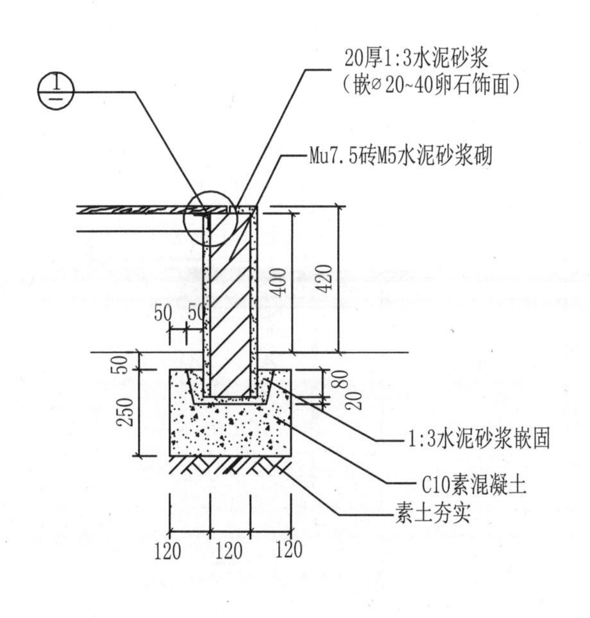
20厚1:3水泥砂浆
（嵌⌀20~40卵石饰面）
Mu7.5砖M5水泥砂浆砌
400
420
50
250
80
20
1:3水泥砂浆嵌固
C10素混凝土
素土夯实
120
120
120

B-B剖面图

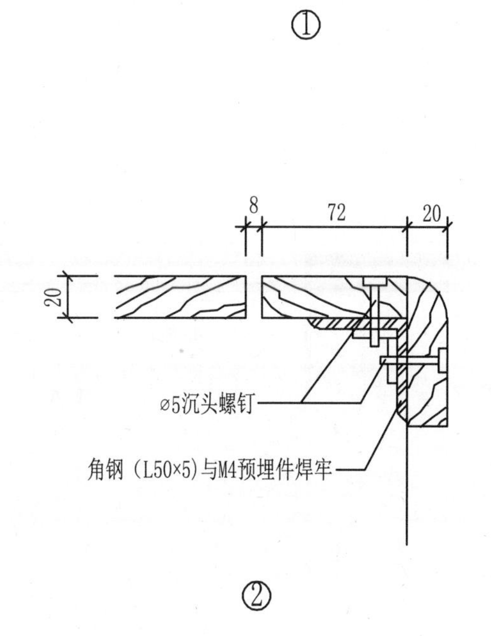
8
72
20
⌀5沉头螺钉
角钢（L50×5）与M4预埋件焊牢
②

园凳方案十四

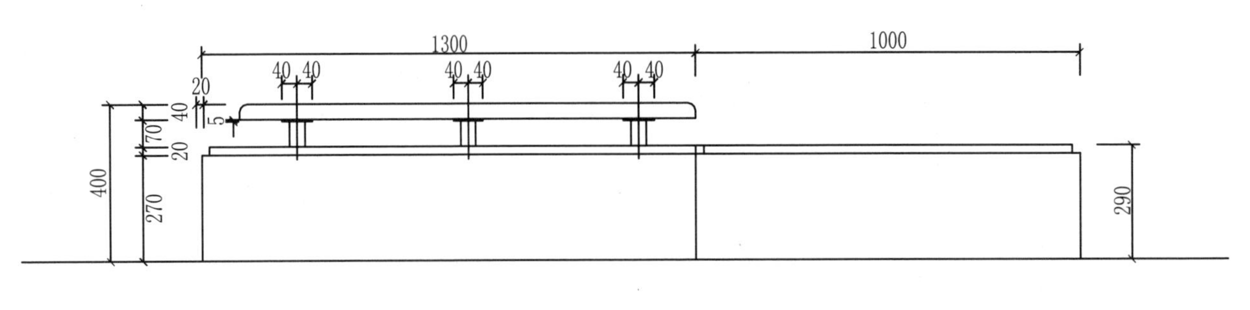

立面图

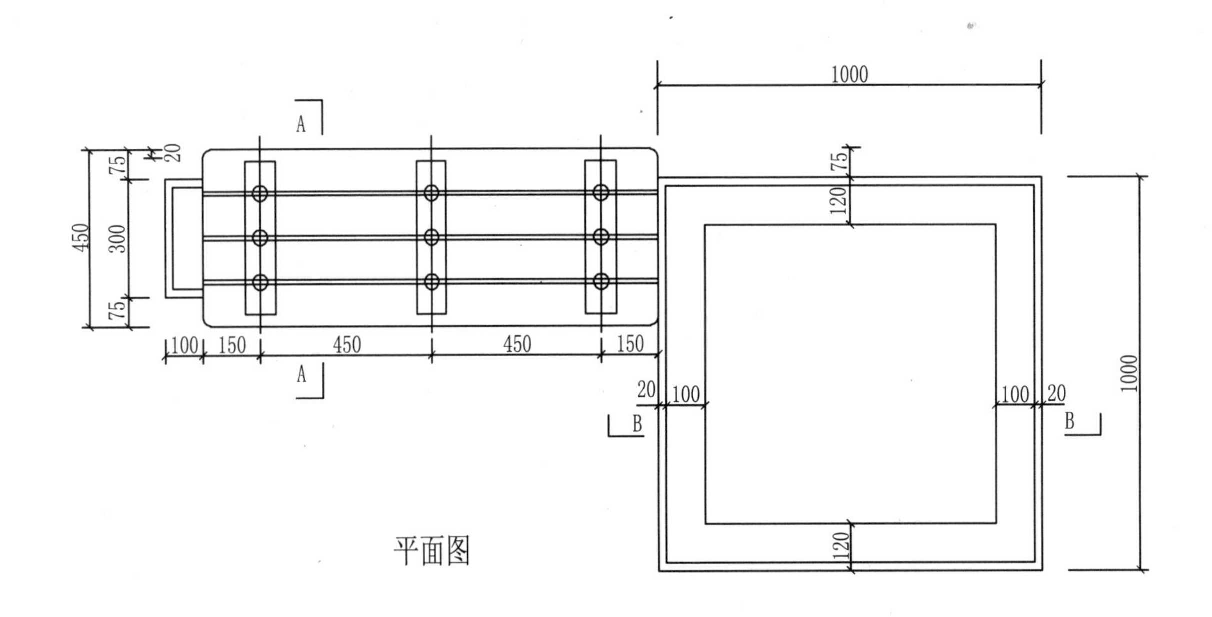

平面图

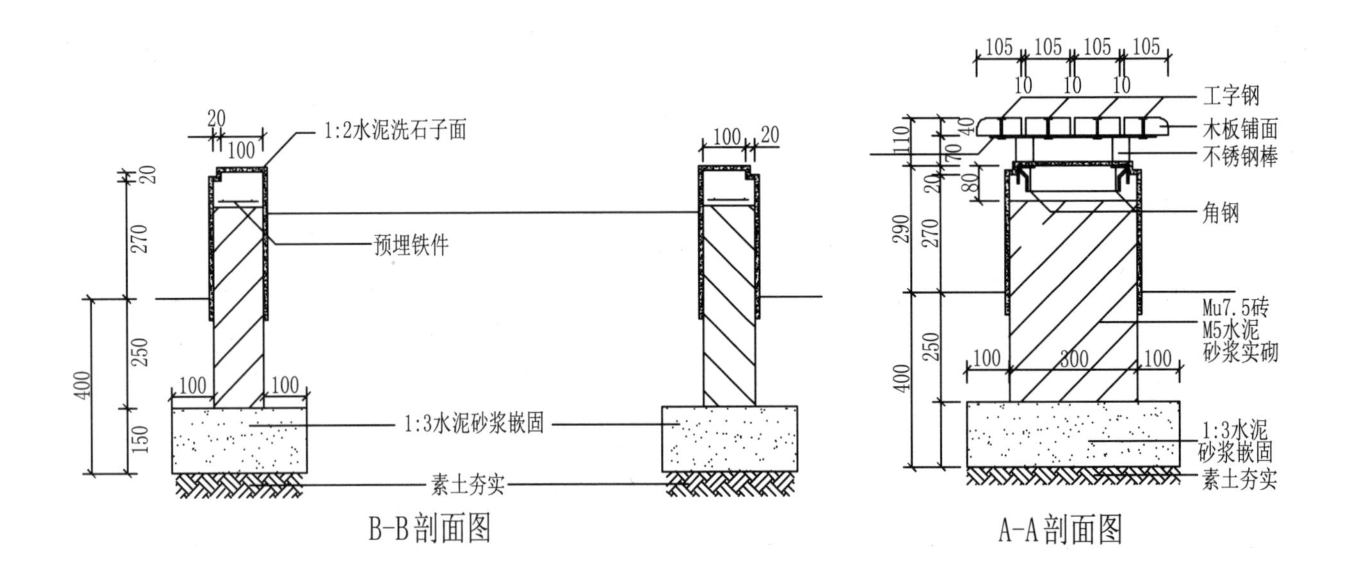

B-B剖面图

A-A剖面图

园凳方案十五

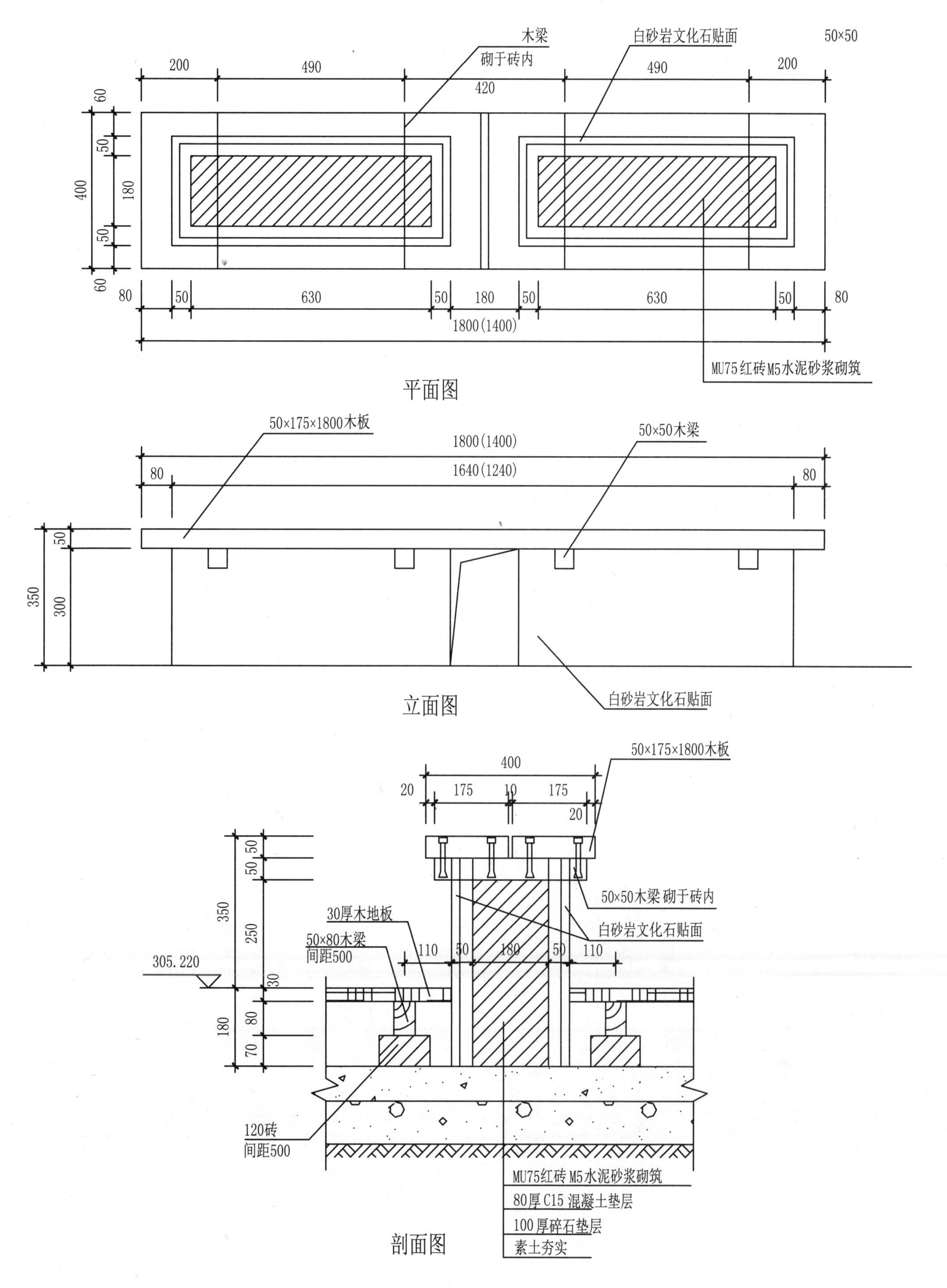
木梁
砌于砖内
白砂岩文化石贴面
50×50
200
490
420
490
200
60
50
400
180
50
60
80
50
630
50
180
50
630
50
80
1800(1400)
MU75红砖M5水泥砂浆砌筑
平面图
50×175×1800木板
1800(1400)
1640(1240)
80
80
50×50木梁
50
350
300
白砂岩文化石贴面
立面图
400
50×175×1800木板
20
175
10
175
20
50×50木梁 砌于砖内
白砂岩文化石贴面
30厚木地板
50×80木梁
间距500
110
50
180
50
110
305.220
350
50
50
250
30
180
80
70
120砖
间距500
MU75红砖 M5水泥砂浆砌筑
80厚C15 混凝土垫层
100厚碎石垫层
素土夯实
剖面图

园凳方案十六

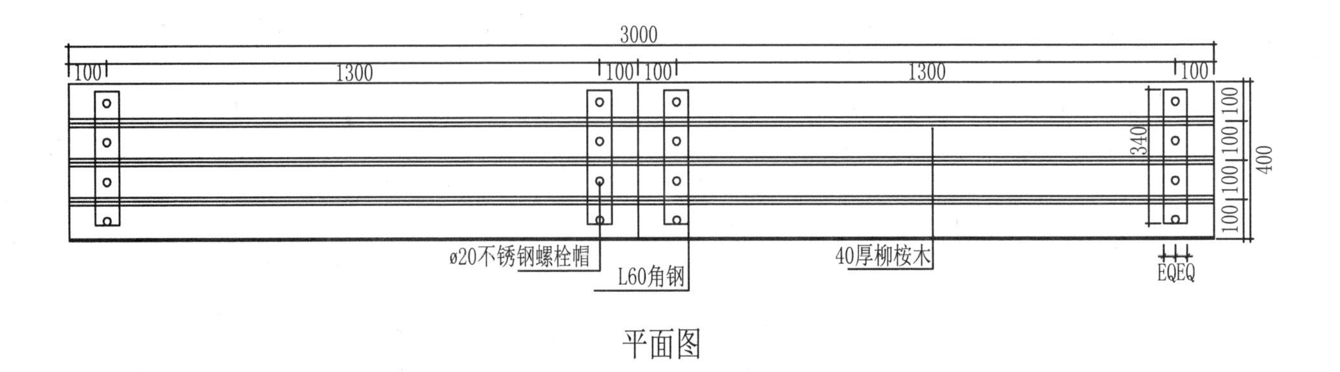

平面图

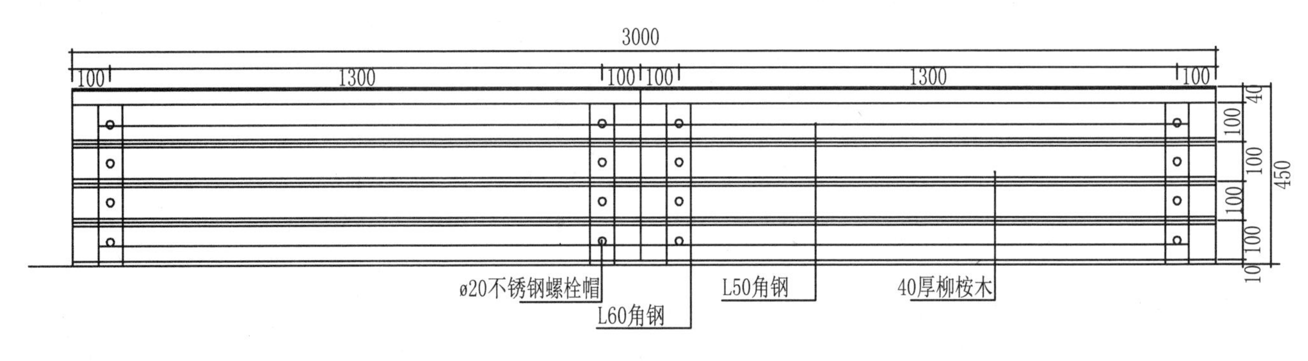

立面图

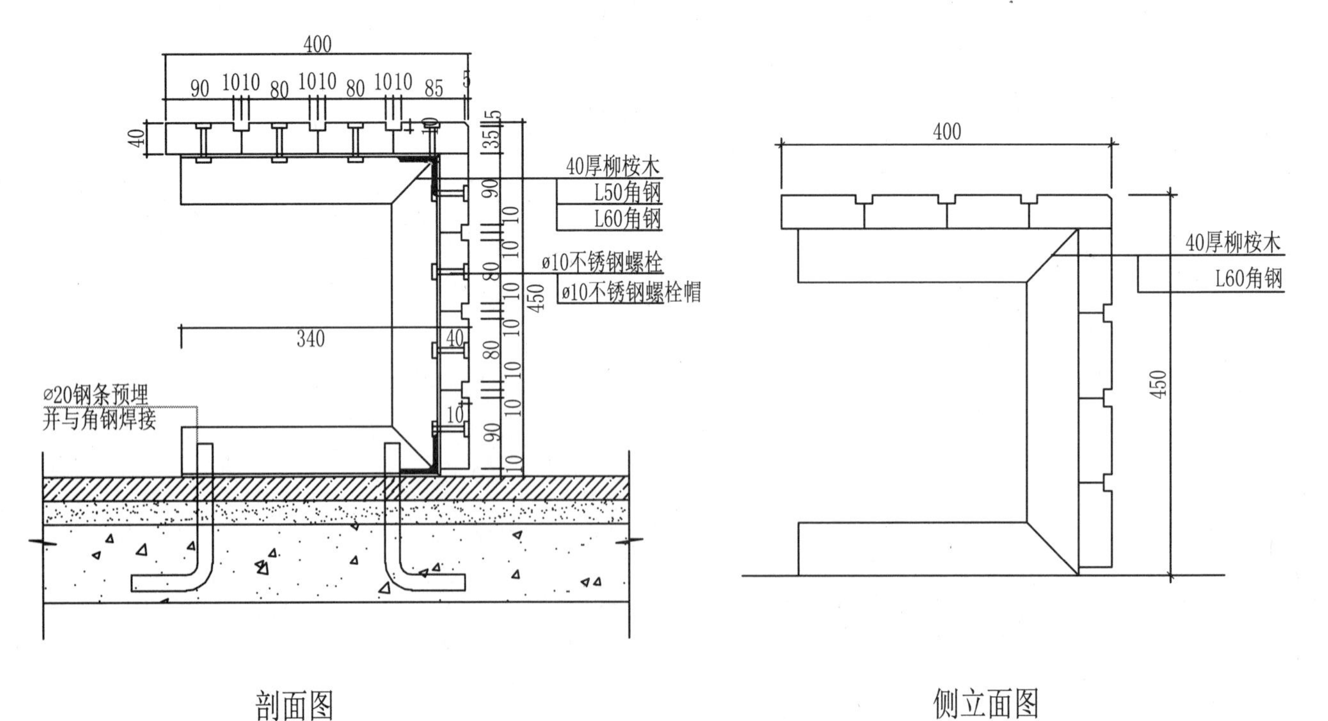

剖面图

侧立面图

园凳方案十七

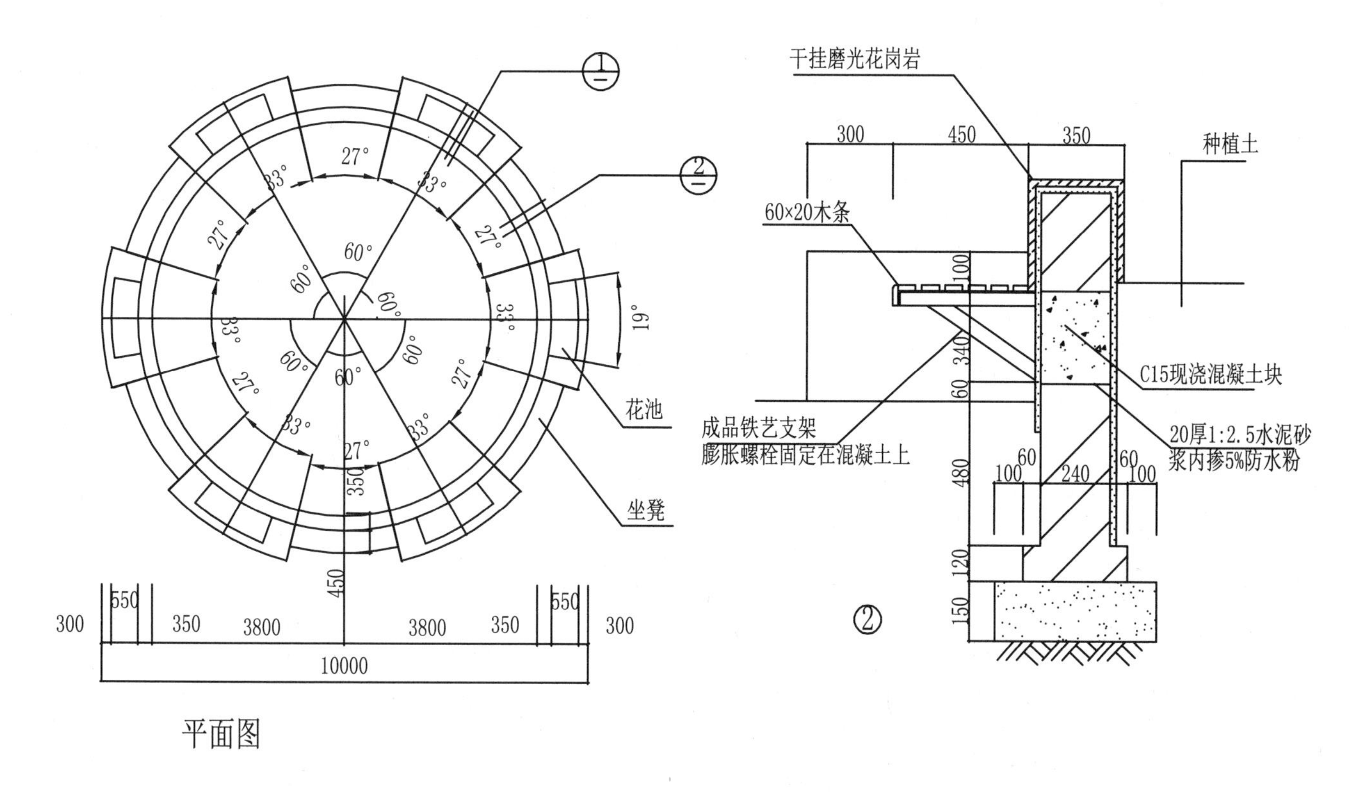

干挂磨光花岗岩
300
450
350
种植土
60×20木条
100
340
60
C15现浇混凝土块
成品铁艺支架
膨胀螺栓固定在混凝土上
20厚1:2.5水泥砂
浆内掺5%防水粉
480
120
150
60
100
240
60
100
②
27°
33°
60°
19°
花池
坐凳
350
450
300
550
350
3800
3800
350
550
300
10000
平面图

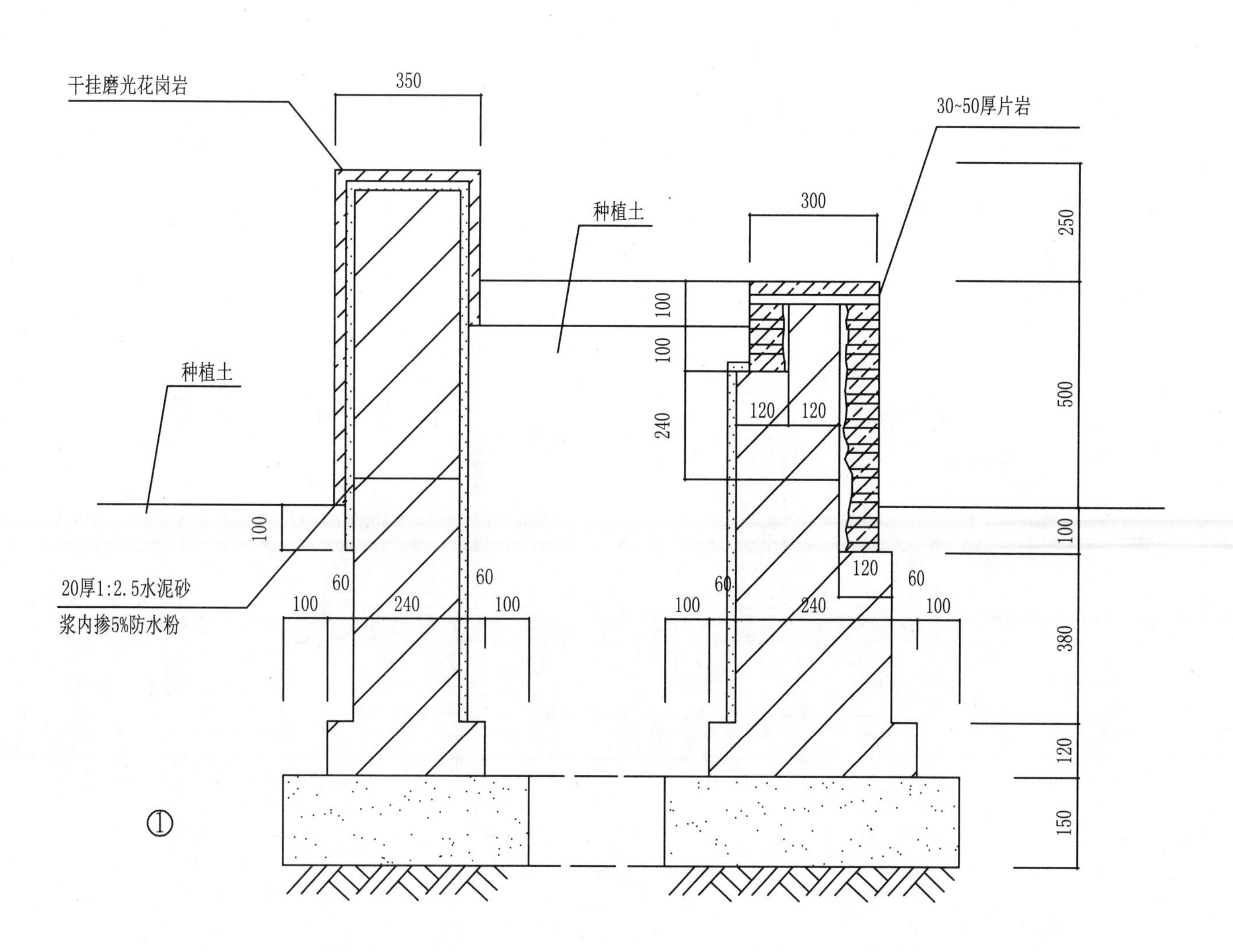

干挂磨光花岗岩
350
种植土
种植土
30~50厚片岩
300
250
500
100
100
100
240
120
120
100
20厚1:2.5水泥砂
浆内掺5%防水粉
60
100
240
100
60
120
60
380
120
150
①

园凳方案十八

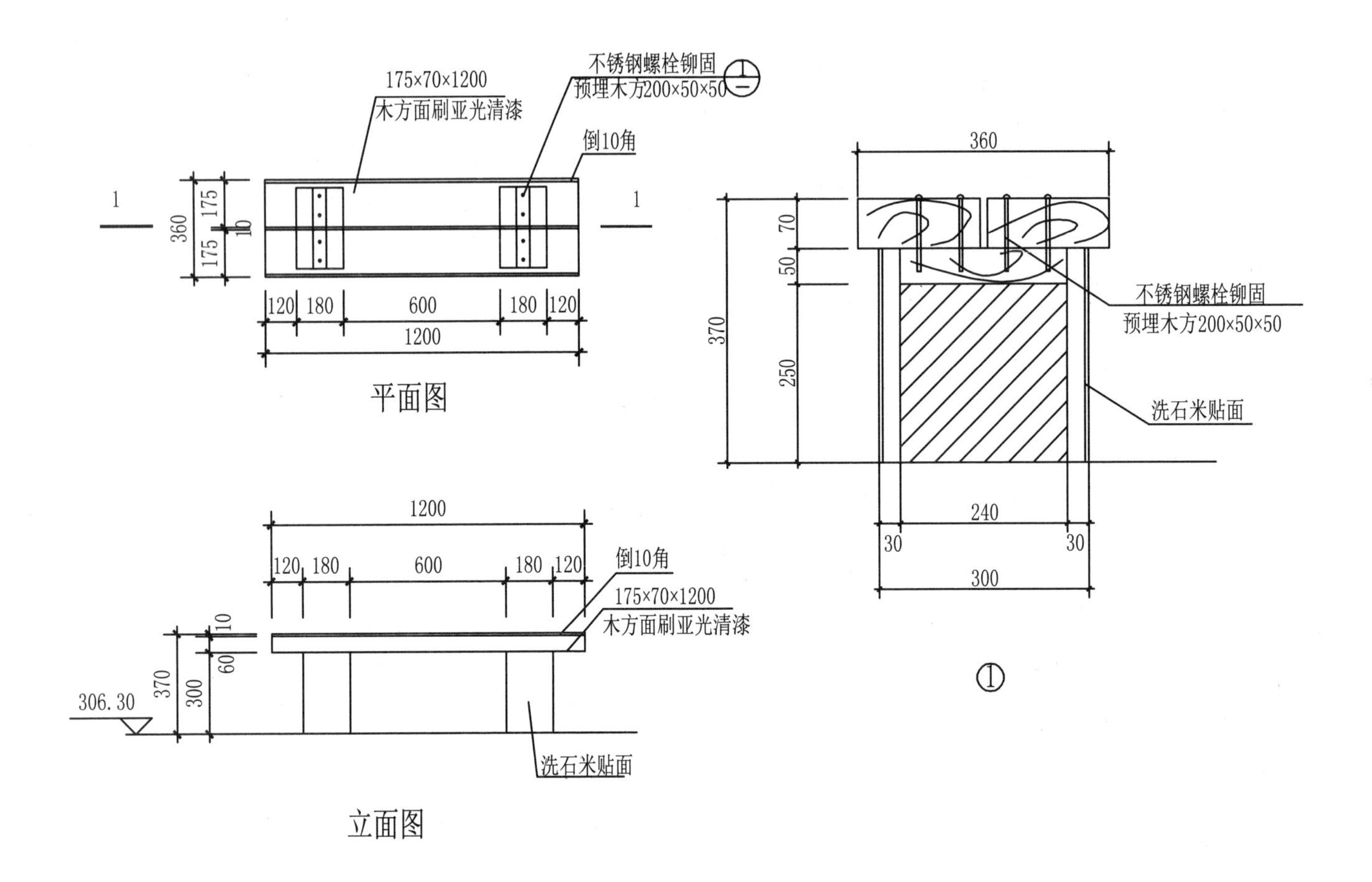

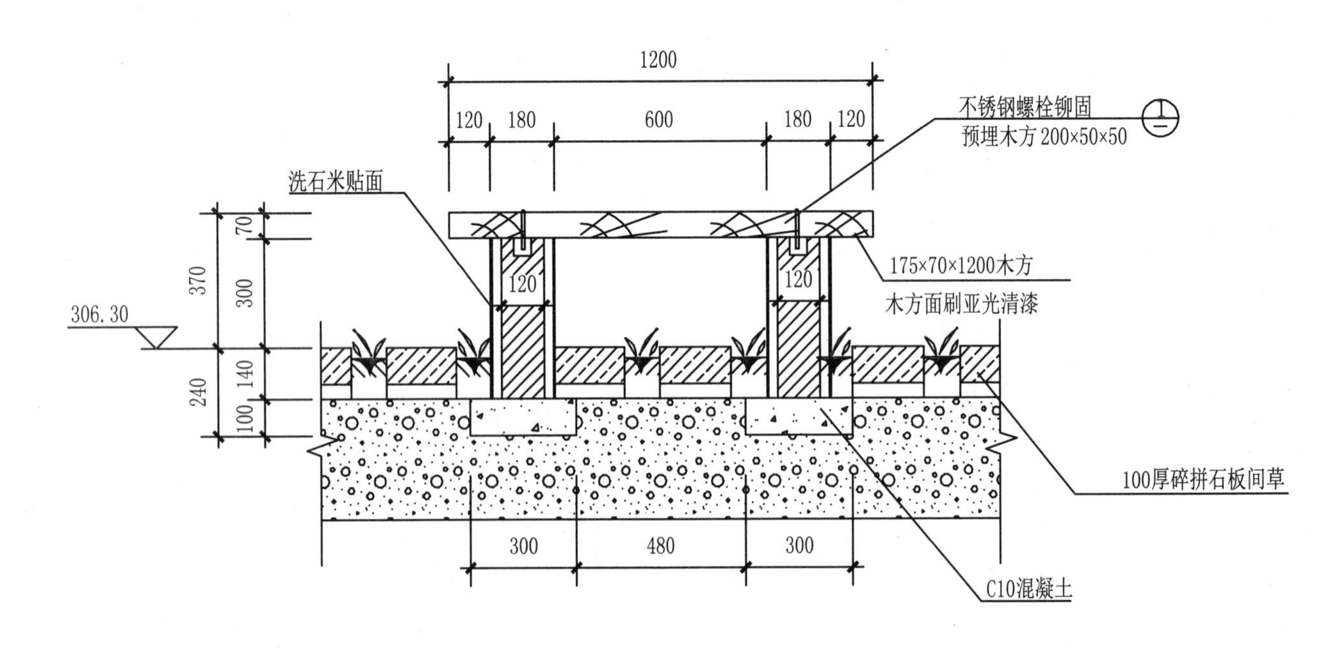

1-1剖面图

园凳方案十九

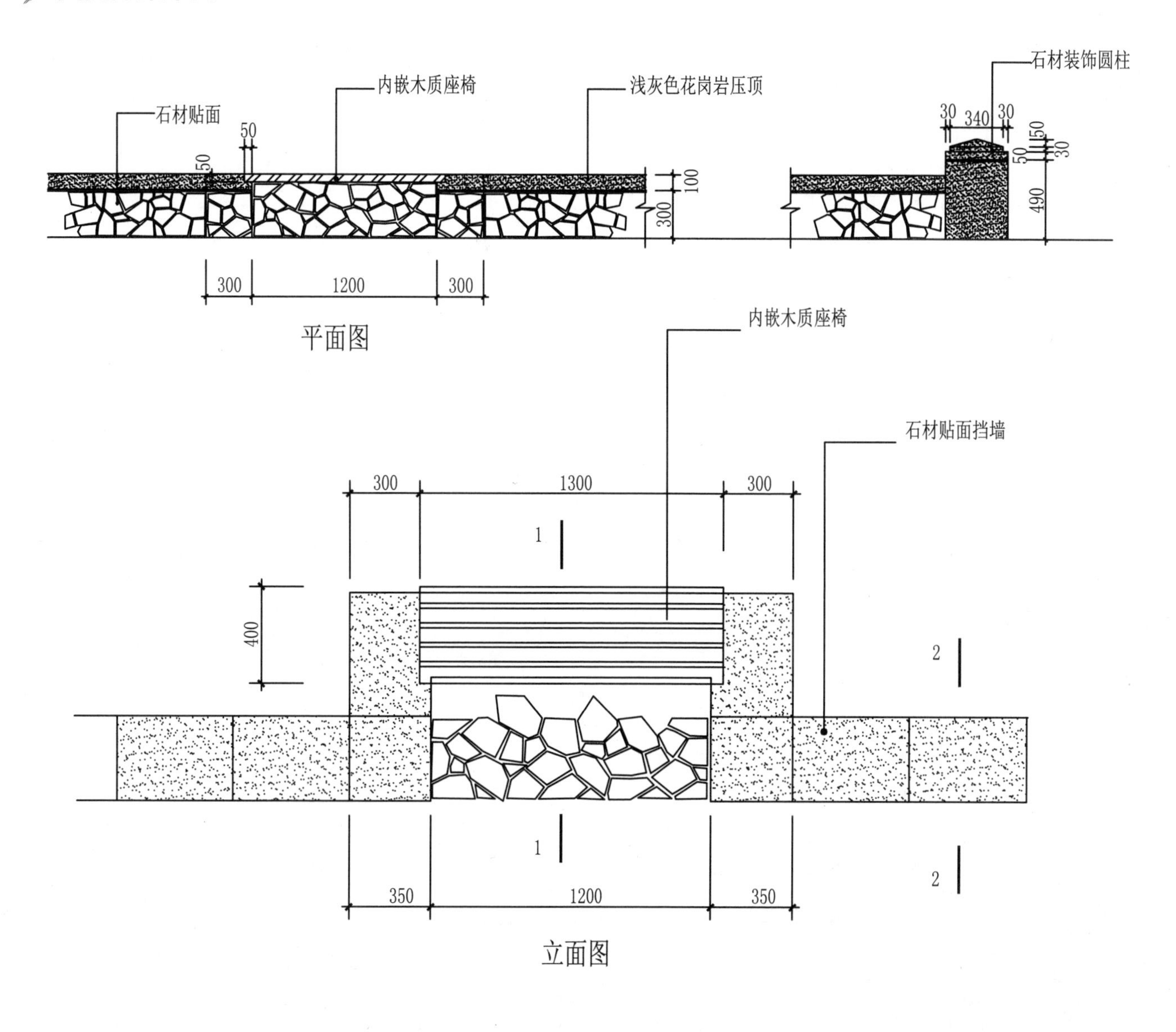
石材装饰圆柱
内嵌木质座椅
浅灰色花岗岩压顶
石材贴面
50
50
100
300
30
340
30
150
50
30
490
300
1200
300
平面图
内嵌木质座椅
石材贴面挡墙
300
1300
300
1
400
2
1
2
350
1200
350
立面图

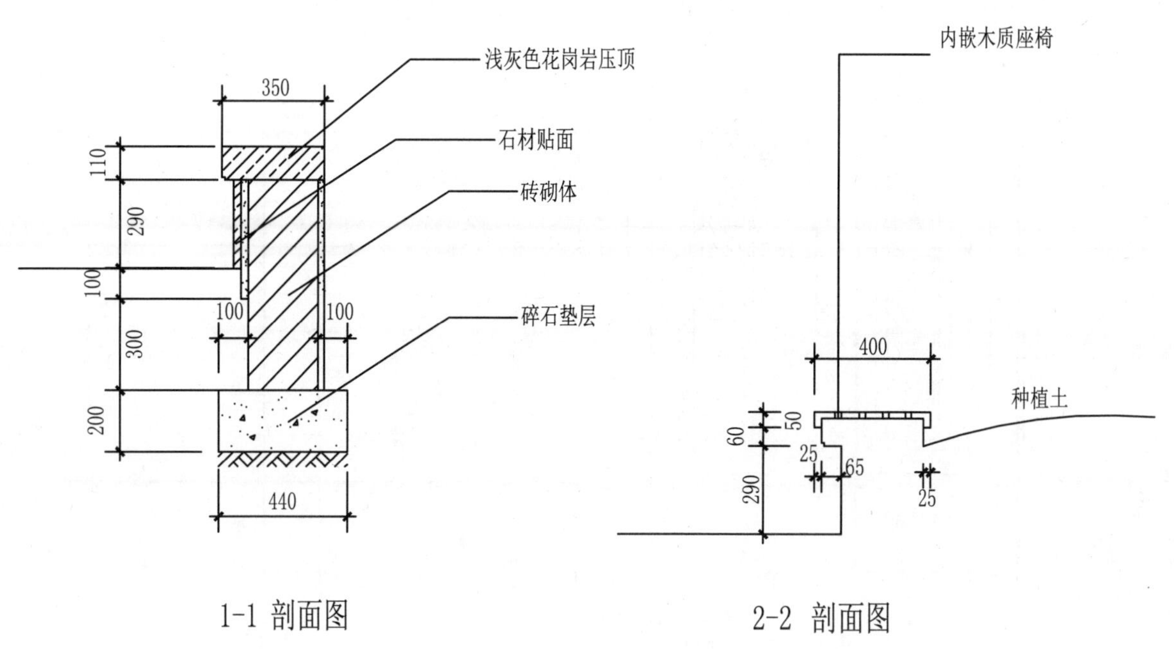
浅灰色花岗岩压顶
石材贴面
砖砌体
碎石垫层
350
110
290
100
100
100
300
200
440
1-1 剖面图
内嵌木质座椅
400
种植土
50
60
25
65
290
25
2-2 剖面图

园 灯

园灯方案一

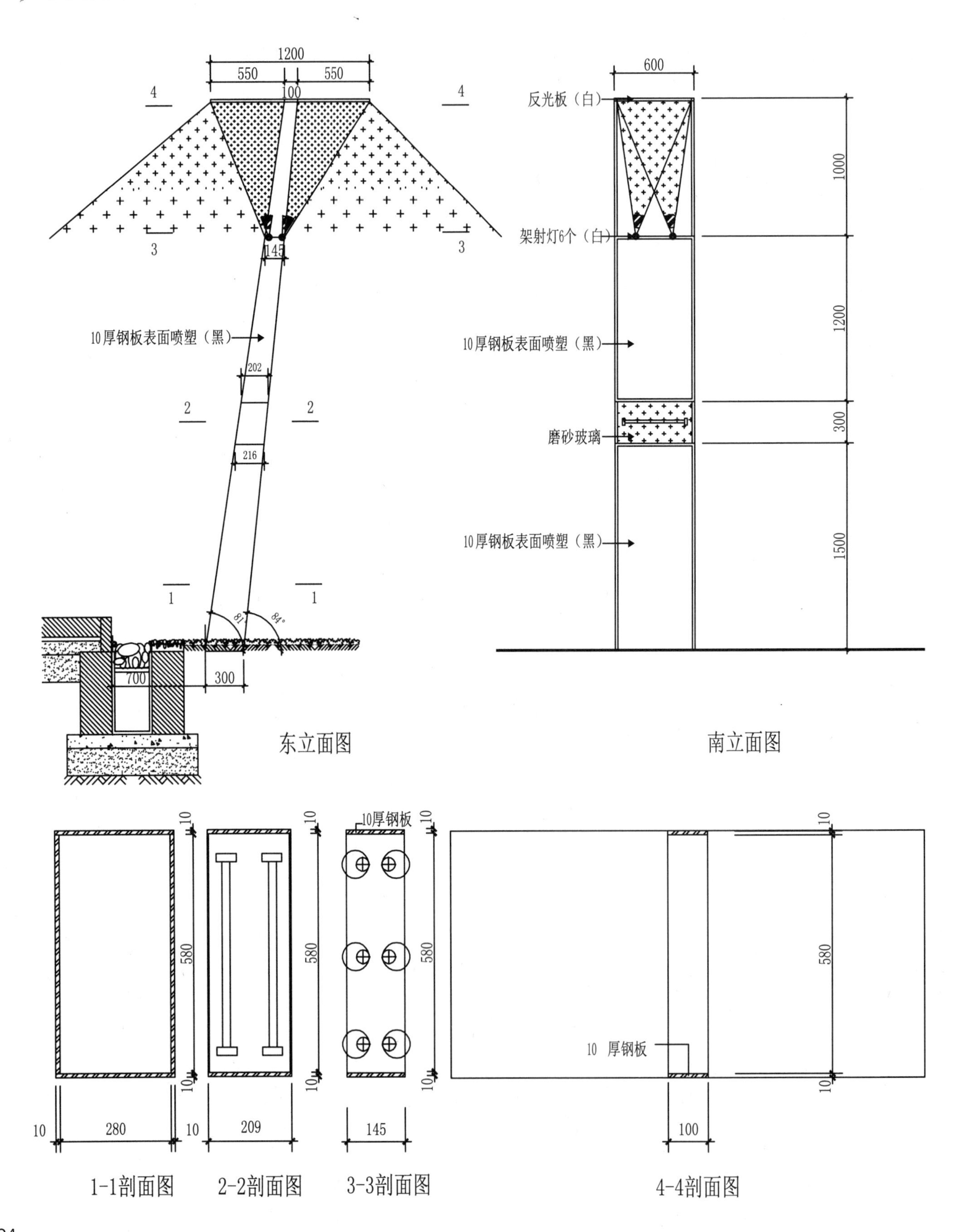

1200
550
550
100
4
4
3
3
145
10厚钢板表面喷塑（黑）
202
2
2
216
1
1
81°
84°
700
300
东立面图
600
反光板（白）
1000
架射灯6个（白）
1200
10厚钢板表面喷塑（黑）
300
磨砂玻璃
10厚钢板表面喷塑（黑）
1500
南立面图
10
580
10
10
280
1-1剖面图
10
580
10
10
209
2-2剖面图
10厚钢板
10
580
10
145
3-3剖面图
10
580
10
10 厚钢板
100
4-4剖面图

园灯方案二

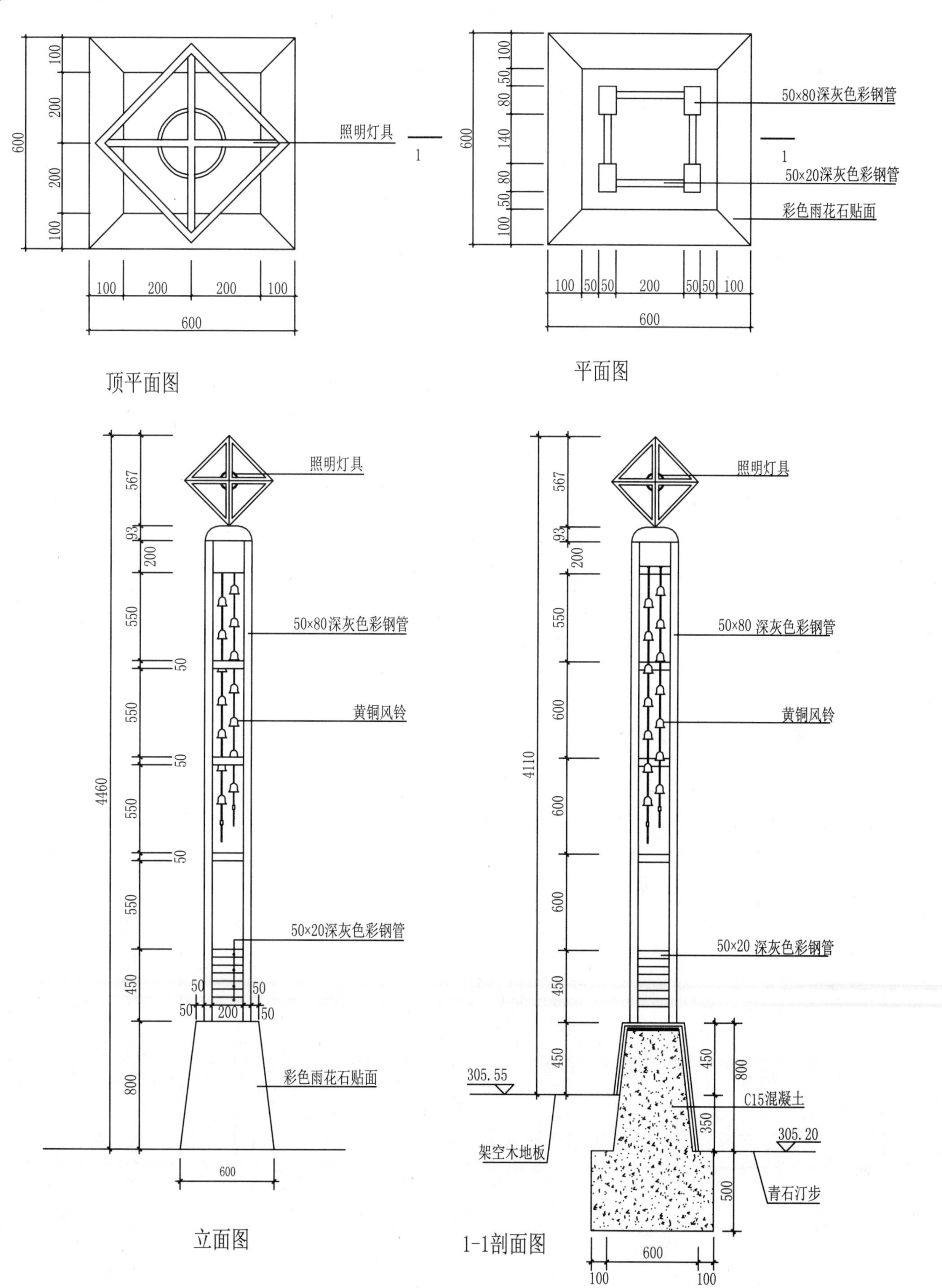

照明灯具
1
50×80深灰色彩钢管
50×20深灰色彩钢管
彩色雨花石贴面
顶平面图
平面图
照明灯具
50×80深灰色彩钢管
黄铜风铃
50×20深灰色彩钢管
彩色雨花石贴面
立面图
305.55
C15混凝土
305.20
架空木地板
青石汀步
1-1剖面图

园灯方案三

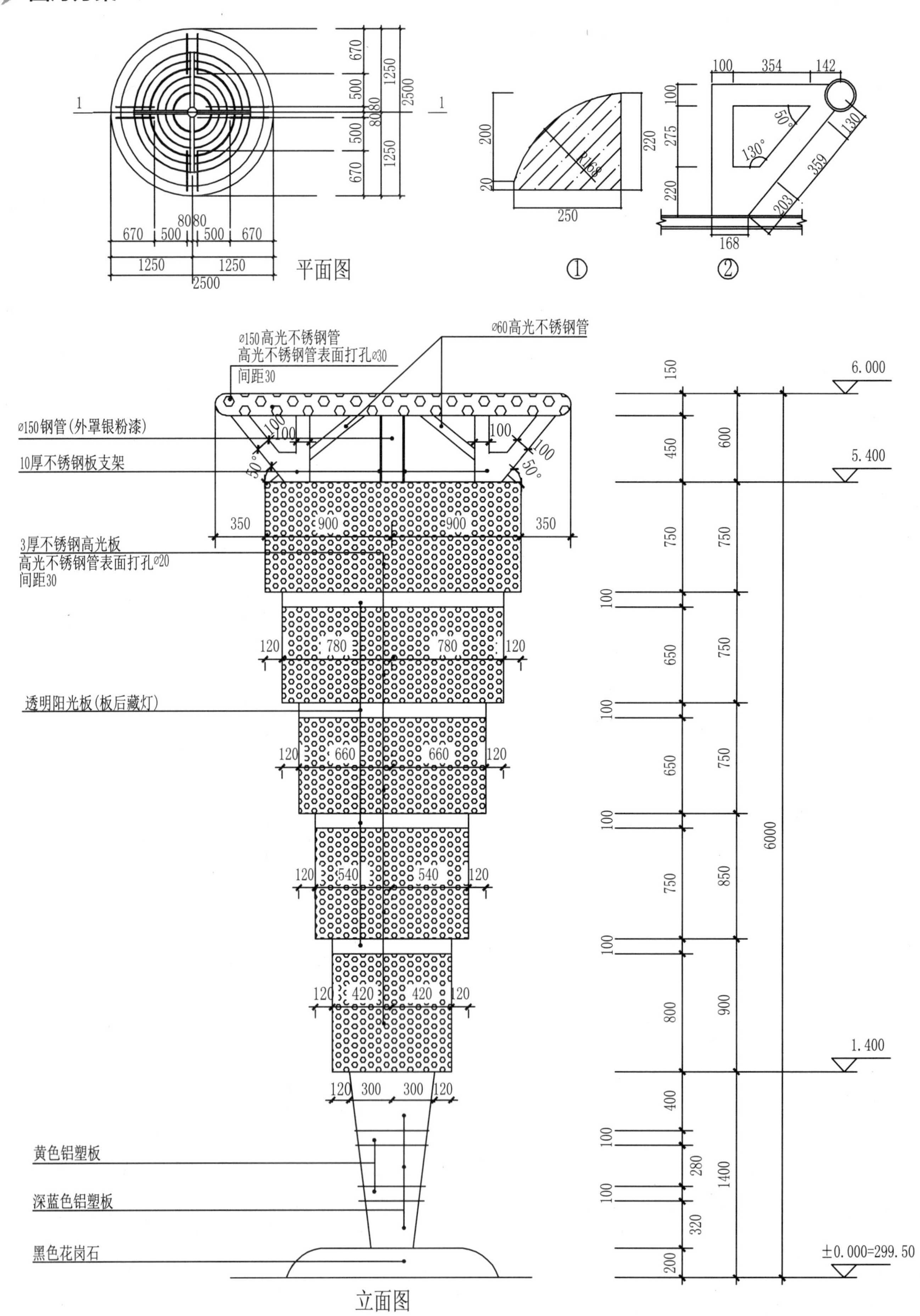

平面图
①
②
立面图
ø150高光不锈钢管
高光不锈钢管表面打孔ø30
间距30
ø60高光不锈钢管
ø150钢管(外罩银粉漆)
10厚不锈钢板支架
3厚不锈钢高光板
高光不锈钢管表面打孔ø20
间距30
透明阳光板(板后藏灯)
黄色铝塑板
深蓝色铝塑板
黑色花岗石
6.000
5.400
1.400
±0.000=299.50

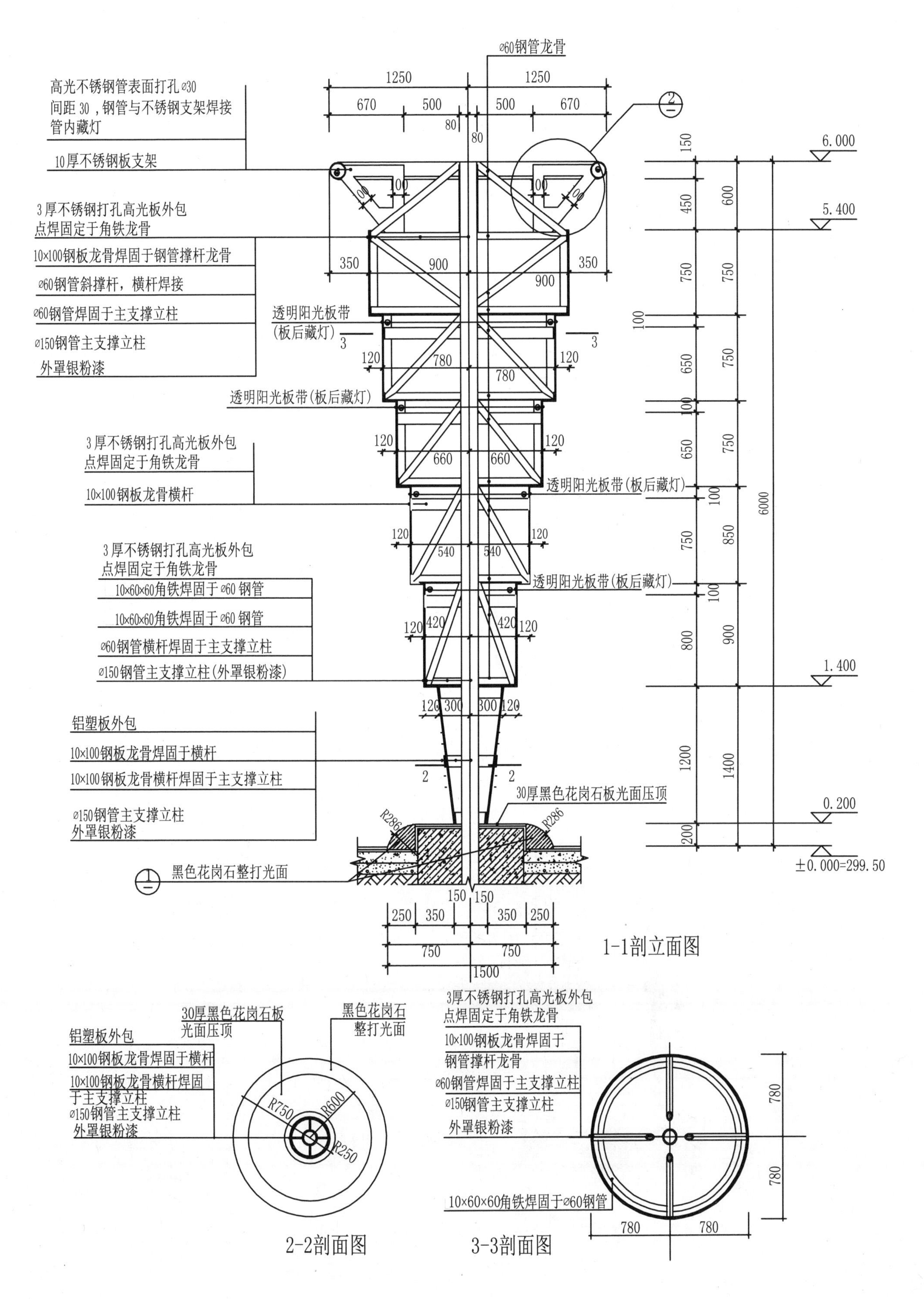

⌀60钢管龙骨
高光不锈钢管表面打孔⌀30
间距30，钢管与不锈钢支架焊接
管内藏灯
10厚不锈钢板支架
3厚不锈钢打孔高光板外包
点焊固定于角铁龙骨
10×100钢板龙骨焊固于钢管撑杆龙骨
⌀60钢管斜撑杆，横杆焊接
⌀60钢管焊固于主支撑立柱
⌀150钢管主支撑立柱
外罩银粉漆
透明阳光板带
(板后藏灯)
透明阳光板带(板后藏灯)
3厚不锈钢打孔高光板外包
点焊固定于角铁龙骨
10×100钢板龙骨横杆
透明阳光板带(板后藏灯)
3厚不锈钢打孔高光板外包
点焊固定于角铁龙骨
10×60×60角铁焊固于⌀60钢管
10×60×60角铁焊固于⌀60钢管
⌀60钢管横杆焊固于主支撑立柱
⌀150钢管主支撑立柱(外罩银粉漆)
透明阳光板带(板后藏灯)
铝塑板外包
10×100钢板龙骨焊固于横杆
10×100钢板龙骨横杆焊固于主支撑立柱
⌀150钢管主支撑立柱
外罩银粉漆
30厚黑色花岗石板光面压顶
黑色花岗石整打光面
6.000
5.400
1.400
0.200
±0.000=299.50
1-1剖立面图
30厚黑色花岗石板
光面压顶
黑色花岗石
整打光面
铝塑板外包
10×100钢板龙骨焊固于横杆
10×100钢板龙骨横杆焊固
于主支撑立柱
⌀150钢管主支撑立柱
外罩银粉漆
R750
R600
R250
3厚不锈钢打孔高光板外包
点焊固定于角铁龙骨
10×100钢板龙骨焊固于
钢管撑杆龙骨
⌀60钢管焊固于主支撑立柱
⌀150钢管主支撑立柱
外罩银粉漆
10×60×60角铁焊固于⌀60钢管
2-2剖面图
3-3剖面图

园灯方案四

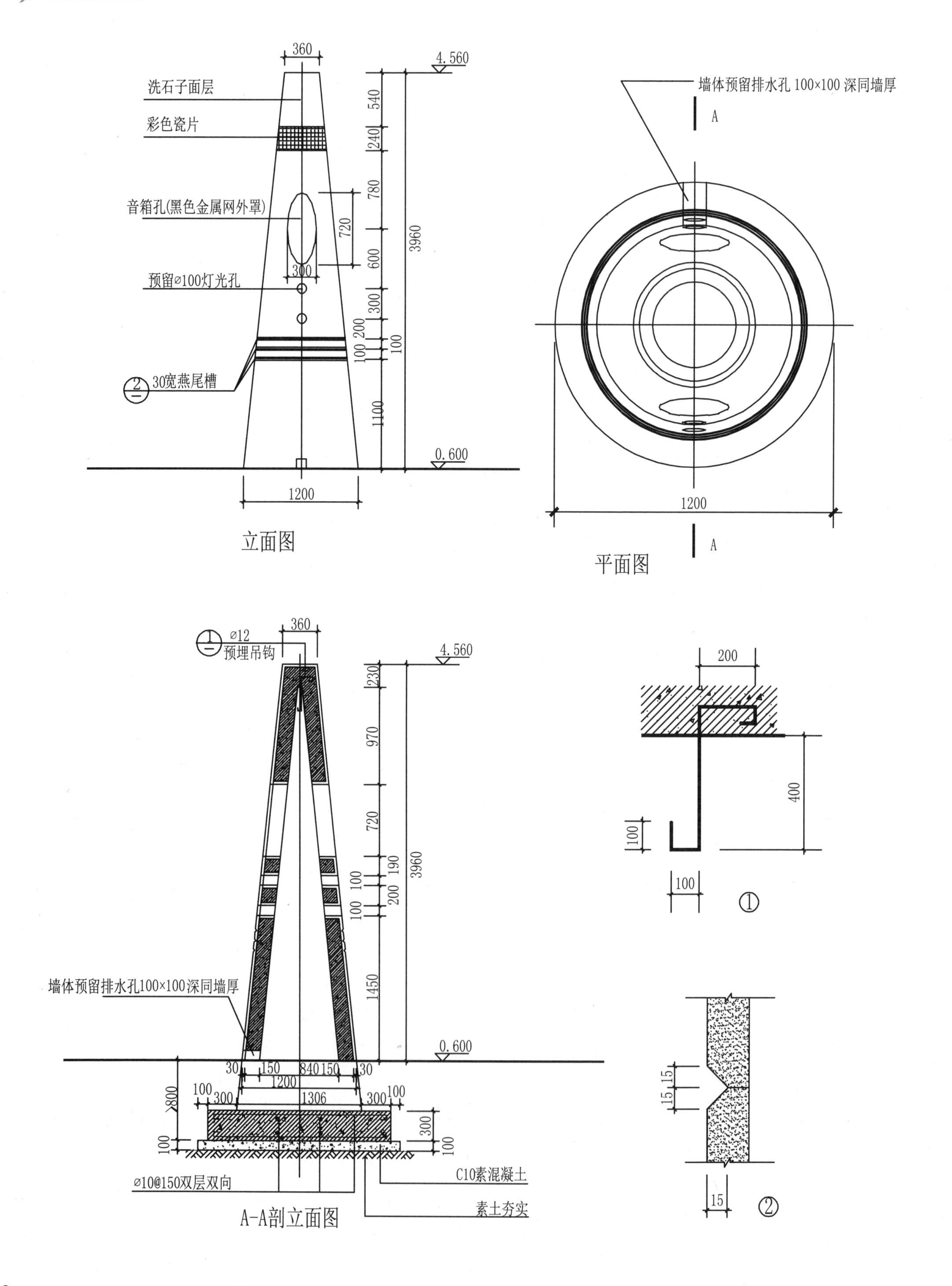
360
4.560
洗石子面层
彩色瓷片
音箱孔(黑色金属网外罩)
预留⌀100灯光孔
30宽燕尾槽
540
240
780
720
600
300
3960
300
100 200
100
1100
0.600
1200
立面图
墙体预留排水孔 100×100 深同墙厚
A
1200
平面图
⌀12
预埋吊钩
230
970
720
190
100
200
100
1450
墙体预留排水孔100×100深同墙厚
30 150 840 150 30
1200
100 300 1306 300 100
800
300
100
⌀10@150双层双向
C10素混凝土
素土夯实
A-A剖立面图
200
400
100
①
15 15
15
②

园灯方案五

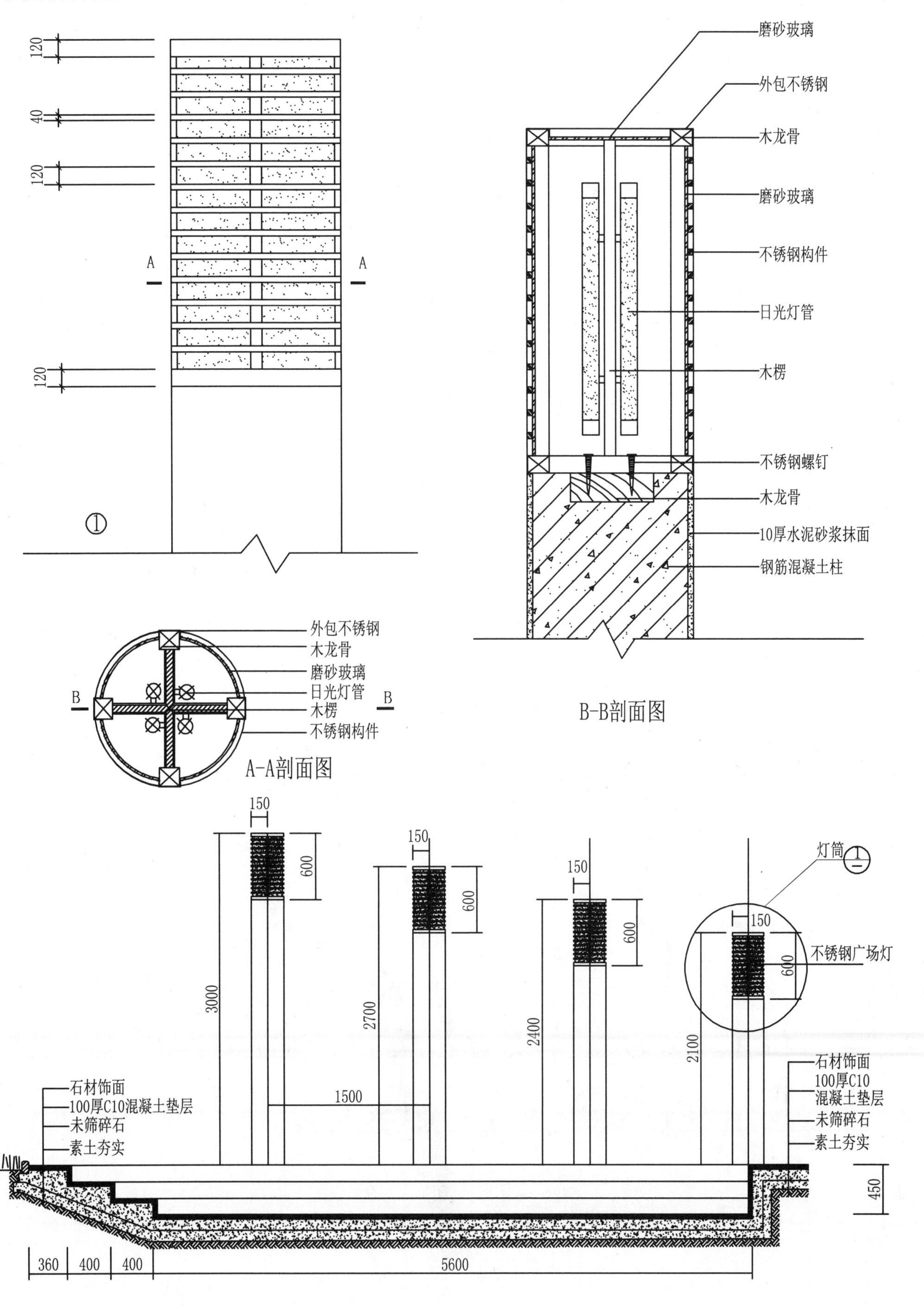
120
40
120
120
A
A
①
磨砂玻璃
外包不锈钢
木龙骨
磨砂玻璃
不锈钢构件
日光灯管
木楞
不锈钢螺钉
木龙骨
10厚水泥砂浆抹面
钢筋混凝土柱
外包不锈钢
木龙骨
磨砂玻璃
日光灯管
木楞
不锈钢构件
B
B
A-A剖面图
B-B剖面图
150
600
3000
150
600
2700
150
600
2400
灯筒
150
不锈钢广场灯
600
2100
1500
石材饰面
100厚C10混凝土垫层
未筛碎石
素土夯实
石材饰面
100厚C10
混凝土垫层
未筛碎石
素土夯实
450
360
400
400
5600

立面图

园灯方案六

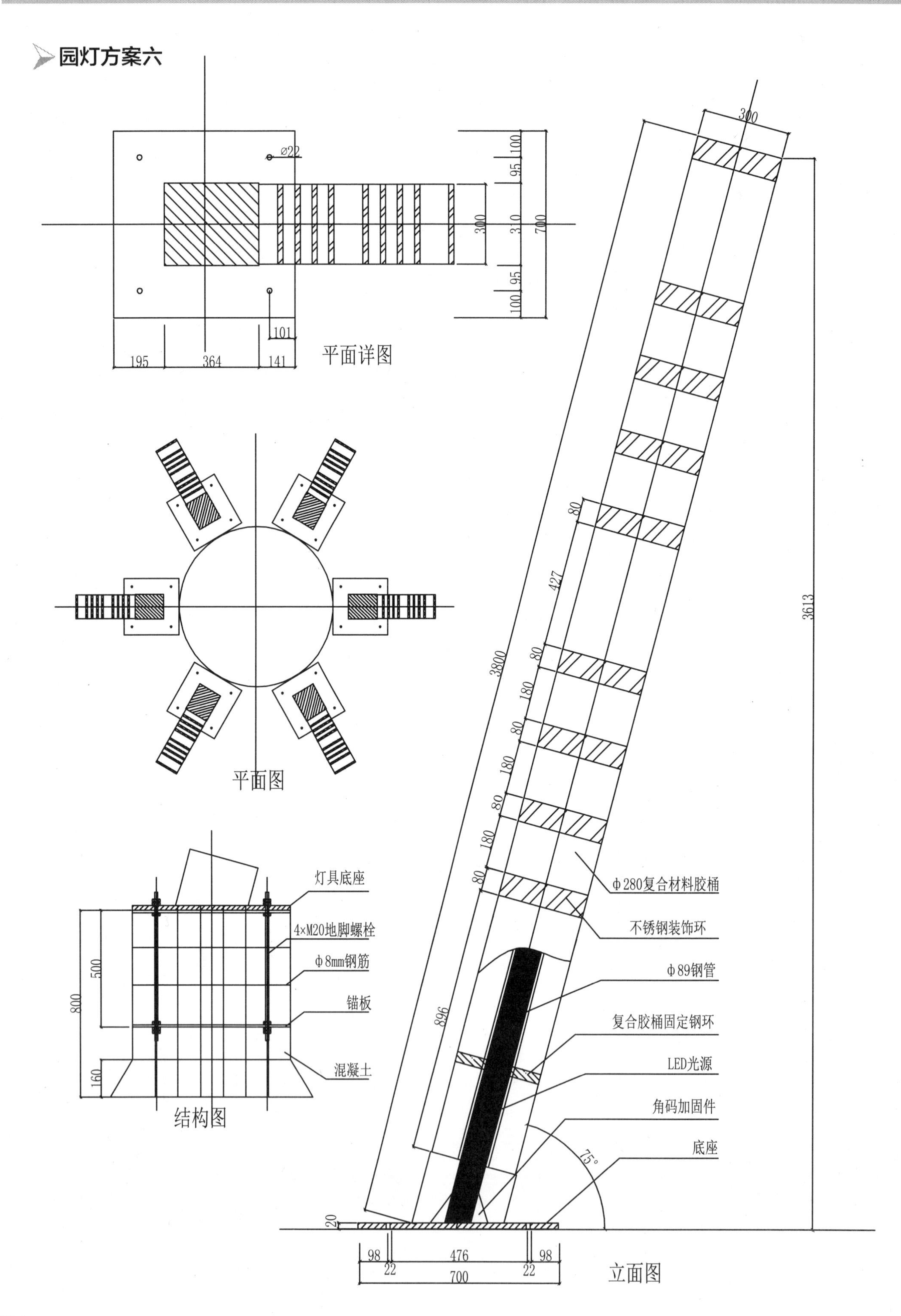

ø22
100
95
310
300
700
95
100
101
195
364
141
平面详图
平面图
灯具底座
4×M20地脚螺栓
φ8mm钢筋
锚板
混凝土
500
800
160
结构图
300
3613
80
427
3800
80
180
80
180
80
180
80
896
φ280复合材料胶桶
不锈钢装饰环
φ89钢管
复合胶桶固定钢环
LED光源
角码加固件
底座
75°
20
98
476
98
22
22
700
立面图

园灯方案七

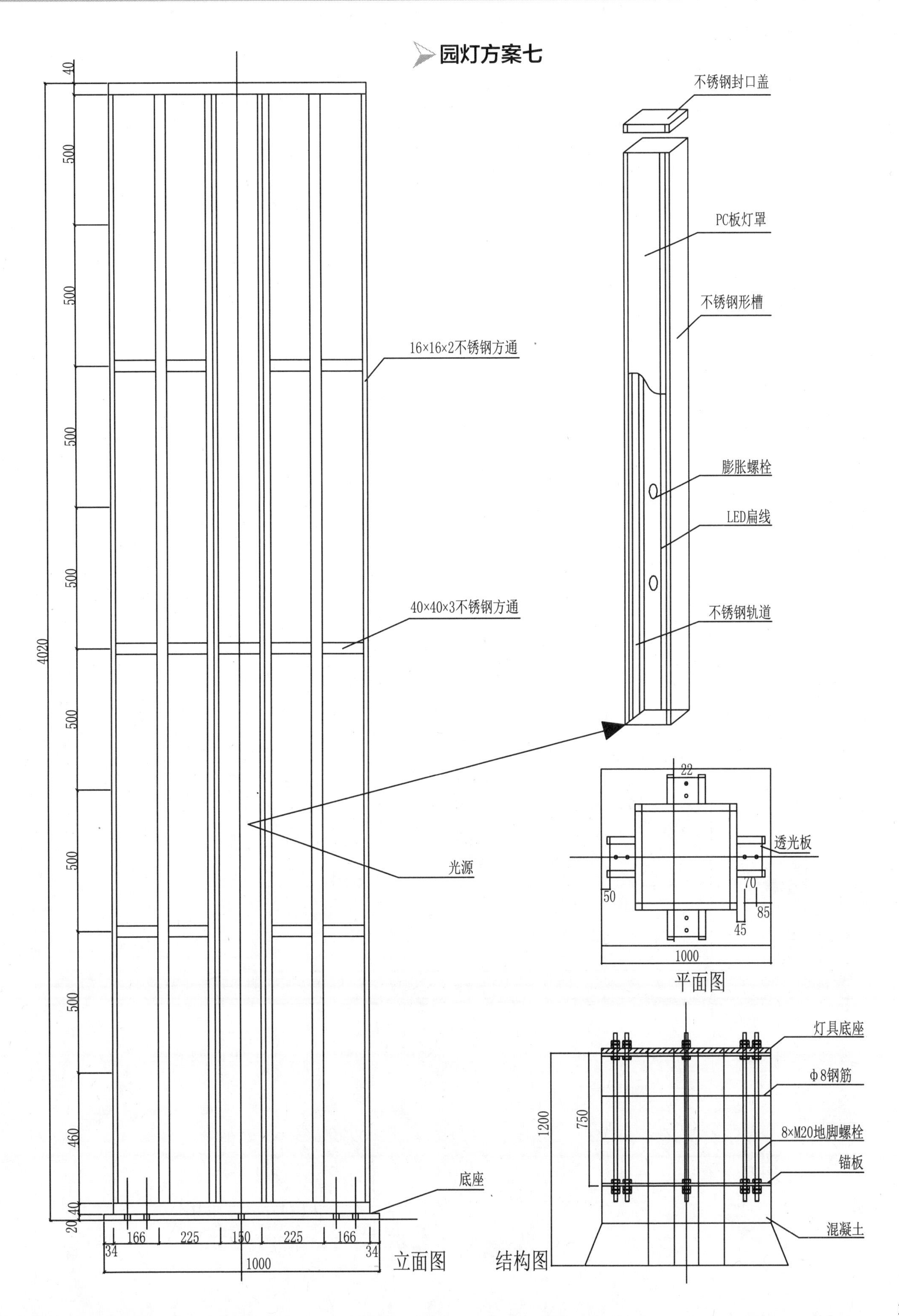

不锈钢封口盖
PC板灯罩
不锈钢形槽
16×16×2不锈钢方通
膨胀螺栓
LED扁线
40×40×3不锈钢方通
不锈钢轨道
光源
底座
4020
40
500
500
500
500
500
500
460
40
20
166
225
150
225
166
34
34
1000
立面图
22
透光板
50
70
85
45
1000
平面图
灯具底座
φ8钢筋
8×M20地脚螺栓
锚板
混凝土
1200
750
结构图

园灯方案八

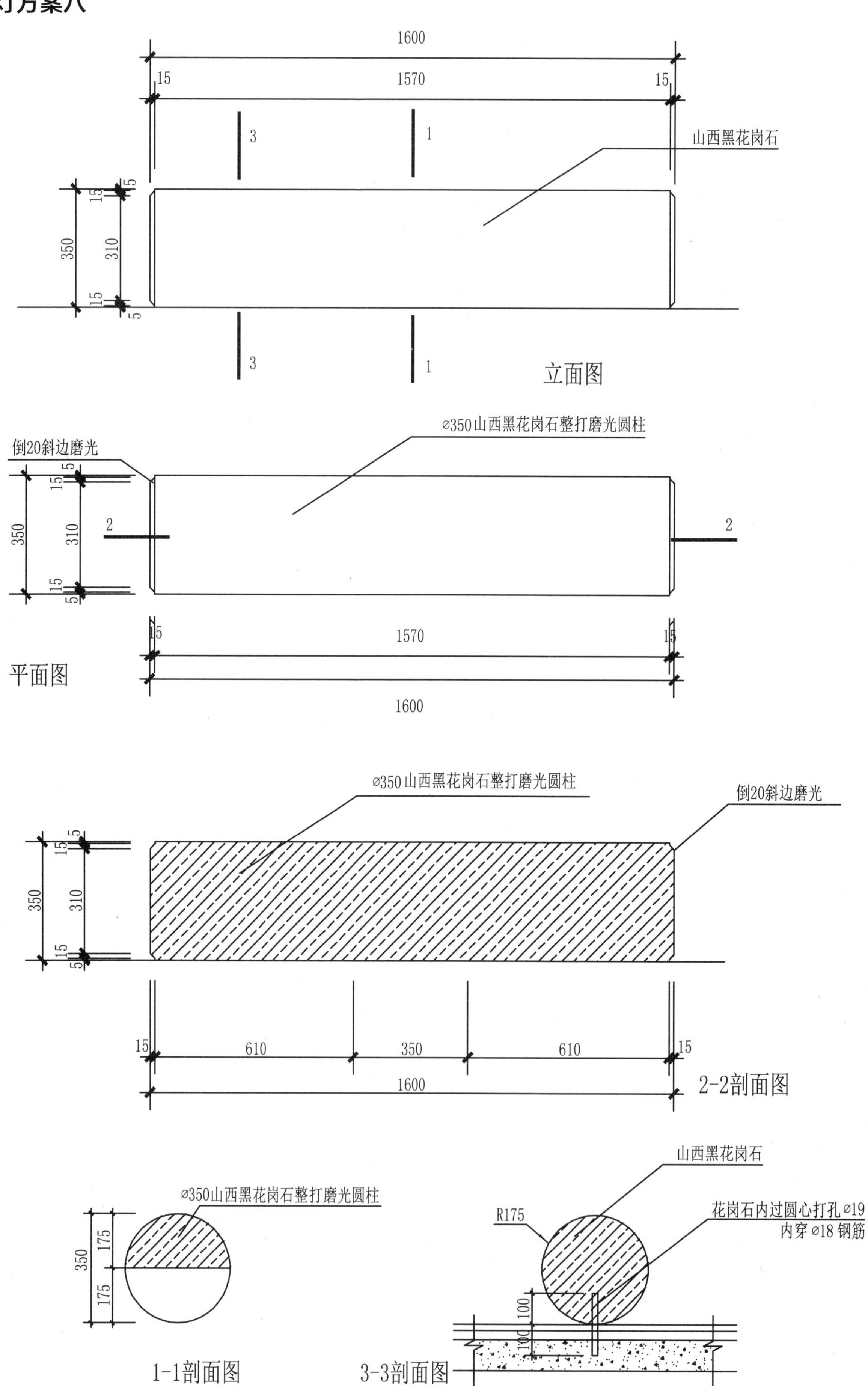
1600
15
1570
15
3
1
山西黑花岗石
350
15
310
15
5
5
3
1
立面图
⌀350山西黑花岗石整打磨光圆柱
倒20斜边磨光
5
15
350
310
15
5
2
2
15
1570
15
平面图
1600
⌀350山西黑花岗石整打磨光圆柱
倒20斜边磨光
5
15
350
310
15
5
15
610
350
610
15
1600
2-2剖面图
山西黑花岗石
⌀350山西黑花岗石整打磨光圆柱
R175
花岗石内过圆心打孔 ⌀19
内穿 ⌀18 钢筋
350
175
175
100
100
1-1剖面图
3-3剖面图

园灯方案九

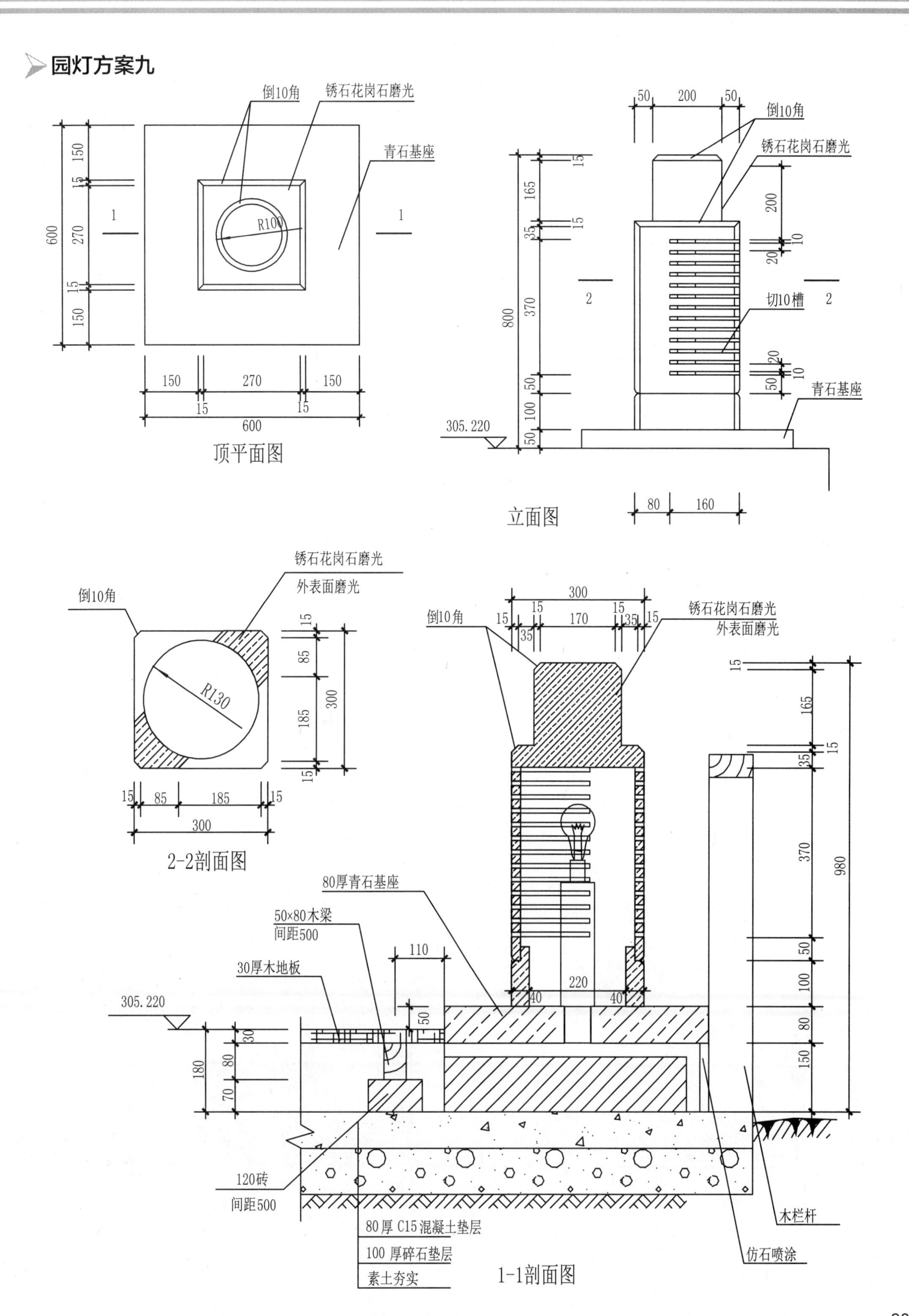
倒10角
锈石花岗石磨光
青石基座
R100
顶平面图
立面图
切10槽
305.220
锈石花岗石磨光
外表面磨光
R130
2-2剖面图
80厚青石基座
50×80木梁
间距500
30厚木地板
120砖
间距500
80厚 C15 混凝土垫层
100 厚碎石垫层
素土夯实
木栏杆
仿石喷涂
1-1剖面图

园灯方案十

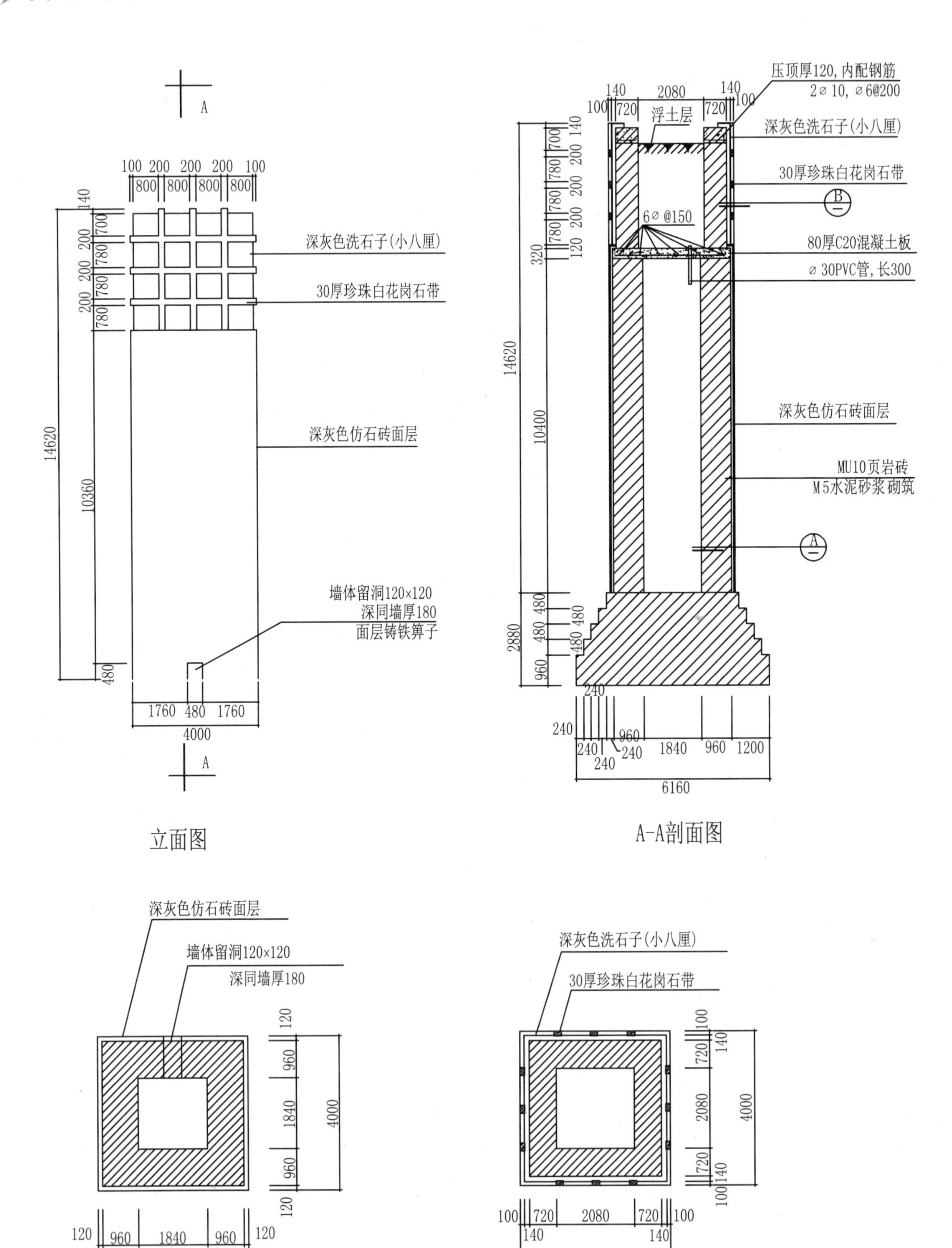
深灰色洗石子(小八厘)
30厚珍珠白花岗石带
深灰色仿石砖面层
墙体留洞120×120
深同墙厚180
面层铸铁箅子
立面图
压顶厚120,内配钢筋
2⌀10, ⌀6@200
浮土层
6⌀@150
80厚C20混凝土板
⌀30PVC管,长300
MU10页岩砖
M5水泥砂浆砌筑
A-A剖面图